普通高等教育教材

电路与模拟电子技术

晏　涌　刘学君　主　编
张路纲　周义明　副主编

化学工业出版社
·北京·

内容简介

本教材系统讲述电路分析、模拟电子技术的核心理论与方法，分为电路篇（第 1～4 章）、模拟电子技术篇（第 5～10 章）、案例篇（第 11 章）。电路篇分为直流电路基础、直流电路等效变换和基本原理、一阶动态电路分析和正弦稳态电路分析。模拟电子技术篇包括半导体二极管及其电路、晶体三极管及其放大电路、集成运算放大器，以及负反馈放大电路、信号处理电路、功率放大电路与直流电源分析。案例篇介绍了温度自动控制系统，采用传感器信号放大、阈值比较、脉宽调制（PWM）调节和稳压输出实现精准温控，集成了直流电路分析、三极管放大、仪用放大、电压比较、PWM 和直流稳压等电路模块，涵盖了模拟电路的核心知识点。本书第 1～10 章提供思维导图，有效厘清知识脉络。

本书可作为高等院校电子信息工程、电气工程及其自动化、计算机科学与技术、数据科学与大数据技术、物联网工程等相关专业教材，亦可供科研人员和工程技术人员参考。

图书在版编目（CIP）数据

电路与模拟电子技术 / 晏涌，刘学君主编 ；张路纲，周义明副主编. -- 北京 ：化学工业出版社，2026. 3.

(普通高等教育教材). -- ISBN 978-7-122-49845-8

Ⅰ. TM13；TN710

中国国家版本馆CIP数据核字第2026FU7639号

责任编辑：张海丽　　文字编辑：李亚楠

责任校对：宋　夏　　装帧设计：刘丽华

出版发行：化学工业出版社

（北京市东城区青年湖南街13号　邮政编码100011）

印　　装：高教社（天津）印务有限公司

787mm×1092mm　1/16　印张15¾　字数408千字

2026年3月北京第1版第1次印刷

购书咨询：010-64518888

售后服务：010-64518899

网　　址：http://www.cip.com.cn

凡购买本书，如有缺损质量问题，本社销售中心负责调换。

定　　价：49.00元

前言

“电路与模拟电子技术”是高等院校电子信息、计算机、大数据、物联网等相关专业核心基础课程。通过本课程学习，学生可掌握扎实的电路分析理论与方法、模拟电子电路的工作原理、电子系统分析与设计的理论框架，为后续学习“数字电子技术”“信号与系统”“电机与拖动”等专业课程奠定基础。

本教材严格参照教育部高等学校电子电气基础课程教学指导分委员会《电子电气基础课程教学基本要求》，充分吸收国内外现有优秀教材的成功之处，结合当前应用型本科高等学校电子与电气信息类“电路与模拟电子技术”等相关课程教学的实际需要，聚焦“以学生发展为中心”的人才培养新理念、新要求，融入工程认证要求的实践能力培养，结合编者多年的教学实践经验编写而成。

本教材立足应用型人才培养需求，紧跟高等工程教育改革方向，以“夯实基础、突出应用、强化能力、注重创新”为编写原则，着力构建“理论—方法—应用”三位一体的教学内容体系。全书注重基础理论的系统性与工程应用的实践性有机结合，通过模块化知识架构和典型工程案例，培养学生扎实的电路分析能力、电子系统设计思维和解决复杂工程问题的综合素质，为电子信息类、电气工程类等专业本科生提供一本既符合工程教育认证标准，又体现现代教育理念的教材。本教材在内容编排上具有以下鲜明特色：

① 体系完整，层次清晰。立足应用型本科人才培养定位，以电气信息类专业需求为导向，对传统教学内容进行深度整合与优化。通过构建“基础理论—核心方法—典型应用”三级知识架构，精选电路分析与模拟电子技术的关键知识点，既保证了知识体系的系统性，又强化了工程实践能力的培养，实现教学内容广度与深度的精准平衡，章节知识导图体系，有效帮助学生建立结构化认知，提升学习效率，适应应用型本科院校的课时要求与培养目标。

② 理论结合实践，突出工程应用。本教材强调理论与实践的结合，不仅详细讲解电路分析与模拟电子技术的核心理论（如节点电压法、负反馈放大电路），还通过第 11 章的温度控制系统案例，将直流电路分析、三极管放大、仪用放大、电压比较、PWM 调制和稳压电源等关键技术融会贯通，展示了实际电子系统的设计思路。这种“理论—方法—应用”的编排方式，既巩固了基础知识，又培养了读者的工程思维和问题解决能力，适合作为高等院校电子类课程的教材或工程技术人员的参考用书。

③ 习题难度适宜。本教材设计契合应用型本科的课后习题，利于不同层次、不同专业和不同程度的学生进行练习和拓展。

④ 配套资源丰富。本教材配套教学课件、大纲、教案等资源，读者可扫描书中二维码获取，高校教师可登录“化工教育”网站下载。

本教材由晏涌统稿，并负责编写第 2 章、第 4 章、第 9 章；刘学君负责编写第 7 章、第 8 章、第 10 章、第 11 章；张路纲负责编写第 1 章、第 3 章；周义明负责编写第 5 章和第 6 章；唐斋超、翟瑞祥、杜子康、杨鹏展、董选鹤、陈振、袁煜松、陈庆帅、石升轶、王道冲、赵珩、赵海东等参与资料整理。在编写过程中，我们力求内容的准确性与表述的清晰性，但疏漏之处在所难免，恳请广大读者批评指正。

编者
2025 年 7 月

本书配套资源

目录

第4章 正弦稳态电路分析 63

第5章 半导体二极管及其电路 117

第6章 晶体三极管及其放大电路 136

第 1 章　直流电路基础

• 本章思维导图

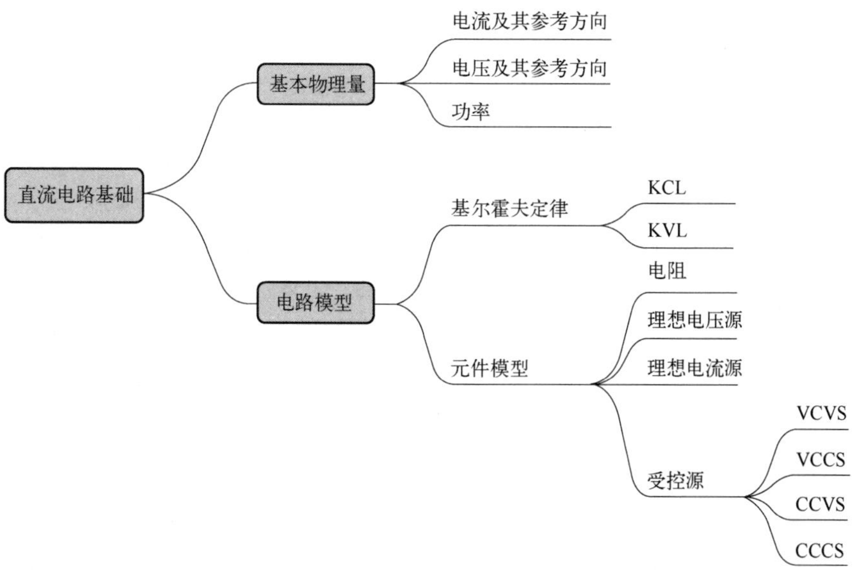

• 本章学习目标

1. 掌握电路的基本概念——电路和电路模型，电流、电压及其参考方向，电路的功率，能够在电路分析中熟练使用这些概念进行分析和计算。

2. 掌握基尔霍夫定律，能够在电路分析中熟练使用 KCL、KVL 进行分析和计算。

3. 掌握常用元件模型——电阻、理想电压源和理想电流源、受控源，能够在电路分析中熟练使用这些元件模型的 VCR 进行分析和计算。

1.1　电路历史和电路模型

本书由电路理论和模拟电子技术这两部分内容共同组成，这些内容与计算机、控制、通信等学科相互促进、相互影响。掌握本书内容是学习上述相关学科专业知识的必要前提。

1.1.1　电路的发展历史

人类很早开始就对自然界中的电磁现象有所认知。文献记载，早在公元前 6 世纪，古希腊科学家泰勒斯就发现了摩擦琥珀吸引轻小物体的静电现象，东汉的王充在《论衡・乱龙》里，也用“顿牟掇芥”一词形容这种摩擦生电现象，并用这种现象作为论据与人辩论，这充分说明摩擦生电这种静电现象在当时已经普遍为人所知。

电学的理论体系建立，则可以追溯到 18 世纪。1729 年，英国科学家斯蒂芬・格雷在发现有些材料具有电传导现象后，将材料分成导体和绝缘体两类，为电学理论的发展奠定了基础。1749 年，美国科学家本杰明·富兰克林提出了正电和负电的概念，并初步总结出电荷守恒定律的雏形，进一步推动了电学研究。1785 年，法国物理学家查利·库仑定量研究了两个带电物体间的相互作用，得出了最早的静电学定律——库仑定律，这是人类对电磁现象认知的一次飞跃。

进入 19 世纪后，电磁学相关理论迅速发展，为人类社会进入电气时代打下基础。1800 年，意大利物理学家亚历山德罗·伏特发明了伏打电池，这是将化学能转化为电能的重大突破，标志着电流的产生和使用。1820 年，丹麦物理学家汉斯·奥斯特发现了电流的磁效应，这一发现为电与磁的研究架起了桥梁。1825 年，法国科学家安德烈·玛丽·安培提出了安培环路定律，为电磁学的研究提供了重要理论支持。1826 年，德国物理学家乔治·欧姆提出了欧姆定律，描述了电流、电压和电阻之间的关系。1831 年，英国物理学家迈克尔·法拉第发现了电磁感应现象，这一发现为发电机的发明提供了理论基础。1834 年，俄国科学家海因里希·楞次提出了感应电流方向的定律，即楞次定律。1844 年，美国人塞缪尔·莫尔斯发明了电报，这增加了对电路分析和计算的需求。1845 年，德国物理学家古斯塔夫·基尔霍夫提出了电路的两个基本定律——基尔霍夫电流定律（KCL）和基尔霍夫电压定律（KVL），这些定律在电路分析中具有重要意义。1864 年，英国物理学家詹姆斯·麦克斯韦总结所有电磁现象规律，提出了用麦克斯韦方程组表达的电磁场理论，预言电磁波的存在。1887 年，德国物理学家海因里希·赫兹通过实验验证了电磁波的存在。

20 世纪初期，阿尔伯特·爱因斯坦发表了他的相对论，为电磁理论提出了统一的框架，与此同时，电子学的发展也开始快速起步。1904 年，英国物理学家约翰·安布罗斯·弗莱明提出并制造了第一个真空二极管，这个重要的发明为电子学的探索开启了新的篇章。1947 年，美国贝尔实验室的威廉·肖克利、约翰·巴丁和沃尔特·布拉特共同发明了晶体管，这是电子学另一个重要的突破。晶体管的发明将电子学应用发展到了一个新的层次，使得电路设计更加灵活和精确。这一发明也被认为是现代信息时代的基础。随着信息技术的不断进步，集成电路的发明也成为电路发展的里程碑。1958 年，美国计算机科学家杰克·基尔比发明了第一个集成电路，使得电路元件能够集中到一个小芯片上。之后，集成电路的种类不断增加，从微处理器到存储器，从音频芯片到图像传感器，为现代电子设备提供了强大的功能支持。

1.1.2 实际电路与电路模型

1.1.2.1 实际电路

电在日常生活、生产实践和科学研究工作中得到了广泛应用。在手机、平板、个人电脑、电视机、冰箱、洗衣机等消费电子产品和家用电器中，在电力网络和各种依赖电力运行的工业系统或通信系统中，都可以看到各种各样的实际电路。所谓实际电路，是指由电气设备和元器件按一定方式连接构成，为电荷流通提供路径的装置。

电路的作用有两种：一种作用是实现电能的传输和转换，例如电力网络将电能从发电厂输送到各类工厂、广大农村地区和城市的千家万户，供各种电气设备使用；另一种作用是实现电信号的传输、处理和存储，例如电视接收天线将所接收到的含有声音和图像信息的高频电视信号，通过高频传输线送到电视机中，这些信号经过选择、变频、放大和检波等处理，恢复出原来的声音和图像信息，在扬声器中发出声音并在屏幕上显示图像。

根据几何尺寸（d）与其工作信号波长（λ）的关系，可以将实际电路分为两大类：满足 $d \ll \lambda$ 条件的电路称为集总参数电路，其特点是电路中任意两个端子间的电压和流入任意器件端子的电流是完全确定的，与器件的几何尺寸和空间位置无关；不满足 $d \ll \lambda$ 条件的另一类电路称为分布参数电路，其特点是电路的几何尺寸不仅是时间的函数，也与器件的几何尺寸和空间位置有关。本书只讨论集总参数电路，为叙述方便起见，今后在讨论电路的时候，都指集总参数电路。

实际电路通常借助电压、电流传输电能或信号，并实现信号处理、测量、控制、计算等功能。由于电路中的电压、电流是在电源的作用下产生的，因此电源又称为激励源或激励；由激励在电路中产生的电压、电流称为响应。有时根据激励与响应之间的因果关系，也把激励称为输入，响应称为输出。

1.1.2.2 电路模型

研究电路特性的一种方法是用电气仪表对实际电路直接进行测量，另一种方法是将实际电路抽象为电路模型，用电路理论的方法分析电路的电气特性。电路理论研究电路中发生的电磁现象，并用电压、电流、电荷、磁通等物理量来分析，计算电路中各部件、器件的端子电流和端子间的电压，一般不涉及内部发生的物理过程，因此可以定义一些理想化的电路元件来近似模拟实际元器件的电气特性，把理想化的电路元件彼此连接到一起，模拟实际电路的电气特性，就得到了实际电路的电路模型。理想电路元件是组成电路模型的最小单元，是具有某种确定电磁性质并有精确数学定义的基本结构。在一定条件下，理想电路元件及它们的组合足以模拟实际电路的元器件中发生的物理过程。在电路模型中，各理想电路元件的端子是用理想导线连接起来的，理想导线假设电阻为零，且当导线中有电流时，导线内外均无电场和磁场。根据元件对外的端子数，理想电路元件可分为二端、三端、四端元件等。

图 1-1（a）所示为一个简单的实际电路，这是一个将干电池、开关和灯泡用导线连接组成的手电筒电路。其电路模型如图 1-1（b）所示。

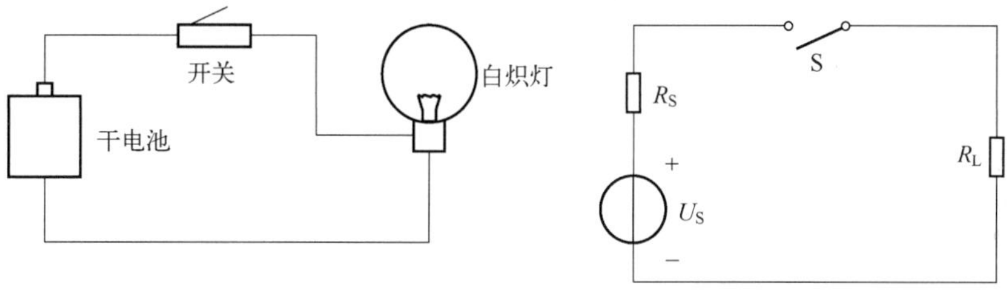

(a) 实际电路　　(b) 电路模型

图 1-1　手电筒的实际电路与电路模型

图中的电阻元件 R_L，是灯泡的抽象元件模型，反映灯泡把电能转换为光能和热能这一物理现象；干电池则用理想电路元件电压源 U_S 和电阻元件 R_S 的串联组合构成电路模型，分别反映电池内部储存的化学能转换为电能，以及电池本身消耗部分电能的物理过程；连接导线为理想导线。

用理想电路元件或它们的组合模拟实际器件就是建立其模型，简称建模。建模时必须考虑工作条件，并按不同准确度的要求把给定工作条件下的主要物理现象和功能反映出来。

例如图 1-2（a）所示线圈，在低频交流工作条件下，用一个理想电阻元件和理想电感元件的串联来模拟，如图 1-2（b）所示；在高频交流工作条件下，则要再并联

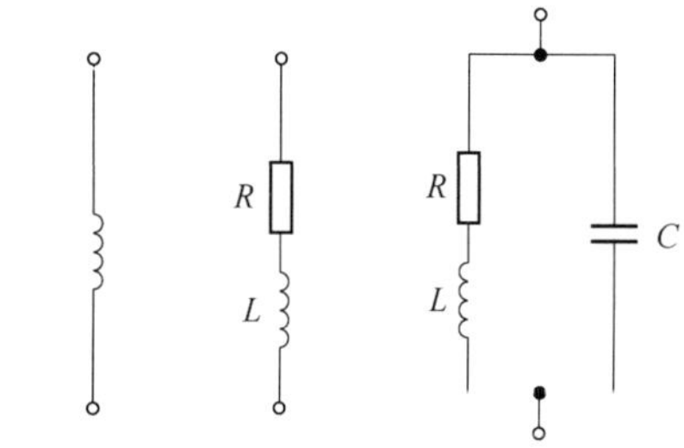

(a) 线圈　(b) 模型一　(c) 模型二

图 1-2　线圈与其电路模型

一个理想电容元件来模拟，如图 1-2（c）所示。

由此可见，在不同的工作条件下，同一实际器件可能会采用不同的模型。若模型选择合理，电路的分析计算结果就会与实际情况更为接近；而要是模型选择不合理，则会造成很大误差，甚至得到错误的结果。如果选择的模型过于复杂，远超要求的精度，会导致分析困难；选择的模型太简单，又会导致无法反映实际物理现象。

本书后面所涉及的“电路”，均指由理想电路元件构成的电路模型，同时也把理想电路元件简称为电路元件。

1.2 电路变量

电路的特性主要由电荷、磁通、电流、电压、功率和能量等物理量描述，分析电路的基本任务是计算电路中的电流、电压、功率和能量。

1.2.1 电流和电流的参考方向

带电粒子的定向移动形成电流。电子和负离子带负电荷，正离子带正电荷。电荷用 q 或 Q 表示，它在国际单位制（SI）中的单位是 C（库仑，简称库）。

电流定义为单位时间内通过导体横截面的电荷量，用符号 i 或 I 表示，其数学表达式为：

$$i=\frac{\mathrm{d}q}{\mathrm{d}t} \tag{1-1}$$

电流的 SI 单位是 A（安培，简称安）。

量值和方向均不随时间变化的电流，称为直流（缩写为 dc 或 DC）电流，用符号 I 表示；量值和方向随时间变化的电流称为时变电流，其中量值和方向周期性变化且平均值为零的电流，称为交流（缩写为 ac 或 AC）电流，用符号 i 表示。

电流的实际方向规定为正电荷移动的方向。但在复杂电路中，电流的实际方向可能难以预先确定，如交流电路中电流方向周期性变化，或直流电路中某支路电流方向未知。因此，为了便于电路分析和计算，会假设一个电流的方向，称为电流的参考方向，用于建立电路方程时作为计算的基准。它不依赖于电流的实际方向，仅为分析电路的工具。

电流的参考方向可以采用在电路图上画箭头或双下标表示。若电流实际方向与参考方向相同，电流取正值；若电流实际方向与参考方向相反，电流取负值。根据电流的参考方向和电流量值的正、负，就能确定电流的实际方向。如图 1-3 所示的二端元件中，已知每秒有 1C 正电荷从 a 点移动到 b 点，假设电流 i 按图 1-3（a）箭头规定的参考方向，$i=1\,\mathrm{A}$，而按图 1-3（b）箭头规定的参考方向，$i=-1\,\mathrm{A}$。若采用双下标表示电流参考方向，则写为 $i_{\mathrm{ab}}=1\mathrm{A}$ 或 $i_{\mathrm{ba}}=-1\,\mathrm{A}$。

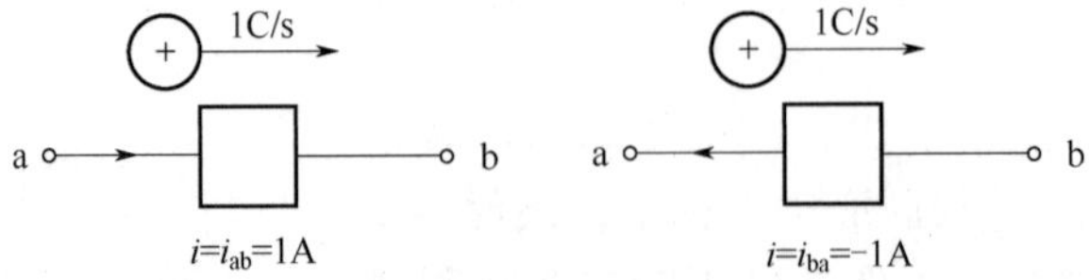

(a) 电流实际方向与参考方向相同 (b) 电流实际方向与参考方向相反

图 1-3 电流的参考方向

电路中任一电流都有两种可能的参考方向，当对同一电流规定相反的参考方向时，相应参考电流相差一个符号，如图 1-3 中 $i_{ab}=-i_{ba}$。

今后，在分析电路时，必须事先规定电流变量的参考方向。若所计算的电流为正，则表明电流实际方向与参考方向相同；若计算的电流为负，则表明电流实际方向与参考方向相反。

1.2.2 电压和电压的参考方向

电荷在电路中运动，就会发生能量的交换。电压定义为单位正电荷从 a 点移动到 b 点时电场力所做的功，用符号 u 或 U 表示，其数学表达式为：

$$u=\frac{\mathrm{d}W}{\mathrm{d}q} \tag{1-2}$$

其中，W 是电荷 q 从 a 点移动到 b 点时电场力做的功，其 SI 单位为 J（焦耳，简称焦）。电压的 SI 单位是 V（伏特，简称伏）。

电压反映了电路中能量的转移能力。例如，电源两端的电压表示电源将其他形式的能量（如化学能、机械能）转化为电能的能力，而负载两端的电压则表示负载将电能转化为其他形式能量（如热能、光能）的程度。

将电路中任一点规定为参考点，把 a 点到参考点的电压称为 a 点的电位，通常用 v_a 或 V_a 表示，参考点电位为 0V。在集总参数电路中，元件端子间的电压与路径无关，而仅与起点和终点的位置有关。电路中 a 点到 b 点的电压，就是 a 点电位与 b 点电位之差，即：

$$u_{ab}=v_a-v_b \tag{1-3}$$

量值和方向均不随时间变化的电压，称为直流电压，用符号 U 表示；量值和方向随时间周期性变化且平均值为零的电压，称为交流电压，用符号 u 表示。

习惯上认为电压的实际方向是从高电位指向低电位。将高电位端称为正极，低电位端称为负极。与电流类似，电路中各电压的实际方向往往不能事先确定，在分析电路时，必须先规定电压的参考方向。在电路图上，用“+”号标注高电位端，“-”号标注低电位端。若计算得到的 u 大于 0，则实际方向与参考方向相同；若计算得到的 u 小于 0，则实际方向与参考方向相反。对电路中同一电压规定相反参考方向时，其电压表达式相差一个负号：$u_{ab}=-u_{ba}$。

综上所述，在分析电路时，必须对电流变量和电压变量规定参考方向。对于同一个二端元件而言，电流参考方向与电压参考方向的选择有两种可能的方式：一种是电流参考方向与电压参考方向“+”端到“-”端方向相同，称为关联参考方向，如图 1-4（a）所示；另一种是电流参考方向与电压参考方向“+”端到“-”端方向相反，称为非关联参考方向，如图 1-4（b）所示。

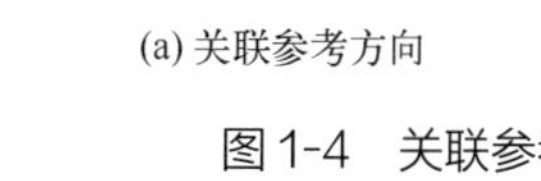

(a) 关联参考方向

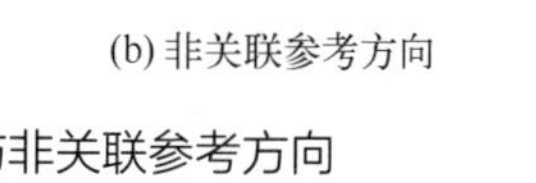

(b) 非关联参考方向

图 1-4 关联参考方向与非关联参考方向

今后，分析电路时，必须先假设电压和电流的参考方向，才能建立电路方程。在用电工仪表测量直流电压和电流，以及用示波器等电子仪器测量电压波形时，也必须先选择所测试电压、电流的参考方向。

1.2.3 功率和能量

在电路的分析和计算中，能量和功率的计算是十分重要的。一方面，这是因为电路在工作状况下总伴随有电能与其他形式能量的相互交换；另一方面，电气设备、电路部件本身都有功率的限制，在使用时要注意其电流值或电压值是否超过额定值，过载会使设备或部件损坏，或是不能正常工作。

功率与电压和电流密切相关。当正电荷从元件上电压的“+”端经元件到电压的“-”端时，电场力做正功，这时，元件消耗电能转换为其他形式的能量；反之，当正电荷从电压的“-”端经元件到电压的“+”端时，电场力做负功，元件把其他形式的能量转换为电能向外释放。

功率定义为单位时间内元件所消耗或产生的电能，用符号 p 表示，其数学表达式为：

$$p=\frac{\mathrm{d}W}{\mathrm{d}t} \tag{1-4}$$

由式（1-1）和式（1-2）可知：

$$p=\frac{\mathrm{d}W}{\mathrm{d}q}\frac{\mathrm{d}q}{\mathrm{d}t}=ui \tag{1-5}$$

功率的 SI 单位是 W（瓦特，简称瓦）。

当电压、电流取关联参考方向时，p 代表元件单位时间内消耗的电能，称为吸收功率。

当电压、电流取非关联参考方向时，计算吸收功率的公式为：

$$p=-ui \tag{1-6}$$

若计算结果 $p>0$，元件实际吸收功率；若计算结果 $p<0$，元件实际发出功率。

从 t_0 到 t 时间段内，元件消耗或释放的电能可用下式求得：

$$W(t)=\int_{t_0}^{t}p(\xi)\mathrm{d}\xi=\int_{t_0}^{t}u(\xi)i(\xi)\mathrm{d}\xi \tag{1-7}$$

吸收功率为 1W 的用电设备，在 1s 内消耗 1J 的电能，1000W 的用电设备，在 1h 内消耗 1kWh 的电能，也就是 1 度电，这是一个常用电能计量单位。

【例 1-1】图 1-5 所示电路中，已知 $u_1=8\text{V}$，$u_2=4\text{V}$，$u_3=12\text{V}$，$u_4=-8\text{V}$，$u_5=20\text{V}$，$i_1=1\text{A}$，$i_3=3\text{A}$，$i_4=-4\text{A}$，试求：（1）各元件吸收功率；（2）整个电路吸收的总功率。

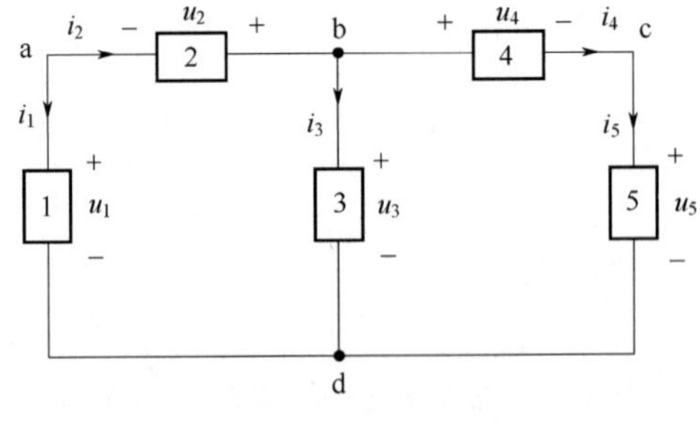

图1-5 例1-1图

解：

（1）元件 1 电压、电流为关联参考方向，吸收功率为：

$$p_1 = u_1 i_1 = 8 \times 1 = 8\text{W} \qquad （实际吸收 8W 功率）$$

$$i_2 = -i_1 = -1\text{A}$$

元件 2 电压、电流为非关联参考方向，吸收功率为：

$$p_2 = -u_2 i_2 = -4 \times (-1) = 4\text{W} \qquad （实际吸收 4W 功率）$$

元件 3 电压、电流为关联参考方向，吸收功率为：

$$p_3 = u_3 i_3 = 12 \times 3 = 36\text{W} \qquad （实际吸收 36W 功率）$$

元件 4 电压、电流为关联参考方向，吸收功率为：

$$p_4 = u_4 i_4 = (-8) \times (-4) = 32\text{W} \qquad （实际吸收 32W 功率）$$

$$i_5 = i_4 = -4\text{A}$$

元件 5 电压、电流为关联参考方向，吸收功率为：

$$p_5 = u_5 i_5 = 20 \times (-4) = -80\text{W} \qquad （实际发出 80W 功率）$$

（2）电路吸收的总功率为：

$$\Sigma p = 8 + 4 + 36 + 32 - 80 = 0$$

实际上，一个完整电路总是有一部分元件吸收功率，另一部分发出功率，总吸收功率应该等于总发出功率，电路保持功率平衡，这是能量守恒的体现。

SI 单位在实际使用时往往出现太大或太小的情况，因此经常需要加倍率词头辅助识别，常见的倍率词头见表 1-1。

表 1-1　部分 SI 倍率词头

倍率	10^9	10^6	10^3	10^{-3}	10^{-6}	10^{-9}	10^{-12}
名称	吉	兆	千	毫	微	纳	皮
符号	G	M	k	m	μ	n	p

1.3　基尔霍夫定律

基尔霍夫定律是集总参数电路的基本定律，包括电流定律和电压定律。基尔霍夫电流定律描述集总参数电路中各电流之间的约束关系，基尔霍夫电压定律描述集总参数电路中各电压之间的约束关系。

为了说明基尔霍夫定律，需要先介绍几个描述电路的概念。

（1）支路：一个二端元件视为一条支路，其电流和电压分别称为支路电流和支路电压。图 1-6 所示电路中共有 6 条支路。

（2）节点：电路元件的连接点称为节点。图 1-6 所示电路中，a、b、c、d 是节点，该电路共有 4 个节点。

（3）回路：由支路组成的闭合路径称为回路。图 1-6 所示电路中，{1, 2, 4}、{1, 3, 4}、{2, 3}、{1, 2, 5, 6}、{1, 3, 5, 6}、{4, 5, 6}这几个支路组成的闭合路径都是回路。

（4）网孔：将电路画在平面上，内部不含有支路的回路，称为网孔。图 1-6 所示电路中的$\{1,2,4\}$、$\{2,3\}$和$\{4,5,6\}$回路都是网孔。网孔与平面电路的画法有关，例如将图 1-6 所示电路中的支路 2 和支路 3 交换位置，则三个网孔变为 $\{1,3,4\}$、$\{2,3\}$和 $\{4,5,6\}$。

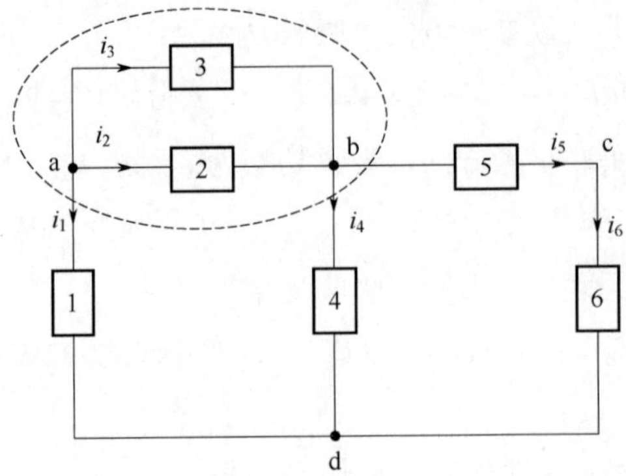

图 1-6　一个具有 6 条支路和 4 个节点的电路

1.3.1　基尔霍夫电流定律

基尔霍夫电流定律（Kirchhoff's current law），简称 KCL。

KCL 指出：对于任何集总参数电路的任一节点，在任一时刻，流出该节点全部支路电流的代数和恒等于零。此处，“代数和”根据相应电流参考方向判断，流出节点取正，反之取负。其数学表达式为：

$$\Sigma i = 0 \tag{1-8}$$

例如，对图 1-6 所示电路中的 a、b、c、d 这 4 个节点写出的 KCL 方程分别为：

$$\begin{aligned} &i_1 + i_2 + i_3 = 0 \\ &-i_2 - i_3 + i_4 + i_5 = 0 \\ &-i_5 + i_6 = 0 \\ &-i_1 - i_4 - i_6 = 0 \end{aligned} \tag{1-9}$$

上述 KCL 方程是以支路电流为变量且系数为常量的齐次线性代数方程，它对连接到该节点的各支路电流施加了线性约束。如将节点 a 的 KCL 方程改写为

$$i_2 = -i_1 - i_3 \tag{1-10}$$

这表明支路电流 i_2 是连接到节点 a 的其余支路电流 i_1 和 i_3 的代数和，这是一种线性约束关系。一般来说，流出（或流入）电路中某节点的一条支路电流，等于流入（或流出）该节点其余支路电流的代数和。若已知电路中某些支路电流，根据 KCL 的这种约束关系可以求出另一些支路电流。例如图 1-6 电路中，若某时刻 $i_1 = 1\text{A}$，$i_3 = 3\text{A}$ 和 $i_5 = 5\text{A}$，则由 KCL 可求得：

$$\begin{aligned} i_2 &= -i_1 - i_3 = -4\text{A} \\ i_6 &= i_5 = 5\text{A} \\ i_4 &= -i_1 - i_6 = -6\text{A} \end{aligned} \tag{1-11}$$

KCL 不仅适用于节点，也适用于任何假想的封闭面，即流出任一封闭面的全部支路电流的代数和等于零。例如，对图 1-6 所示电路中虚线表示的封闭面，写出的 KCL 方程为：

$$i_1 + i_4 + i_5 = 0 \tag{1-12}$$

此方程可由封闭面内节点 a 和 b 的 KCL 方程相加得到。节点的 KCL 方程可看成封闭面只包围一个节点的特例。根据封闭面 KCL 对支路电流的约束关系可以得到：流出（或流入）某封闭面的支路电流，等于流入（或流出）该封闭面其余支路电流的代数和。由此可以断言：当两个独立电路（N_A 和 N_B）之间只有一条导线连接彼此时，如图 1-7 所示，这条导线中的电流 i 必定为零。

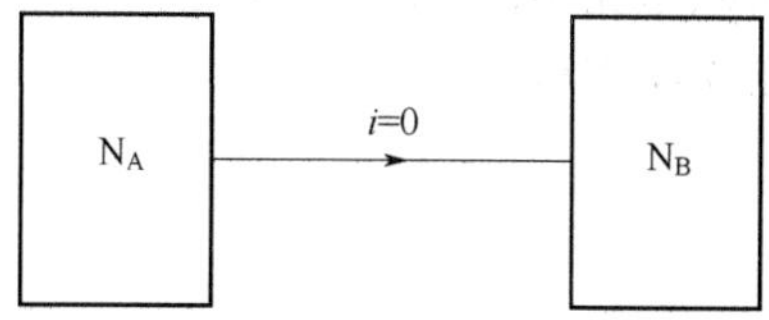

图 1-7　一条导线连接两个电路

在任一时刻，流入任一节点或封闭面的全部支路电流的代数和等于零，这意味着由全部支路电流流入节点或封闭面内的总电荷量为零，KCL 是电荷守恒定律的体现。

1.3.2　基尔霍夫电压定律

基尔霍夫电压定律（Kirchhoff's voltage law），简写为 KVL。

KVL 指出：对于任何集总参数电路的任一回路，在任一时刻，沿该回路全部支路电压的代数和等于零。其数学表达式为：

$$\Sigma u = 0 \tag{1-13}$$

在列写回路 KVL 方程时，需要先假设回路绕行方向并在电路图上标明，对于电压参考方向与回路绕行方向相同的支路电压取正号，与绕行方向相反的支路电压取负号。

例如对图 1-8 所示电路，假设 3 个回路绕行方向均为顺时针绕行方向，写出的 KVL 方程为：

$$\text{Ⅰ}: -u_1 - u_2 + u_3 = 0 \tag{1-14}$$

$$\text{Ⅱ}: -u_3 + u_4 + u_5 = 0 \tag{1-15}$$

$$\text{Ⅲ}: -u_1 - u_2 + u_4 + u_5 = 0 \tag{1-16}$$

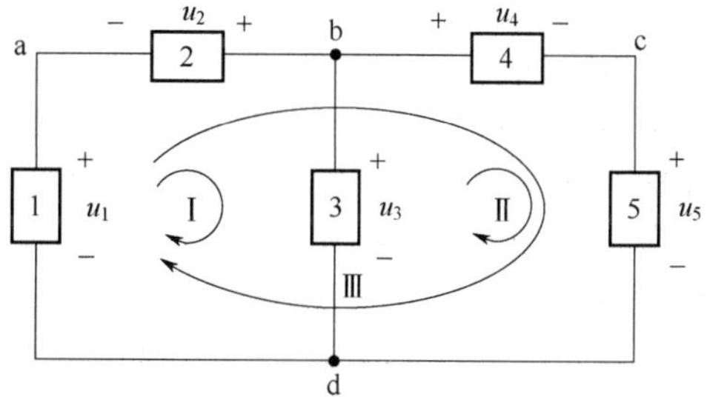

图 1-8　具有 5 条支路和 4 个节点的电路

KVL 方程是以支路电压为变量且系数为常量的齐次线性代数方程，它对支路电压施加了线性约束。例如由式（1-14）和式（1-15）可得到：

$$u_3 = u_1 + u_2 \tag{1-17}$$

$$u_3 = u_4 + u_5 \tag{1-18}$$

这表明支路电压 u_3 是与它处于同一回路的其余支路电压的代数和，即任何支路电压都可以看成从其“+”端出发，沿某一路径到“-”端所经过的各支路电压的代数和。

利用 KVL 的这种约束关系，已知电路的某些支路电压可求得另一些支路电压。例如图 1-8 所示电路中，若已知某时刻电压 $u_1 = 1\text{V}$，$u_2 = 2\text{V}$，$u_5 = 5\text{V}$，则由 KVL 可求得该时刻另外两条支路电压：

$$u_3 = u_1 + u_2 = 3\text{V} \tag{1-19}$$

$$u_4 = u_1 + u_2 - u_5 = -2\text{V} \tag{1-20}$$

KVL 可以从由支路组成的回路，推广到任一闭合的节点序列，即在任一时刻，沿任一闭合节点序列的各段电压（不一定是支路电压）的代数和等于零。例如图 1-8 所示电路中闭合节点序列 abca 和 abda 列出的 KVL 方程分别为：

$$u_{\text{ab}} + u_{\text{bc}} + u_{\text{ca}} = 0 \tag{1-21}$$

$$u_{\text{ab}} + u_{\text{bd}} + u_{\text{da}} = 0 \tag{1-22}$$

利用式（1-3）将式中各电压表示成电位差，即可证明方程成立。以上两式可以改写为：

$$u_{\text{ab}} = -u_{\text{ca}} - u_{\text{bc}} = u_{\text{ac}} + u_{\text{cb}} \tag{1-23}$$

$$u_{\text{ab}} = -u_{\text{da}} - u_{\text{bd}} = u_{\text{ad}} + u_{\text{db}} \tag{1-24}$$

这表明电路中任两节点间电压 u_{ab} 等于从 a 点到 b 点的任一路径上各段电压的代数和。

由支路组成的回路可以视为闭合节点序列的特殊情况。沿电路任一闭合路径（回路或闭合节点序列）各段电压代数和等于零，意味着单位正电荷沿任一闭合路径移动时能量不能改变，这表明 KVL 是能量守恒定律的体现。

综上所述，可以看到：

① KCL 对电路中任一节点（或封闭面）的各支路电流施加了线性约束。

② KVL 对电路中任一回路（或闭合节点序列）的各支路电压施加了线性约束。

③ KCL 和 KVL 适用于任何集总参数电路，与电路元件的性质无关。

1.4 电阻元件

集总参数电路（模型）由电路元件连接而成。电路元件是为建立实际电气器件的模型而提出的一种理想元件，它们都有精确的定义。按电路元件与外电路连接端点的数目，电路元件可分为二端元件、三端元件、四端元件等。本节先介绍一种常用的二端元件——二端电阻元件（以后各章主要讨论二端元件，所有二端元件都将省略“二端”两字）。

在物理课中学过的遵从欧姆定律的电阻，是一种常用的线性电阻元件（简称电阻）。随着电子技术的发展和电路分析的需要，有必要将线性电阻的概念加以扩展，提出电阻元件的一般定义。

如果一个二端元件在任一时刻的电压 u 与其电流 i 的关系，由 u-i 平面上一条曲线确定，则此二端元件称为电阻元件，其数学表达式为：

$$f(u,i) = 0 \tag{1-25}$$

u-i 平面也称伏安平面，伏安平面上的这条曲线称为电阻的特性曲线，它表明电阻电压与电流间的约束关系（voltage current relationship，VCR），简称伏安关系。按照电阻的特性曲线的情况，可以对电阻进行分类。其特性曲线为通过坐标原点的直线的电阻，称为线性电阻；否则，称为非线性电阻。其特性曲线随时间变化的电阻，称为时变电阻；否则，称为时不变电阻。图 1-9（a）～（d）表示某些线性时不变电阻、线性时变电阻、非线性时不变电阻和非线性时变电阻的特性曲线。通常，电阻的特性曲线都是在关联参考方向下绘制的。

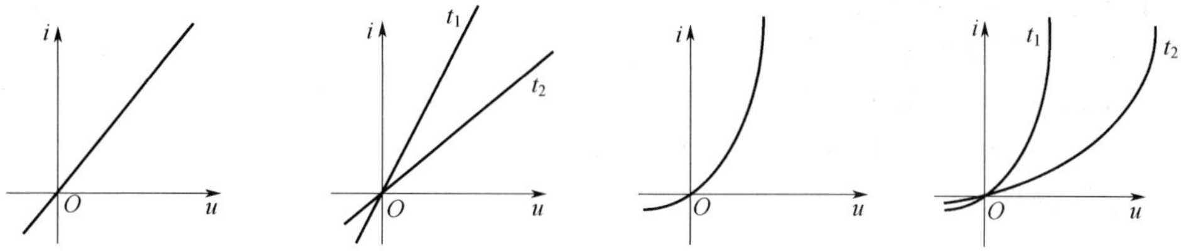

(a) 线性时不变电阻　(b) 线性时变电阻　(c) 非线性时不变电阻　(d) 非线性时变电阻

图 1-9　电阻元件的特性曲线

电阻元件的特点是电压与电流存在一种确定的代数约束关系。已知电阻的电压（或电流），可由特性曲线找到一个或几个确定的电流（或电压）。本节主要介绍线性时不变电阻元件，如图 1-10 所示。

线性时不变电阻的特性曲线是一条通过伏安平面原点的不随时间变化的直线，如图 1-10（b）、（c）所示。

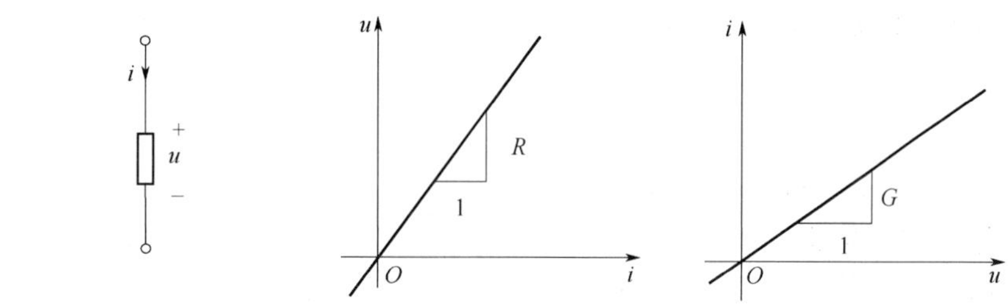

(a) 线性时不变电阻的符号　(b) i-u平面上的特征曲线　(c) u-i平面上的特征曲线

图 1-10　线性时不变电阻的符号和特性曲线

线性时不变电阻的伏安关系由欧姆定律描述，当电压、电流取关联参考方向时，其数学表达式为：

$$u = Ri \tag{1-26}$$

或

$$i = Gu \tag{1-27}$$

式中，R 为电阻，其 SI 单位为 Ω（欧姆，简称欧），它与 i-u 平面上通过原点直线的斜率成正比，是一个与电压、电流量值无关的常量；G 为电导，其 SI 单位为 S（西门子，简称西），它与 u-i 平面上通过原点直线的斜率成正比，是一个与电压、电流量值无关的常量。

如果电压、电流取非关联参考方向，则有：

$$u = -Ri \tag{1-28}$$

或

$$i = -Gu \tag{1-29}$$

电阻与电导互为倒数关系，即：

$$G = \frac{1}{R} \tag{1-30}$$

线性时不变电阻常用一个参数（R 或 G）来描述，其符号与实际电阻器的电气图形符号相同，但含义不同。

线性电阻有两种值得注意的特殊情况——开路和短路。其电压无论为何值，电流恒等于零的电阻元件，称为开路。开路的特性曲线与 u 轴重合，是 $R\to\infty$ 或 $G=0$ 的特殊情况，如图 1-11（a）所示。其电流无论为何值，电压恒等于零的电阻元件，称为短路。短路的特性曲线与 i 轴重合，是 $R=0$ 或 $G\to\infty$ 的特殊情况，如图 1-11（b）所示。显然，电路模型中任何一根导线都是短路。

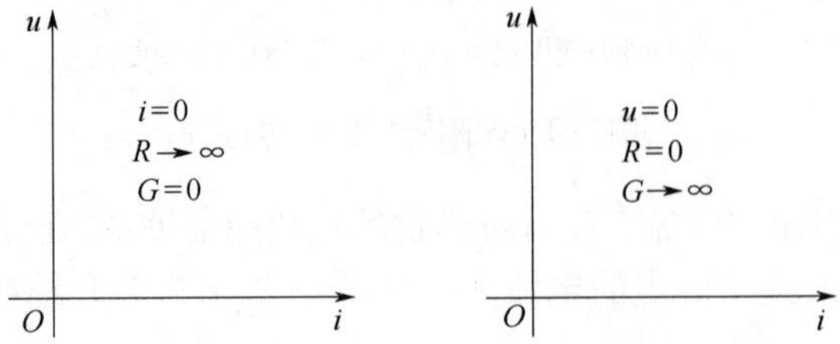

(a) 开路的特征曲线　　(b) 短路的特征曲线

图 1-11　开路与短路的特性曲线

线性时不变电阻吸收的功率为：

$$p=ui=i^2R=\frac{u^2}{R} \tag{1-31}$$

线性时不变电阻元件的参数 R 为正实数时，$p\geqslant 0$，总是吸收功率的元件，不可能发出功率。各种实际电阻器都是吸收功率的，负电阻元件实际是发出功率的元件，如果要获得这样的元件，需要专门设计。为了叙述方便，本书后面均把线性时不变电阻元件简称为电阻；电阻及其符号 R 既可以表示电阻元件，也可以表示电阻元件的参数。

1.5　电压源与电流源

电路中的耗能器件或装置有电流流动时，会不断消耗能量，电路中必须有提供能量的器件或装置，称为电源。常用的直流电源有干电池、蓄电池、直流发电机、直流稳压电源和直流稳流电源等。常用的交流电源有电力系统提供的正弦交流电源、交流稳压电源和产生多种波形的各种信号发生器等。为了得到各种实际电源的电路模型，需要定义两种理想的电路元件——理想电压源和理想电流源。理想电源又称独立电源。

1.5.1　理想电压源

如果一个二端元件的电流无论为何值，其电压按给定的时间函数 $u_S(t)$ 变化，则此二端元件称为理想电压源，简称电压源。其数学表达式为：

$$u(t)=u_S(t) \tag{1-32}$$

其中，$u_S(t)$ 为常量 U_S 的电压源，称为直流电压源；电压随时间变化的电压源，称为时变电压源；电压随时间周期性变化且平均值为零的时变电压源，称为交流电压源。

电压源的符号如图 1-12（a）所示，图中“+”号、“−”号表示电压源电压的参考极性。图 1-12（b）表示电压源的 VCR 特性曲线，在任一时刻，它都是伏安平面上平行于电流坐标轴的一条直线。

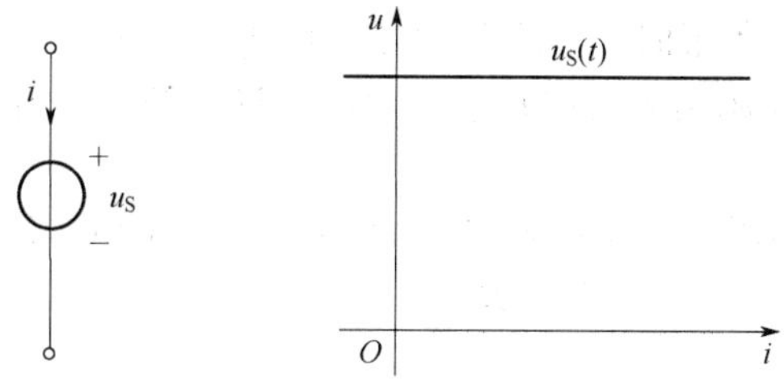

(a) 电压源的符号　　(b) 电压源的VCR特征曲线

图 1-12　电压源的符号和 VCR 特性曲线

电压源的特点是其电压由电压源本身特性确定，与所接外电路无关，而电压源的电流则需要由其电压和与其相连的外电路共同确定，外接电路结构和参数的改变将引起电压源电流的变化。当电压源$u_S(t)=0$时，其特性曲线与电流坐标轴重合，此时电压源相当于短路。

电压源的电压与电流采用关联参考方向时，其吸收功率为$p=ui$，当$p>0$时，即电压源工作在伏安平面的一、三象限时，电压源实际吸收功率；当$p<0$时，即电压源工作在伏安平面的二、四象限时，电压源实际发出功率。也就是说，随着电压源工作状态的不同，它既可发出功率，也可吸收功率。

1.5.2　理想电流源

理想电流源是从实际电源抽象出来的另一种电路元件。如果一个二端元件的电压无论为何值，其电流按给定时间函数$i_S(t)$变化，则此二端元件称为理想电流源，简称电流源。其数学表达式为：

$$i(t)=i_S(t) \tag{1-33}$$

其中，$i_S(t)$为常量I_S的电流源，称为直流电流源；电流随时间变化的电流源，称为时变电流源；电流随时间周期性变化且平均值为零的时变电流源，称为交流电流源。

电流源的符号如图 1-13（a）所示，图中箭头表示电流源电流的参考方向。图 1-13（b）表示电流源的 VCR 特性曲线，在任一时刻，它都是伏安平面上平行于电压坐标轴的一条直线。

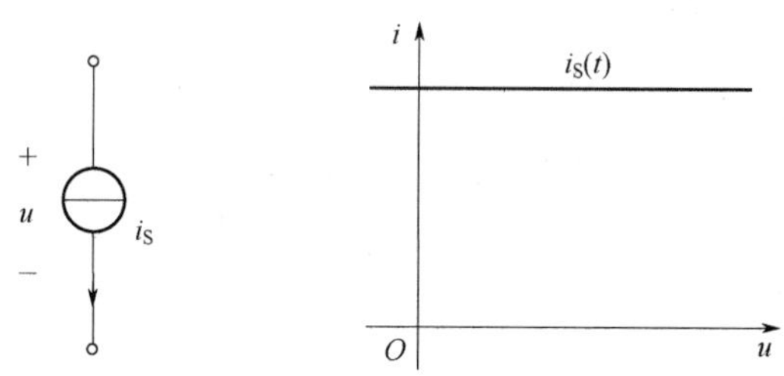

(a) 电流源的符号　　(b) 电流源的VCR特征曲线

图 1-13　电流源的符号和 VCR 特性曲线

电流源的特点是其电流由电流源本身特性确定，与所接外电路无关，而电流源的电压则由其电流和与其相连的外电路共同确定，外接电路结构和参数的改变将引起电流源电压的变化。当电流源的电流$i_S(t)=0$时，其特性曲线与电压坐标轴重合，此时电流源相当于开路。

电流源的电流与电压采用关联参考方向时，其吸收功率为$p=ui$，当$p>0$时，即电流源工作在伏安平面的一、三象限时，电流源实际吸收功率；当$p<0$时，即电流源工作在伏安平面的二、四象限时，电流源实际发出功率。也就是说，随着电流源工作状态的不同，它既可发出功率，也可吸收功率。

【例 1-2】图 1-14 所示电路中，已知$U_{S1}=20\text{ V}$，$U_{S2}=10\text{ V}$，$U_3=2\text{ V}$，$I_1=2\text{ A}$，$R_3=4\Omega$，$R_4=2\Omega$，试求：U_1、U_2、I、R_1、R_2。

解：

由R_4的 VCR 可得：

$$I_2=\frac{U_3}{R_4}=1\text{A}$$

由 a 点 KCL 可得：

$$I=I_1-I_2=1\text{A}$$

由R_3的 VCR 和 Ⅰ 回路的 KVL 可得：

$$U_1+I_1R_3+U_{S2}-U_{S1}=0$$
$$U_1=U_{S1}-I_1R_3-U_{S2}=2\text{V}$$

由 Ⅱ 回路的 KVL 可得：

$$-U_1+U_2+U_3-U_{S2}=0$$
$$U_2=U_{S2}+U_1-U_3=10\text{V}$$

由电阻 VCR 可得：

$$R_1=\frac{U_1}{I}=2\Omega$$

$$R_2=\frac{U_2}{I_2}=10\Omega$$

【例 1-3】电路如图 1-15 所示，已知$I_S=2\text{A}$，$U_S=8\text{V}$，$I_1=1\text{A}$，$R_2=10\Omega$，试求：（1）U_1、U_2、U_{I_S}、I_2、R_2；（2）各元件吸收功率，并验证功率平衡。

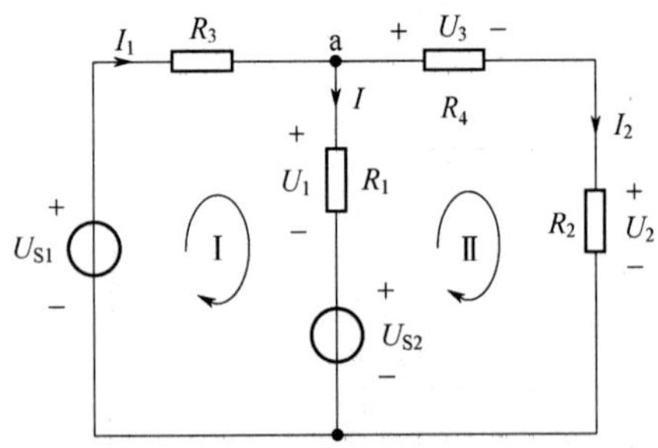

图1-14　例1-2图

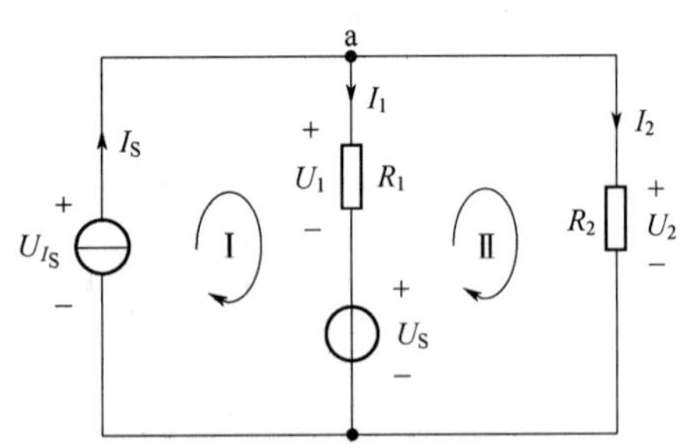

图1-15　例1-3图

解：

（1）由 a 点 KCL 可得：

$$I_2=I_S-I_1=1\text{A}$$

由R_2的 VCR 可得：

$$U_2 = I_2 R_2 = 10\text{V}$$

由Ⅱ回路的 KVL 可得：

$$-U_1 + U_2 - U_S = 0$$

$$U_1 = U_2 - U_S = 2\text{V}$$

由Ⅰ回路的 KVL 可得：

$$-U_{I_S} + U_1 + U_S = 0$$

$$U_{I_S} = U_S + U_1 = 10\text{V}$$

由电阻 VCR 可得：

$$R_1 = \frac{U_1}{I_1} = 2\Omega$$

（2）电流源 I_S 电压、电流为非关联参考方向，吸收功率为：

$$p_{I_S} = -U_{I_S} I_S = -20\text{W} \qquad \text{（实际发出 20W 功率）}$$

电压源 U_S 电压、电流为关联参考方向，吸收功率为：

$$p_{U_S} = U_S I_1 = 8 \times 1 = 8\text{W} \qquad \text{（实际吸收 8W 功率）}$$

电阻 R_1 吸收功率为：

$$p_{R_1} = I_1^2 R_1 = 2\text{W} \qquad \text{（实际吸收 2W 功率）}$$

电阻 R_2 吸收功率为：

$$p_{R_2} = I_2^2 R_2 = 10\text{W} \qquad \text{（实际吸收 10W 功率）}$$

电路吸收的总功率为：

$$\Sigma p = -20 + 8 + 2 + 10 = 0$$

可见电路功率平衡。电压源实际吸收功率，在电路中相当于负载。

1.5.3 实际电源的两种模型

实际电源的电压（或电流）往往会随着电源电流（或电压）的增加而下降。图 1-16（a）、（c）表示用电压表、电流表和可变电阻器测量直流电源 VCR 特性曲线的实验电路。所测得的两种典型 VCR 曲线如图 1-16（b）、（d）所示。

由图 1-16（b）可见，特性曲线与电压轴的交点 U_{OC} 表示电源不接负载时的开路（缩写为 oc 或 OC）电压。随着电流的增加，电压沿直线下降，当电流超过某一额定值 I_N 后，电压将急剧下降。

与上相似，图 1-16（d）所示曲线与电流轴的交点 I_{SC} 表示电源短路（缩写为 sc 或 SC）时的短路电流。随着电压的增加，电流沿直线下降，当电压超过某一额定值 U_N 后，电流将急剧下降。

为了得到电源在正常工作时的电路模型，将图 1-16（b）直线部分延长，与电流轴交点为（I_{SC}，0）。设开路时电源端口电压 $U_{OC} = U_S$，短路时电源端口电流 $I_{SC} = I_S$，写出该直线的方程为：

$$u = U_S - \frac{U_S}{I_S} i = U_S - R_S i \qquad (1\text{-}34)$$

与上相似，图 1-16（d）所示曲线相应的直线方程为：

$$i = I_S - \frac{I_S}{U_S}u = I_S - G_S u \tag{1-35}$$

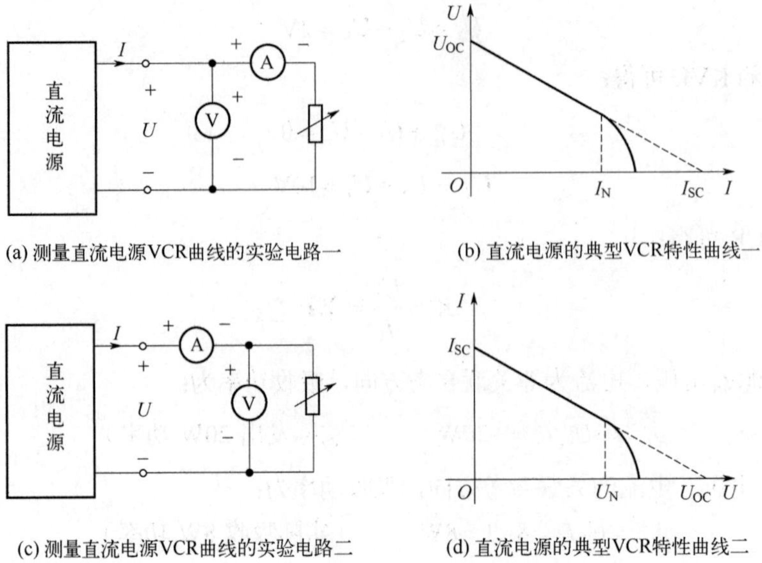

(a) 测量直流电源VCR曲线的实验电路一 (b) 直流电源的典型VCR特性曲线一

(c) 测量直流电源VCR曲线的实验电路二 (d) 直流电源的典型VCR特性曲线二

图 1-16 直流电源 VCR 特性曲线的测量

式（1-34）中，$R_S = U_S / I_S$ 称为电源内阻，由直线的斜率确定。根据式（1-34）得到的电路模型及特性曲线如图 1-17（a）、（b）所示，它由电压源 U_S 和电阻 R_S 串联组成。电阻 R_S 的电压模拟实际电源输出电压随电流增加而下降的特性。电阻 R_S 越小的电源，其电压越稳定。

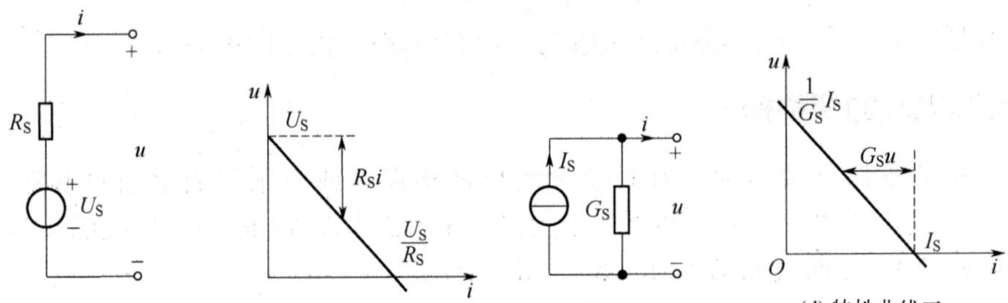

(a) 模型一 (b) 特性曲线一 (c) 模型二 (d) 特性曲线二

图 1-17 电源的两种电路模型及特性曲线

式（1-35）中，$G_S = I_S / U_S$ 称为电源内电导，由直线的斜率确定。根据式（1-35）得到的电路模型及特性曲线如图 1-17（c）、（d）所示，它由电流源 I_S 和电导为 G_S 的电阻并联组成。电阻中的电流模拟实际电源输出电流随电压增加而减小的特性。并联电阻的电导 G_S 越小的电源，其电流越稳定。

需要说明的是，以上提出的两种模型仅适用于一定工作条件下的直流电源。某些电源（如干电池、直流稳压电源等）在电流超过一定量值后不能正常工作，图 1-17（a）所示模型不再适用。另一些电源（如稳流电源等）在接近短路状态时才能正常工作，当电压超过一定量值后，图 1-17（c）所示模型不再适用。一般来说，实际电路的电路模型总有一定的适用范围，由电路模型分析计算的结果，只有在一定范围内才能反映实际电路的真实情况。

本节提出的独立电压源和独立电流源，其电压和电流间的约束关系由伏安平面上的一条直线来描述。按照现代网络理论对电阻元件的定义，它们是一种二端非线性有源电阻元件。由于理想电压源和理想电流源对电路所起的作用，与线性电阻和后文将要介绍的其他电阻元件均不相同，为了叙述方便和避免混淆，本书后面提到的电阻元件一词系指除独立电压源和电流源以外的其他电阻元件。

1.5.4 受控电源

在电子电路中广泛使用各种晶体管、运算放大器等多端器件。这些多端器件的某些端钮的电压或电流受到另一些端钮电压或电流的控制。例如，晶体管的集电极电流受到基极电流的控制，运算放大器的输出电压受到输入电压的控制。为了模拟多端器件各电压、电流间的这种耦合关系，需要定义一些多端电路元件（模型）。

受控源又称为非独立源。一般来说，一条支路的电压或电流受本支路以外的其他因素控制时统称为受控源。本书仅讨论一条支路的电压或电流受电路中另一条支路的电压或电流控制的情况，这样的受控源是由两条支路组成的一种理想化电路元件。受控源的第一条支路是控制支路，呈开路或短路状态；第二条支路是受控支路，它是一个电压源或电流源，其电压或电流的量值受第一条支路电压或电流的控制。这样的受控源可以分成四种类型，分别称为电流控制的电压源（current controlled voltage source，CCVS）、电压控制的电流源（voltage controlled current source，VCCS）、电流控制的电流源（current controlled current source，CCCS）和电压控制的电压源（voltage controlled voltage source，VCVS），如图 1-18 所示。

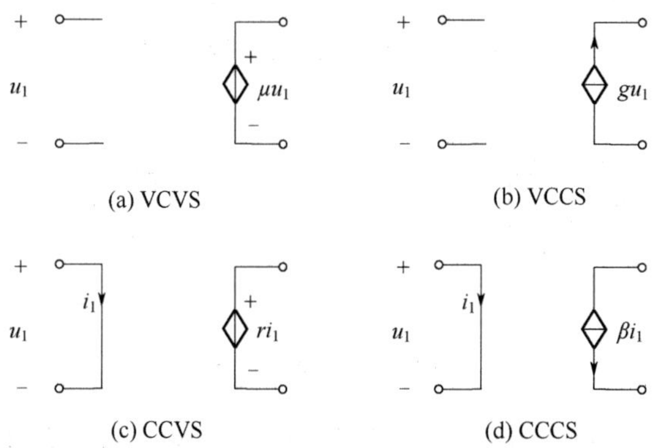

图 1-18　四种受控源

如果受控源是线性的，则每种受控源可分别由以下线性代数方程来描述：

$$\text{VCVS：}\quad u_2 = \mu u_1 \tag{1-36}$$

$$\text{CCVS：}\quad u_2 = ri_1 \tag{1-37}$$

$$\text{VCCS：}\quad i_2 = gu_1 \tag{1-38}$$

$$\text{CCCS：}\quad i_2 = \beta i_1 \tag{1-39}$$

其中，r 具有电阻量纲，称为转移电阻；g 具有电导量纲，称为转移电导；β 为无量纲的量，称为转移电流比；μ为无量纲的量，称为转移电压比。当受控源的控制系数r、g、β和μ为常量时，它们是线性时不变双口电阻元件。本书只研究线性时不变受控源，并采用菱形符号来表示受控源（不画出控制支路），以便与理想电压源和理想电流源相区别。

【例 1-4】如图 1-19 所示电路中，已知$U_S = 1V$，$R_1 = 1\Omega$，$R_L = 5\Omega$，$\beta = 2$，试求U。

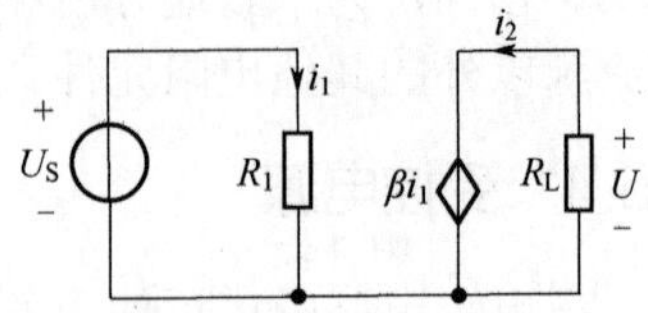

图1-19 例1-4图

解：

图 1-19 中受控源符号表明这是受控电流源，旁边的标注说明控制量为电流i_1，所以这是一个 CCCS 元件，其中控制量为：

$$i_1 = \frac{U_S}{R_1} = 1A$$

由此可得 CCCS 元件的被控量：

$$i_2 = \beta i_1 = 2A$$

由于R_L的电压、电流为非关联参考方向，所以：

$$U = -R_L i_2 = -10V$$

● 习题

习题 1-1　说明图 1-20（a）、（b）中：

（1）u、i的参考方向是否关联？

（2）ui乘积表示什么功率？

（3）如果在图 1-20（a）中u>0、i<0，图 1-20（b）中u>0、i<0，那么元件实际发出还是吸收功率？

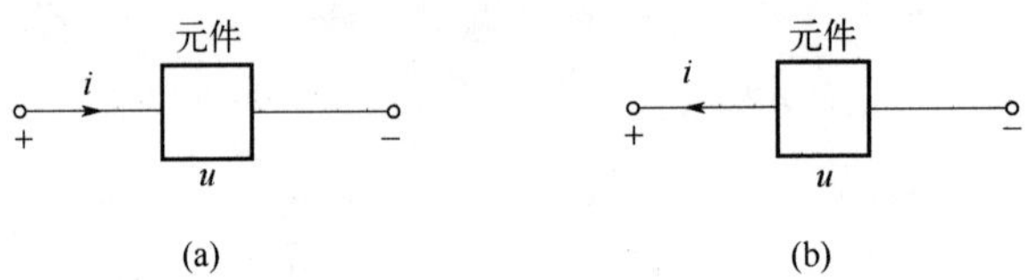

图1-20 习题1-1图

习题 1-2　在图 1-21（a）、（b）中，试问对于N_A与N_B，u、i的参考方向是否关联？此时乘积ui对N_A与N_B分别意味着什么功率？

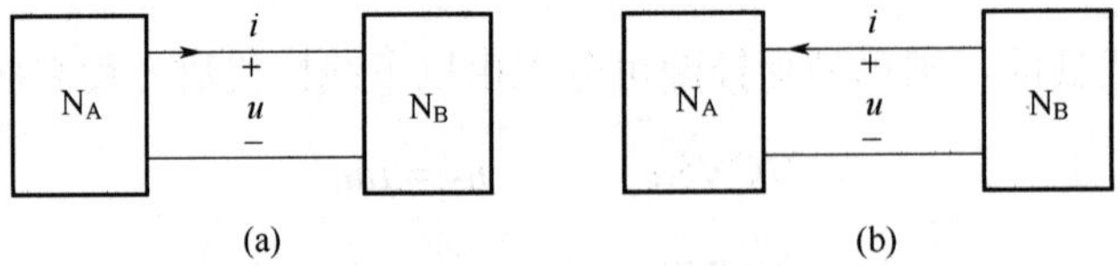

图1-21 习题1-2图

习题 1-3　各二端元件的电压、电流和吸收功率如图 1-22 所示。试求各图上的未知量。

习题 1-4　试求图 1-23 中各元件功率，并核对电路是否功率平衡。

习题 1-5　电路如图 1-24 所示，求支路电流i_3、i_5、i_6。

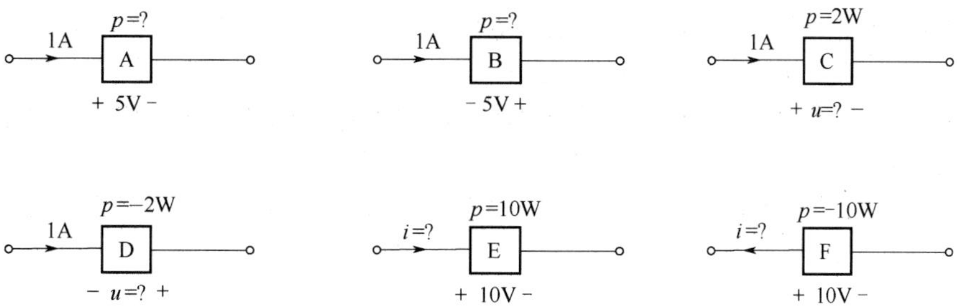

图 1-22　习题 1-3 图

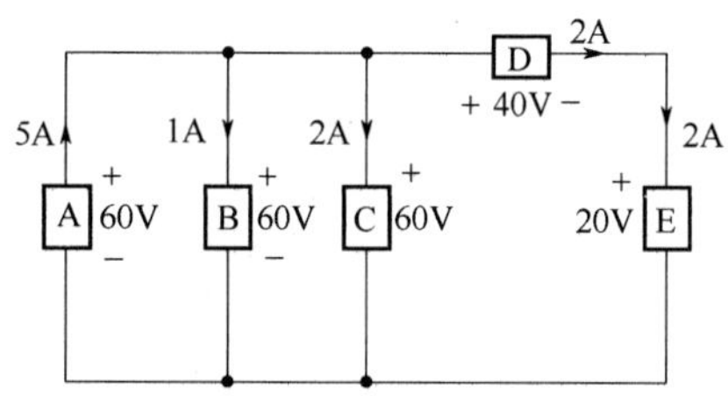

图 1-23　习题 1-4 图

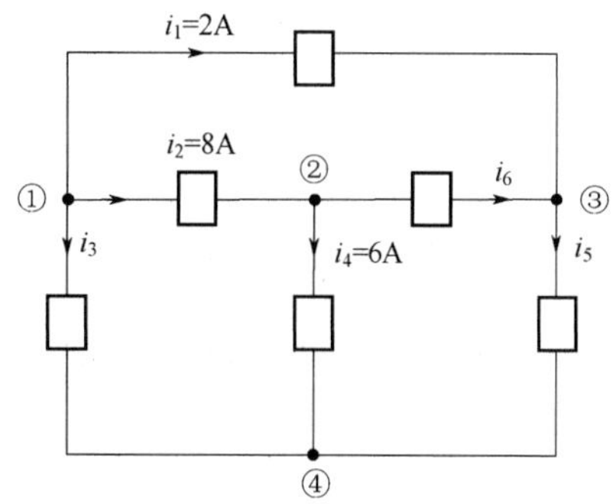

图 1-24　习题 1-5 图

习题 1-6　电路如图 1-25 所示，求支路电压 u_1、u_2、u_3 和节点之间的电压 u_{ae}、u_{be}、u_{ce}。

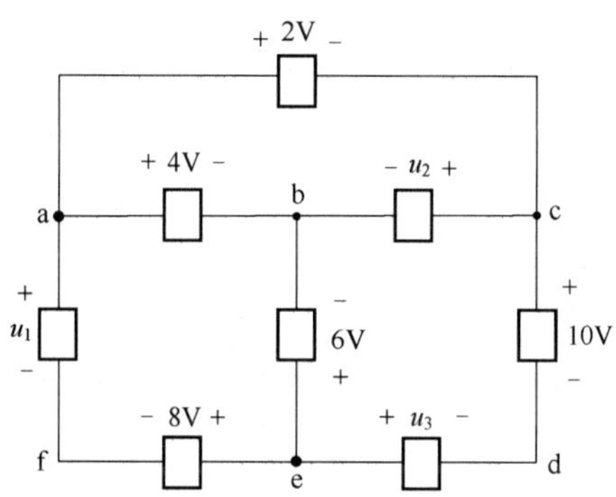

图 1-25　习题 1-6 图

习题 1-7　各线性电阻的电压、电流和电阻如图 1-26 所示。试求各图中的未知量。

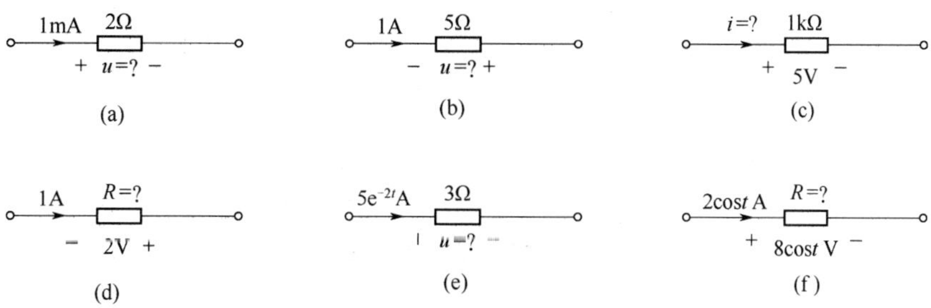

图 1-26　习题 1-7 图

习题 1-8　电路如图 1-27 所示，已知 $u_{S1}(t)=10V$ ，$u_{S2}(t)=6V$ ，求各电压源的电流 $i_{S1}(t)$ 和 $i_{S2}(t)$ ，以及它们发出的功率 $p_{S1}(t)$ 和 $p_{S2}(t)$ 。

习题 1-9　电路如图 1-28 所示，已知电流源的电流 $i_S(t)=2A$ ，求此时电流源的电压 $u(t)$ 和发出的功率 $p_S(t)$ 。

习题 1-10　电路如图 1-29 所示，已知电压源的电压 $u_{S1}(t)=10V$ ，电流源的电流 $i_{S2}(t)=3A$ ，求此时电压源和电流源发出的功率。

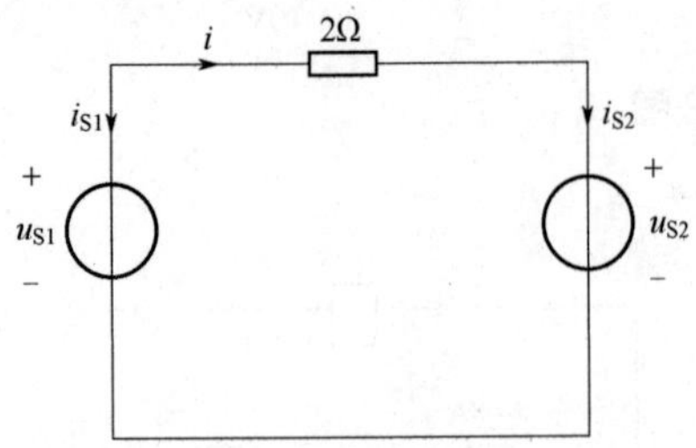

图 1-27　习题 1-8 图

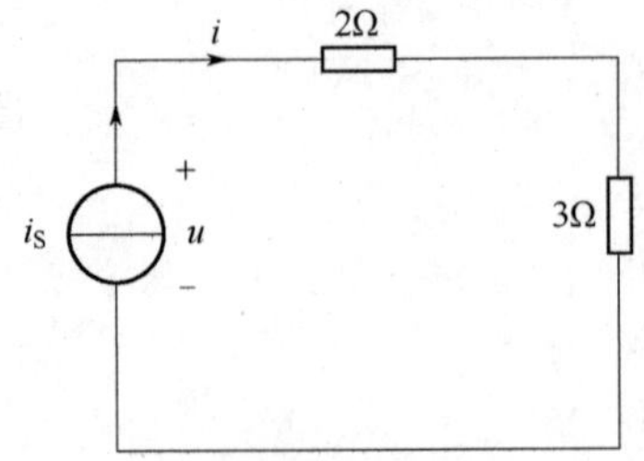

图 1-28　习题 1-9 图

习题 1-11　电路如图 1-30 所示，已知 $i_4=1A$，求各元件电压和吸收功率，并验证功率平衡。

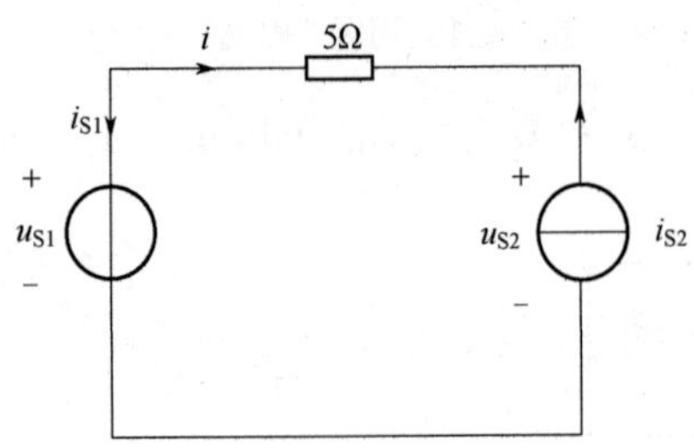

图 1-29　习题 1-10 图

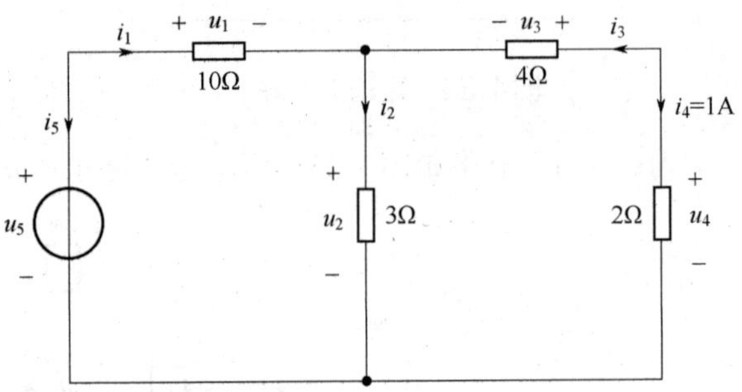

图 1-30　习题 1-11 图

习题 1-12　电路如图 1-31 所示，已知 16V 电压源发出功率 8W。试求电压 u 和电流 i ，以及未知元件的吸收功率 p 。

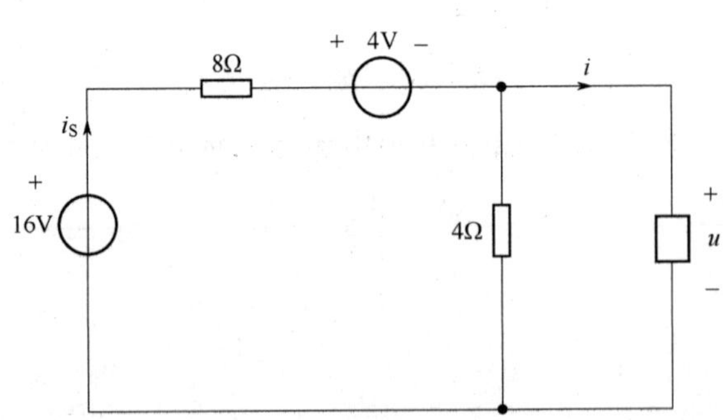

图 1-31　习题 1-12 图

习题 1-13　电路如图 1-32 所示，已知 $u_1=30V$ ，试确定 R_1 的值。

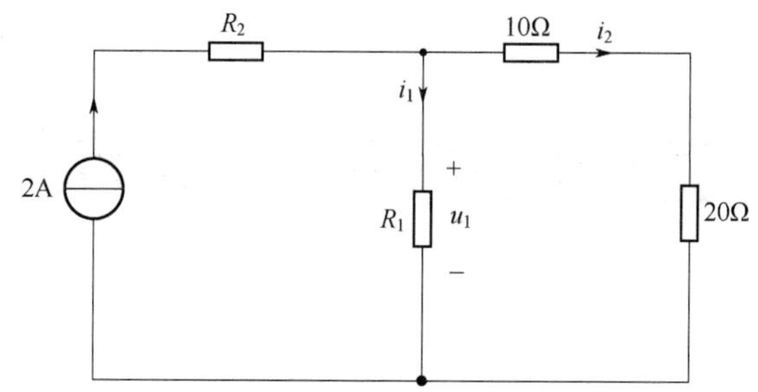

图 1-32　习题 1-13 图

习题 1-14　电路如图 1-33 所示，试求各元件的吸收功率。

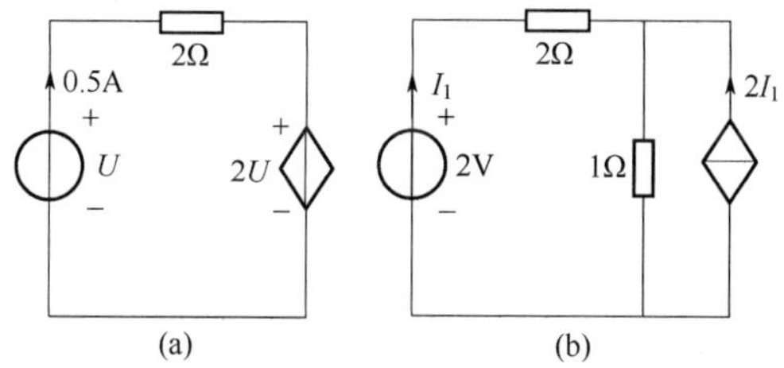

图 1-33　习题 1-14 图

本书配套资源

第 2 章　直流电路等效变换和基本原理

• 本章思维导图

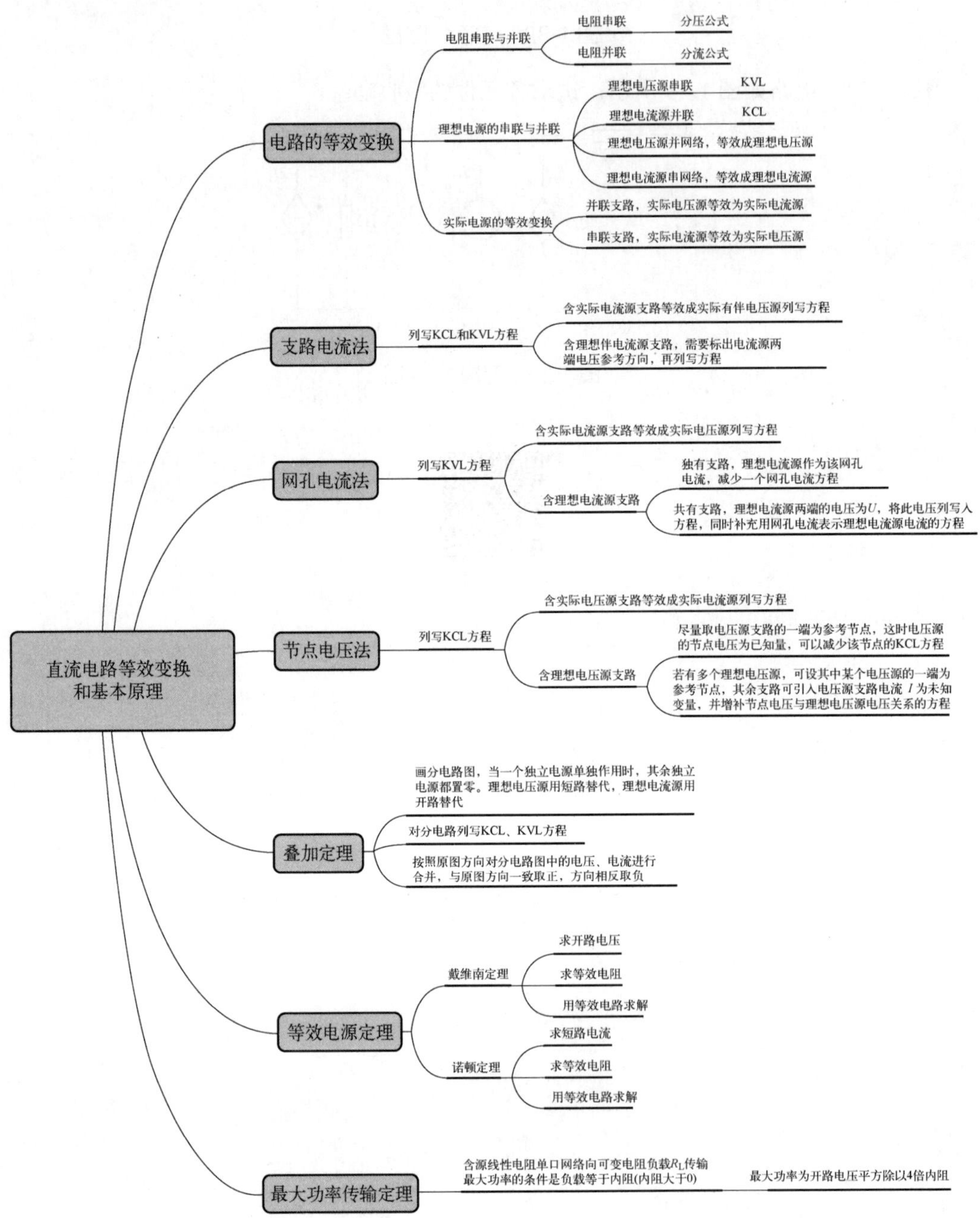

• 本章学习目标

1. 理解无源单口网络、有源单口网络、电源模型、电阻连接方式等概念。

2. 熟悉电阻串并联、理想电源串并联以及实际电源等效变换的方法；掌握支路电流法、网孔电流法、节点电压法、叠加定理、戴维南定理、最大功率传输定理等的原理、步骤。

3. 掌握电路的等效变换、支路电流法、网孔电流法、节点电压法、叠加定理、戴维南定理、最大功率传输定理等的分析和计算过程。

2.1 电路的等效变换

任何一个复杂的电路，向外引出两个端子，且从一个端子流入的电流等于从另一端子流出的电流，则称这一电路为二端网络（或一端口网络、单口网络）。

单口网络端口的电压u和电流i的关系称为单口网络的伏安关系。如图 2-1 所示，若两个单口网络N_1和N_2的伏安关系完全相同，则称这两个单口网络等效，N_1和N_2互为等效电路。

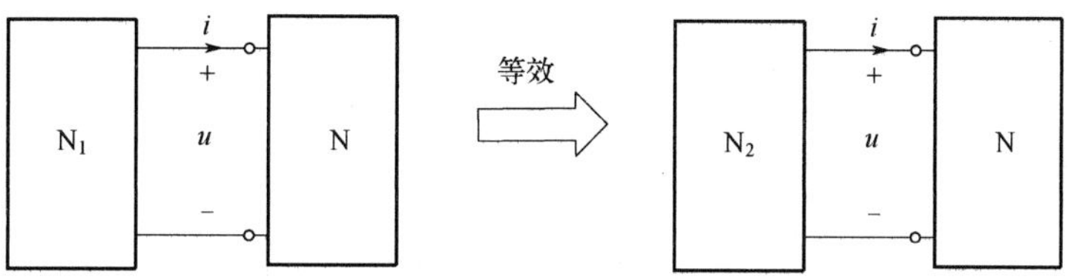

图 2-1 等效网络

2.1.1 电阻串联与并联

在图 2-2 中，R_1、…、R_k、…、R_n各电阻顺序连接，流过同一电流，称为串联。

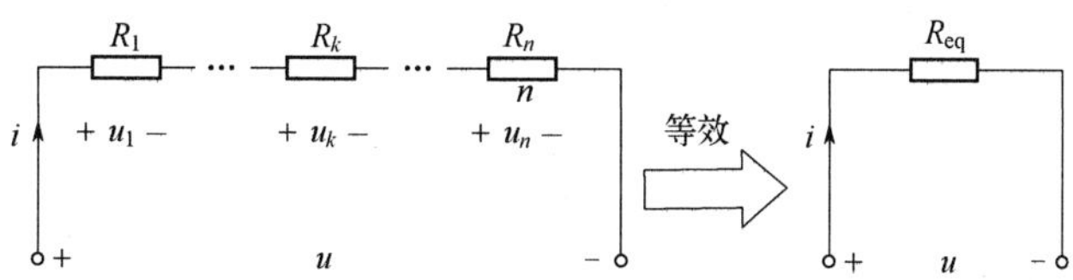

图 2-2 电阻串联

应用 KVL 定律，有$u=u_1+\cdots+u_k+\cdots+u_n=(R_1+\cdots+R_k+\cdots+R_n)i=R_{eq}i$。其中

$$R_{eq}=R_1+\cdots+R_k+\cdots+R_n=\sum_{k=1}^{n}R_k \tag{2-1}$$

串联电路的等效电阻R_{eq}等于各电阻之和，各电阻上的电压为

$$u_k=R_ki=\frac{R_k}{R_{eq}}u \qquad (k=1,2,\cdots,n) \tag{2-2}$$

串联电阻，其电压与电阻成正比。式（2-2）称为电压分配公式，或者分压公式。

在图 2-3 中，R_1、…、R_k、…、R_n各电阻跨接在两个节点之间，各电阻两端的电压为同一电压，称为并联。

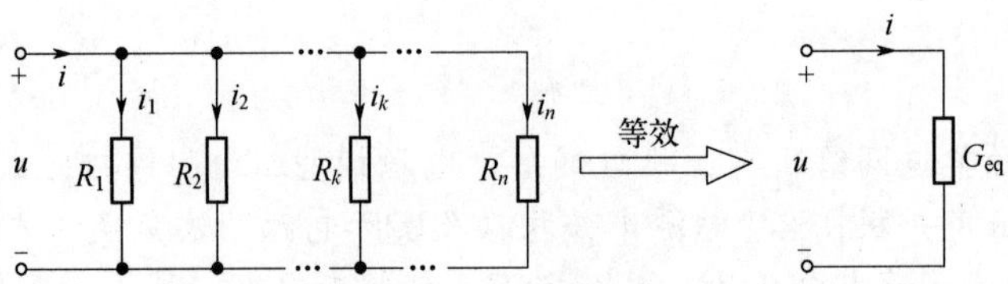

图 2-3　电阻并联

应用 KCL 定律，有 $i = i_1 + \cdots + i_k + \cdots + i_n = (G_1 + \cdots + G_k + \cdots + G_n)u = G_{eq}u$。其中

$$G_{eq} = G_1 + \cdots + G_k + \cdots + G_n = \sum_{k=1}^{n} G_k \tag{2-3}$$

式中，G_1、$\cdots$、G_k、$\cdots$、G_n 分别为电阻 R_1、$\cdots$、R_k、$\cdots$、R_n 的电导，并联电路的等效电阻 R_{eq} 等于各电阻倒数之和的倒数，$R_{eq} = \dfrac{1}{G_{eq}} = \dfrac{1}{\sum\limits_{k=1}^{n} G_k} = \dfrac{1}{\sum\limits_{k=1}^{n} \dfrac{1}{R_k}}$，或者 $\dfrac{1}{R_{eq}} = \sum\limits_{k=1}^{n} \dfrac{1}{R_k}$。

电阻并联时，各电阻上的电流为

$$i_k = G_k u = \frac{G_k}{G_{eq}} i \quad (k = 1, 2, \cdots, n) \tag{2-4}$$

并联电阻，其电流与电导成正比。式（2-4）称为电流分配公式，或者分流公式。

当 $n = 2$ 时，即两个电阻并联，如图 2-4 所示，等效电阻为

$$R_{eq} = \frac{1}{\dfrac{1}{R_1} + \dfrac{1}{R_2}} = \frac{R_1 R_2}{R_1 + R_2}$$

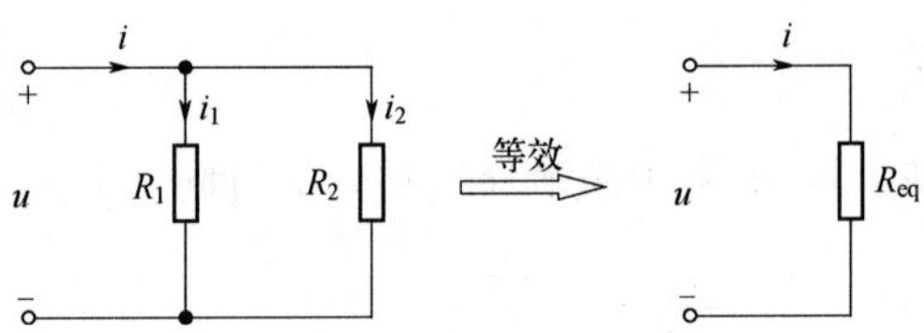

图 2-4　两个电阻并联

两个电阻并联时的电流为

$$i_1 = \frac{R_2}{R_1 + R_2} i, \quad i_2 = \frac{R_1}{R_1 + R_2} i \tag{2-5}$$

【例 2-1】 计算图 2-5 所示电路中各支路的电压和电流。

解：

对图 2-5 中电阻进行串并联等效得

$$R_{eq} = 5 + 12 // (2.5 + 2 // 6) = 8\Omega, \quad i_1 = \frac{32}{8} = 4\text{A}$$

对图 2-6 利用分流公式得

$$i_2 = \frac{4}{12 + 4} i_1 = 1\text{A}, \quad i_3 = \frac{12}{12 + 4} i_1 = 3\text{A}$$

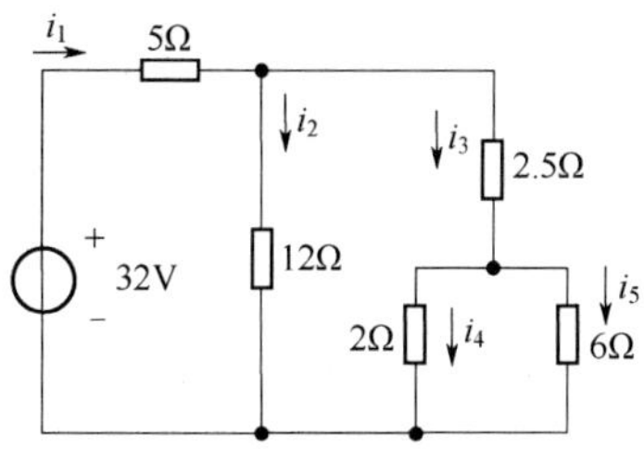

图 2-5　例 2-1 图一

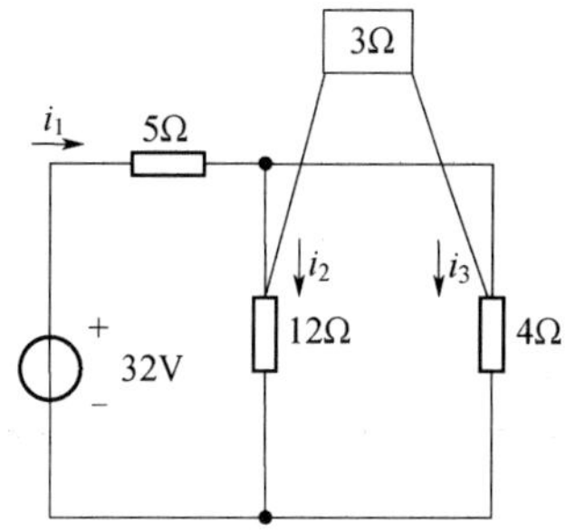

图 2-6　例 2-1 图二

对图 2-5 利用分流公式得

$$i_4 = \frac{6}{2+6} i_3 = 2.25\text{A}, \quad i_5 = \frac{2}{2+6} i_3 = 0.75\text{A}$$

2.1.2　理想电源的串联与并联

图 2-7 为 n 个电压源串联，可以等效为一个电压源，等效电压源的电压值为$u_S = \sum_{k=1}^{n} u_{Sk}$。当$u_{Sk}$的参考方向和$u_S$的参考方向一致时，式中$u_{Sk}$前面取“+”号，不一致时，取“−”号。

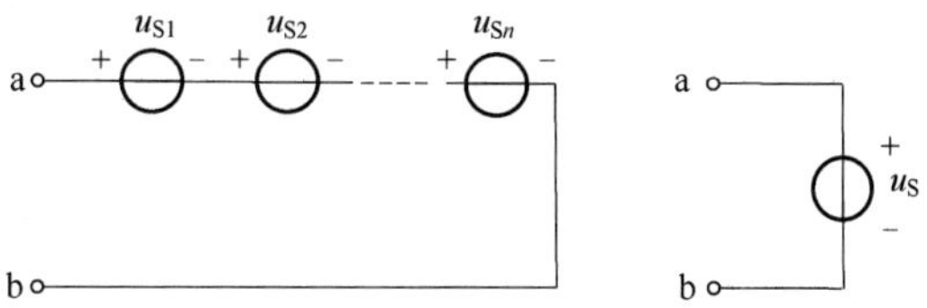

图 2-7　理想电压源串联

图 2-8 为 n 个电流源并联，可以等效为一个电流源，等效电流源的电流值为$i_S = \sum_{k=1}^{n} i_{Sk}$。当$i_{Sk}$的参考方向和$i_S$的参考方向一致时，式中$i_{Sk}$前面取“+”号，不一致时，取“−”号。

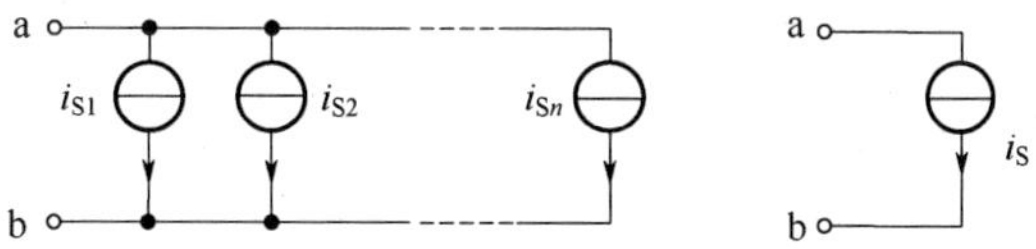

图 2-8　理想电流源并联

图 2-9 为理想电压源和网络并联，可以等效为理想电压源。

图 2-10 为理想电流源和网络串联，可以等效为理想电流源。

2.1.3　实际电源的等效变换

实际电压源的模型为理想电压源u_S串联电阻R_S，其电路模型和外特性曲线如图 2-11 所示，$u = u_S - R_S i$；实际电流源为理想电流源i_S并联电阻R_S，其电路模型和外特性曲线如图 2-12 所示，$i = i_S - G_S u$。

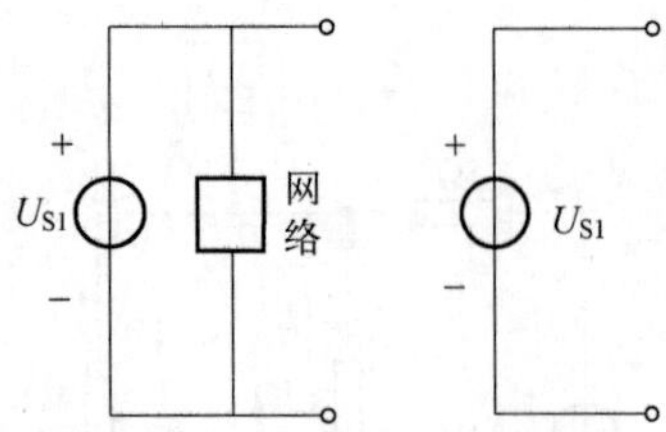

图 2-9　理想电压源与网络并联

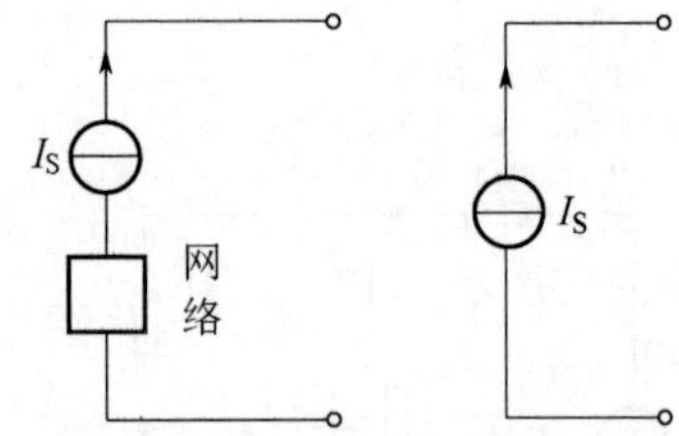

图 2-10　理想电流源与网络串联

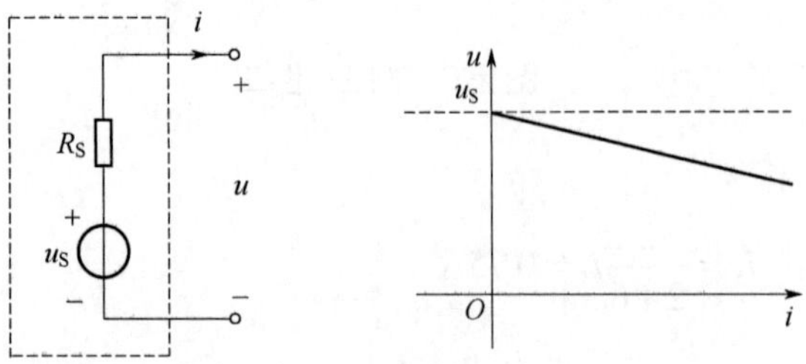

图 2-11　实际电压源模型以及伏安特性曲线

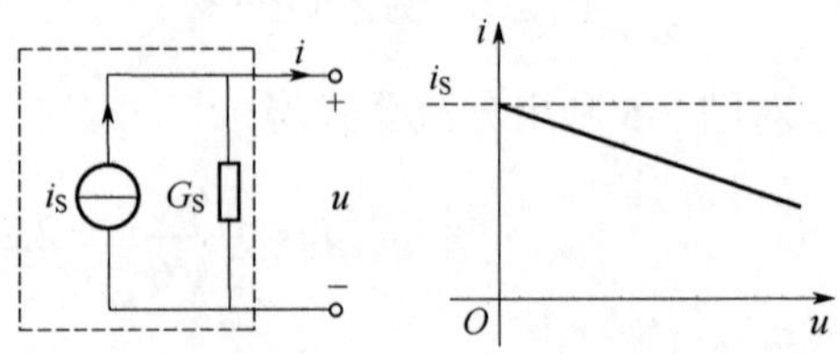

图 2-12　实际电流源模型以及伏安特性曲线

图 2-11 所示的实际电压源与图 2-12 所示的实际电流源，在 $u_S = R_S i_S$ 且 $R_S = \dfrac{1}{G_S}$，或者 $i_S = \dfrac{u_S}{R_S}$ 且 $R_S = \dfrac{1}{G_S}$ 时，存在等效关系，注意电压源和电流源的参考方向。

【**例 2-2**】用电源等效变换求图 2-13 中单口网络的等效电路。

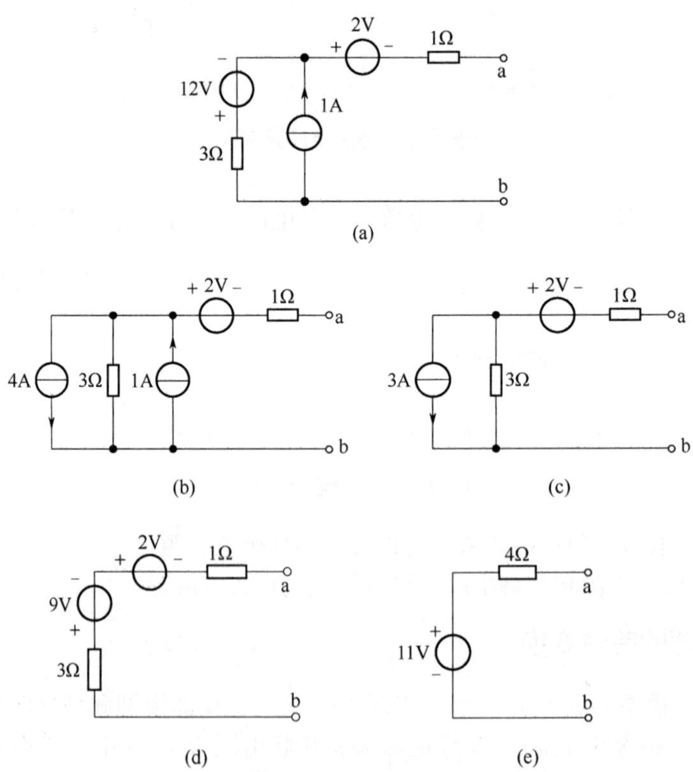

图 2-13　例 2-2 图

解：

电源等效变换：两支路并联时，如遇电压源和电阻串联，换成电流源和电阻并联，如图 2-13（a）转换为图 2-13（b），并联电路电流源可以进行合并，如图 2-13（b）转换为图 2-13（c）；两支路串联时，如遇电流源和电阻并联，换成电压源和电阻串联，如图 2-13（c）转换为图 2-13（d），串联电路电压源可以进行合并，如图 2-13（d）转换为图 2-13（e）。

【例 2-3】用电源等效变换求图 2-14 中单口网络的等效电路。

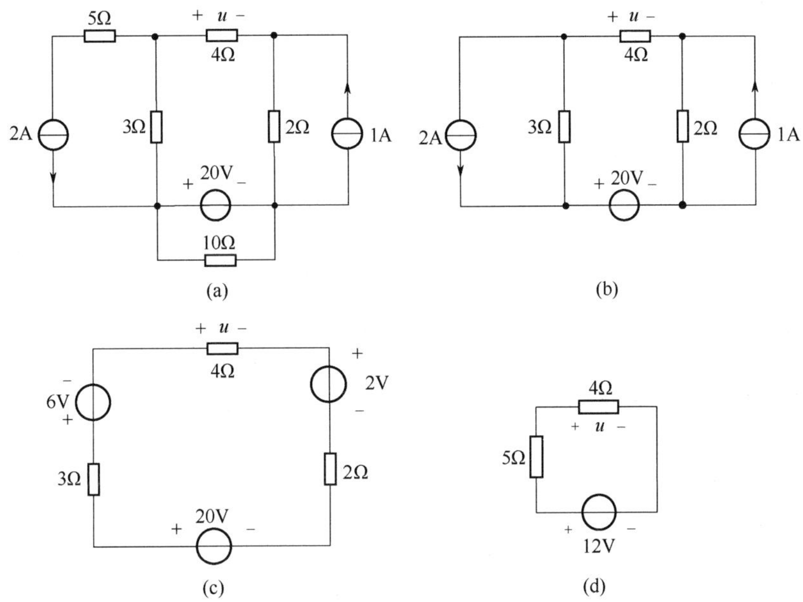

图 2-14　例 2-3 图

解：

电流源和电阻串联等效成电流源，电压源和电阻并联等效成电压源，故图 2-14（a）转换为图 2-14（b），再根据串联支路转换成电压源合并，并联支路转换成电流源合并，化简电路得到图 2-14（d），$u=\frac{12}{4+5}\times 4=\frac{16}{3}\text{V}$。

注意：

（1）等效条件：对外等效，对内不等效。

（2）实际电源可进行电源的等效变换。

（3）实际电源等效变换时，注意等效参数的计算、电源数值与方向的关系。

（4）理想电源不能进行电流源与电压源之间的等效变换。

（5）与理想电压源并联的支路对外可以开路等效；与理想电流源串联的支路对外可以短路等效。

2.2　支路电流法

支路电流法（branch current method）是以支路电流为待求解量，利用 KCL、KVL 方程，对电路进行分析的方法。

对于有 b 条支路、n 个节点的电路，独立的 KCL 方程个数为 n−1，独立的 KVL 方程个

数为 $b-n+1$，还有 b 个 VCR 方程。联立求解 $2b$ 个方程，可以求出所有支路的电压、电流。这种方法称为 $2b$ 法。利用 $2b$ 法求解任意电路的缺点是随着支路增加，方程数目增加，用手工求解比较困难。

支路电流法是利用元件的 VCR 方程，将电路的支路电压用支路电流代替，使联立方程的个数由 $2b$ 减少到 b。

支路电流法解题步骤如下：

（1）标出每个支路的电流及参考方向；

（2）列 $n-1$ 个独立的 KCL 方程；

（3）指定回路绕行方向，列 $b-(n-1)$个 KVL 方程；

（4）联立求解 KCL、KVL 方程组，求解各支路电流；

（5）根据要求，利用元件 VCR 方程，求出支路电压及功率。

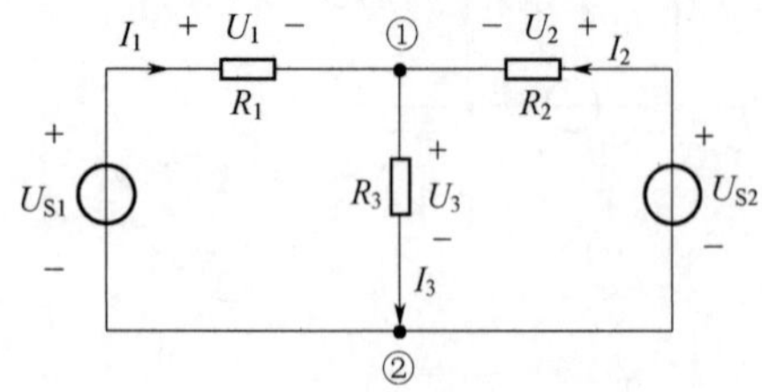

图 2-15　支路电流法求解电路举例

以图 2-15 为例，说明利用支路电流法求解未知支路电流的步骤。

该电路具有 3 条支路和 2 个节点，分别对节点①②列写 KCL 方程，取流出节点电流为正，流入为负，可得：

$$\begin{cases}\text{节点①：} -I_1 - I_2 + I_3 = 0 \\ \text{节点②：} I_1 + I_2 - I_3 = 0\end{cases}$$

通过分析以上方程组发现，独立方程是 1 个。对于有 n 个节点的电路，独立的 KCL 方程个数为 $n-1$。

再对图 2-15 的 3 个回路列写 KVL 方程，沿着顺时针的巡行方向，电位降为正，电位升为负，可得：

$$\begin{cases}U_1 + U_3 - U_{S1} = 0 \\ -U_2 + U_{S2} - U_3 = 0 \\ U_1 - U_2 + U_{S2} - U_{S1} = 0\end{cases}$$

通过分析以上方程组发现，将其中任意 2 个方程组相加，都可以得到第 3 个方程组，所以，这 3 个方程组中只有 2 个方程是相互独立的。

由 3 条支路可以得到 VCR 方程为

$$U_1 = R_1 I_1$$
$$U_2 = R_2 I_2$$
$$U_3 = R_3 I_3$$

VCR 方程是独立的。联立任意 1 个 KCL、任意 2 个 KVL、3 个 VCR 方程，可以求出该电路的每一条支路的电压和电流。

【例 2-4】电路如图 2-15 所示，已知 $R_1 = 20\Omega$，$R_2 = 5\Omega$，$R_3 = 6\Omega$，$U_{S1} = 140\text{V}$，$U_{S2} = 90\text{V}$，应用支路电流法求各支路电流。

解：

（1）在电路图上标出所求支路的电流和电压的参考方向。

（2）列 $n-1$ 个独立的 KCL 方程：

$$I_1 + I_2 - I_3 = 0$$

（3）列 $b-n+1$ 个独立的 KVL 方程，用 i 去表示 u：

$$\begin{cases} R_1I_1 + R_3I_3 - U_{S1} = 0 \\ -R_2I_2 + U_{S2} - R_3I_3 = 0 \end{cases}$$

（4）联立 KCL、KVL 方程，求解得到：

$$\begin{cases} I_1 = 4\text{A} \\ I_2 = 6\text{A} \\ I_3 = 10\text{A} \end{cases}$$

（5）根据各支路的 VCR 方程，可求出各支路电压并进行其他分析：

$$\begin{cases} U_1 = 80\text{V} \\ U_2 = 30\text{V} \\ U_3 = 60\text{V} \end{cases}$$

【例 2-5】电路如图 2-16 所示，已知 $R_1 = 3\Omega$，$R_2 = 2\Omega$，$U_{S1} = 25\text{V}$，$U_{S2} = 4\text{V}$，$I_S = 2\text{A}$。用支路电流法求各支路电流。

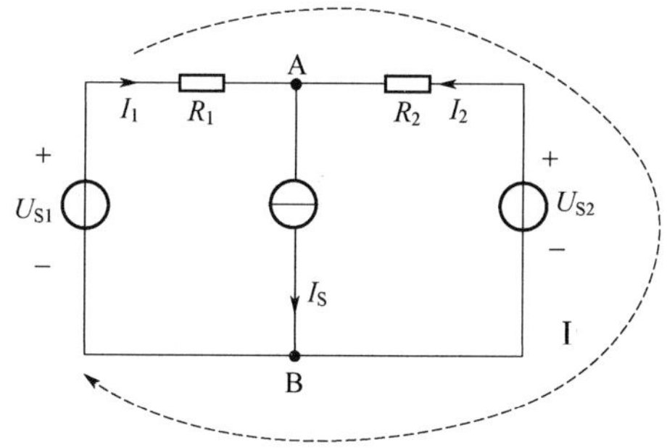

图 2-16　例 2-5 电路一

解：

（1）在电路图上标出所有支路电流及其参考方向，其中 U_{S1} 电压源和 R_1 电阻串联流过同一个电流的分支，看成一条支路，同理，U_{S2} 电压源和 R_2 电阻串联也可以看成一条支路，则该电路的节点数 n=2，支路数 b=3。由于 I_S 电流源所在支路的电流已知，因此待求支路电流为 2 个，需要列 2 个独立的方程。

（2）列一个独立的 KCL 方程：

$$I_1 + I_2 - I_S = 0$$

（3）按照回路 I 的虚线所标的回路，列写独立的 KVL 方程，根据元件 VCR 关系用 i 去表示 u：

$$R_1I_1 - R_2I_2 + U_{S2} - U_{S1} = 0$$

（4）联立 KCL、KVL 方程，求解得到：

$$\begin{cases} I_1 = 5\text{A} \\ I_2 = -3\text{A} \end{cases}$$

利用支路电流法列写 KVL 方程时，尽量利用含电压源的支路而避开有理想电流源（或者理想电流源串联电阻）的支路。若理想电流源两端的电压是待求解量，可以增加 KVL 方程个数，直接将各支路电路和理想电流源两端的电压求解出来。在列写含理想电流源（或者理想电流源串联电阻）的支路 KVL 方程时，理想电流源两端的电压不要遗漏。

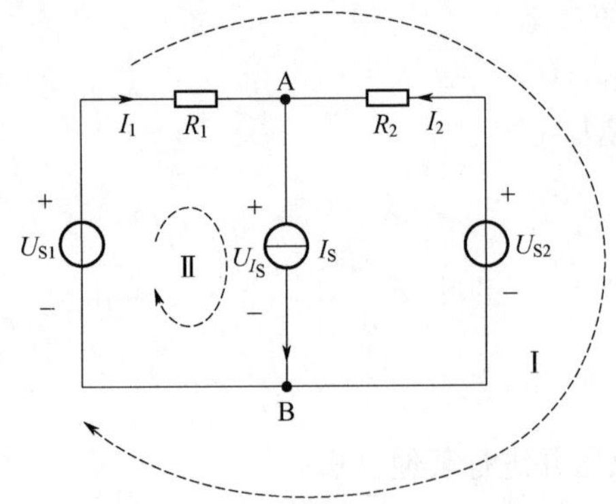

图 2-17　例 2-5 电路二

如图 2-17 所示，按照回路Ⅱ的虚线所标的回路，列写独立的 KVL 方程，根据元件 VCR 关系用 i 去表示 u：

$$R_1I_1+U_{I_S}-U_{S1}=0$$

联立该方程以及上述方程，求得 $U_{I_S}=10\text{V}$。

支路电流法是分析线性电路的基本方法，在方程数目不多的情况下可以手工求解，方程数目较多时，可以利用计算机解行列式进行求解。

与支路电流法相对应，如果将支路电流用支路电压来表示，代入 $2b$ 法的 KCL 方程中，可以得到以支路电压为电路变量的 b 个方程，这种方法称为支路电压法。

2.3　网孔电流法

网孔电流（mesh current）是假想的沿电路中网孔边界流动的电流。以图 2-18 所示的电路为例，i_{m1}、i_{m2} 即网孔电流，假设它们的绕行方向如图所示。

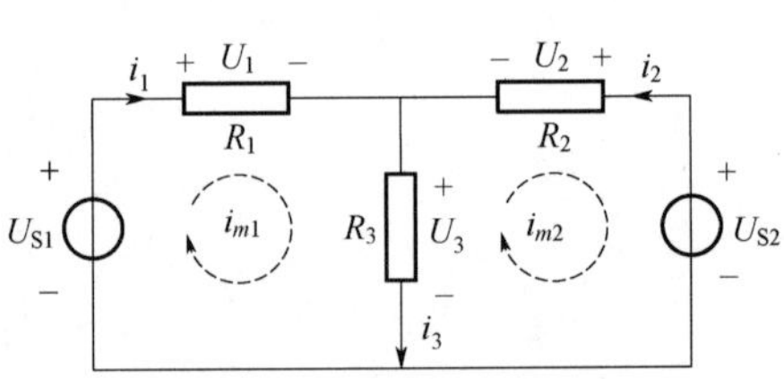

图 2-18　网孔电流法求解电路举例

支路电流和网孔电流的关系为

$$\begin{cases} i_1=i_{m1} \\ i_2=-i_{m2} \\ i_3=i_{m1}-i_{m2} \end{cases}$$

可见，所有支路电流都可以用网孔电流来表示，求得网孔电流就可以求出支路电流和支路电压。如果一个平面电路，包含 b 条支路、n 个节点，则网孔电流个数为 $b-n+1$，因此以网孔电流作为未知量列写方程可以减少方程个数。

由于流入节点的网孔电流一定流出该节点，因此每个节点的网孔电流自动满足 KCL。用网孔电流作为未知量，根据元件 VCR 列写 $b-n+1$ 个 KVL 方程。

以网孔电流为未知量，根据元件 VCR，对网孔列写 KVL 方程的方法称为网孔电流法（mesh-analysis method）。网孔电流法只适用于平面电路。

在图 2-18 所示电路中，选网孔的绕行方向与网孔电流方向相同，根据 KVL 和元件 VCR 列写网孔电压方程如下：

$$\begin{cases} R_1i_{m1}+R_3(i_{m1}-i_{m2})=U_{S1} \\ R_2i_{m2}+R_3(i_{m2}-i_{m1})=-U_{S2} \end{cases}$$

对方程进行整理得到：

$$\begin{cases}(R_1+R_3)i_{m1}-R_3i_{m2}=U_{S1}\\-R_3i_{m1}+(R_2+R_3)i_{m2}=-U_{S2}\end{cases}$$

把上式推广到 m 个网孔，则得网孔电流方程的一般形式如下：

$$\begin{cases}R_{11}i_{m1}+R_{12}i_{m2}+\cdots+R_{1m}i_{mm}=u_{S11}\\R_{21}i_{m1}+R_{22}i_{m2}+\cdots+R_{2m}i_{mm}=u_{S22}\\\cdots\\R_{m1}i_{m1}+R_{m2}i_{m2}+\cdots+R_{mm}i_{mm}=u_{Smm}\end{cases}$$

R_{11}、R_{22}、R_{mm} 为网孔 1、网孔 2、网孔 m 的自阻（self resistance），它们是每个网孔的电阻之和，始终为正值。R_{12}、R_{21} 为网孔 1 和网孔 2 的互阻（mutual resistance），它们是两个网孔的公共电阻之和，互阻有正有负，若两网孔电流流过互阻的方向一致，为正，反之，为负。若电路中所有的网孔电流的方向均假设为同一方向（顺时针或者逆时针），则互阻恒为负。u_{S11}、u_{S22}、u_{Smm} 分别表示网孔 1、网孔 2、网孔 m 沿着巡行方向各电压源的电位升之和，即沿着巡行方向电位升为正，电位降为负。

按此形式整理，网孔电流方程左边列写的是电阻上的电位降之和，右边列写的是电压源的电位升之和，即沿网孔绕行电位降的代数和为零。

网孔电流法的一般解题步骤如下：

（1）假设每个网孔电流的参考方向，并将网孔电流的方向定为列写网孔 KVL 方程的网孔绕行方向。

（2）以网孔电流为未知量，列写 $b-(n-1)$个网孔 KVL 方程。

（3）联立求解网孔电流。

（4）根据 KCL、元件 VCR，求各支路电流、电压等其他变量。

【例 2-6】用网孔电流法求解图 2-19 所示电路各支路电流。

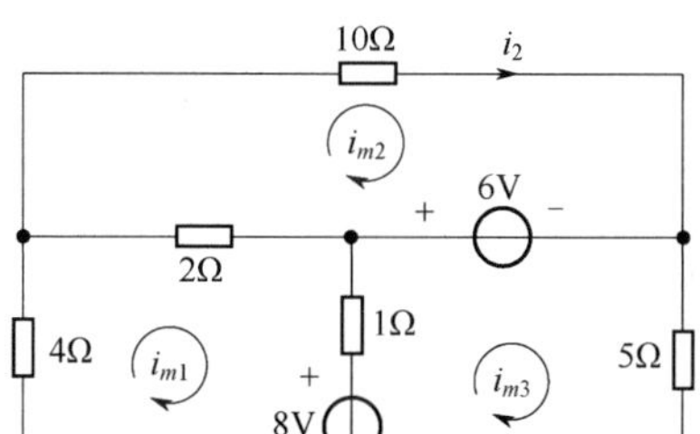

图 2-19　例 2-6 电路

解：

电路为平面电路，有 3 个网孔。

（1）选定网孔电流 i_{m1}、i_{m2}、i_{m3} 的参考方向，如图 2-19 所示。

（2）列出网孔的自阻、互阻、各电压源的电位升之和：

$$R_{11}=1+2+4=7\Omega\text{，}\quad R_{12}=R_{21}=-2\Omega\text{，}\quad u_{S11}=-8\text{V}$$

$$R_{22}=10+2=12\Omega\text{，}\quad u_{S22}=6\text{V}$$

$$R_{33}=1+5=6\Omega\text{，}\quad R_{13}=R_{31}=-1\Omega\text{，}\quad u_{S33}=-6+8=2\text{V}$$

整理得到网孔电流方程：

$$\begin{cases}7i_{m1}-2i_{m2}-i_{m3}=-8\\-2i_{m1}+12i_{m2}=6\\-i_{m1}+6i_{m3}=8-6\end{cases}$$

（3）联立求解得到

$$i_{m1}=-\frac{40}{39}\text{A}\quad i_{m2}=\frac{77}{234}\text{A}\quad i_{m3}=\frac{19}{117}\text{A}$$

由此，可求出各支路电流

$$\begin{cases}i_1=i_{m1}\\i_2=i_{m2}\\i_3=i_{m3}\\i_4=i_{m3}-i_{m1}=\dfrac{139}{117}\text{A}\end{cases}$$

2.4　节点电压法

节点电压法就是以节点电压作为未知量，列写方程求解的方法。在有 n 个节点的电路中，任选一个节点作为参考点（reference point），一般设该节点电压为零，其余的各节点与参考点之间的电压降称为节点电压（node voltage）。有 n 个节点的电路，就有 $n-1$ 个节点电压。

由于任一支路都连接在两个节点之间，所以支路电压均可以由节点电压表示。例如图 2-20 所示电路中，设⓪作为参考点，则节点电压为u_{n1}、u_{n2}、u_{n3}。各支路电压与节点电压的关系为

$$u_1=u_{n1}\qquad u_4=u_{n1}-u_{n3}$$
$$u_2=u_{n2}\qquad u_5=u_{n1}-u_{n2}$$
$$u_3=u_{n3}\qquad u_6=u_{n2}-u_{n3}$$

可见，所有的支路电压均可以由节点电压表示，如果求得节点电压，就可以求出支路电压，再由元件 VCR 关系，求出各支路电流。

$$i_1=G_1u_{n1}\qquad i_4=G_4(u_{n1}-u_{n3})$$
$$i_2=G_2u_{n2}\qquad i_5=G_5(u_{n1}-u_{n2})$$
$$i_3=G_3u_{n3}\qquad i_6=G_6(u_{n2}-u_{n3})$$

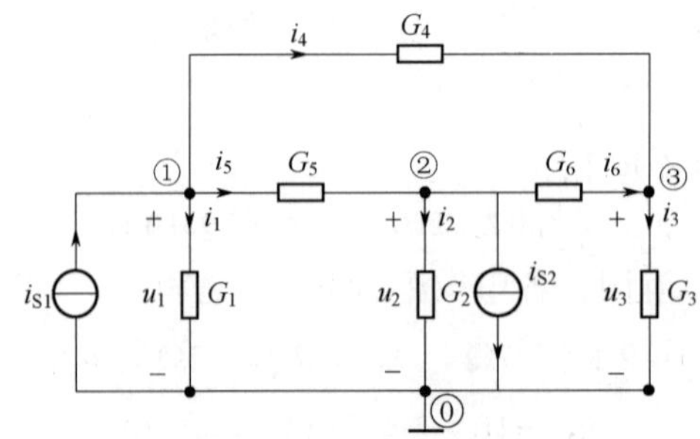

图 2-20　节点电压法引例

当回路中各支路的电压均由与之关联的节点电压表示时，在列写回路 KVL 方程时，每

个节点电压均会在方程中出现两次，且一正一负，所以节点电压自动满足 KVL 方程。因此，用节点电压作为未知量列写方程时，只需利用元件 VCR，列写 n−1 个 KCL 方程。

节点电压法，是根据 KCL 和元件 VCR 对独立节点列写方程求解的方法。以图 2-20 为例，说明节点电压法的方程建立过程。

根据 KCL，可列出独立节点电流方程，假设流入节点电流为正，流出为负。

$$\begin{cases} \text{节点①：} i_{S1} - i_1 - i_4 - i_5 = 0 \\ \text{节点②：} -i_2 + i_5 - i_6 - i_{S2} = 0 \\ \text{节点③：} -i_3 + i_4 + i_6 = 0 \end{cases}$$

用各节点电压表示各支路电流，代入上面的 KCL 方程，得到以节点电压为变量的方程组：

$$\begin{cases} \text{节点①：} i_{S1} - G_1 u_{n1} - G_4(u_{n1} - u_{n3}) - G_5(u_{n1} - u_{n2}) = 0 \\ \text{节点②：} -G_2 u_{n2} + G_5(u_{n1} - u_{n2}) - G_6(u_{n2} - u_{n3}) - i_{S2} = 0 \\ \text{节点③：} -G_3 u_{n3} + G_4(u_{n1} - u_{n3}) + G_6(u_{n2} - u_{n3}) = 0 \end{cases}$$

对方程进行整理，得到

$$\begin{cases} (G_1 + G_4 + G_5)u_{n1} - G_5 u_{n2} - G_4 u_{n3} = i_{S1} \\ -G_5 u_{n1} + (G_2 + G_5 + G_6)u_{n2} - G_6 u_{n3} = -i_{S2} \\ -G_4 u_{n1} - G_6 u_{n2} + (G_3 + G_4 + G_6)u_{n3} = 0 \end{cases}$$

方程左侧是各节点电压在电导上流出该节点的电流之和，方程右侧为电源流入该节点的电流之和（KCL 定律）。

有 n 个节点的网络，节点电压法的一般形式如下：

$$\begin{cases} G_{11}u_{n1} + G_{12}u_{n2} + \cdots + G_{1(n-1)}u_{n(n-1)} = i_{S11} \\ +G_{21}u_{n1} + G_{22}u_{n2} + \cdots + G_{2(n-1)}u_{n(n-1)} = i_{S22} \\ \cdots \\ +G_{(n-1)1}u_{n1} + G_{(n-1)2}u_{n2} + \cdots + G_{(n-1)(n-1)}u_{n(n-1)} = i_{S(n-1)(n-1)} \end{cases}$$

G_{11}、G_{22}、…、$G_{(n-1)(n-1)}$ 分别为节点 1、节点 2、…、节点 n−1 连接的所有支路的电导之和，称为节点 1、节点 2、…、节点 n−1 的自导（self conductance），自导均为正值；G_{12} 是节点 1 和节点 2 之间的所有电导之和的负值，称为互导（mutual conductance），互导均为负值；i_{S11}、i_{S22}、$i_{S(n-1)(n-1)}$ 分别为流入节点 1、节点 2、节点 n−1 的所有电源电流的代数和。

节点电压法适用于支路数较多、节点数较少的电路，节点电压方程既适用于平面电路，也适用于非平面电路。

节点电压法的一般解题步骤如下：

（1）选择参考节点，并标出其余节点的节点电压。

（2）以节点电压为未知量，列写 n−1 个 KCL 方程。

（3）联立求解各节点电压。

（4）利用 KVL、VCR，求解其他未知量。

【例 2-7】 用节点电压法求图 2-21 所示电路中节点电压及未知支路电流。

解：

（1）选择参考节点，并标出其余节点的节点电压。

（2）如果电路中存在电压源与电阻串联的支路（实际电压源），可将其等效为电流源与电阻的并联（实际电流源），然后列写节点 KCL 方程。先将实际电压源转换为实际电流源，见图 2-22。

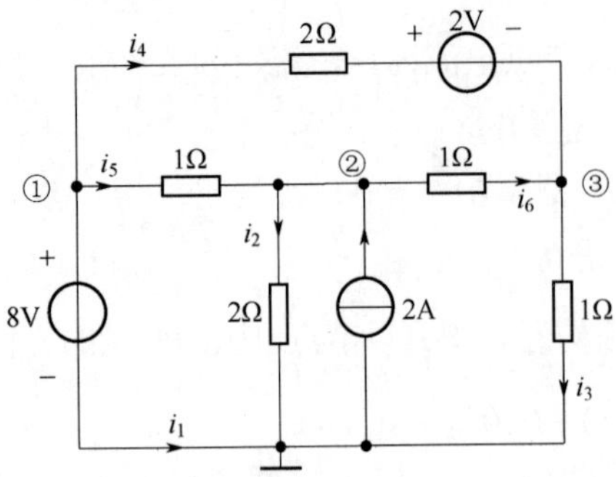

图 2-21　例 2-7 电路一

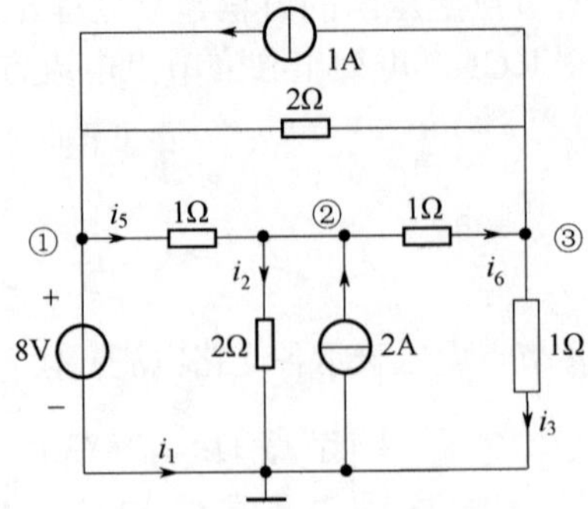

图 2-22　例 2-7 电路二

（3）因为节点①的电压为已知量 $u_{n1}=8\text{V}$，仅列写节点②和③的 2 个 KCL 方程如下：

$$\begin{cases}\left(\dfrac{1}{1}+\dfrac{1}{1}+\dfrac{1}{2}\right)u_{n2}-\dfrac{1}{1}u_{n1}-\dfrac{1}{1}u_{n3}=2\\ \left(\dfrac{1}{1}+\dfrac{1}{1}+\dfrac{1}{2}\right)u_{n3}-\dfrac{1}{2}u_{n1}-\dfrac{1}{1}u_{n2}=-1\end{cases}$$

（4）求得 $u_{n2}=\dfrac{16}{3}\text{V}$，$u_{n3}=\dfrac{10}{3}\text{V}$。

（5）用图 2-21，求得各支路电流如下：

$$i_2=\frac{u_{n2}}{2}=\frac{8}{3}\text{A}，\quad i_3=\frac{u_{n3}}{1}=\frac{10}{3}\text{A}，\quad i_4=\frac{u_{n1}-u_{n3}-2}{2}=\frac{4}{3}\text{A}$$

$$i_5=\frac{u_{n1}-u_{n2}}{1}=\frac{8}{3}\text{A}，\quad i_6=\frac{u_{n2}-u_{n3}}{1}=2\text{A}，\quad i_1=-i_4-i_5=-4\text{A}$$

对于含有理想电压源的电路，有以下处理方法。尽量取电压源支路的一端为参考节点，这时电压源的节点电压为已知量，可以减少该节点的 KCL 方程。

【例 2-8】用节点电压法求图 2-23 所示电路中的 a 点电位。

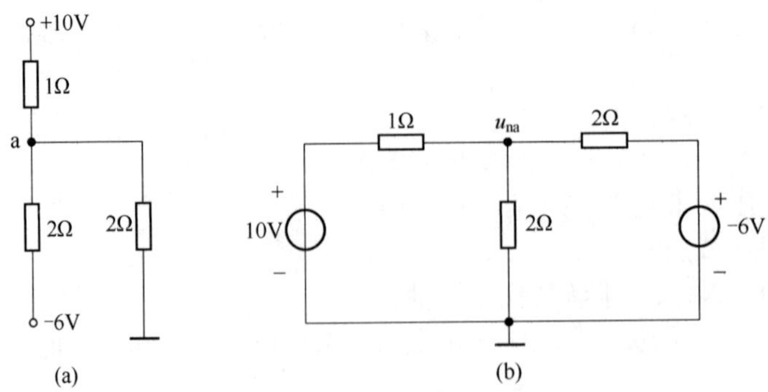

图 2-23　例 2-8 电路

解：

① 图 2-23（a）是电子线路中电源的简化画法，在列节点电压方程时，转换成电压源形式电路，如图 2-23（b）所示。

② 列写节点 a 的 KCL 方程如下：

$$\left(\frac{1}{1}+\frac{1}{2}+\frac{1}{2}\right)u_{\text{na}}=\frac{10}{1}+\frac{-6}{2}$$

③ 求得 $u_{\text{na}}=3.5\text{V}$。

2.5 叠加定理

叠加性是线性电路的重要特性。叠加定理（superposition theorem）可以描述为：在含多个独立源的线性电路中，任意支路上的响应（电压或电流），可以看成每个独立源单独作用时，在该支路上产生的响应的代数和。

图 2-24（a）所示电路有两个独立电源，求电路的响应 i_1、u_2。列出图示电路的网孔方程 $(R_1+R_2)i_{m1}+R_2i_{m2}=u_{\text{S}}$，$i_{m2}=i_{\text{S}}$，可得到电阻 R_1 的电流 $i_1=i_{m1}=\dfrac{1}{R_1+R_2}u_{\text{S}}+\dfrac{-R_2}{R_1+R_2}i_{\text{S}}=i_1'+i_1''$，列 VCR 方程可得

$$u_2=R_2(i_1+i_{\text{S}})=\frac{R_2}{R_1+R_2}u_{\text{S}}+\frac{R_1R_2}{R_1+R_2}i_{\text{S}}=u_2'+u_2''$$

其中

$$i_1'=i_1\big|_{i_{\text{S}}=0}=\frac{u_{\text{S}}}{R_1+R_2},\quad i_1''=i_1\big|_{u_{\text{S}}=0}=\frac{-R_2i_{\text{S}}}{R_1+R_2}$$

$$u_2'=u_2\big|_{i_{\text{S}}=0}=\frac{R_2}{R_1+R_2}u_{\text{S}},\quad u_2''=u_2\big|_{u_{\text{S}}=0}=\frac{R_1R_2}{R_1+R_2}i_{\text{S}}$$

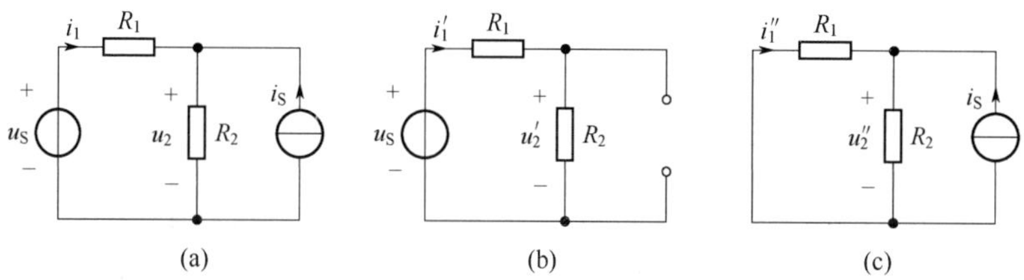

图 2-24 叠加定理

式中的 i_1'、u_2' 是将电路中的 i_{S} 置零时的响应，即由 u_{S} 单独作用所产生的电流和电压的响应，如图 2-24（b）所示；i_1''、u_2'' 是将电路中的 u_{S} 置零时的响应，即由 i_{S} 单独作用所产生的电流和电压的响应，如图 2-24（c）所示。

叠加定理一般解题步骤如下：

（1）画每一个电源独立作用的分电路图，其他不作用的独立电源置零，电压源置零短路，电流源置零开路；标出待求变量的参考方向，待求变量的名称应该与原图名称相关联，并有所区分，比如图 2-24（a）中求电流 i_1、u_2，分电路图 2-24（b）、（c）中分别用 i_1'、u_2' 和 i_1''、u_2'' 表示独立电源作用时该支路上的响应。

（2）运用前文介绍的定律和定理对分电路进行求解。

（3）根据原图待求变量的参考方向，对分电路图中的变量进行代数和运算；分电路图中

变量方向与原图方向一致的取正，方向相反的取负。

【例 2-9】已知$u_S=27V$，$i_S=3A$，$R_1=3\Omega$，$R_2=6\Omega$，用叠加定理求图2-24(a)电路中i_1、u_2。

解：

（1）画出图 2-24（b）、（c），标出参考方向。

（2）根据图 2-24（b），求解得：

$$i_1'=\frac{u_S}{R_1+R_2}=3A，\ u_2'=\frac{R_2}{R_1+R_2}u_S=18V$$

根据图 2-24（c），求解得：

$$i_1''=\frac{-R_2 i_S}{R_1+R_2}=-2A\ ，\ u_2''=\frac{R_1R_2}{R_1+R_2}i_S=6V$$

（3）根据原图方向，对各分电路图中变量进行代数和运算得：

$$i_1=i_1'+i_1''=1A,\ u_2=u_2'+u_2''=24V$$

使用叠加定理的注意事项如下：

（1）叠加定理仅适用于线性电路［由独立源、受控源、无源器件（电阻器、电感、电容）和变压器组成的线性网络（时变或静态）］，不适用于非线性电路；

（2）叠加时，要注意各分量的参考方向；

（3）功率不能叠加，即线性电路中元件的功率并不等于每个独立电源单独产生功率之和。

【例 2-10】用叠加定理求图 2-25（a）电路中电压 U、电流 I，并验证功率平衡。

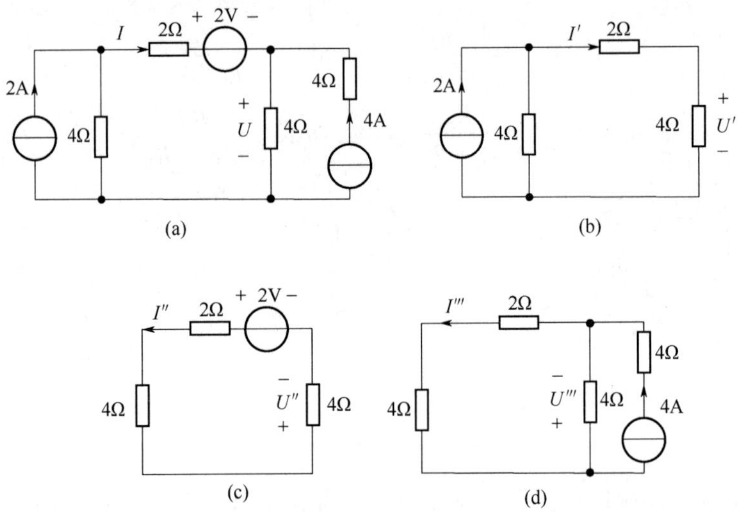

图 2-25　例 2-10 图

解：

（1）画出 2A 电流单独作用时的分电路，如图 2-25（b）所示，标出参考方向，求解得：

$$I'=\frac{2}{4+(2+4)}\times 4=0.8A，\ U'=4I'=3.2V$$

（2）画出 2V 电压单独作用时的分电路，如图 2-25（c）所示，标出参考方向，求解得：

$$I''=\frac{2}{2+4+4}=0.2\text{A}，U''=4I''=0.8\text{V}$$

（3）画出 4A 电流单独作用时的分电路，如图 2-25（d）所示，标出参考方向，求解得：

$$I'''=\frac{4}{4+(2+4)}\times 4=1.6\text{A}，U'''=4I'''=6.4\text{V}$$

（4）根据原图方向，对各分电路图中变量进行代数和运算得：

$$I=I'+I''+I'''=-1\text{A}，U=U'+U''+U'''=-4\text{V}$$

【**例 2-11**】用叠加定理求图 2-26（a）电路中电压u。

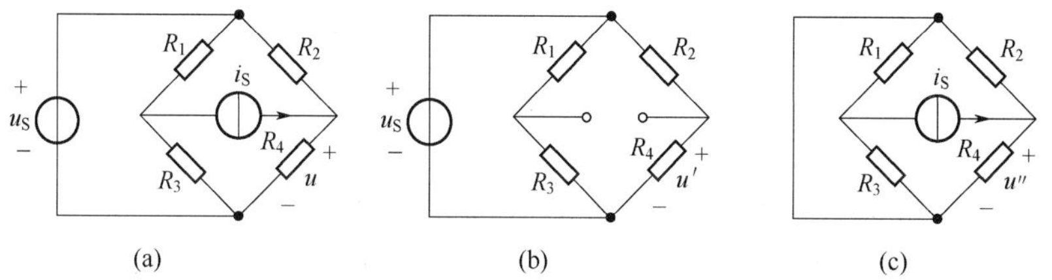

图 2-26　例 2-11 图

解：

（1）画出独立电压源u_S和独立电流源i_S单独作用的电路，如图 2-26（b）、（c）所示。

（2）分别求得u'和u''，然后根据叠加定理将u'和u''相加得到电压u。

$$u'=\frac{R_4}{R_2+R_4}u_S，u''=\frac{R_2R_4}{R_2+R_4}i_S \quad ，\quad u=u'+u''=\frac{R_4}{R_2+R_4}(u_S+R_2i_S)$$

2.6　等效电源定理

对于含电源、线性电阻、受控源的单口网络（简称含源线性单口网络），不论其结构如何复杂，就其端口而言，可以等效为一个电压源和电阻串联的形式，称为戴维南定理（Thevenin's theorem）；等效为一个电流源和电阻并联的形式，称为诺顿定理（Norton's theorem）。戴维南定理和诺顿定理统称为等效电源定理。

2.6.1　戴维南定理

戴维南定理由法国科学家 L.C.戴维南于 1883 年提出。戴维南定理指的是，一个含有独立电源、线性电阻、受控源的一端口［图 2-27（a）］网络对外电路来说，可以用一个电压源和电阻的串联组合来等效［图 2-27（b）］。此电压源的激励电压等于一端口网络的开路电压，电阻等于一端口内全部独立电源置零后的输入电阻［图 2-27（c）、（d）］。

戴维南定理一般解题步骤如下：

（1）将外电路断开，标出开路电压u_{oc}参考方向，并求解；

（2）将单口网络内部独立电源全部置零（电压源短路，电流源开路）后，计算无源单口网络的等效电阻R_0，可采用电阻串并联计算。

（3）戴维南定理等效电压等于开路电压u_{oc}，电压源方向与所求开路电压方向一致；将电压源与等效电阻R_0串联组合构成戴维南等效电源，接上外电路，求解未知量。

【**例 2-12**】求图 2-28 所示单口网络的戴维南等效电路。

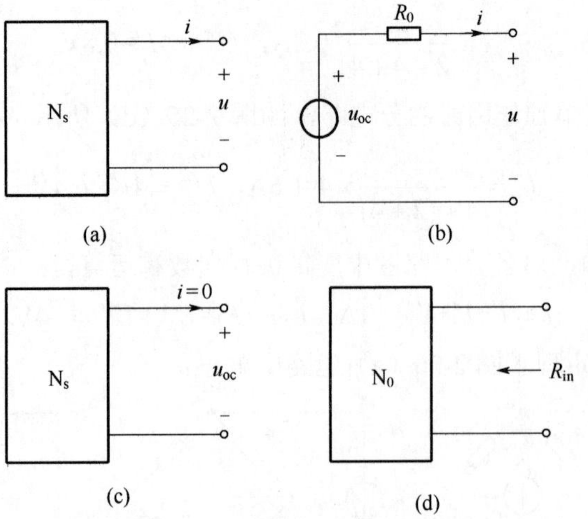

图 2-27 戴维南定理等效过程

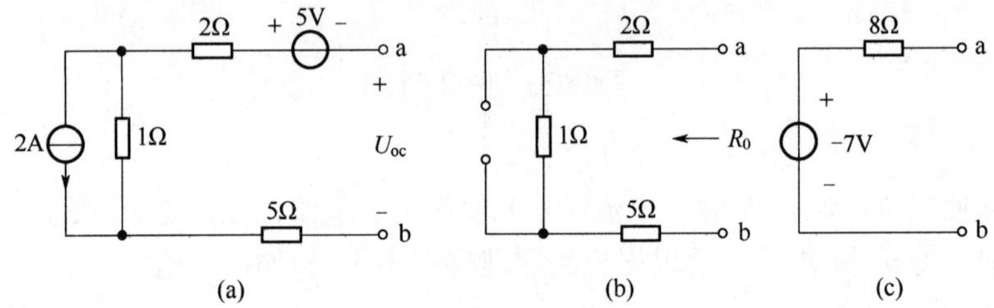

图 2-28 例 2-12 图

解：

（1）在单口网络的端口上标明开路电压 U_{oc} 参考方向，注意到 $I=0$，可求得 $U_{oc}=-5-2\times1=-7V$。

（2）将单口网络内 5V 电压源用短路代替，2A 电流源用开路代替，得到图 2-28（b）电路，由此求得 $R_0=2+1+5=8\Omega$。

（3）根据 U_{oc} 的参考方向，即可画出戴维南等效电路，如图 2-28（c）所示。

【例 2-13】用戴维南定理求图 2-29（a）中电流 I。

解：

（1）将待求支路断开，得到图 2-29（b），标明开路电压 U_{oc} 参考方向，利用叠加定理，求得 5A 电流源、10V 电压源、20V 电压源单独作用时的开路电压，分别得到：

$$U'_{oc}=\frac{25}{6}V，\ U''_{oc}=-\frac{5}{3}V，\ U'''_{oc}=20V，\ U_{oc}=U'_{oc}+U''_{oc}+U'''_{oc}=22.5V$$

（2）将单口网络内 20V 电压源、10V 电压源用短路代替，5A 电流源用开路代替，得到图 2-29（c）电路，由此求得：

$$R_0=(10+5)//3=2.5\Omega$$

（3）根据 U_{oc} 的参考方向，即可画出戴维南等效电路，如图 2-29（d）所示，求得：

$$I=\frac{U_{oc}}{R_0+R_L}=5A$$

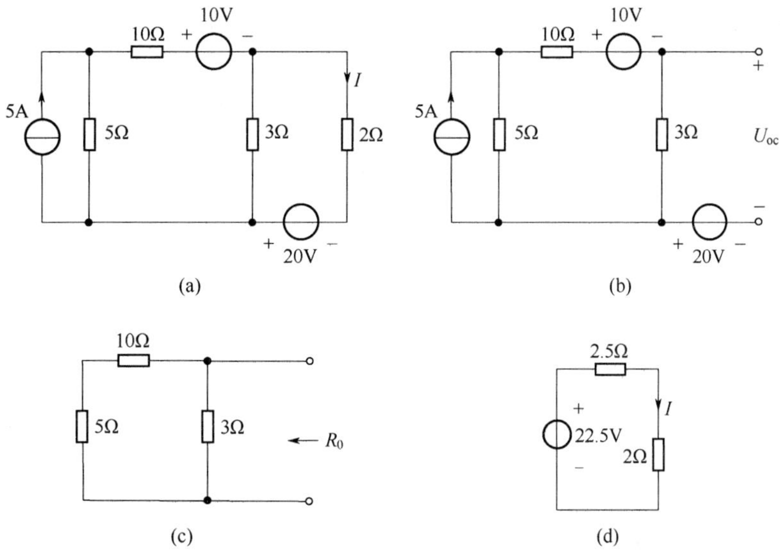

图 2-29　例 2-13 图

2.6.2　诺顿定理

诺顿定理指的是，一个含有独立电源、线性电阻、受控源的一端口［图 2-30（a）］网络对外电路来说，可以用一个电流源和电阻的并联组合来等效［图 2-30（b）］。此电流源的激励电流等于一端口网络的短路电流，电阻等于一端口内全部独立电源置零后的输入电阻［图 2-30（c）］。当端口电压、电流采用关联参考方向时，端口 VCR 方程可表示为$i=i_{sc}-\dfrac{u}{R_0}$。

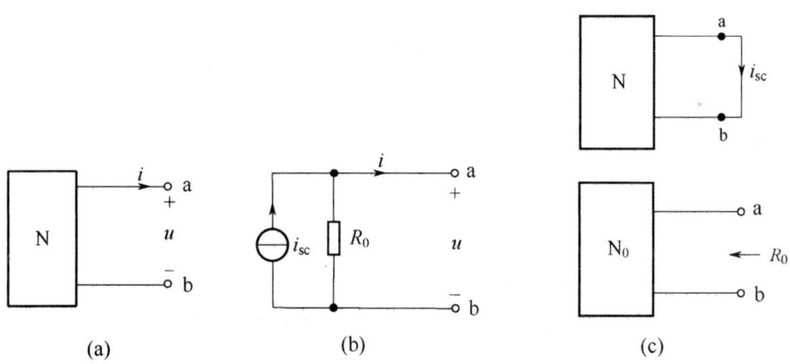

图 2-30　诺顿定理等效过程

应用诺顿定理的注意事项如下：

（1）诺顿定理和戴维南定理可以等效变换：

$$R_0=\frac{u_{oc}}{i_{sc}},\quad u_{oc}=R_0 i_{sc},\quad i_{sc}=\frac{u_{oc}}{R_0}$$

（2）当含源单口网络 N_S 的等效电阻 $R_0=0$ 时，该网络只有戴维南等效电路，而无诺顿等效电路。

（3）当含源单口网络 N_S 的等效电阻 $R_0=\infty$ 时，该网络只有诺顿等效电路，而无戴维南等效电路。

【**例 2-14**】求图 2-31 所示单口网络的戴维南-诺顿等效电路。

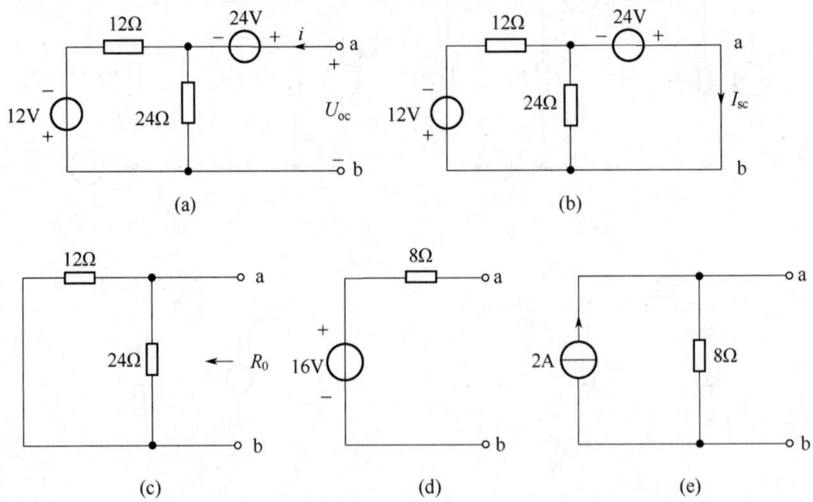

图 2-31 例 2-14 电路

解：

（1）求U_{oc}。设单口开路电压U_{oc}的参考方向由 a 指向 b，如图 2-31（a）所示。注意到$i=0$，由 KVL 求得$U_{oc}=24-\dfrac{12}{12+24}\times 24=16\text{V}$。

（2）求I_{sc}。将单口短路，并设I_{sc}的参考方向由 a 指向 b，如图 2-31（b）所示。

$$I_{sc}=I'_{sc}+I''_{sc}=\frac{-12}{12}+\frac{24}{24//12}=2\text{A}$$

（3）求R_0。将单口内的电压源用短路代替，得到图 2-31（c）电路，用电阻并联公式求得$R_0=\dfrac{12\times 24}{12+24}=8\Omega$。

根据所设U_{oc}和I_{sc}的参考方向及求得的$U_{oc}=16\text{V}$，$I_{sc}=2\text{A}$，$R_0=8\Omega$，可得到图 2-31（d）、（e）所示的戴维南等效电路和诺顿等效电路。

本题可以只计算U_{oc}、I_{sc}和R_0中的任 2 个量，第 3 个量可用如下公式计算出来：

$$R_0=\frac{U_{oc}}{I_{sc}},\ U_{oc}=R_0 I_{sc},\ I_{sc}=\frac{U_{oc}}{R_0}$$

$$U_{oc}=R_0 I_{sc}=8\times 2=16\text{V},\ I_{sc}=\frac{U_{oc}}{R_0}=16/8=2\text{A},\ R_0=\frac{U_{oc}}{I_{sc}}=8\Omega$$

2.7 最大功率传输定理

在电子线路中，例如在通信系统和测量系统中，常常希望负载能够从信号源获得最大功率。这类问题可以抽象为图 2-32（a）所示的电路模型来分析。网络 N_S 表示供给电阻负载能量的含源线性单口网络，它可用戴维南等效电路来代替，如图 2-32（b）所示。电阻R_L表示获得能量的负载。

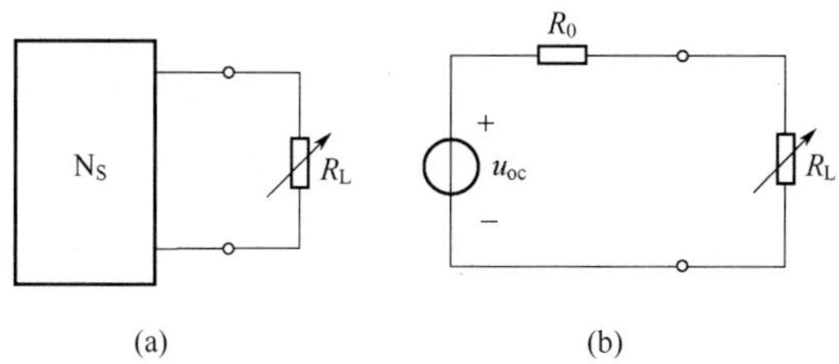

图 2-32　最大功率传输

负载 R_L 的吸收功率为 $p_L=I^2R_L=\left(\dfrac{u_{oc}}{R_0+R_L}\right)^2R_L$，当 $\dfrac{dp_L}{dR_L}=0$ 时，p_L 获得极值，即 $\dfrac{dp_L}{dR_L}=\dfrac{u_{oc}^2}{(R_0+R_L)^2}+\dfrac{-2R_Lu_{oc}^2}{(R_0+R_L)^3}=\dfrac{(R_0-R_L)u_{oc}^2}{(R_0+R_L)^3}=0$，$p_L$ 为极大值或极小值的条件是 $R_L=R_0$。p_L 为最大值，应满足 $\dfrac{d^2p_L}{dR_L^2}<0$，即 $\left.\dfrac{d^2p_L}{dR_L^2}\right|_{R_L=R_0}=-\left.\dfrac{u_{oc}^2}{8R_0^3}\right|_{R_0>0}<0$，当 $R_0>0$ 且 $R_L=R_0$ 时，负载电阻 R_L 从单口网络获得最大功率，最大功率 $p_{Lmax}=\dfrac{u_{oc}^2}{4R_0}$。

最大功率传输定理：含源线性单口网络（$R_0>0$）向可变电阻负载 R_L 传输最大功率的条件是负载电阻 R_L 与单口网络的输出电阻 R_0 相等。满足 $R_L=R_0$ 条件时，称为最大功率匹配，此时负载电阻 R_L 获得的最大功率 $p_{Lmax}=\dfrac{u_{oc}^2}{4R_0}$。

最大功率传输定理一般解题步骤如下：

（1）断开负载，求单口网络戴维南等效电路的 u_{oc} 和 R_0；

（2）当 $R_L=R_0$ 时，利用 $p_{Lmax}=\dfrac{u_{oc}^2}{4R_0}$ 进行计算。

【例 2-15】 电路如图 2-33（a）所示。求：①获得最大功率时 R_L 的取值；② R_L 获得的最大功率；③10V 电压源的功率传输效率。

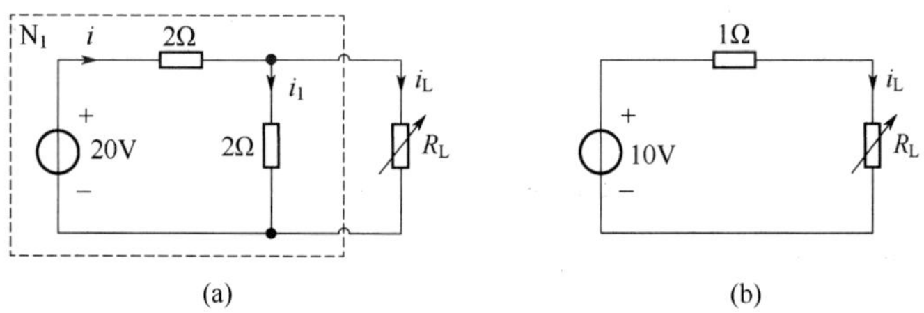

图 2-33　例 2-15 图

解：

（1）断开负载 R_L，求得单口网络 N_1 的戴维南等效电路参数为

$$u_{oc}=\frac{2}{2+2}\times 20=10\text{ V}，R_0=\frac{2\times 2}{2+2}=1\ \Omega$$

戴维南等效电路如图 2-33（b）所示，由此可知：当 $R_L=R_0=1\Omega$ 时，可获得最大功率。

（2）R_L 获得的最大功率 $p_{Lmax}=\dfrac{u_{oc}^2}{4R_0}=\dfrac{100}{4\times1}=25W$。

（3）求 10V 电压源的功率传输效率时，先计算负载 R_L 吸收的功率和 10V 电压源发出的功率。当 $R_L=1\Omega$ 时，$p_{Lmax}=25W$，$i_L=u_{oc}/(1+R_L)=5A$，$i=i_1+i_L=\dfrac{5\times1}{2}+5=7.5A$，$p_{u_S}=20\times7.5=150W$，10V 电压源发出 150W 功率，电阻 R_L 吸收功率 25W，其功率传输效率为 $\eta=\dfrac{25}{150}\times100\%\approx16.7\%$。

需要注意的问题如下：

（1）最大功率传输定理用于单口电路给定、负载电阻可调的情况；

（2）单口等效电阻消耗的功率一般并不等于端口内部消耗的功率，因此当负载获取最大功率时，电路的传输效率并不一定是 50%；

（3）计算最大功率问题时，应用戴维南定理或诺顿定理非常方便。

● 习题

习题 2-1　求图 2-34 所示二端网络的等效电阻。

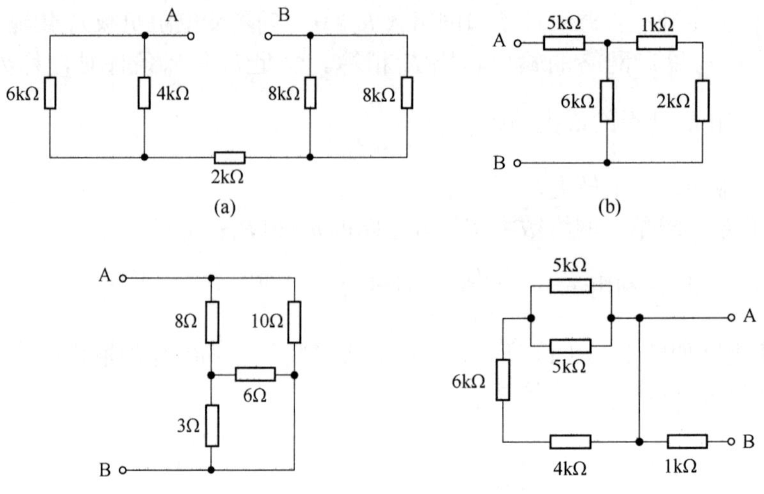

图 2-34　习题 2-1 图

习题 2-2　求图 2-35 所示二端网络的输入电阻。

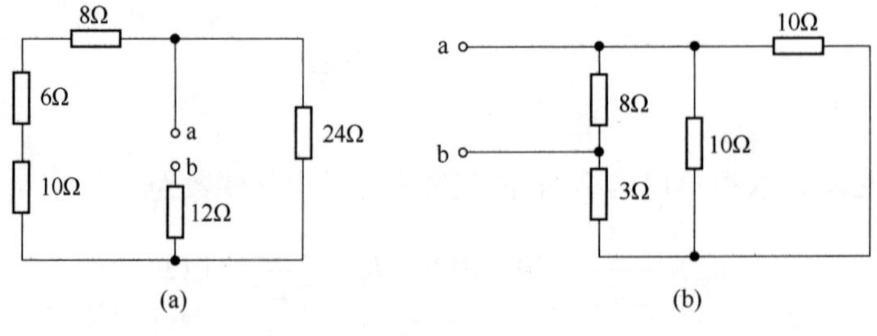

图 2-35　习题 2-2 图

习题 2-3　利用电源等效变换求图 2-36 所示电路的简化电路。

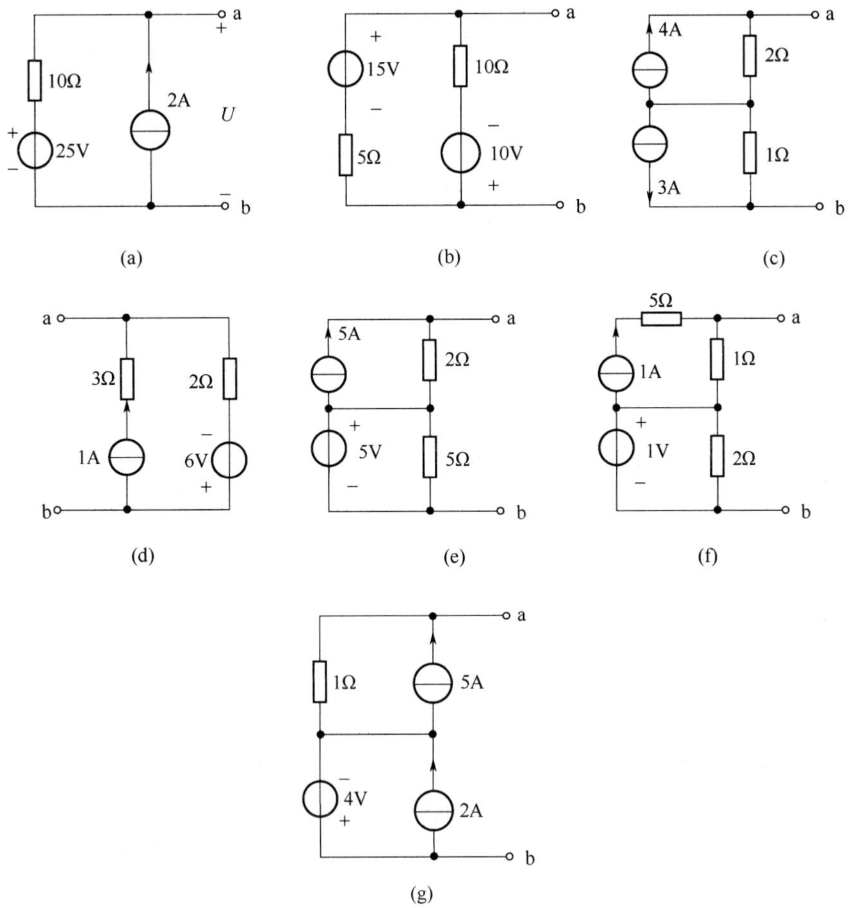

图 2-36　习题 2-3 图

习题 2-4　已知：U_{S1} = 18 V，U_{S2} =4V，I_S = 2A，R_1 =3Ω，R_2 = R_3 = R_4 = 4Ω。用电源等效变换求图 2-37 所示电路中的电流 I。

习题 2-5　利用电源等效变换求图 2-38 中电流 I 。

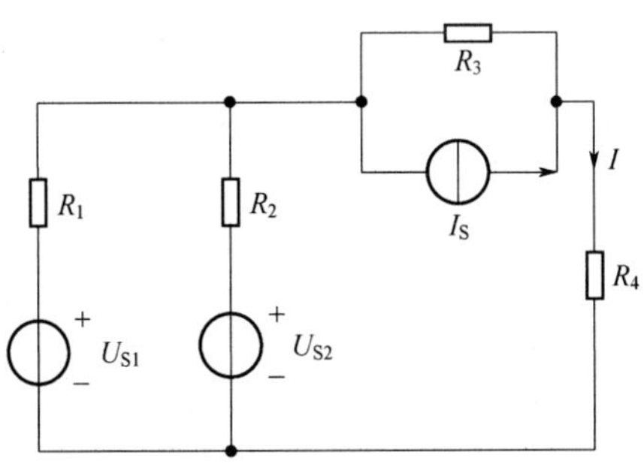

图 2-37　习题 2-4 图

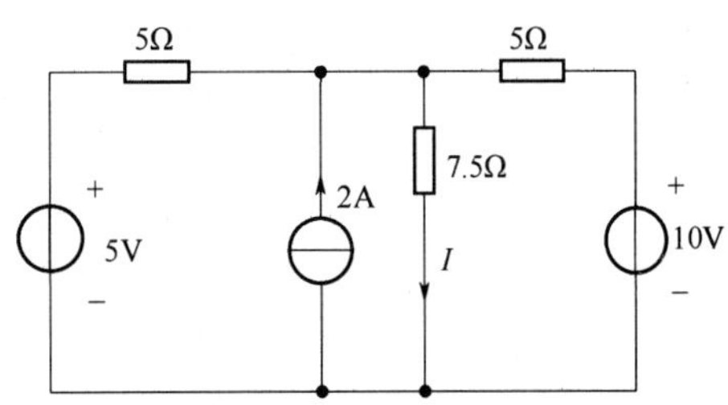

图 2-38　习题 2-5 图

习题 2-6　利用电源等效变化法求图 2-39 电路中的电流 I。

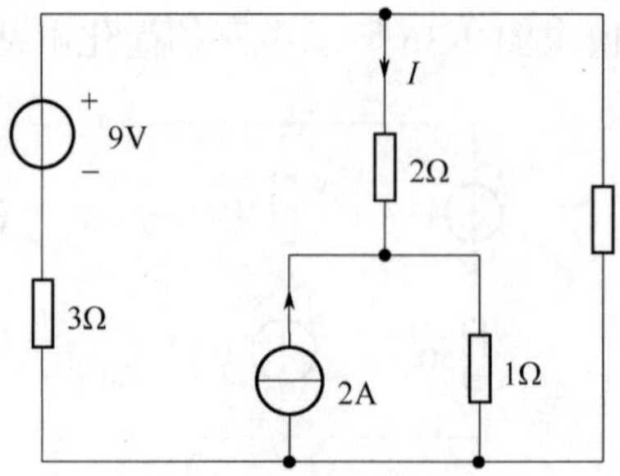

图 2-39　习题 2-6 图

习题 2-7　利用等效变换法求图 2-40 所示电路中的 I_L（R_L=4Ω）。

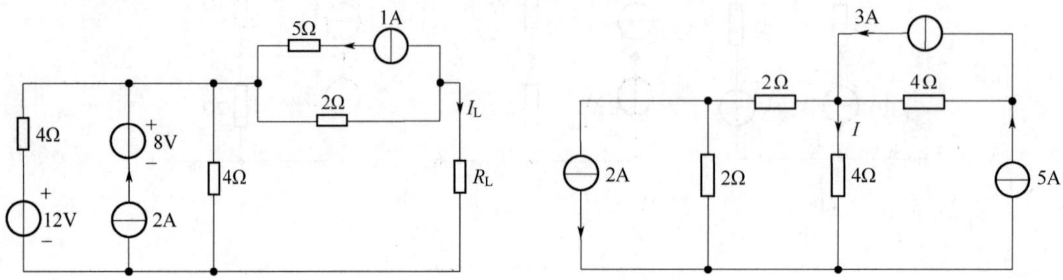

(a)　　(b)

图 2-40　习题 2-7 图

习题 2-8　利用等效变换法求图 2-41 所示电路中的 I_1 与 I_2。

习题 2-9　利用支路电流法求得图 2-42 所示电路中的 I_1、I_2。

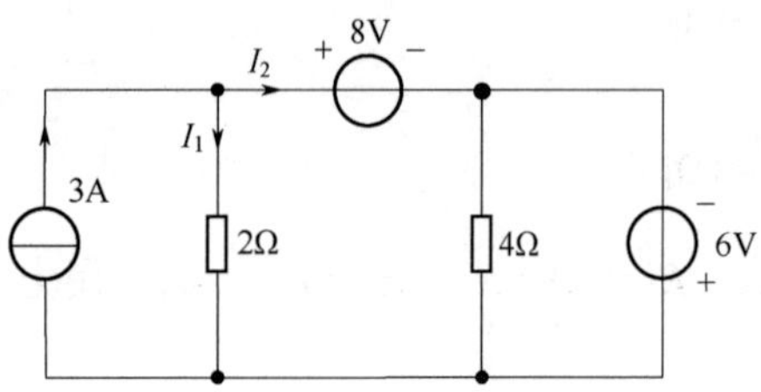

图 2-41　习题 2-8 图

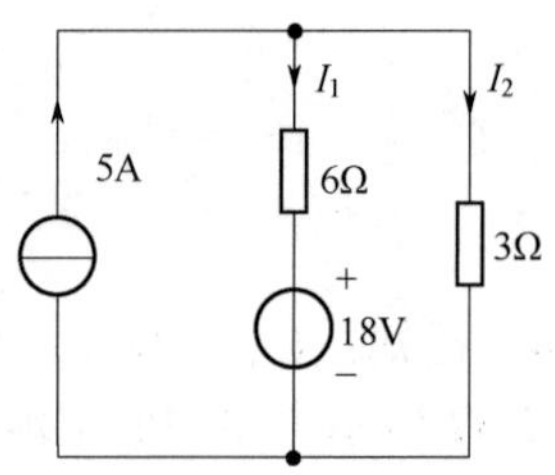

图 2-42　习题 2-9 图

习题 2-10　利用支路电流法求图 2-43 中支路电流 I_2、I_3。

习题 2-11　利用支路电流法求图 2-44 中未知支路电流。

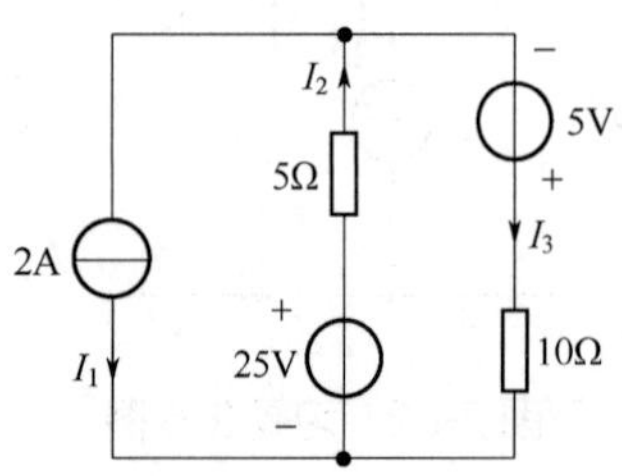

图 2-43　习题 2-10 图

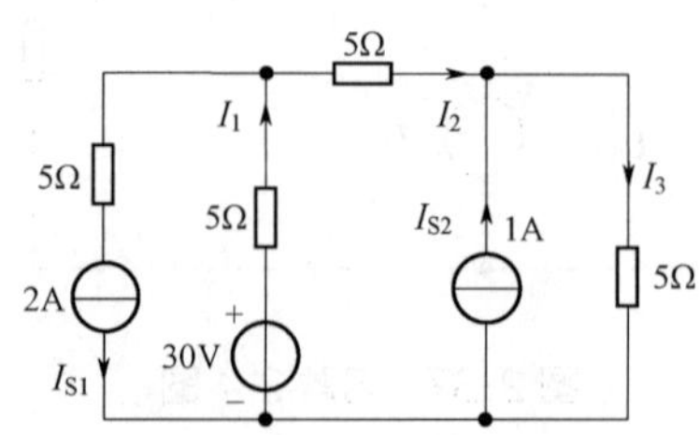

图 2-44　习题 2-11 图

习题 2-12　利用支路电流法求图 2-45 所示电路的未知电流 I_1和I_2 及电流源两端电压 U。

习题 2-13　利用网孔电流法求图 2-46 中网孔电流 I_1、I_2、I_3 。

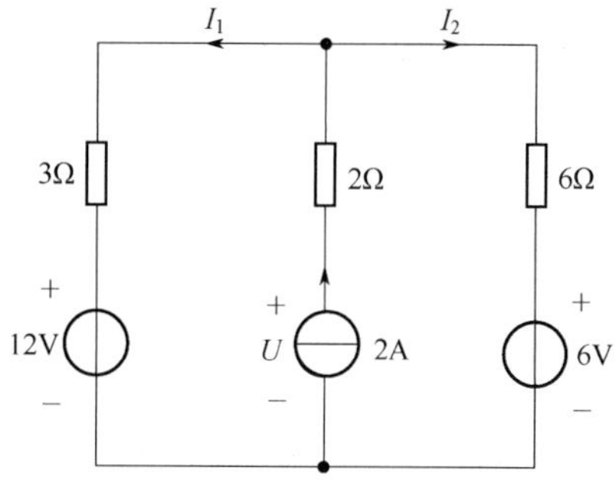

图 2-45　习题 2-12 图

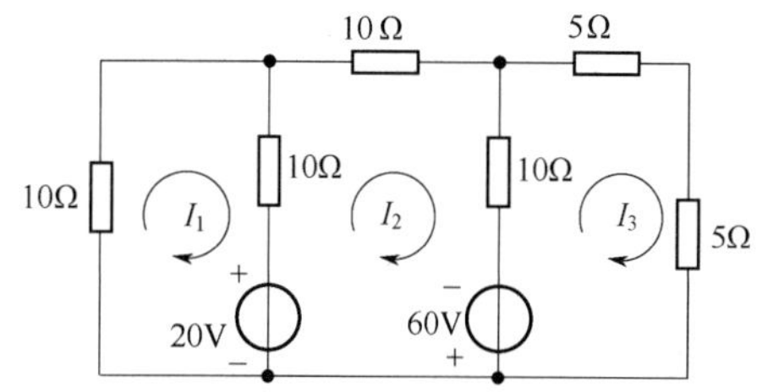

图 2-46　习题 2-13 图

习题 2-14　利用网孔电流法求图 2-47 中网孔电流 I_1、I_2、I_3以及支路电流I_4 。

习题 2-15　列出图 2-48 所示电路的节点电压法方程。

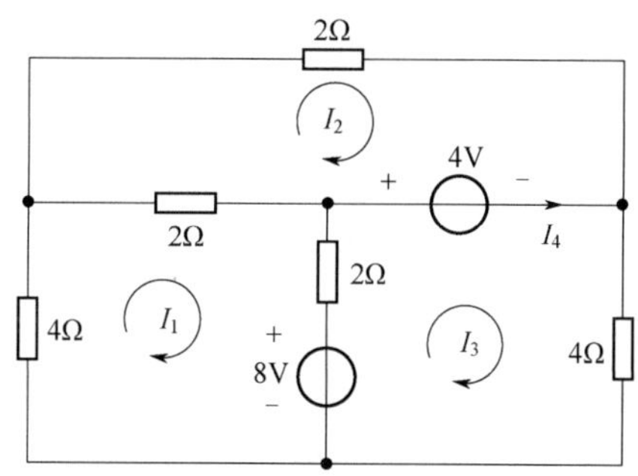

图 2-47　习题 2-14 图

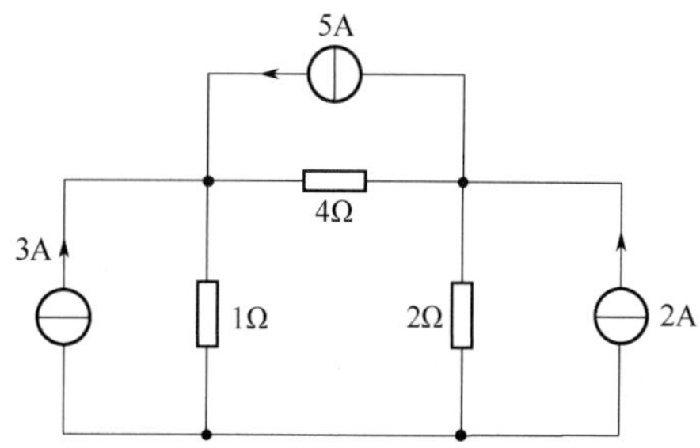

图 2-48　习题 2-15 图

习题 2-16　利用节点电压法求图 2-49 中各支路电流 I_1、I_2、I_3 。

习题 2-17　利用叠加定理求图 2-50（a）中未知支路电流 I_1、I_2，图 2-50（b）中电流 I_1、I_2 和电压U 。

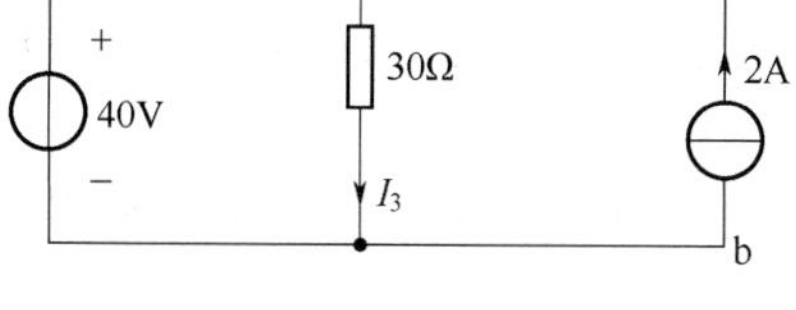

图 2-49　习题 2-16 图

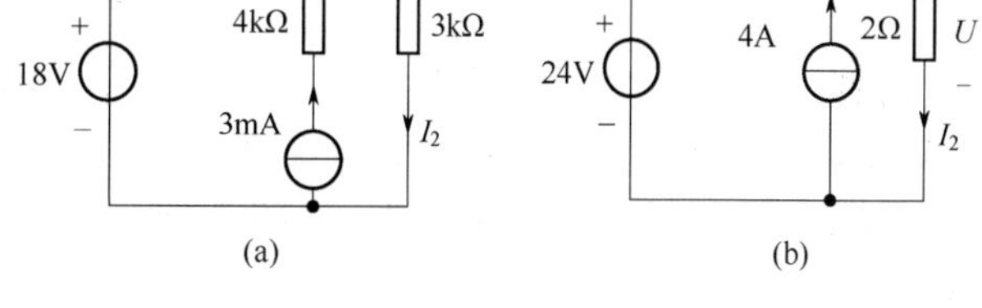

图 2-50　习题 2-17 图

习题 2-18　利用叠加定理求图 2-51 电路中的电流 I。

习题 2-19　图 2-52 所示电路中，利用叠加定理求电流 I。

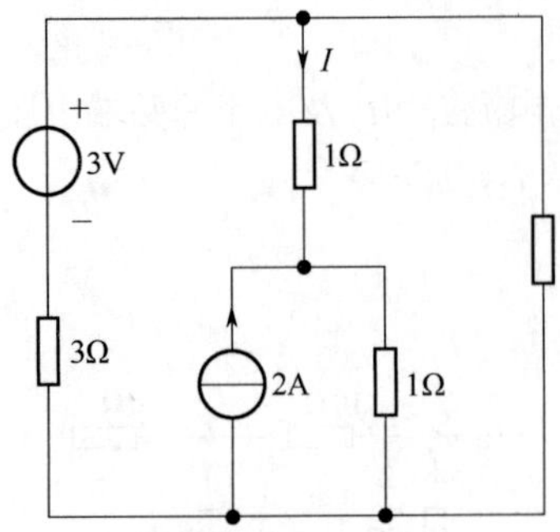

图 2-51　习题 2-18 图

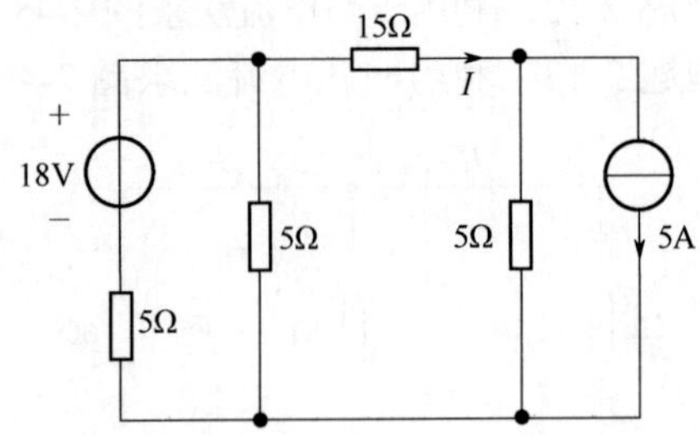

图 2-52　习题 2-19 图

习题 2-20　图 2-53 所示电路中，已知 U_S= 10V，I_S= 1A，R_1= 2Ω，R_2= 4Ω，R_3= 6Ω，R=3Ω，利用叠加定理求电压 U_{AB}。

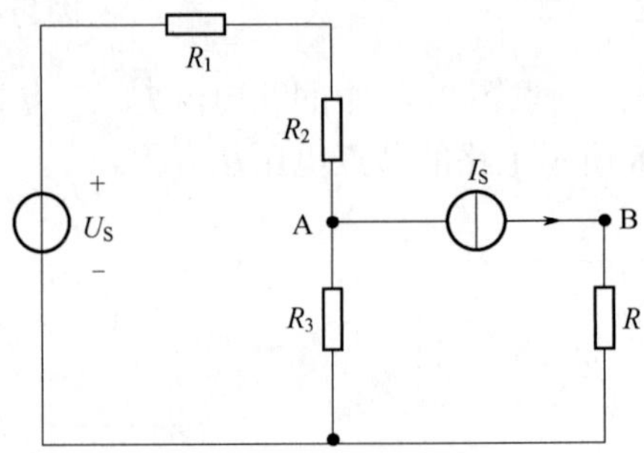

图 2-53　习题 2-20 图

习题 2-21　利用戴维南定理，求图 2-54 的戴维南或诺顿等效电路。

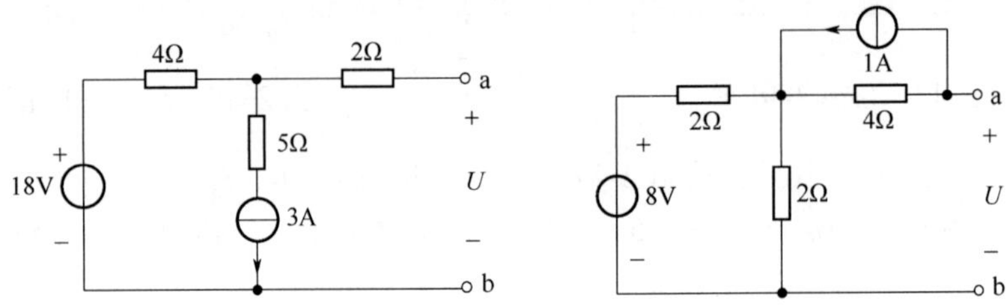

(a)　　(b)

图 2-54　习题 2-21 图

习题 2-22　图 2-55 所示电路中，已知：U_S=24 V，I_S=2 A，R_1= 6 Ω，R_2= 3 Ω，R_3= 6 Ω，R_4=10 Ω。求 AB 两端的戴维南等效电路。

习题 2-23　利用戴维南定理，求图 2-50（a）中电流 I_2，图 2-50（b）中 2Ω 电阻两端的电压 U。

习题 2-24　利用戴维南定理，求图 2-51 中电流 I。

习题 2-25　利用戴维南定理，求图 2-52 中电流 I。

习题 2-26　利用戴维南定理，求解图 2-56 所示电路中电压 U 和 4V 电压源发出的功率。

习题 2-27　图 2-57 所示电路中，已知：U_{S1}= 16V，U_{S2}= 20V，R_1= R_2= R_3= R_4= R_5= 2Ω，R_3=1Ω。利用戴维南定理求电流 I。

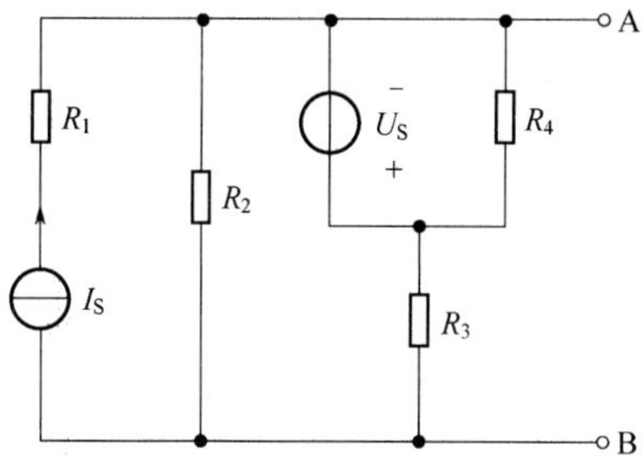

图 2-55　习题 2-22 图

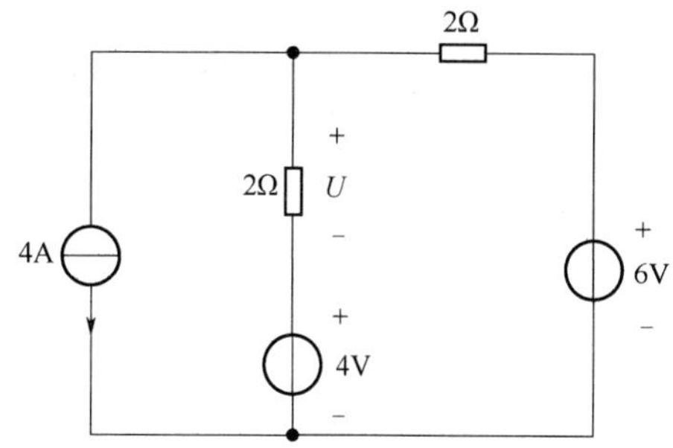

图 2-56　习题 2-26 图

习题 2-28　利用戴维南定理，求图 2-58 中电流 I 。

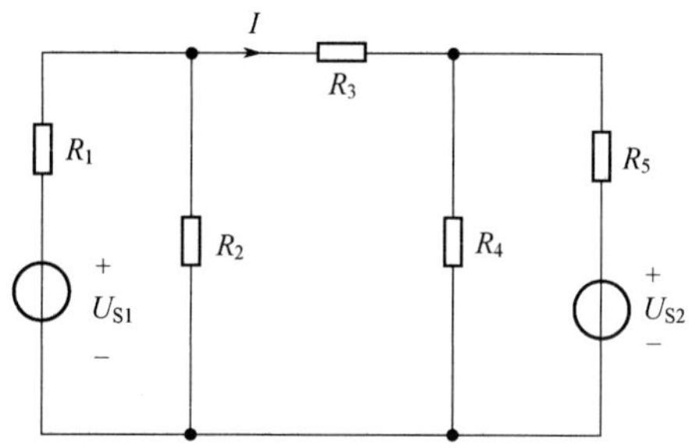

图 2-57　习题 2-27 图

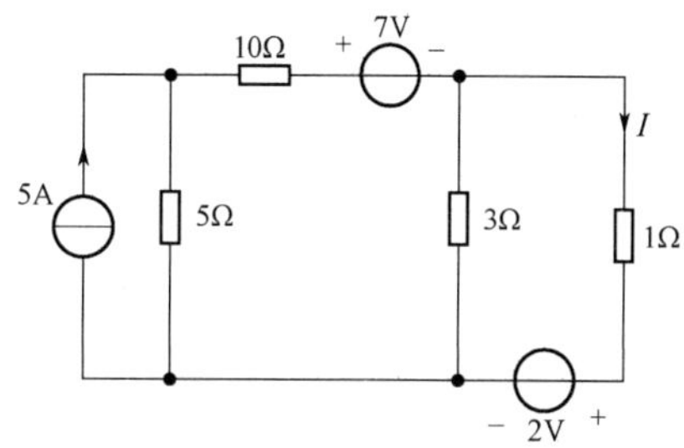

图 2-58　习题 2-28 图

习题 2-29　图 2-59 中电路的负载 R_L 满足什么条件可以获得最大功率？求 R_L 获得的最大功率。

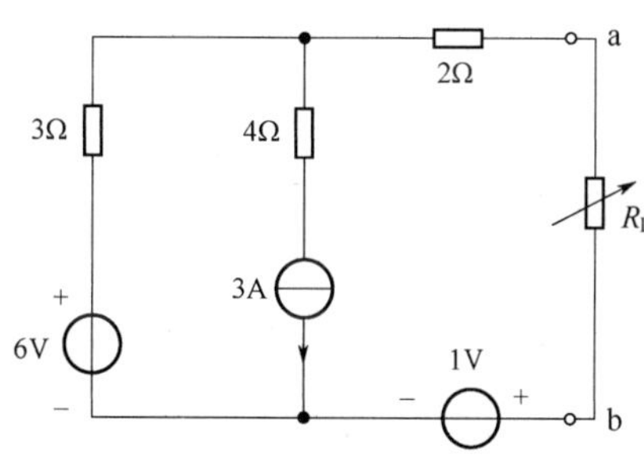

图 2-59　习题 2-29 图

本书配套资源

第 3 章　一阶动态电路分析

• 本章思维导图

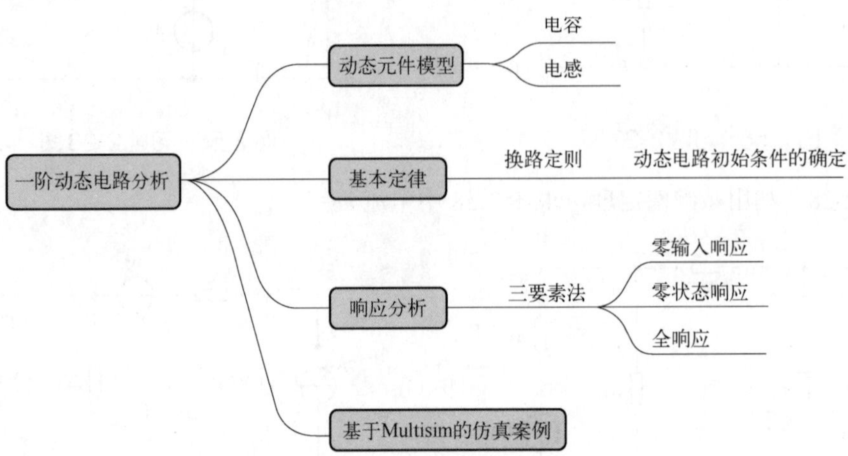

• 本章学习目标

1. 理解电容和电感动态元件模型的特点，熟悉动态元件的 VCR 方程。
2. 掌握换路定则，能够熟练使用换路定则确定一阶动态电路的初始条件。
3. 掌握一阶动态电路的三要素分析法，能够熟练使用三要素法对一阶零输入响应、零状态响应和全响应电路进行分析和计算。

3.1　电容元件与电感元件

前两章讨论了电阻电路，即由独立电源和电阻、受控源等元件构成的电路。描述这类电路的电压、电流约束关系的电路方程是代数方程。但在实际电路的分析中，往往还需要采用电容元件和电感元件去建立电路模型。这些元件的伏安关系涉及电压、电流对时间的微分或积分，称为动态元件。含动态元件的电路称为动态电路，描述动态电路的方程是微分方程。在本章，我们先介绍两种储能元件——电容元件和电感元件，再介绍换路定则及一阶动态电路初始条件的确定，最后讨论一阶动态电路的响应分析。

3.1.1　电容元件

集总参数电路中与电场有关的物理过程集中在电容元件中进行，电容元件是构成各种电容器的电路模型所必需的一种理想电路元件。如果一个二端元件在任一时刻，其电荷与电压之间的关系由 q-u 平面上的一条曲线所确定，则称此二端元件为电容元件。电容元件的分类与电阻元件的分类相似。其特性曲线是一条通过坐标原点的直线的电容元件称为线性电容元件，否则称为非线性电容元件。其特性曲线不随时间变化的电容元件称为时不变电容元件，否则称为时变电容元件。

电容元件的符号和特性曲线如图 3-1（a）、（b）所示。

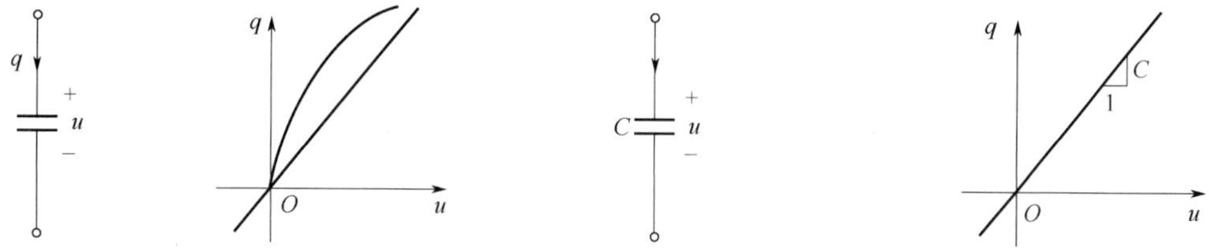

(a) 电容元件的符号　(b) 电容元件的特性曲线　(c) 线性时不变电容元件的符号　(d) 线性时不变电容元件的特性曲线

图 3-1　电容元件的符号和特性曲线

本书只讨论线性时不变电容元件，其符号与特性曲线如图 3-1（c）、（d）所示，它的特性曲线是一条通过原点的不随时间变化的直线，其数学表达式为：

$$q = Cu \tag{3-1}$$

式中，系数 C 为正实数常量，与直线的斜率成正比，称为电容，其 SI 单位是 F（法拉，简称法）。本书主要讨论线性时不变电容元件，为叙述方便，简称为电容。本书提到“电容”一词时，可能指线性时不变电容元件，也可能指线性时不变电容元件的参数 C，读者需注意其在不同语境下的区别。

在分析电路时，要利用电路元件的伏安关系（VCR）来建立电路方程。对于线性时不变电容元件来说，在采用电压、电流关联参考方向的情况下，根据电流的定义式（1-1）和式（3-1），可以得到以下关系式：

$$i = \frac{\mathrm{d}q}{\mathrm{d}t} = \frac{\mathrm{d}Cu}{\mathrm{d}t} = C\frac{\mathrm{d}u}{\mathrm{d}t} \tag{3-2}$$

此式表明电容中的电流与其电压对时间的变化率成正比，因此电容是一种动态元件。它与电阻元件的电压、电流之间存在确定的约束关系不同，电容的电流与当前时刻电压的数值之间并没有确定的约束关系。当电容上的电压发生剧烈变化时，电流大；当电容上的电压变化微弱时，电流小。在直流情况下，电容两端电压恒定不变，电流为零，相当于开路（$i = 0$），因此电容有隔断直流（简称隔直）的作用。

对式（3-2）在 $-\infty$ 到 t 时间段内进行积分变换，就可以得到电容电压的数学表达式：

$$u(t) = \frac{1}{C}\int_{-\infty}^{t} i(\xi)\mathrm{d}\xi = \frac{1}{C}\int_{-\infty}^{t_0} i(\xi)\mathrm{d}\xi + \frac{1}{C}\int_{t_0}^{t} i(\xi)\mathrm{d}\xi = u(t_0) + \frac{1}{C}\int_{t_0}^{t} i(\xi)\mathrm{d}\xi \tag{3-3}$$

式（3-3）表明，当前时刻的电压，由电容在 t_0 时刻的初始电压 $u(t_0)$ 和此后所有时刻的电流共同决定，因此电容是一种具有记忆的元件。与之相比，电阻元件的电压仅取决于此时刻的电流，是无记忆的元件。

在电压和电流取关联参考方向下，线性时不变电容吸收的功率为：

$$p = ui = Cu\frac{\mathrm{d}u}{\mathrm{d}t} \tag{3-4}$$

从 $-\infty$ 到 t 时间段内，电容元件吸收的能量可写为：

$$
\begin{aligned}
W_C(t) &= \int_{-\infty}^{t} u(\xi)i(\xi)\mathrm{d}\xi = \int_{-\infty}^{t} Cu(\xi)\frac{\mathrm{d}u(\xi)}{\mathrm{d}\xi}\mathrm{d}\xi \\
&= \int_{-\infty}^{t} Cu(\xi)\mathrm{d}u(\xi) \\
&= \frac{1}{2}Cu^2(t) - \frac{1}{2}Cu^2(-\infty)
\end{aligned} \tag{3-5}
$$

电容元件吸收的能量以电场能量的形式储存在元件的电场中。可以认为在$-\infty$时，其电场能量为零，$u(-\infty)=0$。这样，电容元件在任意时刻t储存的电场能量$W_C(t)$将等于它吸收的能量，可写为：

$$
W_C(t) = \frac{1}{2}Cu^2(t) \tag{3-6}
$$

从时间t_1到t_2，电容元件吸收的能量可写为：

$$
W_C(t_1,t_2) = \frac{1}{2}Cu^2(t_2) - \frac{1}{2}Cu^2(t_1) \tag{3-7}
$$

电容元件充电时，$|u(t_2)|>|u(t_1)|$，$W_C(t_2)>W_C(t_1)$，元件在此时间段内吸收能量；电容元件放电时，$|u(t_2)|<|u(t_1)|$，$W_C(t_2)<W_C(t_1)$，元件在此时间段内释放能量。电容元件在充电时吸收并储存起来的能量一定在放电完毕时全部释放，它不消耗能量，所以电容是一种储能元件。同时，电容元件也不会释放出多于它吸收或储存的能量，所以它又是一种无源元件。

3.1.2 电感元件

集总参数电路中与磁场有关的物理过程集中在电感元件中进行，电感元件是构成各种线圈的电路模型所必需的一种理想电路元件。如果一个二端元件在任一时刻，其磁通链与电流之间的关系由ψ-i平面上的一条曲线所确定，则称此二端元件为电感元件。电感元件的符号和特性曲线如图 3-2（a）、（b）所示。

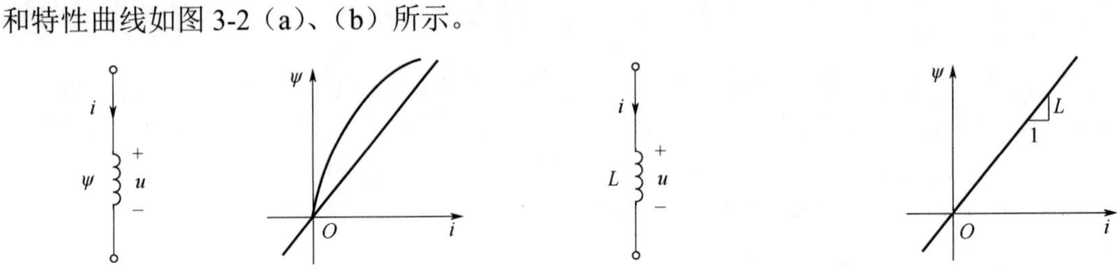

(a) 电感元件的符号　(b) 电感元件的特性曲线　(c) 线性时不变电感元件的符号　(d) 线性时不变电感元件的特性曲线

图 3-2　电感元件的符号和特性曲线

电感元件的分类与电容元件的分类相似。其特性曲线是一条通过坐标原点的直线的电感元件称为线性电感元件，否则称为非线性电感元件。特性曲线不随时间变化的电感元件称为时不变电感元件，否则称为时变电感元件。线性时不变电感元件的符号与特性曲线如图 3-2（c）、（d）所示，它的特性曲线是一条通过原点的不随时间变化的直线，其数学表达式为：

$$
\psi = Li \tag{3-8}
$$

式中，系数L为正实数常量，与直线的斜率成正比，称为电感，其 SI 单位是 H（亨利，简称亨）。本书主要讨论线性时不变电感元件，为叙述方便，简称为电感。本书提到“电感”

一词时，可能指线性时不变电感元件，也可能指线性时不变电感元件的参数L，读者需注意其在不同语境下的区别。

在分析电路时，需要知道电路元件的伏安关系。对于线性时不变电感元件来说，由于感应电压是由磁场随时间变化而产生的，因此，在采用电压、电流关联参考方向的情况下，可以得到以下表达式：

$$u(t)=\frac{\mathrm{d}\psi}{\mathrm{d}t}=\frac{\mathrm{d}Li}{\mathrm{d}t}=L\frac{\mathrm{d}i}{\mathrm{d}t} \tag{3-9}$$

此式表明电感中的电压与其电流对时间的变化率成正比，因此电感是一种动态元件。与电阻元件的电压、电流之间存在确定的约束关系不同，电感的电压与当前时刻电流的数值之间并没有确定的约束关系。线性时不变电感线圈中的感应电压是磁场随时间变化而产生的，且磁场的变化与电流变化成正比，因此电流随时间变化越快，电压就越大，电流随时间变化越慢，电压就越小。在直流情况下，电流保持常量，其中的磁场不随时间变化时，电感的电压为零，电感相当于短路（$u=0$）。

对式（3-9）在$-\infty$到t时间段内进行积分变换，就可以得到电感电流的数学表达式：

$$i(t)=\frac{1}{L}\int_{-\infty}^{t}u(\xi)\mathrm{d}\xi=\frac{1}{L}\int_{-\infty}^{t_0}u(\xi)\mathrm{d}\xi+\frac{1}{L}\int_{t_0}^{t}u(\xi)\mathrm{d}\xi=i(t_0)+\frac{1}{L}\int_{t_0}^{t}u(\xi)\mathrm{d}\xi \tag{3-10}$$

式（3-10）表明，当前时刻的电流，由电感在t_0时刻的初始电流$i(t_0)$和此后所有时刻的电压共同决定，因此电感是一种具有记忆的元件，也是一种动态元件。

在电压和电流取关联参考方向下，线性时不变电感吸收的功率为：

$$p=ui=Li\frac{\mathrm{d}i}{\mathrm{d}t} \tag{3-11}$$

从$-\infty$到t时间段内，电感元件吸收的能量可写为：

$$\begin{aligned}W_L(t)&=\int_{-\infty}^{t}u(\xi)i(\xi)\mathrm{d}\xi=\int_{-\infty}^{t}Li(\xi)\frac{\mathrm{d}i(\xi)}{\mathrm{d}\xi}\mathrm{d}\xi\\&=\int_{-\infty}^{t}Li(\xi)\mathrm{d}i(\xi)\\&=\frac{1}{2}Li^2(t)-\frac{1}{2}Li^2(-\infty)\end{aligned} \tag{3-12}$$

电感元件吸收的能量以磁场能量的形式储存在元件的磁场中。可以认为在$-\infty$时，其磁场能量为零，$i(-\infty)=0$。这样，电感元件在任意时刻t储存的磁场能量$W_L(t)$将等于它吸收的能量，可写为：

$$W_L(t)=\frac{1}{2}Li^2(t) \tag{3-13}$$

从时间t_1到t_2，电感元件吸收的能量可写为：

$$W_L(t_1,t_2)=\frac{1}{2}Li^2(t_2)-\frac{1}{2}Li^2(t_1) \tag{3-14}$$

当电流$|i|$增加时，$W_L>0$，元件吸收能量；当电流$|i|$减小时，$W_L<0$，元件释放能量。电感元件以磁场能量的形式把能量吸收并储存起来，它不消耗能量，所以电感是一种储能元件。

同时，电感元件也不会释放出多于它吸收或储存的能量，所以它又是一种无源元件。

3.2 换路定则及动态元件的初始条件

3.2.1 换路定则

含有动态元件的电路又称为动态电路。动态电路的一个特征是当电路的结构或元件的参数发生变化时（例如，电路中电源或无源元件的断开或接入、信号的突然注入等），可能使电路改变原来已经达到的稳定工作状态，转变到另一个新的稳定工作状态，这种转变往往需要经历一个过程，在工程上称为过渡过程。

上述电路结构或参数变化引起的电路变化统称为“换路”，通常认为换路是在 $t=0$ 时刻进行的。为了叙述方便，把换路前的最终时刻记为 $t=0_-$，把换路后的最初时刻记为 $t=0_+$，换路经历的时间为 0_- 到 0_+。

分析动态电路的过渡过程的方法之一是：根据 KCL、KVL 和支路的 VCR 建立描述电路的方程，这类方程是以时间为自变量的线性常微分方程，然后求解常微分方程，从而得到电路所求变量（电压或电流）。此方法称为经典法，它是一种在时间域中进行的分析方法。

用经典法求解常微分方程时，必须根据电路的初始条件确定解中的积分常数。如果描述电路动态过程的微分方程是一阶的，那么初始条件就是指电路中所求变量（电压或电流）在 $t=0_+$ 时的值，也称初始值。其中，电容电压 $u_C(t_+)$ 和电感电流 $i_L(t_+)$ 称为独立的初始条件，其余变量称为非独立的初始条件。

对于电容元件，根据式（3-3），可得：

$$u_C(0_+)=u_C(0_-)+\frac{1}{C}\int_{0_-}^{0_+}i_C(\xi)\mathrm{d}\xi \tag{3-15}$$

由式（3-15）可以看出，如果从 $t=0_-$ 到 $t=0_+$ 这个换路前后的瞬间，电流 $i_C(t)$ 为有限值，式（3-15）中的积分项 $\rightarrow 0$，从而得到：

$$u_C(0_+)=u_C(0_-) \tag{3-16}$$

也就是说，换路发生的前后瞬间，电容电压不能跃变，当换路发生前电容电压为 $u_C(0_-)=U_0$ 时，在换路发生后的初始瞬间，$u_C(0_+)=u_C(0_-)=U_0$，电容可看成一个电压为 U_0 的电压源。同理，如果电容换路发生前瞬间 $u_C(0_-)=0$，在换路发生后的初始瞬间，$u_C(0_+)=u_C(0_-)=0$，电容相当于短路。

对于电感元件，根据式（3-10），可得：

$$i_L(0_+)=i_L(0_-)+\frac{1}{L}\int_{0_-}^{0_+}u_L(\xi)\mathrm{d}\xi \tag{3-17}$$

由式（3-17）可以看出，如果从 $t=0_-$ 到 $t=0_+$ 这个换路前后的瞬间，电压 $u_L(t)$ 为有限值，式（3-17）中的积分项 $\rightarrow 0$，从而得到：

$$i_L(0_+)=i_L(0_-) \tag{3-18}$$

也就是说，换路发生的前后瞬间，电感电流不能跃变，当换路发生前电感电流为 $i_L(0_-)=I_0$ 时，在换路发生后的初始瞬间，$i_L(0_+)=i_L(0_-)=I_0$，电感可看成一个电流为 I_0 的电流源。同理，如果电感换路发生前瞬间 $i_L(0_-)=0$，在换路发生后的初始瞬间，$i_L(0_+)=i_L(0_-)=0$，电感相当于开路。

式（3-16）和式（3-18）分别说明，在换路前后瞬间电容电流和电感电压为有限值的条件下，换路前后瞬间电容电压和电感电流不能跃变。上述关系又称为换路定则。

3.2.2 初始条件确定

一个动态电路的独立初始条件为电容电压 $u_C(0_+)$ 和电感电流 $i_L(0_+)$，一般可以根据它们在电路发生换路前瞬间 $t=0_-$ 时的状态 $u_C(0_-)$ 和 $i_L(0_-)$ 确定。该电路的非独立初始条件，即电阻的电压和电流、电容电流、电感电压等，需通过已知的独立初始条件进一步求解。

3.3 响应分析

3.1 节介绍了电容元件和电感元件，这两种元件的电压和电流的约束关系是通过导数（或积分）表达的，所以称为动态元件，又称为储能元件。当电路中含有电容元件和电感元件时，根据 KCL 和 KVL 以及元件的 VCR 建立的电路方程是以电流和电压为变量的微分方程或微分-积分方程，微分方程的阶数取决于动态元件的个数和电路的结构。

在一般情况下，当电路中仅含一个动态元件时，动态元件以外的线性电阻电路可用戴维南定理或诺顿定理置换为电压源和电阻的串联组合或电流源和电阻的并联组合，对于这样的电路，所建立的电路方程将是一阶线性常微分方程，相应的电路称为一阶电路。当电路中含有 2 个或 n 个动态元件时，建立的方程为二阶微分方程或 n 阶微分方程。本书只讨论一阶电路的响应分析问题。

与电阻电路的电压、电流仅仅由独立电源所产生不同，动态电路的响应由独立电源和动态元件的储能共同产生。

图 3-3（a）所示电路中的开关原来连接在 1 端，直流电压源 U_0 通过电阻 R 对电容充电，假设在开关转换之前，电容电压已经达到 U_0。在 $t=0$ 时，开关迅速由 1 端转换到 2 端，已经充电的电容脱离电压源 U_0 而与电压源 U_S 和电阻 R 串联，如图 3-3（b）所示。

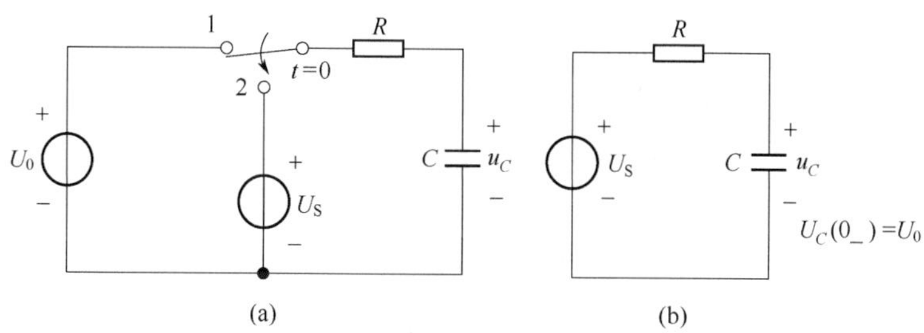

图 3-3 RC 电路的全响应

当开关倒向 2 端的瞬间，电容电压不能跃变，根据换路定则可知电容电压初始值为：

$$u_C(0_+)=u_C(0_-)=U_0$$

图 3-3（b）所示电路的 KVL 方程为：

$$u_R+u_C=U_S$$

由电阻以及电容的 VCR 方程可得到如下表达式：

$$u_R=Ri_C=RC\frac{\mathrm{d}u_C}{\mathrm{d}t}$$

由上面两式得到以下方程：

$$RC\frac{\mathrm{d}u_C}{\mathrm{d}t}+u_C=U_\mathrm{S} \tag{3-19}$$

这是一个系数为常量的一阶线性非齐次微分方程，其解由通解和特解两部分组成，即：

$$u_C(t)=u_{Ch}(t)+u_{Cp}(t)$$

其中，u_{Ch}是式（3-19）的通解，u_{Cp}是其特解。

通解$u_{Ch}(t)$是对应下面一阶线性齐次微分方程的解。

$$RC\frac{\mathrm{d}u_C}{\mathrm{d}t}+u_C=0 \tag{3-20}$$

可写为：

$$u_{Ch}(t)=A\mathrm{e}^{pt} \tag{3-21}$$

把式（3-21）代入式（3-20）中，得到特征方程：

$$RCp+1=0$$

可得如下解：

$$p=-\frac{1}{RC}$$

称为电路的固有频率。上式代入式（3-21）得：

$$u_{Ch}(t)=A\mathrm{e}^{-\frac{t}{RC}}$$

由于式（3-19）中微分方程的系数都是常量，不难求得此微分方程的特解为：

$$u_{Cp}(t)=U_\mathrm{S}$$

由此可得：

$$u_C(t)=u_{Ch}(t)+u_{Cp}(t)=A\mathrm{e}^{-\frac{t}{RC}}+U_\mathrm{S} \tag{3-22}$$

其中，A可由初始值$u_C(0_+)=u_C(0_-)=U_0$确定：

$$u_C(0)=A+U_\mathrm{S}=U_0$$

由此可得：

$$A=U_0-U_\mathrm{S}$$

代入式（3-22）可得：

$$u_C(t)=U_\mathrm{S}+(U_0-U_\mathrm{S})\mathrm{e}^{-\frac{t}{RC}} \qquad (t\geqslant 0) \tag{3-23}$$

对于仅含一个动态元件的线性一阶电路，将连接动态元件的线性电阻单口网络用戴维南或诺顿等效电路代替后，可以得到如图 3-4 所示的等效电路。

如果$u_C(t)$的初始条件为$u_C(0_+)=U_0$，则图 3-4（a）所示电路的响应可用如下方程求解：

$$\begin{cases}R_0C\dfrac{\mathrm{d}u_C(t)}{\mathrm{d}t}+u_C(t)=U_\mathrm{S}\\u_C(0_+)=U_0\end{cases} \tag{3-24}$$

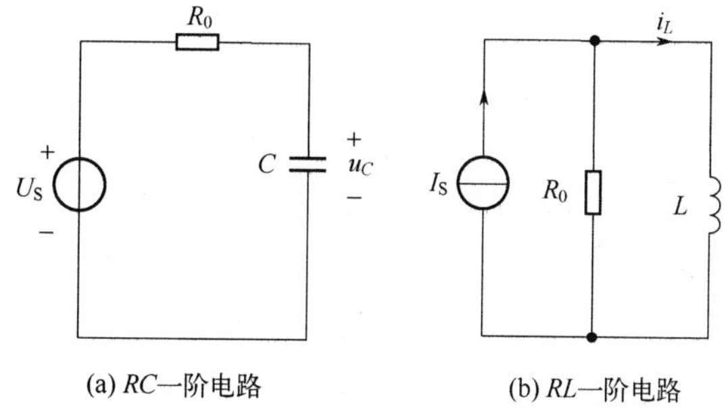

图 3-4　含电容或电感的一阶电路

如果$i_L(t)$的初始条件为$i_L(0_+)=I_0$，则图 3-4（b）所示电路的响应可用如下方程求解：

$$\begin{cases}\dfrac{L}{R_0}\dfrac{\mathrm{d}i_L(t)}{\mathrm{d}t}+i_L(t)=I_S \\ i_L(0_+)=I_0\end{cases} \tag{3-25}$$

对 RC 电路，令：

$$\tau=R_0C \tag{3-26}$$

对 RL 电路，令：

$$\tau=\frac{L}{R_0} \tag{3-27}$$

由于$[\Omega]\cdot[\mathrm{F}]=\dfrac{[\mathrm{V}]}{[\mathrm{A}]}\cdot\dfrac{[\mathrm{A}]\cdot[\mathrm{s}]}{[\mathrm{V}]}=[\mathrm{s}]$和$\dfrac{[\mathrm{H}]}{[\Omega]}=\dfrac{[\mathrm{V}]\cdot[\mathrm{s}]/[\mathrm{A}]}{[\mathrm{V}]/[\mathrm{A}]}=[\mathrm{s}]$，所以$\tau$具有时间的量纲，故称它为 RC 电路或 RL 电路的时间常数。

引入τ后，如果用$f(t)$来替代$u_C(t)$或$i_L(t)$，式（3-24）和式（3-25）可统一为如下形式：

$$\begin{cases}\tau\dfrac{\mathrm{d}f(t)}{\mathrm{d}t}+f(t)=C \\ f(0_+)\end{cases} \tag{3-28}$$

式（3-28）的解，可写为通解加特解的形式：

$$f(t)=f_h(t)+f_p(t)=A\mathrm{e}^{-\frac{t}{\tau}}+f_p(t) \tag{3-29}$$

由初始条件$f(0_+)$，可得：

$$A=f(0_+)-f_p(0_+)$$

代入式（3-29），可得：

$$f(t)=f_p(t)+[f(0_+)-f_p(0_+)]\mathrm{e}^{-\frac{t}{\tau}} \tag{3-30}$$

这就是一阶电路中电容电压和电感电流的一般表达式。因为在直流输入的情况下，式（3-28）中微分方程的系数都是常量，不难求得此微分方程的特解为：

$$f_p(t)=C$$

也就是说，$f_p(t)$是常量。且当$t\to\infty$时，$f_h(t)\to 0$，由此可知：

$$f(\infty)=f_p(t)=f_p(0_+)$$

代入式（3-30），可得：

$$f(t)=f(\infty)+[f(0_+)-f(\infty)]e^{-\frac{t}{\tau}} \tag{3-31}$$

可以证明，直流激励的 *RC* 或 *RL* 一阶动态电路中任一响应的变化规律与式（3-31）形式完全相同。式（3-31）的波形曲线如图 3-5 所示。可以看出，直流激励下一阶电路中任一响应总是从初始值 $f(0_+)$ 开始，按照指数规律增长或衰减到稳态值 $f(\infty)$，响应变化的快慢取决于电路的时间常数 τ。

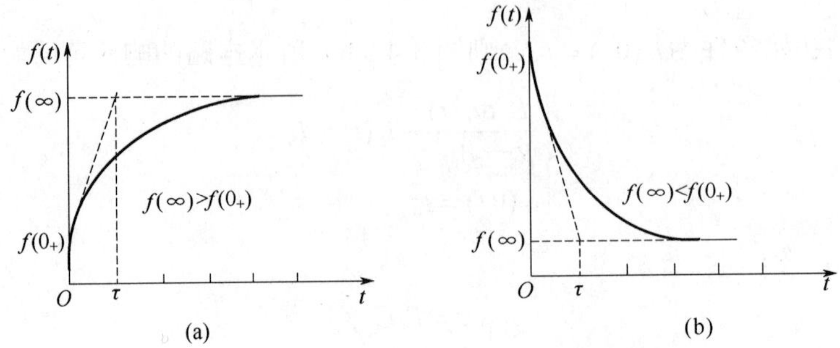

图 3-5　直流激励下一阶电路全响应波形曲线

从式（3-31）和图 3-5 的波形曲线可以看出，直流电源激励下，一阶电路的全响应取决于 $f(0_+)$、$f(\infty)$ 和 τ 这三个要素。只要分别计算出这三个要素，就能够确定全响应，这种通过计算 $f(0_+)$、$f(\infty)$ 和 τ 三要素，代入式（3-31）求得全响应的方法叫三要素法。

用三要素法计算直流电源激励下，含一个电容或一个电感的一阶动态电路响应的一般步骤如下：

（1）初始值 $f(0_+)$ 的计算：

① 根据 $t<0$ 的电路，将电容用开路代替或电感用短路代替，得到一个直流电阻电路，计算出 $t=0_-$ 时刻的电容电压 $u_C(0_-)$ 或电感电流 $i_L(0_-)$。

② 根据电容电压和电感电流连续性，即 $u_C(0_+)=u_C(0_-)$ 和 $i_L(0_+)=i_L(0_-)$，确定电容电压或电感电流初始值。

③ 如果要计算其他非状态变量的初始值，可以用数值为 $u_C(0_+)$ 的电压源替代电容或用数值为 $i_L(0_+)$ 的电流源替代电感，然后从所得到的电阻电路中计算出要求的初始值。

（2）稳态值 $f(\infty)$ 的计算：根据 $t>0$ 的电路，将电容用开路代替或电感用短路代替，得到一个直流电阻电路，再从此电路中计算出稳态值 $f(\infty)$。

（3）时间常数 τ 的计算：先计算与电容或电感连接的线性电阻单口网络的输出电阻 R_0，然后根据式（3-26）或式（3-27）计算出时间常数。

（4）将 $f(0_+)$、$f(\infty)$ 和 τ 代入式（3-31），得到响应的一般表达式，画出图 3-5 所示的波形曲线。

【例 3-1】 电路如图 3-6（a）所示，已知 $U_S=9V$，$R_1=6\Omega$，$R_2=3\Omega$，$C=1F$，开关动作前电路已稳定，$t=0$ 时开关闭合，试求 $u_C(t)$。

解：

$t<0$ 时，电路如图 3-6（b）所示，求初始值：

$$u_C(0_+)=u_C(0_-)=9V$$

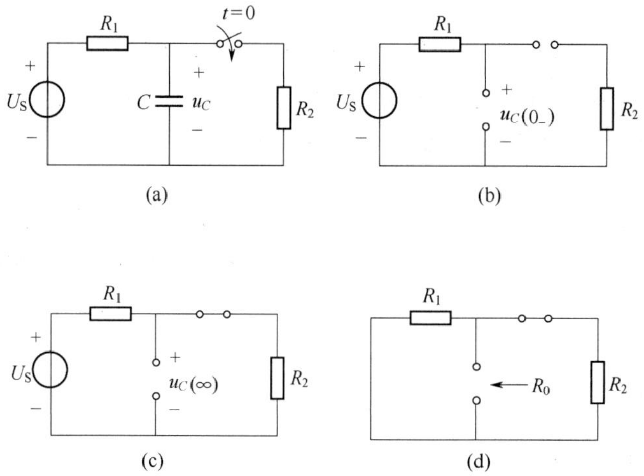

图 3-6　例 3-1 图

$t>0$ 时，电路如图 3-6（c）所示，求稳态值：

$$u_C(\infty)=\frac{R_2}{R_1+R_2}U_S=3V$$

$t>0$ 时，与电容连接的线性电阻单口网络如图 3-6（d）所示，输出电阻 R_0 为：

$$R_0=\frac{R_1R_2}{R_1+R_2}=2\Omega$$

根据式（3-26）计算出时间常数：

$$\tau=R_0C=2s$$

代入式（3-31），得到

$$u_C(t)=u_C(\infty)+[u_C(0_+)-u_C(\infty)]e^{-\frac{t}{\tau}}=3+6e^{-\frac{t}{2}}V \qquad (t\geqslant 0)$$

【例 3-2】 电路如图 3-7 所示，已知 $U_S=9V$，$R_1=6\Omega$，$R_2=3\Omega$，$C=1F$，开关动作前电路已稳定，$t=0$ 时开关从 1 切换到 2，试求 $u_C(t)$。

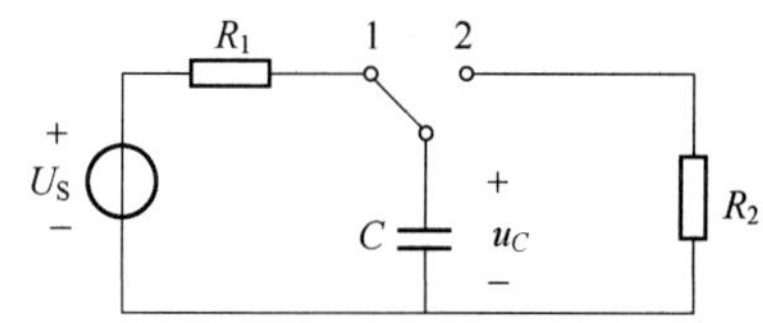

图 3-7　例 3-2 图

解：

$t<0$ 时，求初始值：

$$u_C(0_+)=u_C(0_-)=9V$$

$t>0$ 时，电路没有电源，这种一阶电路响应称为零输入响应，此时稳态值为零：

$$u_C(\infty)=0V$$

$t>0$ 时，电路输出电阻 R_0 为：

$$R_0=R_2=3\Omega$$

根据式（3-26）计算出时间常数：

$$\tau=R_0C=3s$$

代入式（3-31），得到

$$u_C(t)=u_C(\infty)+[u_C(0_+)-u_C(\infty)]e^{-\frac{t}{\tau}}=9e^{-\frac{t}{3}}\text{V}\qquad(t\geqslant 0)$$

【例 3-3】 电路如图 3-8 所示，已知 $U_S=9\text{V}$，$R_1=6\Omega$，$R_2=3\Omega$，$C=1\text{F}$，开关动作前电路已稳定，$t=0$ 时开关从 2 切换到 1，试求 $u_C(t)$。

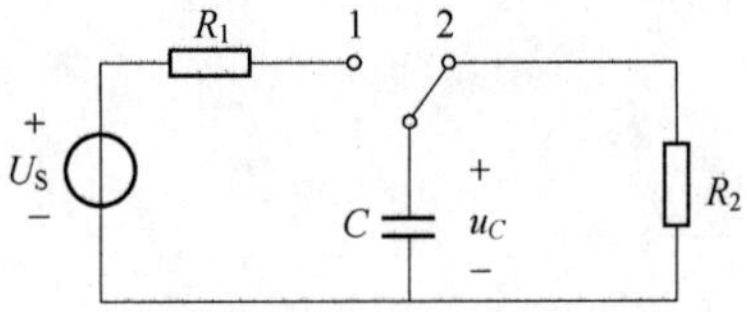

图 3-8　例 3-3 图

解：

$t<0$ 时，电路没有电源，稳定后动态元件初始状态为 0，这种一阶电路响应称为零状态响应，求初始值：

$$u_C(0_+)=u_C(0_-)=0\text{V}$$

$t>0$ 时，稳态值为：

$$u_C(\infty)=9\text{V}$$

$t>0$ 时，电路输出电阻 R_0 为：

$$R_0=R_1=6\Omega$$

根据式（3-26）计算出时间常数：

$$\tau=R_0C=6\text{s}$$

代入式（3-31），得到

$$u_C(t)=u_C(\infty)+[u_C(0_+)-u_C(\infty)]e^{-\frac{t}{\tau}}=9\left(1-e^{-\frac{t}{6}}\right)\text{V}\qquad(t\geqslant 0)$$

3.4　基于 Multisim 的仿真案例

图 3-9 是一个基于 Multisim 的一阶电路全响应电路仿真案例，假设 $t=0$ 时开关断开，基于三要素法分析这个电路的电容电压 $u_C(t)$。

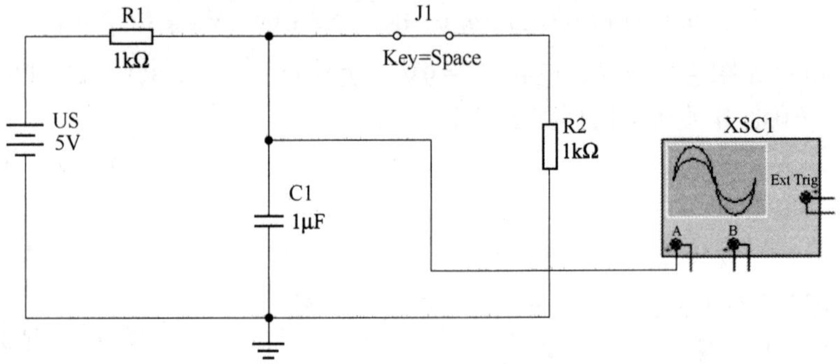

图 3-9　基于 Multisim 的仿真电路

初始值为：

$$u_C(0_+)=u_C(0_-)=\frac{R_2}{R_1+R_2}U_S=2.5\text{V}$$

稳态值为：

$$u_C(\infty)=U_S=5\text{V}$$

时间常数为：

$$\tau = R_1C_1 = 10^{-3}\text{s}$$

代入式（3-31），可以得到：

$$u_C(t) = u_C(\infty) + [u_C(0_+) - u_C(\infty)]\text{e}^{-\frac{t}{\tau}} = 5 - 2.5\text{e}^{-10^3 t}\text{V}$$

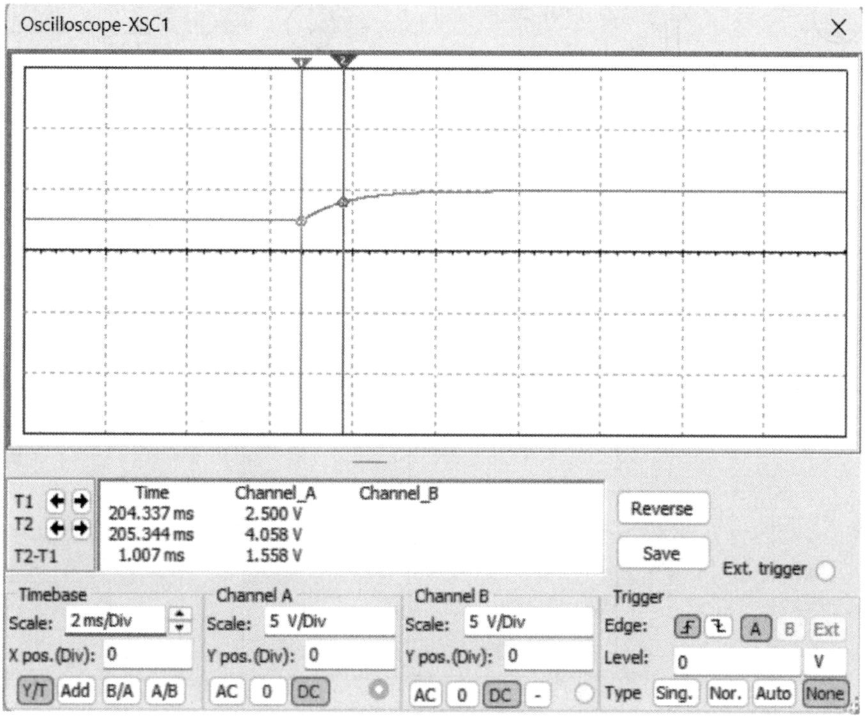

图 3-10 示波器显示的仿真电路波形图

图 3-10 是示波器显示的仿真电路波形图。波形图中，游标 T1 为开关从闭合切换至断开的换路起始点，可以看成$t=0$时刻，示波器中显示此时$u_C(0_-)=2.500\text{ V}$，它和游标 T2 时间差为 1.007ms，T2 可以看成从$t=0$时刻开始，经过τ时间后到达的时间点，示波器显示其值为 4.058V。理论计算值为：

$$u_C(1.007\times10^{-3}) = 5 - 2.5\text{e}^{-10^3\times1.007\times10^{-3}} = 4.087\text{V}$$

相对误差为：

$$\varepsilon = \frac{|4.058 - 4.087|}{4.087}\times100\% = 0.7\%$$

仿真结果与理论分析值基本一致。

● 习题

习题 3-1　图 3-11 所示电路中，开关闭合已经很久，$t=0$时开关断开，试求$t\geqslant0$时的电容电压$u_C(t)$。

习题 3-2　图 3-12 所示电路中，开关在 a 点为时已久，$t=0$时开关切换至 b 点，试求

$t \geqslant 0$时的电容电压$u_C(t)$。

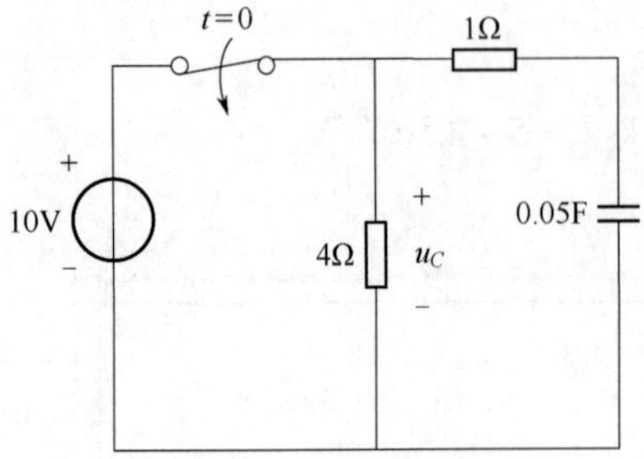

图3-11 习题3-1图

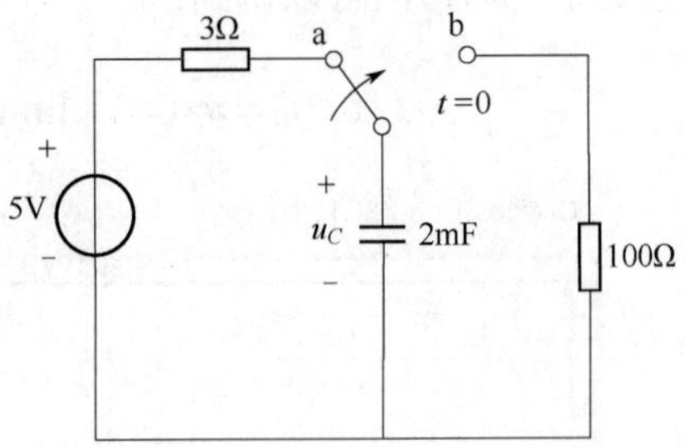

图3-12 习题3-2图

习题3-3 图3-13所示电路中，开关闭合已经很久，$t=0$时开关断开，试求$t \geqslant 0$时的电感电流$i_L(t)$。

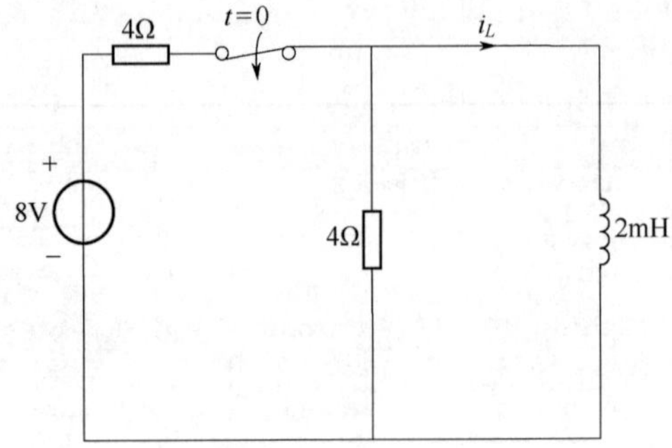

图3-13 习题3-3图

习题3-4 图3-14所示电路中，开关在a点为时已久，$t=0$时开关切换至b点，试求$t \geqslant 0$时的电容电压$u_C(t)$。

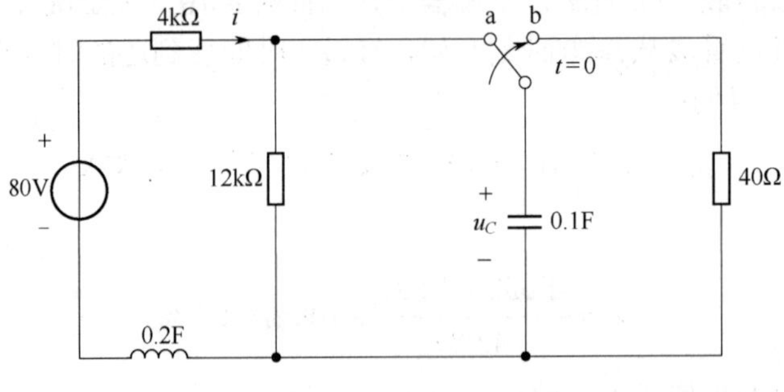

图3-14 习题3-4图

习题3-5 图3-15所示电路中，开关闭合已经很久，$t=0$时开关断开，试求$t \geqslant 0$时的电感电流$i_L(t)$。

习题3-6 图3-16所示电路中，开关已经断开很久，$t=0$时开关闭合，试求$t \geqslant 0$时的电容电压$u_C(t)$。

习题3-7 图3-17所示电路中，开关在a点为时已久，$t=0$时开关切换至b点，试求$t \geqslant 0$时的电容电压$u_C(t)$。

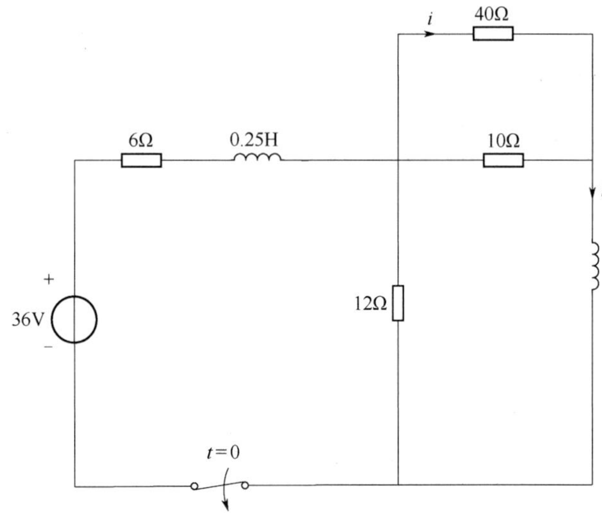

图 3-15　习题 3-5 图

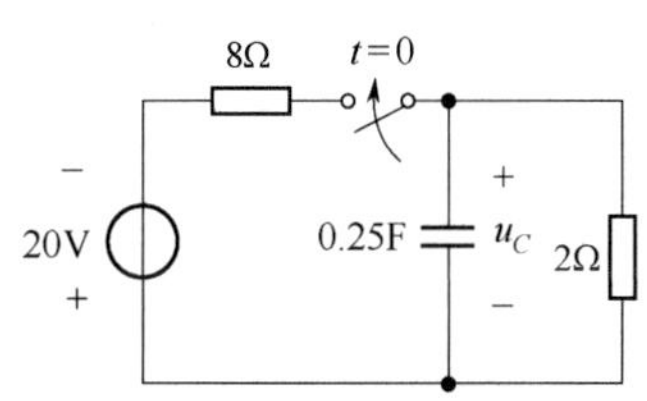

图 3-16　习题 3-6 图

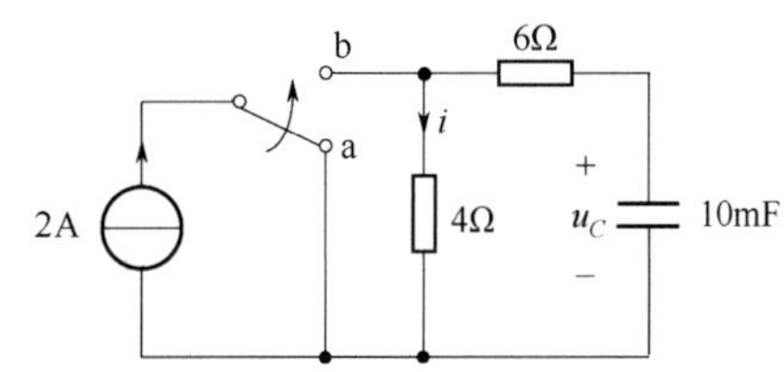

图 3-17　习题 3-7 图

习题 3-8　图 3-18 所示电路中，开关已经断开很久，$t=0$ 时开关闭合，试求 $t\geqslant 0$ 时的电感电流 $i_L(t)$。

习题 3-9　图 3-19 所示电路中，开关已经断开很久，$t=0$ 时开关闭合，试求 $t\geqslant 0$ 时的电感电流 $i_L(t)$。

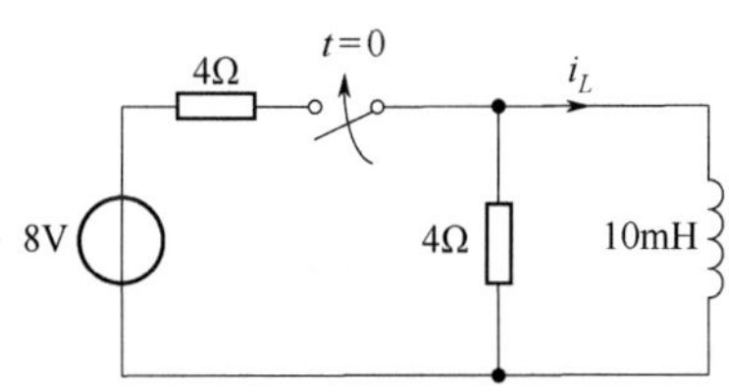

图 3-18　习题 3-8 图

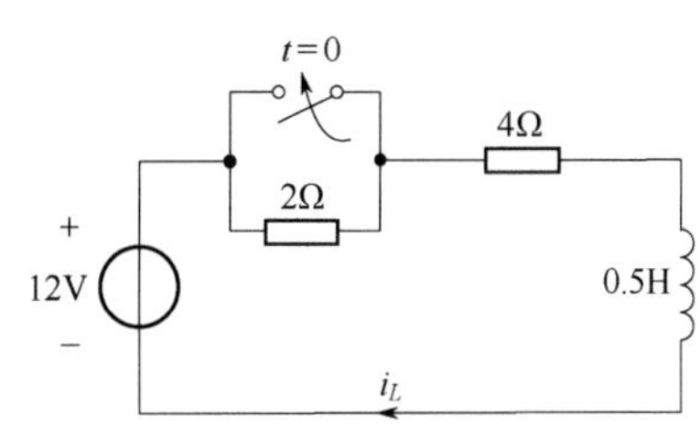

图 3-19　习题 3-9 图

习题 3-10　图 3-20 所示电路中，已知 $u_C(0_-)=12\text{V}$，$t=0$ 时开关闭合，试求 $t\geqslant 0$ 时的电容电压 $u_C(t)$。

习题 3-11　图 3-21 所示为一个延时电路，已知 $U_S=20\text{V}$，$t=0$ 时接入 $-U_S$，试计算电容电压 $u_C(t)=-4.5\text{V}$ 需要经过多少时间？

习题 3-12　图 3-22 所示电路中，开关转换前电路已经稳定，$t=0$ 时开关 S_1 闭合，$t=3\text{s}$ 时，开关 S_2 断开，试求 $t\geqslant 0$ 时的电感电流 $i_L(t)$。

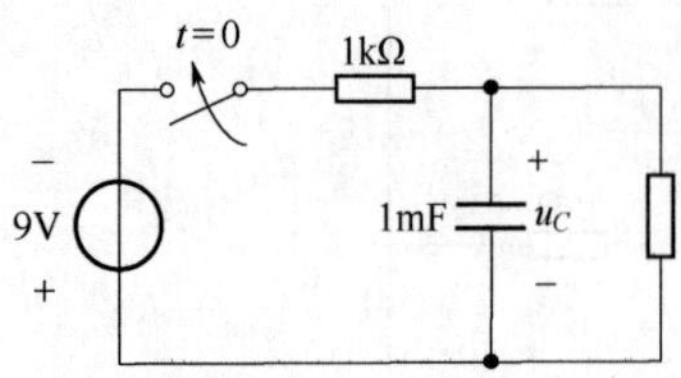

图 3-20　习题 3-10 图

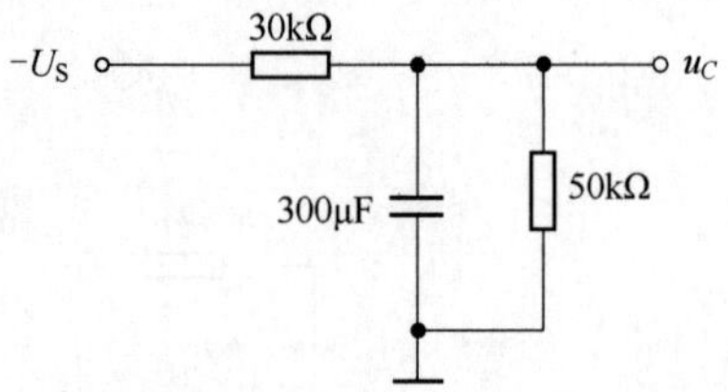

图 3-21　习题 3-11 图

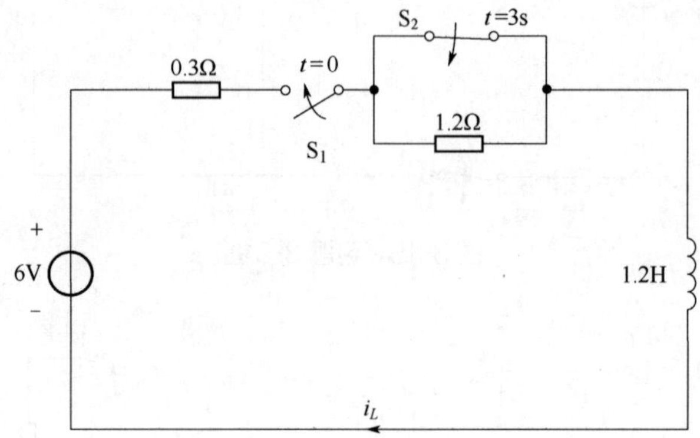

图 3-22　习题 3-12 图

本书配套资源

第 4 章　正弦稳态电路分析

- 本章思维导图

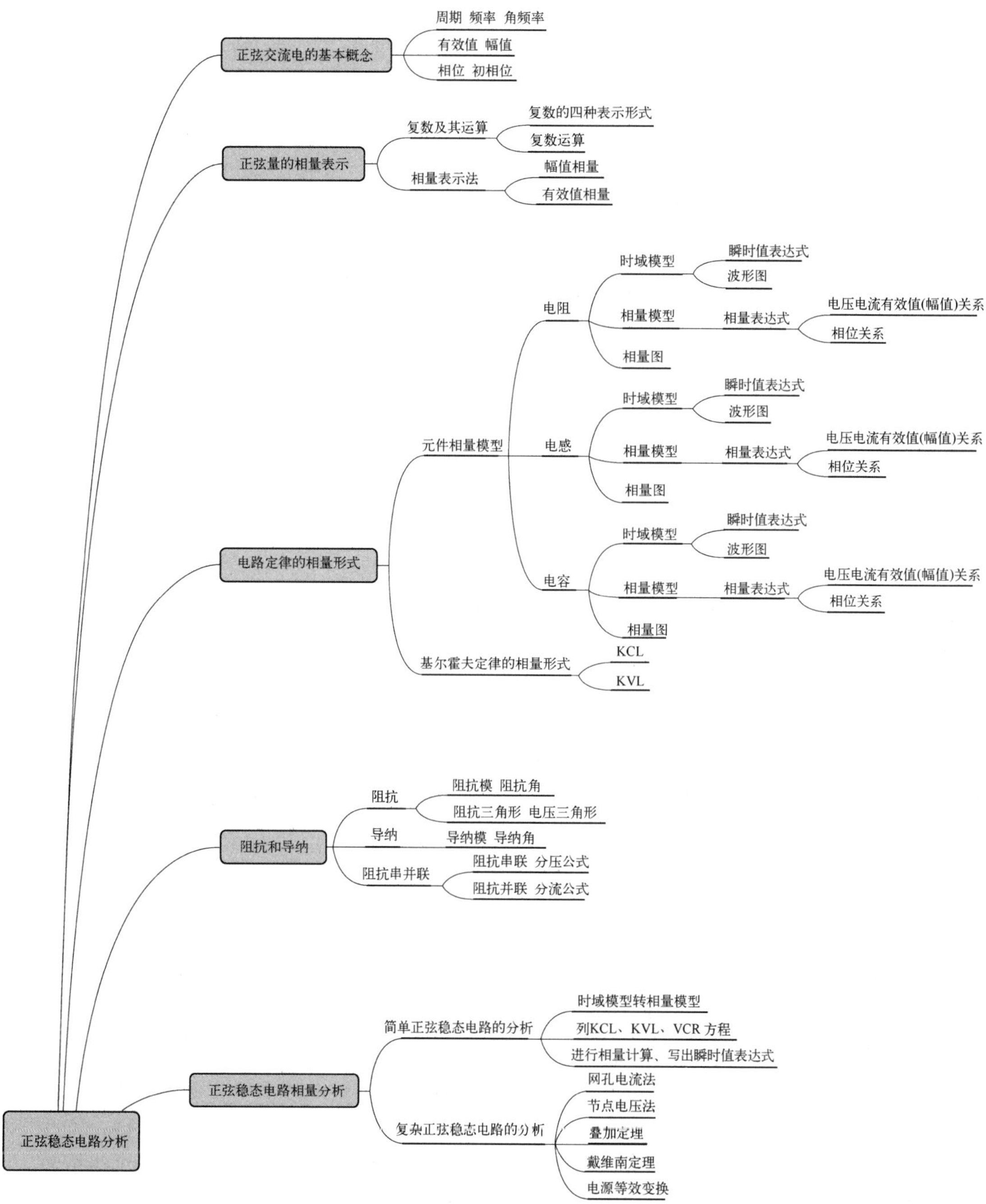

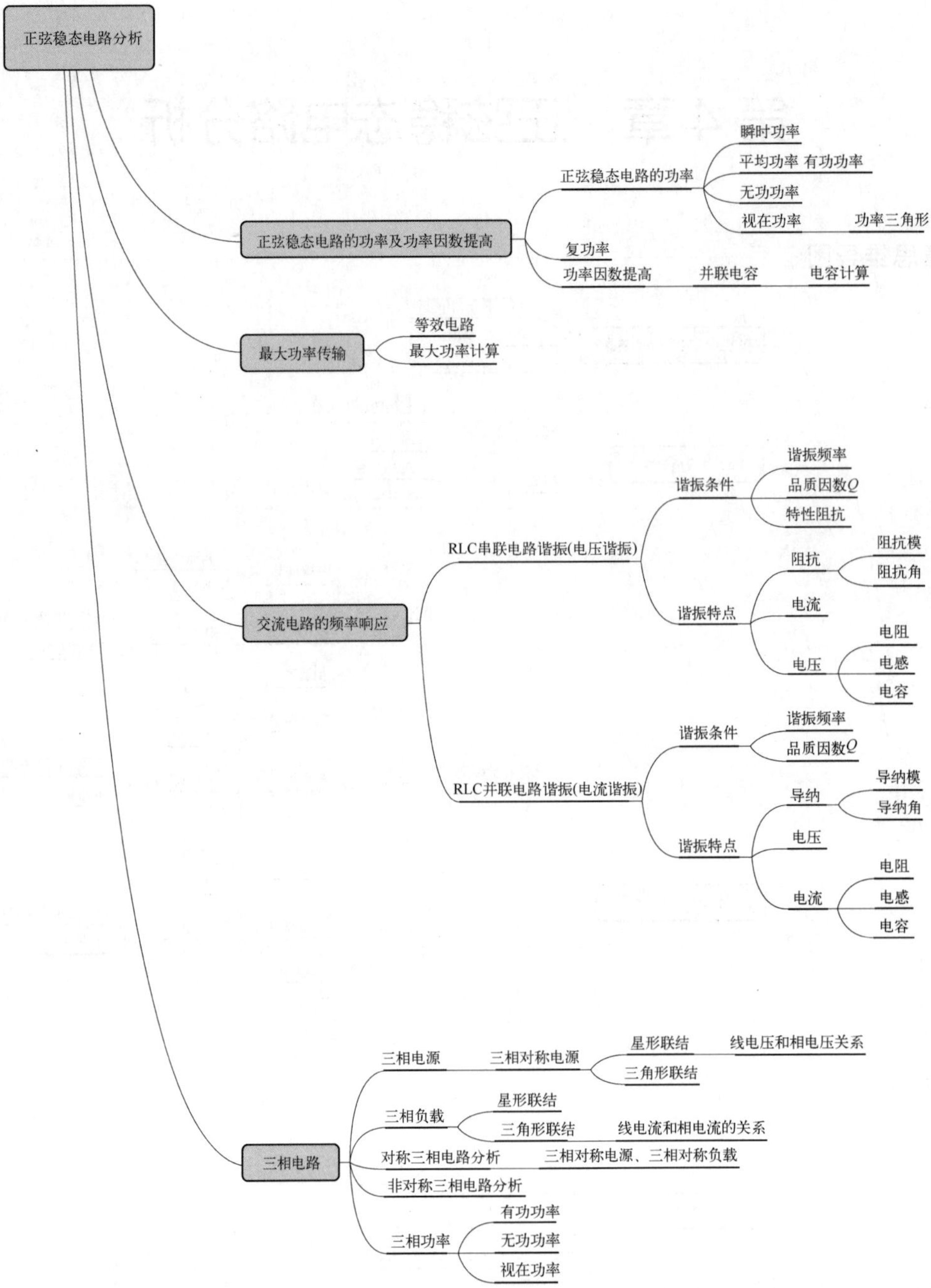

• 本章学习目标

1. 理解正弦电压和电流，正弦稳态电路的瞬时功率、有功功率、无功功率、视在功率、功率因数及复功率，阻抗、导纳，以及谐振等概念。

2. 熟悉正弦稳态电路中电压、电流时域形式和相量形式的表示方法，时域模型和相量模型的转换，三相电路、谐振电路的特点。

3. 掌握利用相量分析正弦稳态电路的方法和步骤，以及对称三相电路和串联谐振电路的分析和计算方法。

4.1 正弦交流电的基本概念

电路中按照正弦规律变化的电压、电流统称为正弦量（sinusoidal quantity），可用 sin 函数或者 cos 函数来描述，本书采用 sin 函数。

设一正弦电流如图 4-1 所示，其瞬时值表达式为

$$i(t) = I_{\mathrm{m}} \sin(\omega t + \psi_i)$$

$$u(t) = U_{\mathrm{m}} \sin(\omega t + \psi_u) \tag{4-1}$$

式中，$i(t)$、$u(t)$ 分别表示电流、电压的瞬时值（instantaneous value）。以电流为例，I_{m}、ω、ψ_i 分别表示正弦电流的振幅（amplitude）、角频率（angular frequency）和初相位（initial phase），这三个量分别反映正弦量的幅度、变化快慢和初始相位，称为正弦量的三要素。

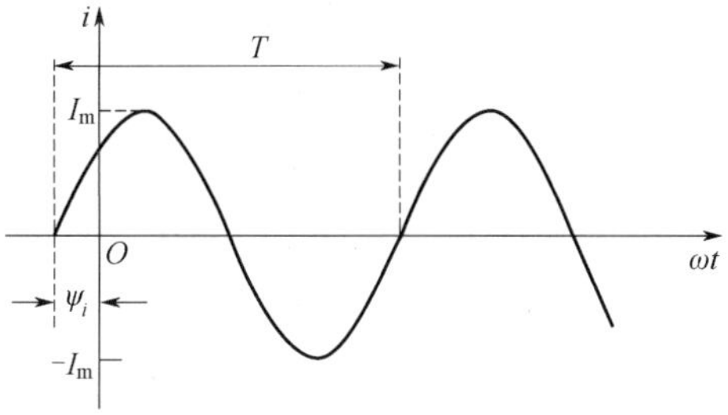

图 4-1 正弦电流的波形

4.1.1 周期和频率

正弦量是周期性变化的信号，其变化快慢可以用周期（period）、频率（frequency）和角频率来反映。周期 T 是正弦量变化一周所需要的时间，单位是秒（s）。正弦量每秒的变化次数称为频率 f，单位为赫兹（Hz），简称赫。角频率 ω 表示正弦量每秒变化的弧度数，单位是弧度/秒（rad/s）。周期、频率、角频率三者的关系见式（4-2）。

$$f = \frac{1}{T}, \quad \omega = 2\pi f = \frac{2\pi}{T} \tag{4-2}$$

我国和世界上很多国家的电力工业标准频率为 50Hz，简称工频（power frequency），也有少数国家（如美国、日本）采用的频率为 60Hz。

一般交流电机、照明负载及家用电器都使用工频交流电。收音机调幅广播使用的频率为 526.5～1605.5kHz，调频广播的频率为 88MHz～108MHz，无线电工程使用的频率可以高达 300GHz。

4.1.2 幅值和有效值

正弦量的瞬时值对应某一时刻的电压和电流的数值，一般用小写字母表示，如 u、i。瞬时值的最大值称为正弦量的振幅、幅值或峰值，一般用大写字母带下标 m 表示，如 U_{m}、I_{m} 分别表示电压和电流的振幅。与交流电热效应相等的直流电定义为交流电的有效值（effective value），用相对应的大写字母表示，如 U、I。例如：当周期电流 i 流过电阻 R 时，在一个周期 T 内消耗的电能为 $W = \int_0^T p(t)\mathrm{d}t = \int_0^T Ri^2(t)\mathrm{d}t$，设有某个直流电流 I，流过相同电阻 R 时，

在一个周期 T 内消耗的电能为 $W = RI^2T$，若两者在一个周期内消耗的电能相等，则有 $R\int_0^T i^2(t)\mathrm{d}t = RI^2T$，因此，周期电流的有效值为

$$I = \sqrt{\frac{1}{T}\int_0^T i^2(t)\mathrm{d}t} \tag{4-3}$$

式（4-3）表示有效值 I 等于瞬时值 i 的平方在一个周期内的平均值再取平方根，所以有效值又称为方均根值（root-mean-square value，RMS）。将正弦电流 $i(t) = I_\mathrm{m}\cos(\omega t + \psi_i)$ 代入式（4-3），得

$$I = \sqrt{\frac{1}{T}\int_0^T I_\mathrm{m}^2\cos^2(\omega t + \psi_i)\mathrm{d}t} = \sqrt{\frac{1}{T}I_\mathrm{m}^2\int_0^T \frac{1+\cos 2(\omega t + \psi_i)}{2}\mathrm{d}t} = \sqrt{\frac{1}{T}I_\mathrm{m}^2\frac{T}{2}} = \frac{I_\mathrm{m}}{\sqrt{2}} = 0.707I_\mathrm{m} \tag{4-4}$$

同理，正弦电压有效值与幅值的关系为

$$U = 0.707U_\mathrm{m} \tag{4-5}$$

由此可得，正弦量有效值的 $\sqrt{2}$ 倍等于其振幅。因此，正弦电压和电流也可以写成

$$i(t) = \sqrt{2}I\sin(\omega t + \psi_i)$$
$$u(t) = \sqrt{2}U\sin(\omega t + \psi_u)$$

日常生活中，电气设备铭牌上标明的额定电压、额定电流，交流电流表和电压表读到的测量值都是有效值。而电气设备的绝缘水平、耐压值指的都是最大值。

4.1.3 相位和初相位

瞬时值表达式中的 $(\omega t + \psi_i)$、$(\omega t + \psi_u)$ 反映正弦量随时间变化进程的角度，称为正弦量的相位角或相位，ψ_i、ψ_u 是 $t = 0$ 时刻的相位，称为初相位，简称初相。初相位的大小和正负与计时起点的选择有关。初相位的范围为 $-180° \leqslant \psi \leqslant 180°$。图 4-2（a）中，选 ψ_1 为初相位，图 4-2（b）中，选 ψ_2 为初相位。如果用正弦函数 $\sin(\omega t)$ 作为参考正弦量，其初相位为零，其他各正弦量与参考正弦量的相位相比，当 ψ 落在纵坐标的左侧时，其值为正，如图 4-2（a）中，ψ_1 为正；当 ψ 落在纵坐标的右侧时，其值为负，如图 4-2（b）中，ψ_2 为负。

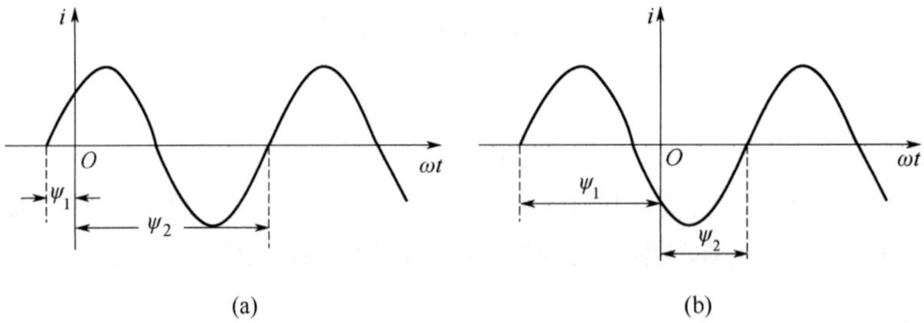

图 4-2　初相位的选取

在一个线性正弦交流电路中，所有的正弦量的频率都是相同的。两个同频率的正弦量可以比较相位，任何两个同频率的正弦量之间的相位差等于它们的初相位之差，与时间和计时起点无关。设 $u(t) = \sqrt{2}U\sin(\omega t + \psi_u)$，$i(t) = \sqrt{2}I\sin(\omega t + \psi_i)$，则 u、i 的相位差用 ϕ 来表示，即

$$\phi = (\omega t + \psi_u) - (\omega t + \psi_i) = \psi_u - \psi_i \tag{4-6}$$

$\phi = \psi_u - \psi_i$，如果$\phi>0°$，u超前（领先）i，或i滞后（落后）u，如图 4-3（a）所示；反之，如果$\phi<0°$，i超前（领先）u，或u滞后（落后）i，如图 4-3（b）所示。相位差的范围为$-180° \leqslant \phi \leqslant 180°$。特殊情况下，如果$\phi = 0°$，则称电压与电流同相（in phase），$i$、$u$同时达到正的最大值、最小值，同时过零点，如图 4-4（a）所示；如果$\phi = \pm 90°$，则称电压与电流正交（quadrature phase），其特点是一个正弦量达到极值时，另一个正弦量过零点，如图 4-4（b）所示；如果$\phi = \pm 180°$，则称电压与电流反相（opposite phase），其特点是一个正弦量达到最大值时，另一个正弦量达到最小值，如图 4-4（c）所示。

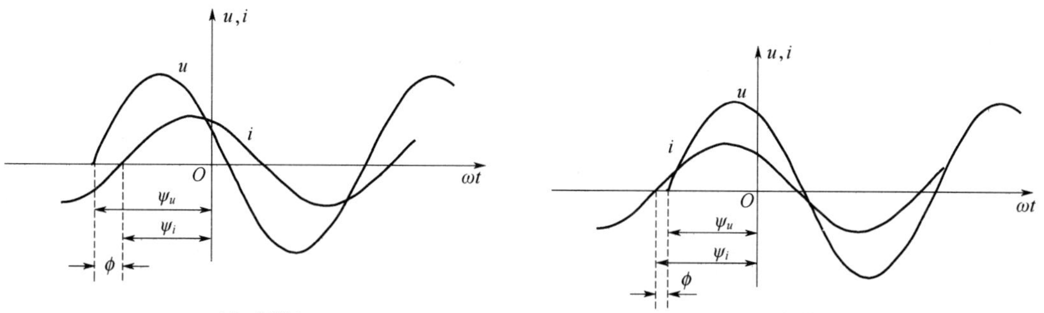

(a) u超前i　　(b) i超前u

图 4-3　同频正弦量的相位差

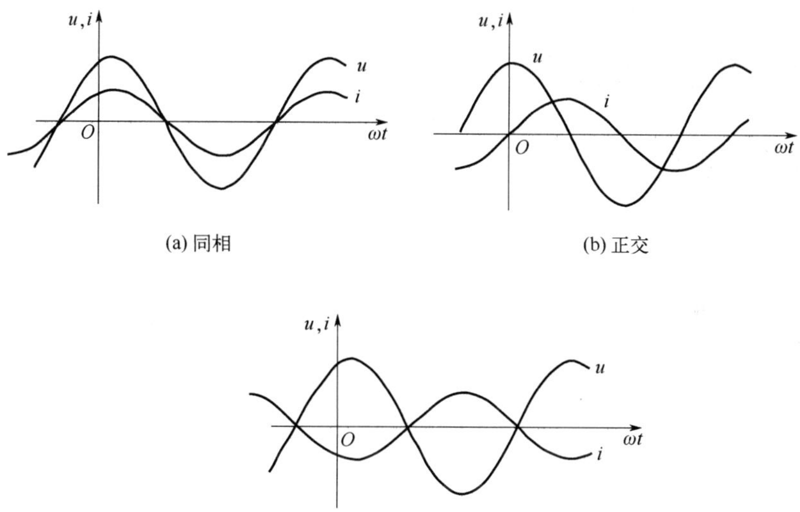

(a) 同相　　(b) 正交

(c) 反相

图 4-4　同频正弦量的相位关系

【**例 4-1**】已知正弦电流波形如图 4-5 所示，$\omega = 314\text{rad/s}$。

（1）写出正弦$i(t)$表达式；

（2）求正弦电流最大值发生的时间t_1。

解：

（1）由图示可知，电流的最大值为 10A，$t = 0$时电流为 5A，因此有$i(t) = 10\sin(314t + \psi)\text{A}$，$i(0) = 10\sin\psi = 5\text{A}$，$\psi$落在纵坐标的左侧，其值为正，取$\psi = \dfrac{\pi}{6}$。综上，$i(t) = 10\sin\left(314t + \dfrac{\pi}{6}\right)\text{A}$。

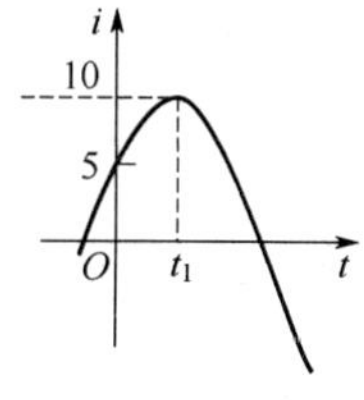

图 4-5　例 4-1 图

（2）$t_1 = \dfrac{\frac{\pi}{3}}{314} = 3.33\text{ms}$。

【例 4-2】计算下列两正弦量的相位差。

（1）$i_1(t) = 10\sin\left(100\pi t + \dfrac{3}{4}\pi\right)\text{A}, i_2(t) = 10\sin\left(100\pi t - \dfrac{1}{2}\pi\right)\text{A}$

（2）$i_1(t) = 10\cos(100\pi t + 60°)\text{A}, i_2(t) = 20\sin(100\pi t - 15°)\text{A}$

（3）$i_1(t) = 10\sin(100\pi t - 30°)\text{A}, i_2(t) = 20\sin(200\pi t + 30°)\text{A}$

（4）$u(t) = 5\sin(100\pi t - 30°)\text{V}, i(t) = -3\sin(100\pi t + 30°)\text{A}$

解：

（1）$\phi = \dfrac{3}{4}\pi - \left(-\dfrac{1}{2}\pi\right) = \dfrac{5}{4}\pi$，转为 $-180° \leqslant \phi \leqslant 180°$ 范围，$\phi = -\dfrac{3}{4}\pi$，说明 $i_1(t)$比 $i_2(t)$滞后$\dfrac{3}{4}\pi$；

（2）把$i_1(t)$变成正弦函数，$i_1(t) = 10\sin(100\pi t + 150°)\text{A}$，$\phi = 150° - (-15°) = 165°$，说明$i_1(t)$比 $i_2(t)$超前165°；

（3）因为两个正弦量的角频率不同，不能比较相位；

（4）$i(t) = 3\sin(100\pi t - 150°)\text{A}$，$\phi = 120°$，说明$u(t)$比 $i(t)$超前120°。

4.2 正弦量的相量表示

4.2.1 复数及其运算

复数由实部（real part）和虚部（imaginary part）组成。复数对应复平面的一个点，常用原点至该点的向量来表示。如图 4-6 所示，复数 A 在复平面实轴+1 上的投影为a，虚轴+j上的投影为b，有向线段的长度为$|A|$，有向线段和实轴的夹角为θ。

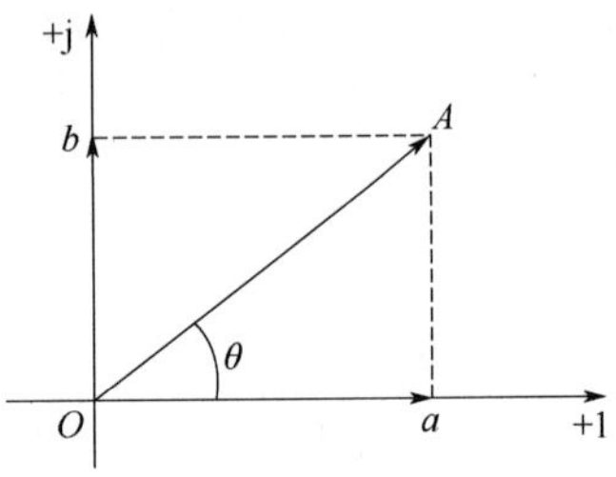

图 4-6 复数表示

复数 A 可以用以下四种方式表示。

（1）代数式：

$$A = a + \text{j}b \tag{4-7}$$

式中，a 为复数的实部；b 为复数的虚部；j 为虚部的单位，相当于数学中的 i，电路分析中用 j 是为了避免和电流 i 混淆，$\text{j}^2 = -1$，$\dfrac{1}{\text{j}} = -\text{j}$。

（2）三角函数式：

$$A = |A|\cos\theta + \text{j}|A|\sin\theta \tag{4-8}$$

式中，$|A| = \sqrt{a^2 + b^2}$，$\theta = \arctan\dfrac{b}{a}$，$a = |A|\cos\theta$，$b = |A|\sin\theta$，$|A|$ 称为复数 A 的模（modulus），θ 称为复数 A 的幅角（argument）。

（3）指数式：因为$\text{e}^{\text{j}\theta} = \cos\theta + \text{j}\sin\theta$，所以

$$A = |A| e^{j\theta} \tag{4-9}$$

（4）极坐标式：

$$A = |A| \angle \theta \tag{4-10}$$

【例 4-3】将下列代数式转换为极坐标式、三角函数式、指数式。

（1） $A = 1 + j1$　　（2） $B = 3 - j4$　　（3） $C = -5 + j5\sqrt{3}$　（4） $D = -4 - j3$

解：

（1） $A = 1 + j1 = \sqrt{2}\angle 45° = \sqrt{2}\cos 45° + j\sqrt{2}\sin 45° = \sqrt{2}e^{j45°}$

（2） $B = 3 - j4 = 5\angle -53.1° = 5\cos(-53.1°) + j5\sin(-53.1°) = 5e^{j(-53.1°)}$

（3） $C = -5 + j5\sqrt{3} = 10\angle 120° = 10\cos 120° + j10\sin 120° = 10e^{j120°}$

（4） $D = -4 - j3 = 5\angle -143.1° = 5\cos(-143.1°) + j5\sin(-143.1°) = 5e^{j(-143.1°)}$

【例 4-4】将 $A = 2\angle -30°$ 转换为指数式、三角函数式和代数式。

解：

$$A = 2\angle -30° = 2e^{j(-30°)} = 2\cos(-30°) + j2\sin(-30°) = \sqrt{3} - j1$$

对复数进行加减运算应用代数形式较为方便。例如：已知两个复数 $A_1 = a_1 + jb_1, A_2 = a_2 + jb_2$，则 $A_1 \pm A_2 = (a_1 \pm a_2) + j(b_1 \pm b_2)$，即复数相加减时，就是将复数的实部与实部相加减，虚部与虚部相加减。

对复数进行乘除运算时，用极坐标或者指数形式，即复数相乘除时，就是将复数的模与模相乘除，幅角与幅角相加减。

$$A_1 A_2 = |A_1|\angle\theta_1 \cdot |A_2|\angle\theta_2 = |A_1||A_2|\angle(\theta_1 + \theta_2)$$

$$\frac{A_1}{A_2} = \frac{|A_1|\angle\theta_1}{|A_2|\angle\theta_2} = \frac{|A_1|}{|A_2|}\angle(\theta_1 - \theta_2)$$

另外，在复数运算中，$e^{j\theta} = 1\angle\theta$ 是一个特殊的复数，其模等于 1，幅角为 θ。任意复数 $A_1 = |A_1|\angle\theta_1$ 乘以 $e^{j\theta}$，则 $A_1 e^{j\theta} = |A_1|\angle(\theta_1 + \theta)$，即相当于把复数 A 逆时针方向旋转 θ 角，而其模不变。$e^{j\theta}$ 可以看成旋转因子。

当 $\theta = 90°$ 时，$e^{j90°} = 1\angle 90° = \cos 90° + j\sin 90° = j$，因此，任意复数乘以 j，其模不变，幅角增加 $90°$，即逆时针旋转 $90°$。

当 $\theta = -90°$ 时，$e^{j(-90°)} = 1\angle -90° = \cos(-90°) + j\sin(-90°) = -j$，因此，任意复数乘以 $-j$，其模不变，幅角减少 $90°$，即顺时针旋转 $90°$。

当 $\theta = \pm 180°$ 时，$e^{j(\pm 180°)} = 1\angle \pm 180° = \cos(\pm 180°) + j\sin(\pm 180°) = -1$，任意复数乘以 -1，其模不变，幅角增加或减少 $180°$。

【例 4-5】已知 $A = 4 - j3$，$B = 10\angle -30°$，求 $A + B$、$A - B$、AB、$\frac{A}{B}$。

解：

（1） $A + B = 4 - j3 + 10\angle -30° = 4 - j3 + 10\cos(-30°) + j10\sin(-30°)$
$= 4 - j3 + 5\sqrt{3} - j5 = 12.66 - j8$

（2） $A - B = 4 - j3 + 10\angle -30° = 4 - j3 - 10\cos(-30°) - j10\sin(-30°)$
$= 4 - j3 - 5\sqrt{3} + j5 = -4.66 + j2$

（3）$AB=(4-\mathrm{j}3)\times 10\angle-30^\circ=5\angle-36.9^\circ\times 10\angle-30^\circ=50\angle-66.9^\circ$

（4）$\dfrac{A}{B}=\dfrac{4-\mathrm{j}3}{10\angle-30^\circ}=\dfrac{5\angle-36.9^\circ}{10\angle-30^\circ}=0.5\angle-6.9^\circ$

4.2.2 相量表示法

振幅、角频率、相位是正弦量的三要素，正弦量的瞬时值可以由表达式$u(t)=U_{\mathrm{m}}\sin(\omega t+\psi_u)$来表示，也能写成$u(t)=\sqrt{2}U\sin(\omega t+\psi_u)$。根据欧拉公式$\mathrm{e}^{\mathrm{j}\theta}=\cos\theta+\mathrm{j}\sin\theta$，可得$\cos\theta=\mathrm{Re}(\mathrm{e}^{\mathrm{j}\theta})$，$\sin\theta=\mathrm{Im}(\mathrm{e}^{\mathrm{j}\theta})$，其中，Re与Im分别表示取实部和虚部的运算。若$\theta=\omega t+\psi_u$，则复函数$\mathrm{e}^{\mathrm{j}(\omega t+\psi_u)}=\cos(\omega t+\psi_u)+\mathrm{j}\sin(\omega t+\psi_u)$，则$u(t)=U_{\mathrm{m}}\sin(\omega t+\psi_u)=\mathrm{Im}[U_{\mathrm{m}}\mathrm{e}^{\mathrm{j}(\omega t+\psi_u)}]=\mathrm{Im}[U_{\mathrm{m}}\mathrm{e}^{\mathrm{j}\omega t}\mathrm{e}^{\mathrm{j}\psi_u}]$。此式表明，正弦函数$u(t)$等于指数函数$U_{\mathrm{m}}\mathrm{e}^{\mathrm{j}(\omega t+\psi_u)}$的虚部，该指数函数包含了正弦量的三个要素：振幅$U_{\mathrm{m}}$、角频率$\omega$和初相位$\psi_u$。

正弦量也可在平面坐标系中用一个有向旋转线段来表示，如图4-7（a）所示。若让有向线段A的长度等于正弦量的幅值，$t=0$时刻的初始位置与横坐标实轴的夹角为正弦量的初相位ψ，让有向线段以正弦量的角频率ω逆时针方向旋转，则该有向旋转线段任意时刻在纵坐标上的投影对应正弦量在该时刻的瞬时值，如图4-7（b）所示。由此可得，任何一个正弦量都可以用一个相应的有向旋转线段来表示，而有向线段可以用复数来表示，因此正弦量可以用复数来表示。

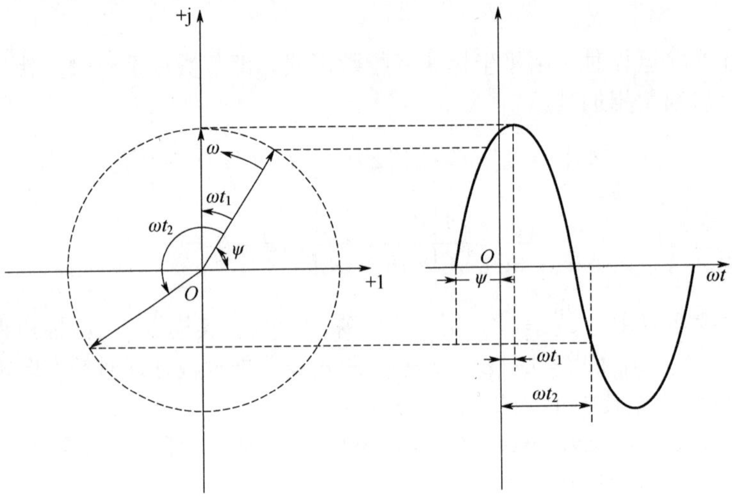

(a) 有向旋转线段　　(b) 正弦量波形

图4-7　有向旋转线段与正弦量波形对应图

若定义$\dot{U}_{\mathrm{m}}=U_{\mathrm{m}}\mathrm{e}^{\mathrm{j}\psi_u}=U_{\mathrm{m}}\angle\psi_u$，则$u(t)=\mathrm{Im}[U_{\mathrm{m}}\mathrm{e}^{\mathrm{j}\omega t}\mathrm{e}^{\mathrm{j}\psi_u}]=\mathrm{Im}[\dot{U}_{\mathrm{m}}\mathrm{e}^{\mathrm{j}\omega t}]$，则$\dot{U}_{\mathrm{m}}$包含了正弦量的两个要素——$U_{\mathrm{m}}$和$\psi_u$。代表正弦量的复数称为相量。$\dot{U}_{\mathrm{m}}$称为振幅相量（amplitude phasor）。由前文可知，当频率一定时，正弦量和相量有一一对应关系。任何一个正弦量都可以用复数来表示。

$$i(t)=\sqrt{2}I\cos(\omega t+\psi_i)\Leftrightarrow \dot{I}_{\mathrm{m}}=I_{\mathrm{m}}\mathrm{e}^{\mathrm{j}\psi_i}=I_{\mathrm{m}}\angle\psi_i$$

$$u(t)=\sqrt{2}U\cos(\omega t+\psi_u)\Leftrightarrow \dot{U}_{\mathrm{m}}=U_{\mathrm{m}}\mathrm{e}^{\mathrm{j}\psi_u}=U_{\mathrm{m}}\angle\psi_u$$

另外，相量也可以用正弦量的有效值和初相位的复数定义。$\dot{I}=I\mathrm{e}^{\mathrm{j}\psi_i}=I\angle\psi_i=\dfrac{\dot{I}_{\mathrm{m}}}{\sqrt{2}},\dot{U}=$

$Ue^{j\psi_u}=U\angle\psi_u=\dfrac{\dot{U}_m}{\sqrt{2}}$，称为有效值相量。需要注意的是，正弦量是按照正弦规律变化的函数，而相量只反映正弦量的幅值（或者有效值）和初相位，与正弦量不相等。因此，$u(t)=U_m\cos(\omega t+\psi_u)=\mathrm{Re}[\dot{U}_m e^{j\omega t}]\neq\dot{U}_m$。

【例 4-6】已知正弦电压$u(t)=10\sqrt{2}\sin(10^3t+45°)\mathrm{V}$，正弦电流$i(t)=5\sin(100\pi t-120°)\mathrm{A}$，写出它们的幅值相量和有效值相量。

解：

幅值相量为

$$\dot{U}_m=U_m e^{j\psi_u}=U_m\angle\psi_u=10\sqrt{2}e^{j45°}\mathrm{V}=10\sqrt{2}\angle45°\mathrm{V}$$

$$\dot{I}_m=5\angle-120°\mathrm{A}=5e^{j(-120°)}\mathrm{A}$$

有效值为

$$U=\frac{U_m}{\sqrt{2}}=10\mathrm{V},\quad I=\frac{I_m}{\sqrt{2}}=2.5\sqrt{2}\mathrm{A}$$

因此，有效值相量为

$$\dot{U}=Ue^{j\psi_u}=U\angle\psi_u=10e^{j45°}\mathrm{V}=10\angle45°\mathrm{V}$$

$$\dot{I}=2.5\sqrt{2}\angle-120°\mathrm{A}=2.5\sqrt{2}e^{j(-120°)}\mathrm{A}$$

【例 4-7】已知正弦电流的角频率$\omega=314\mathrm{rad/s}$，$\dot{I}_{1m}=(-4+j3)\mathrm{A}$，$\dot{I}_2=(-10-j10)\mathrm{A}$。写出它们所对应的正弦电流的瞬时值式。

解：

$$\dot{I}_{1m}=(-4+j3)\mathrm{A}=5\angle143.1°\mathrm{A},\quad I_{1m}=5\mathrm{A},\quad i_1(t)=5\sin(314t+143.1°)\mathrm{A}$$

$$\dot{I}_2=(-10-j10)\mathrm{A}=10\sqrt{2}\angle-135°\mathrm{A},\quad I_{2m}=10\sqrt{2}\times\sqrt{2}=20\mathrm{A},\quad i_2(t)=20\sin(314t-135°)\mathrm{A}$$

相量可以用复平面上的有向线段表示，其中，线段的长度对应正弦量的振幅或有效值，而线段与实轴的夹角则代表正弦量的初相位。这种用于表示相量的图形称为相量图（phasor diagram）。例如，图 4-8 展示了电压振幅相量$\dot{U}_m$。注意：只有同频率的正弦量才能画在同一张相量图上。同时，相量的加减运算可以在复平面上按平行四边形法用相量的相加和相减求得。设$A_1=a_1+jb_1, A_2=a_2+jb_2$，则$A_1\pm A_2=(a_1\pm a_2)+j(b_1\pm b_2)$可用相量图解法，如图 4-9 所示。减法可以转换成加法进行运算。

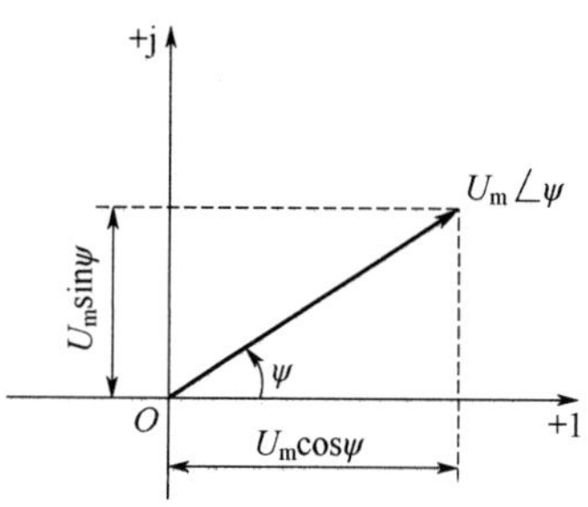

图 4-8　电压振幅相量

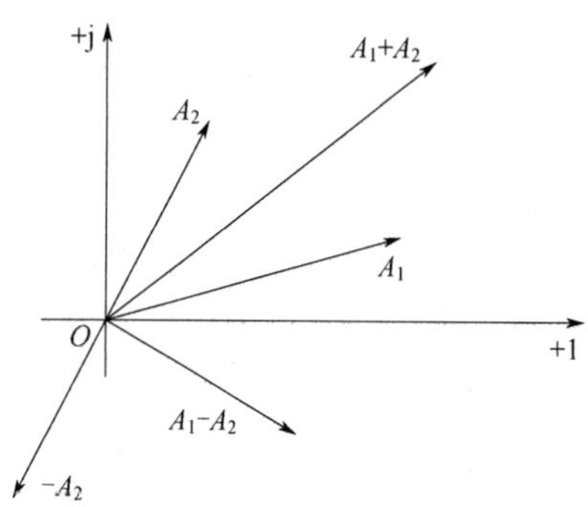

图 4-9　相量图解法

4.3 电路定律的相量形式

在正弦稳态电路中，当系统满足线性非时变条件时，所有电压和电流信号均为同频率的正弦量。此时，电路分析的基本定律 VCR、KCL、KVL，可以转化为复数形式的相量表示，称为电路定律的相量形式。为应用相量分析法简化正弦稳态电路的计算，需首先建立基本电路元件（包括电阻、电感和电容）的相量模型。

4.3.1 元件相量模型

4.3.1.1 电阻元件

假设图 4-10（a）中流过电阻的电流为 $i(t)$，电阻两端的电压为 $u_R(t)$，电压、电流为关联参考方向。

$$i(t)=\sqrt{2}I\cos(\omega t+\psi_i)=I_{\mathrm{m}}\cos(\omega t+\psi_i)$$
$$u_R(t)=\sqrt{2}U_R\cos(\omega t+\psi_u)=U_{R\mathrm{m}}\cos(\omega t+\psi_u)$$

根据欧姆定律可知，$u_R(t)=i(t)R=I_{\mathrm{m}}R\cos(\omega t+\psi_i)=\sqrt{2}IR\cos(\omega t+\psi_i)$，由此看出，电阻上的电压、电流是同频率、同相位的正弦量，它们的幅值（有效值）满足欧姆定律，它们的波形如图 4-10（b）所示。

将流过电阻的电流和电压分别用相量表示，则 $\dot{I}_{\mathrm{m}}=I_{\mathrm{m}}\angle\psi_i,\dot{U}_{R\mathrm{m}}=U_{R\mathrm{m}}\angle\psi_u=RI_{\mathrm{m}}\angle\psi_i$，由此可以得到电阻元件的 VCR 相量表达形式：

$$\dot{U}_{R\mathrm{m}}=R\dot{I}_{\mathrm{m}},\quad \dot{U}_R=R\dot{I} \tag{4-11}$$

由此式表明，电阻元件上电压相量和电流相量成正比，其比值为 R。这一复数关系可以用图 4-10（c）所示的相量模型（phasor model）表示，称为电阻相量模型。

式（4-11）包含电阻上电压、电流的两方面关系，即数值关系和相位关系。电阻元件上的电压、电流的有效值或者幅值满足欧姆定律，电阻元件上的电压、电流同相位，相量图见图 4-10（d）。

$$\begin{cases}\text{数值关系：}U_R=RI\text{或}U_{R\mathrm{m}}=RI_{\mathrm{m}}\\ \text{相位关系：}\psi_u=\psi_i\end{cases} \tag{4-12}$$

4.3.1.2 电感元件

假设图 4-11（a）中流过电感的电流为 $i(t)$，电感两端的电压为 $u_L(t)$，电压、电流为关联参考方向。设 $i(t)=\sqrt{2}I\sin(\omega t+\psi_i)=I_{\mathrm{m}}\sin(\omega t+\psi_i)$，则

$$u_L(t)=L\frac{\mathrm{d}i}{\mathrm{d}t}=\omega LI_{\mathrm{m}}\cos(\omega t+\psi_i)=\omega LI_{\mathrm{m}}\sin(\omega t+\psi_i+90^\circ)$$

由此看出，电感上的电压、电流是同频率、同相位的正弦量，它们的幅值（有效值）满足比例关系，电压比电流的相位超前 90°，它们波形如图 4-11（b）所示。

将流过电感的电流和电压分别用相量表示，则

$$\dot{I}_{\mathrm{m}}=I_{\mathrm{m}}\angle\psi_i,\quad \dot{U}_{L\mathrm{m}}=U_{L\mathrm{m}}\angle(\psi_i+90^\circ)=\omega LI_{\mathrm{m}}\angle(\psi_i+90^\circ)$$

由此可以得到电感元件的 VCR 相量表达形式：

$$\dot{U}_{L\mathrm{m}}=\mathrm{j}\omega L\dot{I}_{\mathrm{m}},\quad \dot{U}_L=\mathrm{j}\omega L\dot{I} \tag{4-13}$$

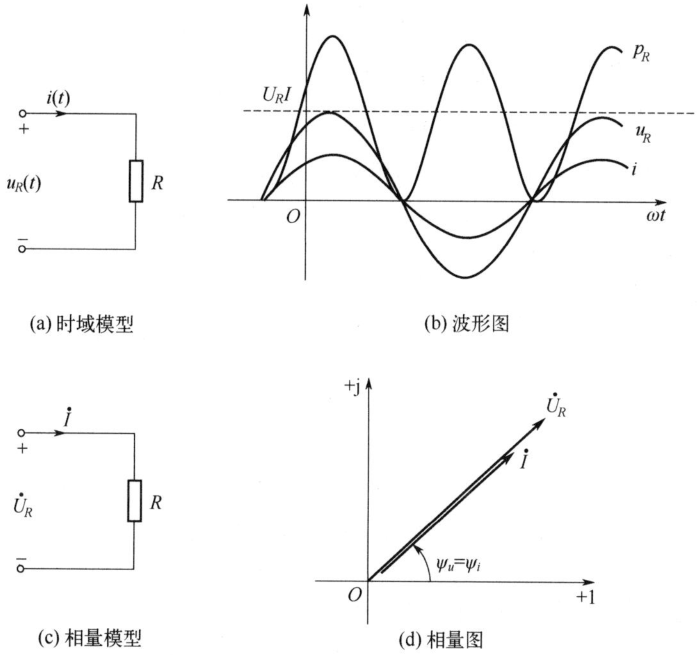

图 4-10　电阻元件的时域模型、波形图、相量模型和相量图

由此式表明，电感元件上电压相量和电流相量成正比，其比值为 $j\omega L$ 。这一复数关系可以用图 4-11（c）所示的相量模型表示，称为电感相量模型。

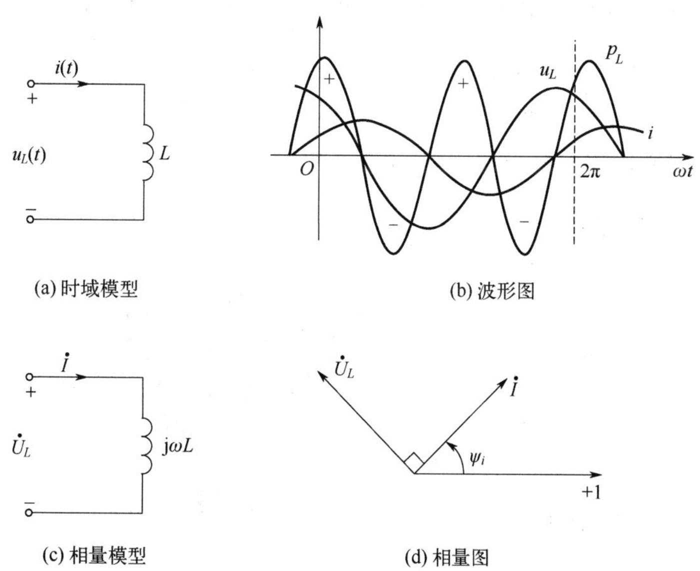

图 4-11　电感元件的时域模型、波形图、相量模型和相量图

式（4-13）包含电感上电压、电流的两方面关系，即数值关系和相位关系。电感元件上的电压、电流的有效值或者幅值成正比，比例常数为 ωL ，电感元件上的电压比电流超前 90°，相量图见图 4-11（d）。

$$\begin{cases}\text{数值关系：} U_L = \omega LI = X_L I \text{或} U_{Lm} = \omega LI_m = X_L I_m \\ \text{相位关系：} \psi_u = \psi_i + 90^\circ\end{cases} \tag{4-14}$$

$$X_L = \omega L = 2\pi fL \tag{4-15}$$

X_L 和 R 具有相同的量纲 Ω，称为感抗（inductive reactance）。电感 L 上的电压将　随频率变化，当 $\omega = 0$ 时（直流），　$X_L = \omega L = 0$，$u_L = 0$，　电感相当于短路。当 $\omega = \infty$ 时，$X_L = \omega L \to \infty$，$i_L = 0$，电感相当于开路。

4.3.1.3 电容元件

假设图 4-12（a）中流过电容的电流为 $i(t)$，电容两端的电压为 $u_C(t)$，电压、电流为关联参考方向。设 $u_C(t) = \sqrt{2}U_C \sin(\omega t + \psi_u) = U_{Cm} \sin(\omega t + \psi_u)$，则 $i(t) = C\dfrac{du_C}{dt} = \omega CU_{Cm} \cos(\omega t + \psi_u) = \omega CU_{Cm} \sin(\omega t + \psi_u + 90^\circ)$

由此看出，电容上的电压、电流是同频率、同相位的正弦量，它们的幅值（有效值）满足比例关系，电流比电压的相位超前 90°或电压比电流的相位滞后 90°，它们波形如图 4-12（b）所示。

将流过电容的电流和电压分别用相量表示，则

$$\dot{U}_{Cm} = U_{Cm}\angle\psi_u,\ \dot{I}_m = I_m\angle\psi_i = \omega CU_{Cm}\angle(\psi_u + 90^\circ) = j\omega CU_{Cm}\angle\psi_u$$

由此可以得到电容元件的 VCR 相量表达形式：

$$\dot{U}_{Cm} = -j\frac{1}{\omega C}\dot{I}_m,\ \dot{U}_C = -j\frac{1}{\omega C}\dot{I} \tag{4-16}$$

由此式表明，电容元件上电压相量和电流相量成正比，其比值为 $-j\dfrac{1}{\omega C}$ 或 $\dfrac{1}{j\omega C}$。这一复数关系可以用图 4-12（c）所示的相量模型表示，称为电容相量模型。

式（4-16）包含电容上电压、电流的两方面关系，即数值关系和相位关系。电容元件上电压、电流的有效值或者幅值成正比，比例常数为 $\dfrac{1}{\omega C}$，电容元件上的电流比电压超前 90°，相量图见图 4-12（d）。

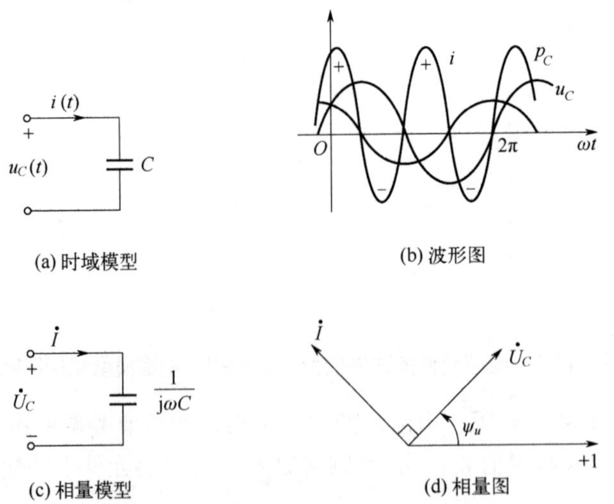

图 4-12　电容元件的时域模型、波形图、相量模型和相量图

$$\begin{cases}\text{数值关系：} U_C = \dfrac{1}{\omega C} I = X_C I \text{或} U_{Cm} = \dfrac{1}{\omega C} I_m = X_C I_m \\ \text{相位关系：} \psi_u = \psi_i - 90° \end{cases} \tag{4-17}$$

$$X_C = \frac{1}{\omega C} = \frac{1}{2\pi f C} \tag{4-18}$$

X_C 和 R 具有相同的量纲 Ω，称为容抗（capacitive reactance）。电容 C 上的电压将随频率变化，当 $\omega = 0$ 时（直流），$X_C = \dfrac{1}{\omega C} \to \infty$，$i_C = 0$，电容相当于开路；当 $\omega = \infty$ 时，$X_C = \dfrac{1}{\omega C} = 0$，$u_C = 0$，电容相当于短路。

综上所述，R、L、C 元件在正弦电路中对电流均有阻碍作用，分别由 R、$\mathrm{j}\omega L$、$-\mathrm{j}\dfrac{1}{\omega C}$ 来反映。3 种基本元件在正弦稳态电路中的伏安关系见表 4-1。

表 4-1　3 种基本元件在正弦稳态电路中的伏安关系

元件名称		时域形式	相量形式	大小关系	相位关系	相量图
电阻元件	方程	$u_R = Ri$	$\dot{U}_R = R\dot{I}$ $U_R \angle \psi_u = RI \angle \psi_i$	$U_R = RI$	$\psi_u = \psi_i$ u_R和i 同相位	见图 4-10（d）
	电路模型	见图 4-10（a）	见图 4-10（c）			
电感元件	方程	$u_L = L\dfrac{\mathrm{d}i}{\mathrm{d}t}$	$\dot{U}_L = \mathrm{j}\omega L\dot{I}$ $U_L \angle \psi_u = \omega LI \angle \left(\psi_i + \dfrac{\pi}{2}\right)$	$U_L = \omega LI$	$\psi_u = \psi_i + \dfrac{\pi}{2}$ u_L比i 超前 $\dfrac{\pi}{2}$	见图 4-11（d）
	电路模型	见图 4-11（a）	见图 4-11（c）			
电容元件	方程	$i = C\dfrac{\mathrm{d}u_C}{\mathrm{d}t}$	$\dot{U}_C = -\mathrm{j}\dfrac{1}{\omega C}\dot{I}$ $U_C \angle \psi_u = \dfrac{1}{\omega C} I \angle \left(\psi_i - \dfrac{\pi}{2}\right)$	$U_C = \dfrac{1}{\omega C} I$	$\psi_u = \psi_i - \dfrac{\pi}{2}$ u_C 比 i 滞后 $\dfrac{\pi}{2}$	见图 4-12（d）
	电路模型	见图 4-12（a）	见图 4-12（c）			

【例 4-8】在图 4-13 中，电感两端的电压 $u = 10\sin(3t + 45°)\mathrm{V}$，电感 $L = 2\mathrm{H}$，求电流 i。

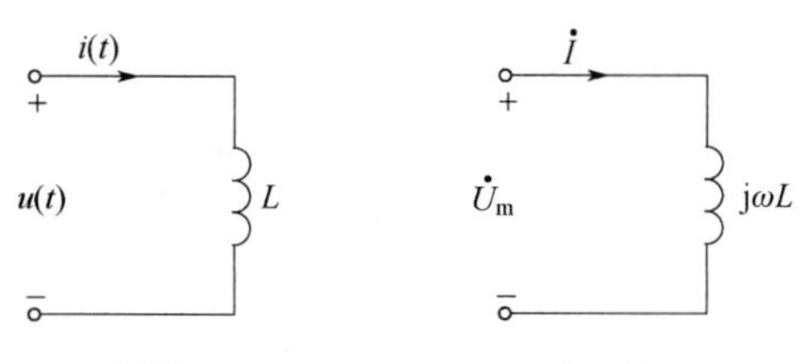

(a) 时域模型　　(b) 相量模型

图 4-13　例 4-8 图

解：

（1）由 $u = 10\sin(3t + 45°)\mathrm{V}$ 得

$$\dot{U}_{\mathrm{m}}=10\angle 45°\mathrm{V}$$

（2）由于电压和电流是关联参考方向，因此

$$\dot{U}_{\mathrm{m}}=\mathrm{j}\omega L\dot{I}_{\mathrm{m}}\Rightarrow \dot{I}_{\mathrm{m}}=\frac{\dot{U}_{\mathrm{m}}}{\mathrm{j}\omega L}=\frac{10\angle 45°}{\mathrm{j}6}=\frac{5}{3}\angle -45°\mathrm{A}$$

（3）由 $\dot{I}_{\mathrm{m}}=\frac{5}{3}\angle -45°\mathrm{A}$ 得

$$i(t)=\frac{5}{3}\sin(3t-45°)\mathrm{A}$$

4.3.2 基尔霍夫定律的相量形式

KCL 定律的相量形式：对电路中任一节点有 $i_1+i_2+\cdots+i_k+\cdots=0$ 或 $\Sigma i(t)=0$，当式中的电流全部都是同频率的正弦量时，则可变换为相量形式

$$\dot{I}_1+\dot{I}_2+\cdots+\dot{I}_k+\cdots=0 \text{ 或 } \Sigma\dot{I}=0 \tag{4-19}$$

即任一节点上同频的正弦电流的对应相量的代数和为零。

KVL 的相量形式：对电路中任一回路有 $u_1+u_2+\cdots+u_k+\cdots=0$ 或 $\Sigma u(t)=0$，当式中的电压全都是同频的正弦量时，可变换成相量形式

$$\dot{U}_1+\dot{U}_2+\cdots+\dot{U}_k+\cdots=0 \text{ 或 } \Sigma\dot{U}=0 \tag{4-20}$$

即任一回路中同频的正弦电压的对应相量的代数和为零。

【例 4-9】已知正弦交流电路如图 4-14（a）所示，电压表 V_1 的读数为 10V，V_2 的读数为 10V。求电路中电压表的读数。

解：

方法一：

（1）首先把电路转化为相量模型，如图 4-14（b）所示。标电压、电流参考方向，设 $\dot{I}=I\angle 0°\mathrm{A}$。

（2）由于电阻上电压与电流同相位，所以 $\dot{U}_1=10\angle 0°\mathrm{V}$。由于电感上电压超前电流 90°，所以 $\dot{U}_2=10\angle 90°\mathrm{V}$。

（3）根据 KVL 方程，可得 $\dot{U}=\dot{U}_1+\dot{U}_2=10\angle 0°+10\angle 90°=10+\mathrm{j}10=10\sqrt{2}\angle 45°\mathrm{V}$。

（4）$U=14.14\mathrm{V}$，因此，电压表的读数是 $14.14\mathrm{V}$。

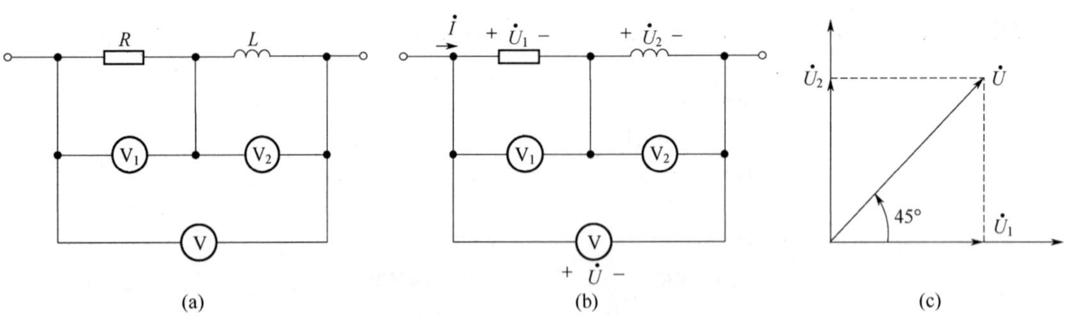

图 4-14 例 4-9 图

方法二：

（1）、（2）同方法一。

（3）根据 KVL 方程，相量图如图 4-14（c）所示。根据勾股定理，可得$U=\sqrt{U_1^2+U_2^2}=14.14\text{V}$，因此，电压表的读数是$14.14\text{V}$。

【例 4-10】已知正弦交流电路如图 4-15（a）所示，电流表 A_1 的读数为 1A，A_2 的读数为 1A。求电路中电流表的读数。

解：

方法一：

（1）首先把电路转化为相量模型，如图 4-15（b）所示。标电压、电流参考方向，设$\dot{U}=U\angle 0°\text{V}$。

（2）由于电阻上电流与电压同相位，所以$\dot{I}_1=1\angle 0°\text{A}$。由于电感上电流滞后电压 90°，所以$\dot{I}_2=1\angle -90°\text{A}$。

（3）根据 KCL 方程，可得$\dot{I}=\dot{I}_1+\dot{I}_2=1\angle 0°+1\angle -90°=1-\text{j}1=\sqrt{2}\angle -45°\text{A}$。

（4）$I=1.414\text{A}$，因此，电流表的读数是1.414A。

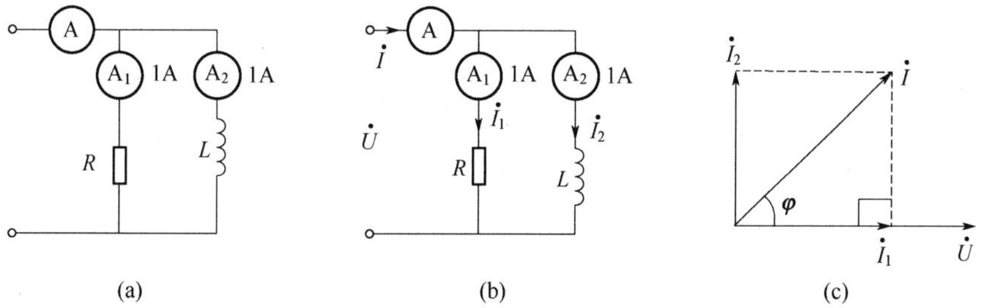

图 4-15　例 4-10 图

方法二：

（1）、（2）同方法一。

（3）根据 KCL 方程，相量图如图 4-15（c）所示。根据勾股定理，可得$I=\sqrt{I_1^2+I_2^2}=1.414\text{A}$，因此，电流表的读数是$1.414\text{A}$。

说明：KCL 方程$\Sigma\dot{I}=0$，当各电流在同一相位时，满足$\Sigma I=0$；同理，KVL 方程$\Sigma\dot{U}=0$，当各电压在同一相位时，满足$\Sigma U=0$，属于特殊情况。

4.4　阻抗与导纳

4.4.1　阻抗

在图 4-16（a）所示的线性无源正弦稳态单口网络中，设端口电压相量$\dot{U}$和端口电流相量$\dot{I}$为关联参考方向。此时，该网络的阻抗（impedance）定义为端口电压相量与电流相量之比，用 Z 表示。设$\dot{U}=U\angle\psi_u$，$\dot{I}=I\angle\psi_i$，则可得

$$Z=\frac{\dot{U}}{\dot{I}}=\frac{\dot{U}_\text{m}}{\dot{I}_\text{m}}=\frac{U\angle\psi_u}{I\angle\psi_i}=\frac{U}{I}\angle(\psi_u-\psi_i)=|Z|\angle\phi \tag{4-21}$$

由式（4-21）可得，图 4-16（a）所示无源正弦稳态单口网络可以等效为图 4-16（b）所示网络。

式（4-21）中，$|Z|=\dfrac{U}{I}$ 称为阻抗模，反映无源单口网络在正弦稳态时端口电压和电流有效值（或者幅值）的比值；$\phi=\psi_u-\psi_i$ 称为阻抗角（impedance angle），反映无源正弦稳态单口网络端口电压和电流的相位差。阻抗 Z 反映了无源正弦稳态单口网络端口的伏安特性。

阻抗 Z 的单位为Ω，通常为复数。但是要注意，Z 不代表正弦量，所以大写字母 Z 上不加圆点。将阻抗用直角坐标形式表示为

$$Z=|Z|\angle\phi=|Z|\cos\phi+\mathrm{j}|Z|\sin\phi=R+\mathrm{j}X \tag{4-22}$$

式中，阻抗的实部 R 为阻抗中的电阻部分，反映阻抗的耗能性质；阻抗的虚部 X 为阻抗中的电抗部分，反映阻抗的储能性质。因此，无源单口网络在正弦稳态时的等效电路可以是电阻 R 和电抗 X 的串联电路，如图 4-17（a）所示。

当 $X>0$ 时，网络呈感性，可以等效为电阻与电感串联的电路，此时 $\phi>0$，端口电压的相位超前于电流的相位；当 $X<0$ 时，网络呈容性，可以等效为电阻与电容串联的电路，此时 $\phi<0$，端口电压的相位滞后于电流的相位；当 $X=0$ 时，网络呈阻性，可以等效为电阻，此时 $\phi=0$，端口电压与电流同相位。

R、X 和 $|Z|$、ϕ 是由单口网络结构、各元件参数以及电源的频率共同决定的，它们之间的关系可以用图 4-17（b）所示的阻抗三角形（impedance triangle）来表示，即

$$\begin{gathered}R=|Z|\cos\phi,\quad X=|Z|\sin\phi\\ |Z|=\sqrt{R^2+X^2},\quad \phi=\arctan\frac{X}{R}\end{gathered} \tag{4-23}$$

(a) 无源正弦稳态单口网络　　(b) 等效模型

图 4-16　无源正弦稳态单口网络及等效模型

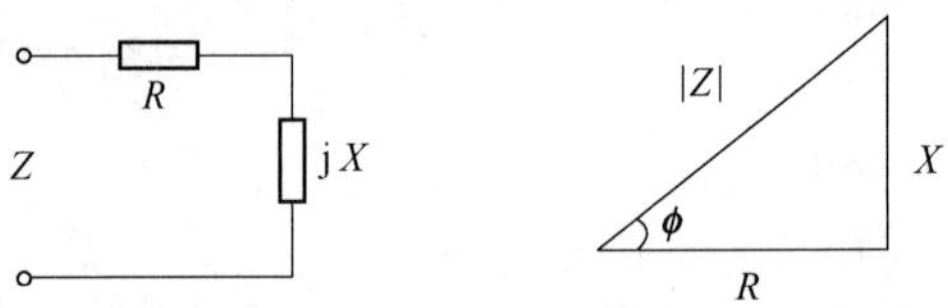

(a) 阻抗等效电路　　(b) 阻抗三角形

图 4-17　线性无源正弦稳态单口网络等效阻抗

4.3.1 节中的 R、L、C 元件的 VCR 相量形式的对应阻抗分别为

$$Z_R=R,\quad Z_L=\mathrm{j}X_L=\mathrm{j}\omega L,\quad Z_C=\mathrm{j}X_C=-\mathrm{j}\frac{1}{\omega C} \tag{4-24}$$

4.4.2 导纳

同理，在图 4-18（a）所示的线性无源正弦稳态单口网络中，定义端口电流相量与电压相量之比为该网络的导纳（admittance），用 Y 表示，即

$$Y=\frac{\dot{I}}{\dot{U}}=\frac{\dot{I}_{\mathrm{m}}}{\dot{U}_{\mathrm{m}}}=\frac{I\angle\psi_i}{U\angle\psi_u}=\frac{I}{U}\angle(\psi_i-\psi_u)=|Y|\angle\phi_Y=G+\mathrm{j}B=\frac{1}{Z} \tag{4-25}$$

式（4-25）中，$|Y|$ 称为导纳模，ϕ_Y 称为导纳角；G 为电导（conductance），B 为电纳（susceptance）。导纳的量纲是西门子S，其符号和等效电路如图 4-18（b）、（c）所示。

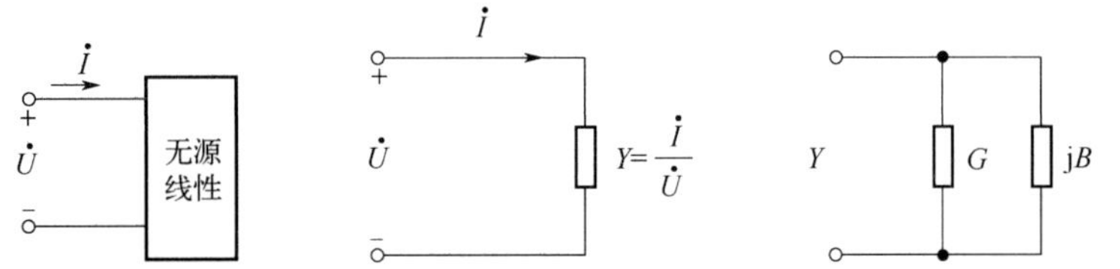

(a) 无源正弦稳态单口网络　　(b) 等效导纳　　(c) 导纳等效电路

图 4-18　线性无源正弦稳态单口网络等效导纳

$$
\begin{gathered}
G = |Y|\cos\phi,\ \ B = |Y|\sin\phi \\
|Y| = \sqrt{G^2 + B^2},\ \ \phi_Y = \arctan\frac{B}{G}
\end{gathered}
\tag{4-26}
$$

注意：$Y = \dfrac{1}{Z}$，但 $R \neq \dfrac{1}{G}$，$X \neq \dfrac{1}{B}$。

线性无源正弦稳态单口网络中导纳 Y 的电导 G 由电阻决定，导纳 Y 的电纳部分 B 由电感和电容共同决定。当 $B>0$ 时，网络呈容性，可以等效为电阻与电容串联的电路；当 $B<0$ 时，网络呈感性，可以等效为电阻与电感串联的电路；当 $B=0$ 时，网络呈阻性，可以等效为电阻端口电压与电流同相位。

4.3.1 节中的 R、L、C 元件的 VCR 相量形式的对应导纳分别为

$$
Y_R = \frac{1}{R} = G\,,\ \ Y_L = \frac{1}{\mathrm{j}\omega L} = -\mathrm{j}\frac{1}{\omega L} = \mathrm{j}B_L\,,\ \ Y_C = \mathrm{j}\omega C = \mathrm{j}B_C \tag{4-27}
$$

【例 4-11】求图 4-19 所示 RLC 串联电路的阻抗。

解：

（1）根据 KVL 及元件 VCR 可以得到

$$
\dot U = \dot U_R + \dot U_L + \dot U_C = R\dot I + \mathrm{j}\omega L\dot I - \mathrm{j}\frac{1}{\omega C}\dot I
$$

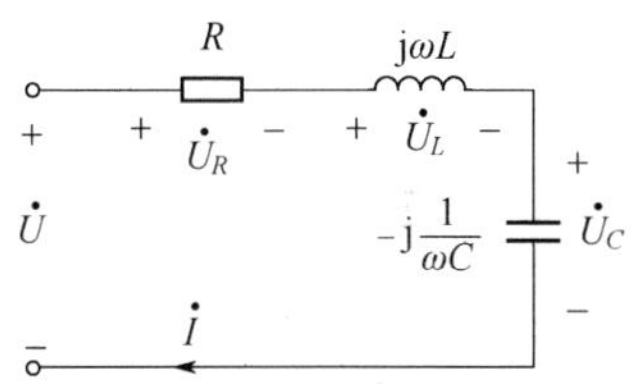

图 4-19　例 4-11 图

电路的阻抗为

$$
\begin{aligned}
Z &= \frac{\dot U}{\dot I} = R + \mathrm{j}\omega L - \mathrm{j}\frac{1}{\omega C} \\
&= R + \mathrm{j}\left(\omega L - \frac{1}{\omega C}\right) = R + \mathrm{j}X
\end{aligned}
$$

其中，$X = \omega L - \dfrac{1}{\omega C}$ 与电源的频率有关，在不同的频率和参数下，阻抗有不同的性质。

当 $X>0$，即 $\omega L > \dfrac{1}{\omega C}$ 时，$\phi>0$，电路呈感性，端口电压的相位超前于电流的相位，如图 4-20（a）所示；当 $X<0$，即 $\omega L < \dfrac{1}{\omega C}$ 时，$\phi<0$，电路呈容性，端口电压的相位滞后于电流的相位，如图 4-20（b）所示；当 $X=0$，即 $\omega L = \dfrac{1}{\omega C}$ 时，$\phi=0$，电路呈阻性，端口电压与电流同相位，如图 4-20（c）所示。

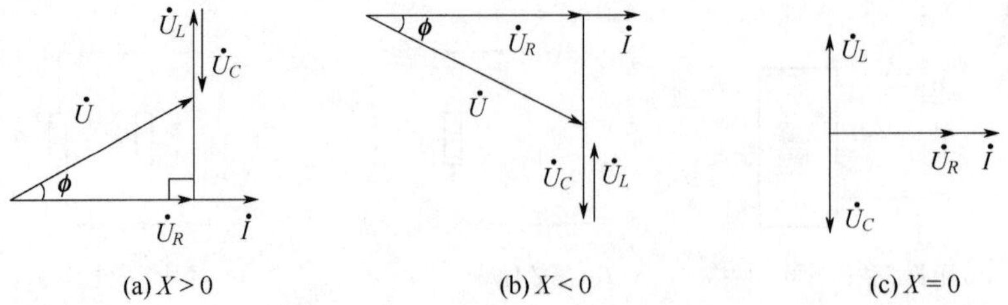

图 4-20　*RLC* 串联电路的相量图

（2）由 $\dot{U}=\dot{U}_R+\dot{U}_L+\dot{U}_C=R\dot{I}+\mathrm{j}\omega L\dot{I}-\mathrm{j}\dfrac{1}{\omega C}\dot{I}$，并分析图 4-20（a）可得

$$U=\sqrt{U_R^2+U_X^2}=\sqrt{U_R^2+(U_L-U_C)^2}=I\sqrt{R^2+\left(\omega L-\frac{1}{\omega C}\right)^2}=I\sqrt{R^2+X^2}=I|Z|$$

$$\phi=\arctan\frac{U_L-U_C}{U_R}=\arctan\frac{\omega L-\dfrac{1}{\omega C}}{R}=\arctan\frac{X}{R}$$

$$U_R=U\cos\phi,\ \ U_X=U_L-U_C=U\sin\phi \tag{4-28}$$

通过分析发现，U_R、U_X 和 U、ϕ 构成电压三角形（voltage triangle），该三角形和阻抗三角形是相似三角形，如图 4-21 所示。

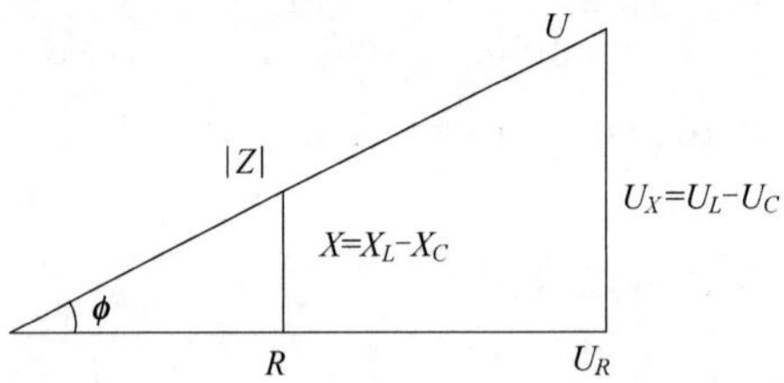

图 4-21　*RLC* 串联电路的阻抗三角形和电压三角形

4.4.3　阻抗串并联

4.4.3.1　阻抗串联

如图 4-22 所示，多个阻抗顺序连接，流过同一电流，称为串联。

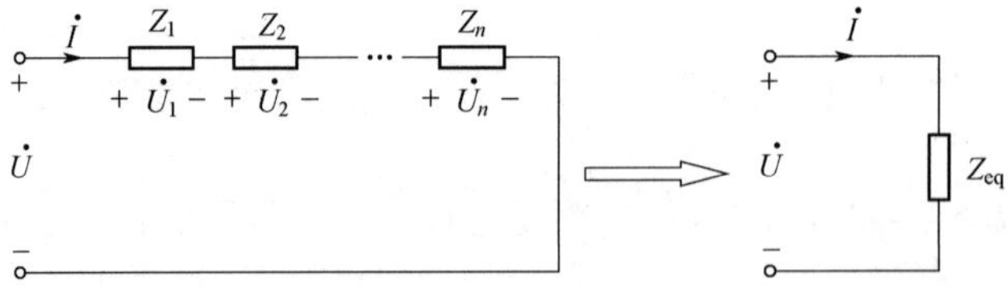

图 4-22　阻抗串联

n 个阻抗串联的电路，根据 KVL 得：

$$\dot{U}=\dot{U}_1+\dot{U}_2+\cdots+\dot{U}_n=Z_1\dot{I}+Z_2\dot{I}+\cdots+Z_n\dot{I}$$

若干阻抗串联等效于一个阻抗：

$$Z_{eq}=Z_1+\cdots+Z_k+\cdots+Z_n=\sum_{k=1}^{n}Z_k \tag{4-29}$$

第 k 个阻抗上的电压为

$$\dot{U}_k=Z_k\dot{I}=\frac{Z_k}{Z_{eq}}\dot{U}\qquad(k=1,2,\cdots,n) \tag{4-30}$$

式（4-30）称为电压分配公式，或者分压公式。

4.4.3.2 阻抗并联

在图 4-23 中，Z_1、$\cdots$、Z_k、$\cdots$、Z_n 各阻抗跨接在两个节点之间，各阻抗两端的电压为同一电压，称为并联。

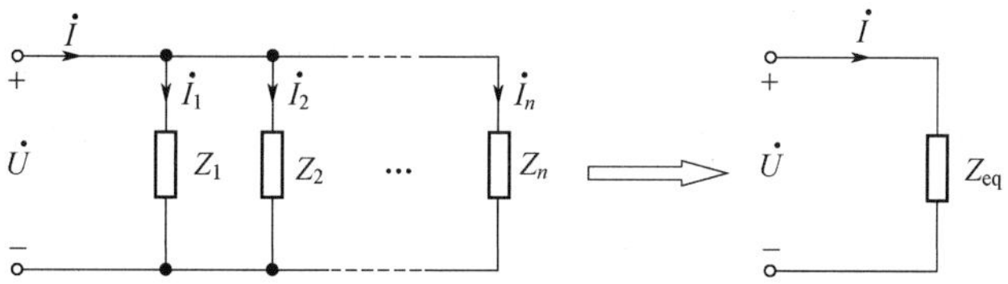

图 4-23　阻抗并联

n 个阻抗并联的电路，根据 KCL 得：

$$\dot{I}=\dot{I}_1+\dot{I}_2+\cdots+\dot{I}_n=\frac{1}{Z_1}\dot{U}+\frac{1}{Z_2}\dot{U}+\cdots+\frac{1}{Z_n}\dot{U}=Y_1\dot{U}+Y_2\dot{U}+\cdots+Y_n\dot{U}$$

若干阻抗串联等效于一个阻抗：

$$Y_{eq}=Y_1+Y_2+\cdots+Y_n$$

$$\frac{1}{Z_{eq}}=\frac{1}{Z_1}+\frac{1}{Z_2}+\cdots+\frac{1}{Z_n} \tag{4-31}$$

第 k 个阻抗上的电流为

$$\dot{I}_k=\frac{1}{Z_k}\dot{U}=\frac{Z_{eq}}{Z_k}\dot{I}=\frac{Y_k}{Y_{eq}}\dot{I}\qquad(k=1,2,\cdots,n) \tag{4-32}$$

式（4-32）称为电流分配公式，或者分流公式。

两个阻抗 Z_1、Z_2 的并联等效阻抗为：

$$Z=\frac{Z_1Z_2}{Z_1+Z_2} \tag{4-33}$$

【例 4-12】 求图 4-24 所示电路的输入阻抗 Z 和导纳 Y。

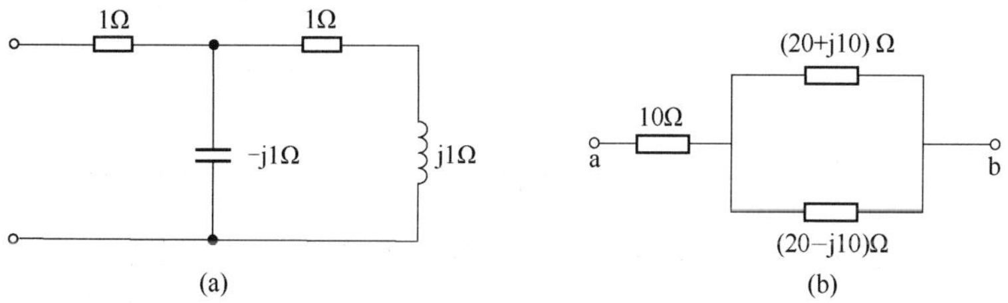

图 4-24　例 4-12 图

解：

图 4-24（a）：$Z=1+\dfrac{(1+\mathrm{j})(-\mathrm{j})}{1+\mathrm{j}-\mathrm{j}}=1+1-\mathrm{j}=(2-\mathrm{j})\Omega$

图 4-24（b）：$Z=10+\dfrac{(20+\mathrm{j}10)\times(20-\mathrm{j}10)}{20+\mathrm{j}10+20-\mathrm{j}10}=10+12.5=22.5\Omega$

图 4-24（a）：$Y=\dfrac{1}{2-\mathrm{j}}=\dfrac{(2+\mathrm{j})}{(2-\mathrm{j})(2+\mathrm{j})}=\left(\dfrac{2}{5}+\mathrm{j}\dfrac{1}{5}\right)\mathrm{S}$

图 4-24（b）：$Y=\dfrac{1}{22.5}=\dfrac{2}{45}\mathrm{S}$

4.5 正弦稳态电路相量分析

在建立了电路元件的伏安关系（VCR）相量表达式和基尔霍夫定律的相量形式后，这些表达式构成了正弦稳态电路相量分析的理论基础。基于相量法的正弦稳态电路分析通常遵循以下步骤：

（1）将电路的时域模型转化为相量模型。

① 在正弦稳态电路分析中，首先需要将时域模型中的所有正弦电压和电流转换为对应的相量表示形式，并将这些相量标注在电路图的相应位置；对于已知时域表达式的正弦电压和电流，可依据表 4-2 提供的转换关系直接写出其对应的相量形式。

表 4-2　正弦量时域形式和相量形式对应表

正弦量	时域形式	相量形式
正弦电压	$u(t)=\sqrt{2}U\cos(\omega t+\psi_u)$	$\dot{U}=U\mathrm{e}^{\mathrm{j}\psi_u}=U\angle\psi_u$ $\dot{U}_\mathrm{m}=U_\mathrm{m}\mathrm{e}^{\mathrm{j}\psi_u}=U_\mathrm{m}\angle\psi_u=\sqrt{2}U\angle\psi_u$
正弦电流	$i(t)=\sqrt{2}I\cos(\omega t+\psi_i)$	$\dot{I}=I\mathrm{e}^{\mathrm{j}\psi_i}=I\angle\psi_i$ $\dot{I}_\mathrm{m}=I_\mathrm{m}\mathrm{e}^{\mathrm{j}\psi_i}=I_\mathrm{m}\angle\psi_i=\sqrt{2}I\angle\psi_i$

② 根据表 4-3 提供的 *RLC* 元件时域形式与相量形式的对应关系，将各电路元件转换为相应的阻抗（或导纳）表示形式，并标注在电路图的对应位置。

表 4-3　*RLC* 元件时域形式和相量形式对应表

元件名称	时域形式	阻抗或导纳形式
电阻	R	R或G
电感	L	$\mathrm{j}\omega L$或$\dfrac{1}{\mathrm{j}\omega L}$
电容	C	$\dfrac{1}{\mathrm{j}\omega C}$或$-\mathrm{j}\omega C$

（2）依据基尔霍夫电流定律（KCL）、电压定律（KVL）的相量形式以及各元件的伏安关系（VCR）相量表达式，建立复数形式的电路方程组。通过求解该复数方程组，即可获得电

路中各支路电压和电流的相量解，见表 4-4。

表 4-4　基尔霍夫定律、欧姆定律的时域形式和相量形式对应表

定律名称	时域形式	相量形式
基尔霍夫电流定律	$i_1+i_2+\cdots+i_k+\cdots=0$ 或者 $\Sigma i(t)=0$	$\sum_{k=1}^{n}\dot{I}_k=0$
基尔霍夫电压定律	$u_1+u_2+\cdots+u_k+\cdots=0$ 或者 $\Sigma u(t)=0$	$\sum_{k=1}^{n}\dot{U}_k=0$
欧姆定律	$u=Ri$ 或者 $i=Gu$	$\dot{U}=Z\dot{I}$　　$\dot{I}=Y\dot{U}$

（3）根据电路分析要求，可将所求得的电压、电流相量转换为对应的时域正弦表达式，或计算其有效值。

相量分析的使用条件：单一频率正弦电源作用下的线性时不变正弦稳态电路。

【例 4-13】 已知在图 4-25（a）电路中，$R=3\Omega$，$L=2\text{mH}$，$i_S(t)=\sqrt{2}\sin(\omega t)$ A，$\omega=2\times10^3\text{rad/s}$，求电压 $u_1(t)$、$u_2(t)$、$u_3(t)$ 及其有效值相量。

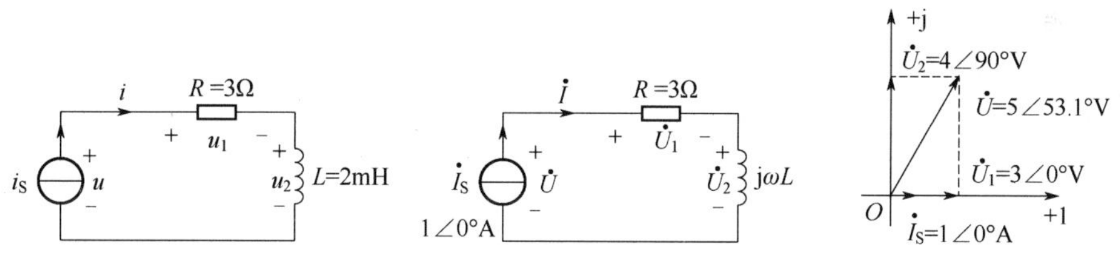

(a) 时域模型　(b) 相量模型　(c) 相量图

图 4-25　例 4-13 图

解：

$$\text{j}\omega L=\text{j}4\Omega$$

画出相量模型，如图 4-25（b）所示。

$$\dot{I}=\dot{I}_S=1\angle0°\text{A}=1\text{A}$$

$$\dot{U}_1=R\dot{I}=R\dot{I}_S=3\times1\angle0°=3\angle0°\text{V}$$

$$\dot{U}_2=\text{j}\omega L\dot{I}=\text{j}\omega L\dot{I}_S=\text{j}2\times10^3\times2\times10^{-3}\times1\angle0°=\text{j}4\text{V}=4\angle90°\text{V}$$

根据相量形式的 KVL 方程式得到：

$$\dot{U}=\dot{U}_1+\dot{U}_2=3+\text{j}4=5\angle53.1°\text{V}$$

相应电压的瞬时值表达式如下：

$u_1(t)=3\sqrt{2}\sin(2\times10^3t)$ V，$u_2(t)=4\sqrt{2}\sin(2\times10^3t+90°)$ V，$u(t)=5\sqrt{2}\sin(2\times10^3t+53.1°)$ V

相量图如图 4-25（c）所示。由此图可以看出，电压 $u(t)$ 超前于电流 $i(t)$ 的角度为 53.1°。此例中，$U=5\text{V}\neq U_1+U_2=7\text{V}$。

【例 4-14】 已知在图 4-26 电路中，$u_S(t)=10\sqrt{2}\sin(500t)$V，求电流 i、i_L 和 i_C。

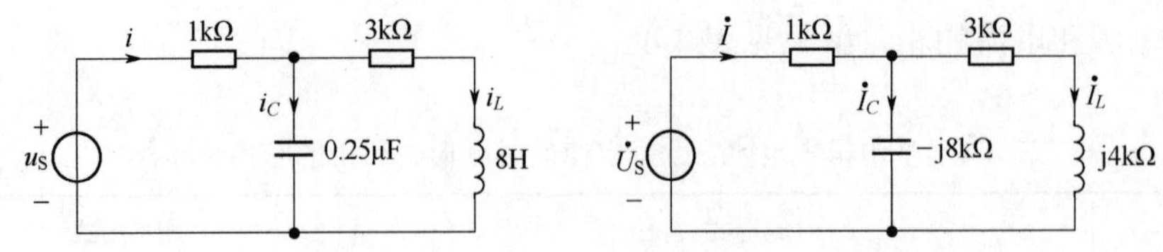

(a) 时域模型　　(b) 相量模型

图 4-26　例 4-14 图

解：

（1）$\dot{U}_S = 10\angle 0°\text{V}$

$$Z_L = \text{j}\omega L = \text{j}4\text{k}\Omega$$

$$Z_C = -\text{j}\frac{1}{\omega C} = -\text{j}\frac{1}{500\times 0.25\times 10^{-6}} = -\text{j}8\text{k}\Omega$$

（2）$Z = 1 + \dfrac{(3+\text{j}4)\times(-\text{j}8)}{3+\text{j}4-\text{j}8} = 8.68 + \text{j}2.23 = 8.96\angle 14.4°\text{k}\Omega$

$$\dot{I} = \frac{\dot{U}}{Z} = \frac{10\angle 0°}{8.96\angle 14.4°} = 1.12\angle -14.4°\text{mA}$$

$$\dot{I}_L = \frac{-\text{j}8}{3+\text{j}4-\text{j}8}\dot{I} = 1.79\angle -51.3°\text{mA}$$

$$\dot{I}_C = \frac{3+\text{j}4}{3+\text{j}4-\text{j}8}\dot{I} = 1.12\angle 92.1°\text{mA}$$

（3）$i(t) = 1.12\sqrt{2}\sin(500t - 14.4°)\text{mA}$

$$i_L(t) = 1.79\sqrt{2}\sin(500t - 51.3°)\text{mA}$$

$$i_C(t) = 1.12\sqrt{2}\sin(500t + 92.1°)\text{mA}$$

对结构较为复杂的电路，可以应用第 2 章中介绍的电路分析方法（如：网孔电流法、节点电压法、线性叠加与等效变换等方法）进行分析。

【例 4-15】 在图 4-27 电路中，已知 $\omega = 2\text{rad/s}$，$u_{S1}(t) = 3\sqrt{2}\sin(\omega t)\text{V}$，$u_{S2}(t) = 4\sqrt{2}\sin(\omega t - 90°)\text{V}$，求电流 $i_1(t)$。

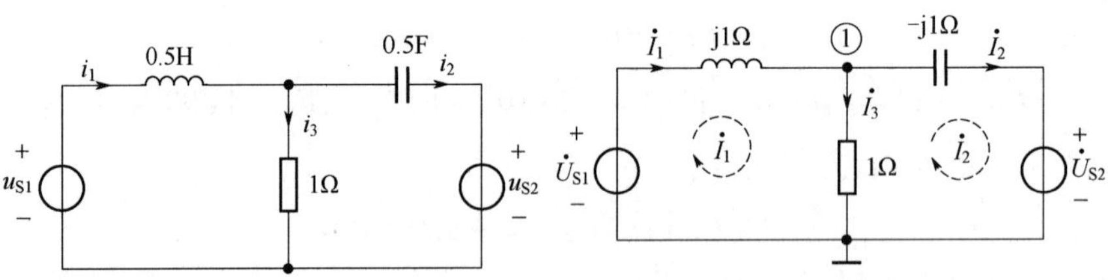

(a) 时域模型　　(b) 相量模型

图 4-27　例 4-15 图

解：

（1）画出电路的相量模型，如图 4-27（b）所示，其中

$$\dot{U}_{S1}=3\angle 0°\text{V}，\quad \dot{U}_{S2}=-\text{j}4\text{V}=4\angle -90°\text{V}$$

$$\text{j}\omega L=\text{j}1\Omega，\quad \frac{1}{\text{j}\omega C}=-\text{j}\frac{1}{\omega C}=-\text{j}1\Omega$$

（2）方法一：网孔电流法。

假设网孔电流如图 4-27（b）所示，列出网孔电流方程：

$$\begin{cases}(1+\text{j}1)\dot{I}_1-\dot{I}_2=3\angle 0° \\ -\dot{I}_1+(1-\text{j}1)\dot{I}_2=\text{j}4\end{cases}$$

求解得：

$$\dot{I}_1=\frac{\begin{vmatrix}3 & -1 \\ \text{j}4 & 1-\text{j}1\end{vmatrix}}{\begin{vmatrix}1+\text{j}1 & -1 \\ -1 & 1-\text{j}1\end{vmatrix}}=\frac{3-\text{j}3+\text{j}4}{2-1}=3+\text{j}1=3.162\angle 18.43°\text{A}$$

方法二：节点电压法。

假设下面的节点为参考点，上面为节点①，如图 4-27（b）所示，列出节点电压方程：

$$\left(\frac{1}{1}+\frac{1}{\text{j}1}+\frac{1}{-\text{j}1}\right)\dot{U}=\frac{\dot{U}_{S1}}{\text{j}1}+\frac{\dot{U}_{S2}}{-\text{j}1}$$

$$(1-\text{j}1+\text{j}1)\dot{U}=-\text{j}3+4\Rightarrow \dot{U}=5\angle -36.9°\text{V}$$

$$\dot{I}_1=-\text{j}1\times(\dot{U}_{S1}-\dot{U})=-\text{j}1\times(3-4+\text{j}3)=3+\text{j}1=3.162\angle 18.43°\text{A}$$

方法三：叠加定理。

叠加定理适用于线性电路，也可以用于正弦稳态分析。画出两个独立电压源单独作用的电路，如图 4-28 所示。

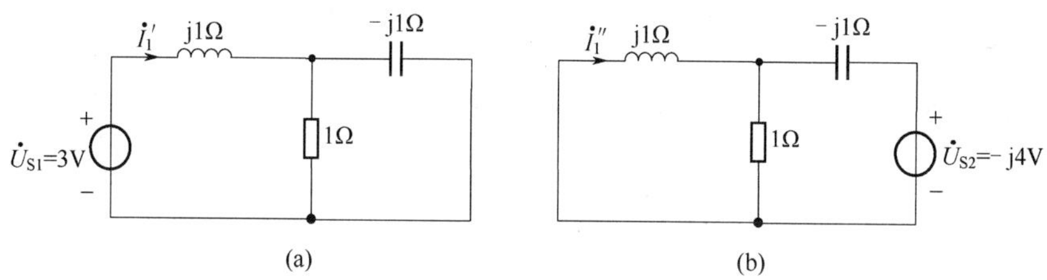

图 4-28　叠加定理求解例 4-15

分别计算每个独立电压源单独作用产生的电流相量，然后相加得到电流相量。

$$\dot{I}_1=\dot{I}_1'+\dot{I}_1''=\frac{\dot{U}_{S1}}{\text{j}1+\dfrac{1\times(-\text{j}1)}{1-\text{j}1}}+\frac{-\dot{U}_{S2}}{-\text{j}1+\dfrac{1\times \text{j}1}{1+\text{j}1}}\times\frac{1}{1+\text{j}1}$$

$$=\frac{3}{\text{j}1+0.5-\text{j}0.5}+\frac{\text{j}4}{1+\text{j}1-\text{j}1}=3+\text{j}1=3.162\angle 18.43°\text{A}$$

方法四：戴维南定理。

含独立源的单口网络相量模型可以用一个电压源和阻抗 Z_0 串联电路代替，而不会影响电路其余部分的电压和电流相量。

① 断开电感支路得到图 4-29（a）所示电路，由此求得端口的开路电压$\dot{U}_{oc}$。

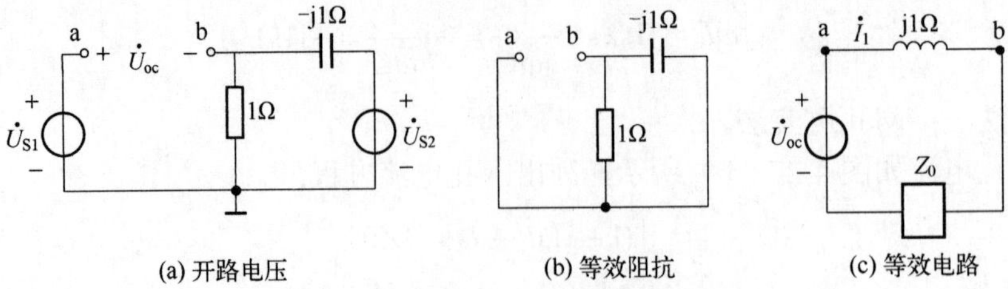

图 4-29　戴维南定理求解例 4-15

$$\dot{U}_{oc}=\dot{U}_{S1}-\frac{1}{1-j1}\times\dot{U}_{S2}=3-\frac{-j4}{1-j1}=3-(2-j2)=(1+j2)V$$

② 将图 4-29（a）电路中两个独立电压源用短路代替，得到图 4-29（b）电路，由此求得单口网络的输出阻抗：

$$Z_0=\frac{1\times(-j1)}{1-j1}=\frac{-j1\times(1+j1)}{2}=(0.5-j0.5)\Omega$$

③ 根据图 4-29（c）得到：

$$\dot{I}_1=\frac{\dot{U}_{oc}}{Z_0+j1}=\frac{1+j2}{0.5-j0.5+j1}=3+j1=3.162\angle18.43°A$$

方法五：电源等效变换。

① 把电压源 $\dot{U}_{S2}$ 和电容 $-j1\Omega$ 串联组合，等效成电流源 $\dot{I}_{S1}$ 和电容 $-j1\Omega$ 并联组合，如图 4-30（a）所示。

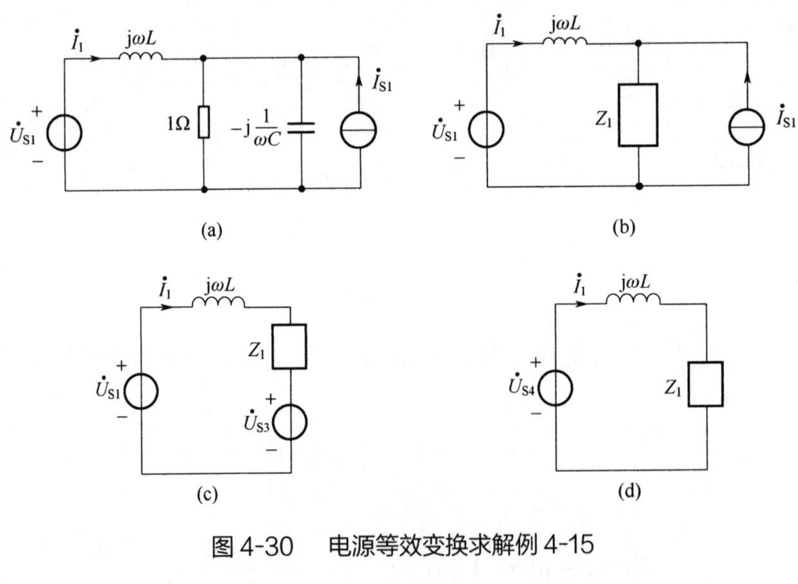

图 4-30　电源等效变换求解例 4-15

$$\dot{I}_{S1}=\frac{\dot{U}_{S2}}{-j1}=4\angle0°A$$

② 把电阻和电容等效为阻抗 Z_1，如图 4-30（b）所示。

$$Z_1 = \frac{1\times(-\mathrm{j}1)}{1-\mathrm{j}1} = \left(\frac{1}{2} - \mathrm{j}\frac{1}{2}\right)\Omega$$

③ 把电流源 $\dot{I}_{S1}$ 与阻抗 Z_1 并联转换成电压源 $\dot{U}_{S3}$ 与阻抗 Z_1 串联，如图 4-30（c）所示。

$$\dot{U}_{S3} = \dot{I}_{S1}Z_1 = 2\sqrt{2}\angle -45^\circ \mathrm{V}$$

④ 电压源 $\dot{U}_{S1}$ 和 $\dot{U}_{S3}$ 合并为电压源 $\dot{U}_{S4}$，如图 4-30（d）所示。

$$\dot{U}_{S4} = \dot{U}_{S1} - \dot{U}_{S3} = (1+\mathrm{j}2)\mathrm{V}$$

$$\dot{I}_1 = \frac{\dot{U}_{S4}}{Z_1 + \mathrm{j}1} = \frac{1+\mathrm{j}2}{0.5-\mathrm{j}0.5+\mathrm{j}1} = 3 + \mathrm{j}1 = 3.162\angle 18.43^\circ \mathrm{A}$$

⑤ 由 $\dot{I}_1$ 相量表达式写出 $i_1(t)$ 瞬时值表达式：

$$i_1(t) = 3.162\sqrt{2}\sin(2t + 18.43^\circ)\mathrm{A}$$

4.6 正弦稳态电路的功率及功率因数提高

在正弦稳态电路分析中，储能元件（电感和电容）的存在导致电路中出现能量交换现象，这种能量交换既可能发生在电源与电路之间，也可能存在于不同储能元件之间。这种动态能量特性使得功率计算较纯电阻电路更为复杂，为此需要引入一系列新的功率概念：平均功率（表征实际消耗功率）、无功功率（反映能量交换强度）、视在功率（体现设备容量）、功率因数（衡量功率利用效率）以及复功率（综合表征功率特性）。这些概念的引入为准确分析和计算交流电路功率特性提供了完整的理论框架。

4.6.1 正弦稳态电路的功率

4.6.1.1 瞬时功率

设单口网络 N，内部不含独立电源，只含电阻、电感、电容等无源元件，其端口电压、电流参考方向如图 4-31（a）所示，采用关联参考方向。网络 N 在任一瞬时吸收的功率，即瞬时功率（instantaneous power），为

$$p(t) = u(t)i(t)$$

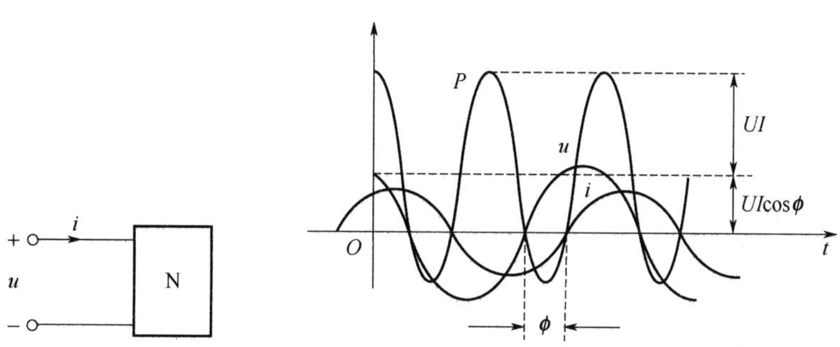

(a) 无源单口网络　　(b) 瞬时功率

图 4-31　单口网络及吸收的瞬时功率

若图 4-31 中的电压、电流为同频率的正弦量，即 $u(t)=\sqrt{2}U\sin(\omega t+\psi_u)$，$i(t)=\sqrt{2}I\sin(\omega t+\psi_i)$，则 $p(t)=u(t)i(t)=\sqrt{2}U\sin(\omega t+\psi_u)\times\sqrt{2}I\sin(\omega t+\psi_i)$，利用三角公式 $\sin\alpha\sin\beta=-\dfrac{\cos(\alpha+\beta)-\cos(\alpha-\beta)}{2}$，可得到

$$p(t)=UI\cos(\psi_u-\psi_i)-UI\cos(2\omega t+\psi_u+\psi_i)=UI\cos\phi-UI\cos(2\omega t+2\psi_i+\phi) \tag{4-34}$$

式中，$\phi=\psi_u-\psi_i$，是端口电压与电流的相位差。瞬时功率的波形图如图 4-31（b）所示。由式（4-34）可知，瞬时功率由两部分组成，其一为恒定量 $UI\cos\phi$，另一为谐波分量，其角频率为电压（或电流）角频率的 2 倍。从图 4-31（b）中可以看出，在每个周期内，瞬时功率可正、可负。当瞬时功率为正时，网络 N 吸收能量；当瞬时功率为负时，网络 N 释放能量。这说明网络和电源之间存在能量交换。

在交流电路分析中，瞬时功率因其时变特性难以直接表征系统的能量转换特性，因此工程实践中通常采用平均功率作为衡量网络实际吸收功率的核心指标。需要特别指出的是：

（1）平均功率表征了负载在单位时间内实际消耗并转换为其他形式能量的平均值。

（2）所有电气设备的额定功率标注均指平均功率值。

（3）交流功率表的测量读数是平均功率数值。

4.6.1.2 平均功率

平均功率（average power）又称有功功率（active power），用大写字母 P 表示，是瞬时功率在一个周期内的平均值，即

$$P=\frac{1}{T}\int_0^T p(t)\mathrm{d}t=\frac{1}{T}\int_0^T\left[UI\cos\phi-UI\cos(2\omega t+2\psi_i+\phi)\right]\mathrm{d}t=UI\cos\phi \tag{4-35}$$

式中，$\phi=\psi_u-\psi_i$，是端口电压与电流的相位差，也称为功率因数角（power factor angle），$\cos\phi$ 为功率因数（power factor，pf），用 λ 来表示：

$$\lambda=\cos\phi \tag{4-36}$$

单口网络吸收的平均功率等于瞬时功率中的恒定分量，单位是瓦特（W）。它不仅和端口电压、电流的有效值（或者幅值）有关，还和功率因数有关。

对于无源单口网络，功率因数角就是阻抗的阻抗角，取决于电路结构、参数和电源的频率。当单口网络的阻抗为感性时，$\phi>0$；阻抗为容性时，$\phi<0$；阻抗为阻性时，$\phi=0$。$0\leqslant\cos\phi\leqslant1$。

当单口网络只含电阻元件时，$\psi_u=\psi_i$，$\phi=0°$，由式（4-34）和式（4-35）可得瞬时功率和平均功率分别为

$$p(t)=UI[1-\cos(2\omega t+2\psi_i)]$$

$$P=UI=I^2R=\frac{U^2}{R} \tag{4-37}$$

可见，电阻元件的瞬时功率始终满足 $p(t)\geqslant0$，电阻元件是消耗功率的元件。

当单口网络只含电感元件时，$\psi_u=\psi_i+90°$，$\phi=90°$，由式（4-34）和式（4-35）可得瞬时功率和平均功率分别为

$$p(t)=-UI\cos(2\omega t+2\psi_i+90°)=UI\sin(2\omega t+2\psi_i),\quad P=0 \tag{4-38}$$

当单口网络只含电容元件时，$\psi_u=\psi_i-90°$，$\phi=-90°$，由式（4-34）和式（4-35）可得瞬时功率和平均功率分别为

$$p(t) = -UI\cos(2\omega t + 2\psi_i - 90°) = UI\sin(2\omega t + 2\psi_i - 180°)\text{，}\quad P=0 \tag{4-39}$$

由式（4-38）和式（4-39）可见，电感和电容元件的瞬时功率可正可负，但平均功率为零，电感和电容元件与外电路存在能量往返的现象，但不消耗电能，是储能元件。

一般情况下，线性无源单口网络可以等效为一个阻抗，设

$$Z = \frac{\dot{U}}{\dot{I}} = \frac{U\angle\psi_u}{I\angle\psi_i} = |Z|\angle\phi = R + \mathrm{j}X$$

$$P=UI\cos\phi = U_R I = I^2 R = \frac{U_R^2}{R} = I^2|Z|\cos\phi \tag{4-40}$$

即无源单口网络吸收的平均功率等于等效阻抗的实部（等效电阻）消耗的平均功率。

另外，根据能量守恒原理，单口网络吸收的总平均功率就是网络中各电阻元件消耗的有功功率之和。若电路中共有 b 条支路，I_k 为第 k 条支路上的电流，R_k 为第 k 条支路的电阻，则

$$P=UI\cos\phi = \sum_{k=1}^{b} P_k = \sum_{k=1}^{b} I_k^2 R_k \tag{4-41}$$

4.6.1.3 无功功率

电感和电容元件虽然不消耗有功功率，但和外电路之间有能量交换，为此引入无功功率。

将式（4-34）利用三角函数公式 $\cos(\alpha+\beta) = \cos\alpha\cos\beta - \sin\alpha\sin\beta$ 转化为

$$\begin{aligned} p(t) &= UI\cos\phi - UI\cos(2\omega t + 2\psi_i + \phi) \\ &= UI\cos\phi - UI\cos(2\omega t + 2\psi_i)\cos\phi + UI\sin(2\omega t + 2\psi_i)\sin\phi \\ &= UI\cos\phi[1 - \cos(2\omega t + 2\psi_i)] + UI\sin(2\omega t + 2\psi_i)\sin\phi \end{aligned} \tag{4-42}$$

式（4-42）中，瞬时功率可以分解为两个分量，第一个分量 $UI\cos\phi[1-\cos(2\omega t+2\psi_i)]$ 随时间波动，但始终大于零，对应单口网络的等效电阻吸收的瞬时功率；第二个分量 $UI\sin(2\omega t+2\psi_i)\sin\phi$ 均值为 0，以电源的 2 倍频率交变，对应单口网络的等效电抗与外电路进行能量交换的瞬时功率。将单口网络与外电路能量交换的最大速率定义为无功功率（reactive power），用 Q 来表示，则有

$$Q = UI\sin\phi \tag{4-43}$$

无功功率的单位为乏（var）。

当单口网络只含一个电阻元件时，$\phi = 0°$，$Q_R = UI\sin 0° = 0$，表示电阻与外电路没有往返交换能量。

当单口网络只含一个电感元件时，$\phi = 90°$，$Q_L = UI\sin 90° = UI = I^2 X_L > 0$，电感吸收无功功率。

当单口网络只含一个电容元件时，$\phi = -90°$，$Q_C = UI\sin(-90°) = -UI = -I^2 X_C < 0$，电容发出无功功率。

一般情况下，线性无源单口网络可以等效为一个阻抗，设

$$Z = \frac{\dot{U}}{\dot{I}} = \frac{U\angle\psi_u}{I\angle\psi_i} = |Z|\angle\phi = R + \mathrm{j}X$$

$$Q=UI\sin\phi = I^2|Z|\sin\phi = I^2 X \tag{4-44}$$

即单口网络的无功功率等于等效电抗的无功功率。当 $X>0$ 时，网络呈感性，$Q>0$；当

X<0 时，网络呈容性，Q<0。

另外，根据能量守恒原理，单口网络吸收的总无功功率就是网络中各电抗元件消耗的无功功率之和。若电路中共有 b 条支路，I_k 为第 k 条支路上的电流，X_k 为第 k 条支路的电抗，则

$$Q=UI\sin\phi=\sum_{k=1}^{b}Q_k=\sum_{k=1}^{b}I_k^2X_k \tag{4-45}$$

4.6.1.4 视在功率

把单口网络 N 的端口电压、电流有效值乘积或者振幅乘积的一半，定义为视在功率（apparent power），用 S 表示，即

$$S=UI \tag{4-46}$$

视在功率的单位为伏安（VA）。变压器、发电机等设备容量以视在功率定义。

有功功率、无功功率、视在功率的关系为

$$S=UI=\sqrt{P^2+Q^2}\ ,\quad \phi=\arctan\frac{Q}{P}$$

$$P=UI\cos\phi=S\cos\phi\ ,\quad Q=UI\sin\phi=S\sin\phi \tag{4-47}$$

P、Q、S 之间符合直角三角形的关系，如图 4-32 所示，这一三角形称为功率三角形（power triangle）。

对无源单口网络来说，设等效阻抗为 $Z=R+\mathrm{j}X$，其对应的阻抗三角形、电压三角形和功率三角形为相似三角形。阻抗三角形的每个边扩大电流 I 倍，得到电压三角形，再把电压三角形的每个边扩大电流 I 倍，得到功率三角形。

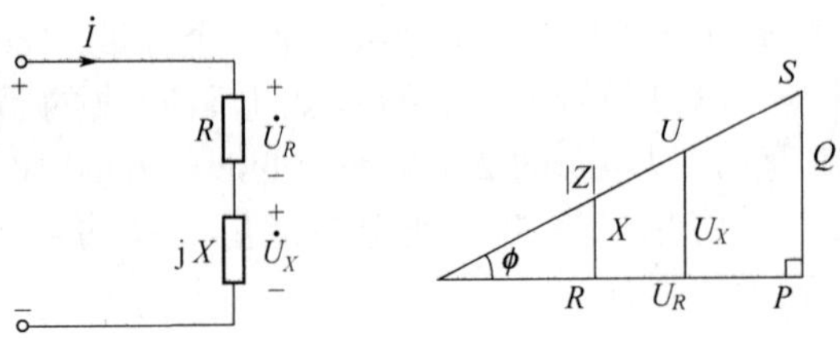

图 4-32 线性无源单口网络的三个相似三角形

4.6.2 复功率

设单口网络 N 的端口电压和电流采用关联参考方向，且电压相量和电流相量分别为 $\dot{U}=U\angle\psi_u$ 和 $\dot{I}=I\angle\psi_i$，则定义 N 吸收的复功率（complex power）为端口电压相量与电流相量共轭复数的乘积，记为 $\overline{S}$，即

$$\overline{S}=\dot{U}\dot{I}^* \tag{4-48}$$

其中，$\dot{I}^*=I\angle-\psi_i$，显然

$$\begin{aligned}\overline{S}&=\dot{U}\dot{I}^*=U\angle\psi_u\bullet I\angle-\psi_i=UI\angle(\psi_u-\psi_i)=S\angle\phi\\&=UI\cos\phi+\mathrm{j}UI\sin\phi=P+\mathrm{j}Q\\&=Z\dot{I}\dot{I}^*=ZI^2=RI^2+\mathrm{j}XI^2\end{aligned} \tag{4-49}$$

复功率的量纲为伏安（VA）。网络 N 吸收的复功率 $\overline{S}$，其模为视在功率 S，幅角为功率

因数角 ϕ；其实部为有功功率 P，虚部为无功功率 Q。引入复功率将有功功率、无功功率、视在功率、功率因数角统一在一个公式中体现。

由于有功功率 P 和无功功率 Q 守恒，因此，复功率守恒，而一般情况下，视在功率不守恒。

【例 4-16】 在图 4-33（a）所示正弦稳态电路中，已知电压源电压为 $u_S(t)=20\sqrt{2}\sin t$ V，求电源发出的有功功率、无功功率、视在功率、功率因数 λ、复功率以及各支路吸收的复功率。

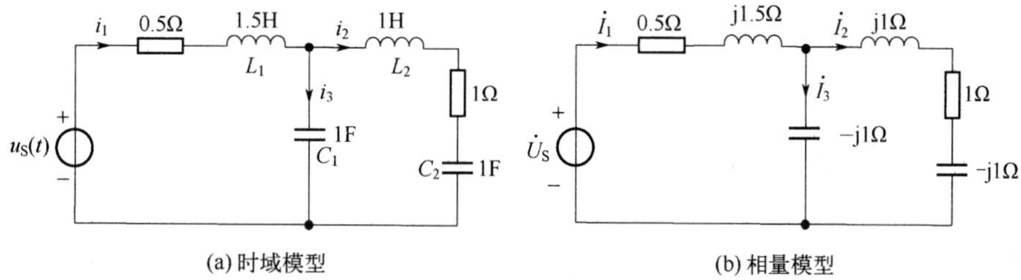

图 4-33 例 4-16 图

解：

（1）画出电路的相量模型，如图 4-33（b）所示。其中

$$\dot{U}_S=20\angle0°\text{V}，\quad \text{j}\omega L_1=\text{j}1.5\Omega，\quad \frac{1}{\text{j}\omega C_1}=-\text{j}\frac{1}{\omega C_1}=-\text{j}1\Omega，$$

$$\text{j}\omega L_2=\text{j}1\Omega，\quad \frac{1}{\text{j}\omega C_2}=-\text{j}\frac{1}{\omega C_2}=-\text{j}1\Omega$$

（2）求阻抗：

$$Z=0.5+\text{j}1.5+\frac{(-\text{j}1)(\text{j}1+1-\text{j}1)}{1-\text{j}1}=0.5+\text{j}1.5+0.5-\text{j}0.5=(1+\text{j}1)\Omega$$

（3）求各支路电流：

$$\dot{I}_1=\frac{\dot{U}_S}{Z}=\frac{20\angle0°}{1+\text{j}1}=10\sqrt{2}\angle-45°\text{A}$$

$$\dot{I}_2=\frac{-\text{j}1}{1-\text{j}1}\dot{I}_1=\frac{-\text{j}1}{\sqrt{2}\angle-45°}\times10\sqrt{2}\angle-45°=-\text{j}10=10\angle-90°\text{A}$$

$$\dot{I}_3=\frac{1}{1-\text{j}1}\dot{I}_1=\frac{1}{\sqrt{2}\angle-45°}\times10\sqrt{2}\angle-45°=10\angle0°\text{A}$$

（4）计算功率：

$$P=U_SI_1\cos\phi=20\times10\sqrt{2}\times\cos45°=200\text{W}$$

$$P=I_1^2R_1+I_2^2R_2=(10\sqrt{2})^2\times0.5+10^2\times1=200\text{W}$$

$$Q=U_SI_1\sin\phi=20\times10\sqrt{2}\times\sin45°=200\text{var}$$

$$S=U_SI_1=20\times10\sqrt{2}=200\sqrt{2}\text{VA}$$

$$\overline{S}=\dot{U}_S\dot{I}^*=20\angle0°\times10\sqrt{2}\angle45°=200\sqrt{2}\angle45°=(200+\text{j}200)\text{VA}$$

$$P = \mathrm{Re}\,\overline{S} = 200\mathrm{W}$$

$$Q = \mathrm{Im}\,\overline{S} = 200\mathrm{var}$$

（5）验证复功率平衡：

$$\overline{S}_1 = \dot{U}_1\dot{I}_1^* = Z_1\dot{I}_1\dot{I}_1^* = Z_1I_1^2 = (0.5+\mathrm{j}1.5)(10\sqrt{2})^2 = (100+\mathrm{j}300)\mathrm{VA}$$

$$\overline{S}_2 = \dot{U}_2\dot{I}_2^* = Z_2I_2^2 = 1\times10^2 = 100\mathrm{VA}$$

$$\overline{S}_3 = \dot{U}_3\dot{I}_3^* = Z_3I_3^2 = -\mathrm{j}\times10^2 = -\mathrm{j}100\mathrm{VA}$$

$$\overline{S}_1 + \overline{S}_2 + \overline{S}_3 = 100+\mathrm{j}300 + 100 - \mathrm{j}100 = (200 + \mathrm{j}200)\mathrm{VA} = \overline{S}$$

说明复功率守恒。

4.6.3　功率因数提高

在电力系统中，电动机、变压器、日光灯等典型负载多为感性负载，其显著特点是阻抗角较大导致功率因数偏低。以异步电动机为例，其功率因数在额定负载时约为 0.7～0.9，空载时可能低至 0.2；而配备镇流器的日光灯功率因数通常仅为 0.5 左右。这种低功率因数现象表明，负载不仅消耗有功功率，还与电源之间存在持续的能量交换。

低功率因数会引发以下两个主要问题：

（1）电源设备利用率下降：电源容量以视在功率表征，有功功率 $P = S\cos\phi$，当功率因数降低时，有功功率输出相应减少，导致设备容量无法充分利用。

（2）输电损耗增加：在系统电压恒定的情况下，根据 $I = \dfrac{P}{U\cos\phi}$，功率因数降低将导致线路电流增大，进而造成线路压降增大，使末端电压降低；输电线路损耗 $\Delta P = I^2R$ 显著增加，输电效率降低。

通过分析可知，提高功率因数可以提升电源设备利用率、降低线路损耗，具有重要的经济价值。

需要强调的是，功率因数补偿必须满足保持负载端电压不变、不改变负载工作电流、确保负载吸收的有功功率恒定，即负载的工作状态不变。

工程实践中，常用的补偿方法是在感性负载两端并联适当容量的电容器，如图 4-34 所示，这种方法既能有效提高功率因数，又不会影响负载的正常工作状态。

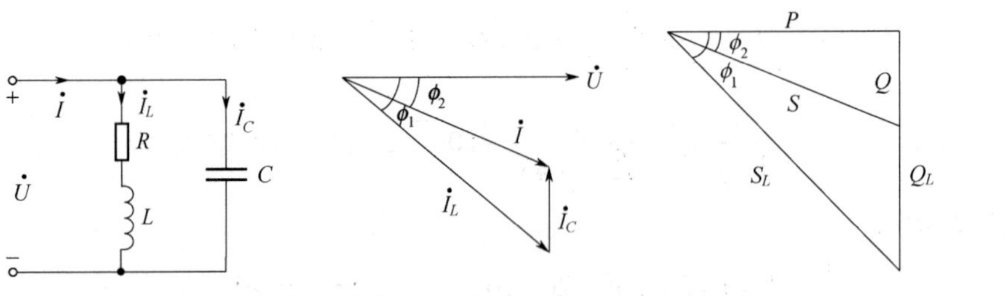

(a) 功率因数提高方法　　(b) 并联电容后的相量图　　(c) 并联电容前后的功率三角形

图 4-34　功率因数提高

通过图 4-34（b）相量图可以看出，并联电容前，输电线路上的电流 $\dot{I} = \dot{I}_L$，因为负载是感性负载，流过负载的电流 $\dot{I}_L$ 比负载两端的电压 $\dot{U}$ 滞后 ϕ_1，ϕ_1 是负载的阻抗角。并联电容后，流过电容的电流 $\dot{I}_C$ 比电压 $\dot{U}$ 超前 90°，输电线路上的电流 $\dot{I} = \dot{I}_L + \dot{I}_C$，$\dot{I}$ 比电压 $\dot{U}$ 滞后 ϕ_2，

$\phi_2<\phi_1$，因此 $\cos\phi_2>\cos\phi_1$，提高了电路的功率因数。通过分析可知，$P=UI_L\cos\phi_1=I_L^2R=UI\cos\phi_2$，由于负载两端的电压 $\dot{U}$ 未发生变化，因此流过负载的电流 $\dot{I}_L$ 和负载吸收的有功功率 P 不变。但是电源向负载输送的无功功率在并联电容前是 $Q_L=UI_L\sin\phi_1$，并联电容后是 $Q=UI\sin\phi_2$，由于 $\phi_2<\phi_1$，$I<I_L$，$Q<Q_L$，无功功率减少了，电容“产生”的无功功率补偿感性负载吸收的无功功率，从而功率因数得到改善。

根据相量图可以计算并联电容的数值。

【例 4-17】 已知图 4-34（a）中，$f=50\text{Hz}$，$U=220\text{V}$，$P=10\text{kW}$，线圈的功率因数 $\cos\phi_1=0.6$，采用并联电容方法提高功率因数。求：（1）要使功率因数提高到 0.9，应并联多大的电容 C？并联前后电路的总电流各为多大？（2）功率因数从 0.9 提高到 0.95，应并联多大的电容 C？

解：

（1）$\cos\phi_1=0.6\Rightarrow\phi_1=53.13°$，$\cos\phi_2=0.9\Rightarrow\phi_2=25.84°$

根据有功功率计算公式，可得未并联电容前 $I=I_L=\dfrac{P}{U\cos\phi_1}=\dfrac{10\times10^3}{220\times0.6}=75.8\text{A}$，并联电容后 $I=\dfrac{P}{U\cos\phi_2}=\dfrac{10\times10^3}{220\times0.9}=50.5\text{A}$。

根据图 4-34（b）相量图可知 $I_C=I_L\sin\phi_1-I\sin\phi_2$，由此可得

$$I_C=\frac{P}{U\cos\phi_1}\sin\phi_1-\frac{P}{U\cos\phi_2}\sin\phi_2=\frac{P}{U}(\tan\phi_1-\tan\phi_2)$$

而 $I_C=\omega CU$，联立可得

$$C=\frac{P}{\omega U^2}(\tan\phi_1-\tan\phi_2) \tag{4-50}$$

$$C=\frac{10\times10^3}{2\pi\times50\times220^2}(\tan53.13°-\tan25.84°)=557\mu\text{F}$$

（2）$\cos\phi_1=0.9\Rightarrow\phi_1=25.84°$，$\cos\phi_2=0.95\Rightarrow\phi_2=18.195°$

$$C=\frac{P}{\omega U^2}(\tan\phi_1-\tan\phi_2)=\frac{10\times10^3}{2\pi\times50\times220^2}(\tan25.84°-\tan18.195°)=113\mu\text{F}$$

在功率因数补偿中，根据并联电容后电流与电压的相位关系，可分为三种补偿方式：

欠补偿方式：电流相位仍滞后于电压。

全补偿方式：电流与电压同相，功率因数为 1。

过补偿方式：电流相位超前于电压，改变电路性质从感性变为容性。

实际工程多采用欠补偿方式，将功率因数提高到 0.9～0.95 范围内的合理区间。

4.7 最大功率传输

图 4-35（a）所示为含源一端口网络 N 向终端负载传输功率的电路。在通信系统、电子电路等小功率传输场合，由于传输效率并非主要考虑因素，因此需要重点分析负载获得最大功率的条件。根据戴维南定理，可将该电路简化为图 4-35（b）所示的等效电路，其中 $\dot{U}_{\text{OC}}$ 为网络 N 的开路电压，Z_0 为网络 N 的等效阻抗。

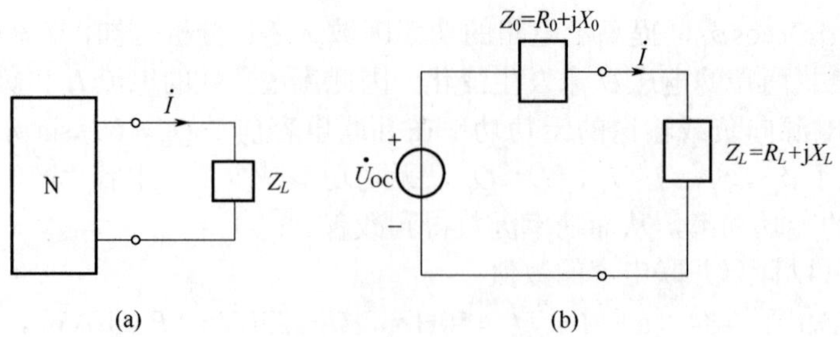

图 4-35　最大功率传输

设等效阻抗 $Z_0=R_0+jX_0$，负载阻抗 $Z_L=R_L+jX_L$，可得

$$\dot{I}=\frac{\dot{U}_{OC}}{Z_0+Z_L}=\frac{\dot{U}_{OC}}{(R_0+R_L)+j(X_0+X_L)}$$

$$I=\frac{U_{OC}}{\sqrt{(R_0+R_L)^2+(X_0+X_L)^2}}$$

所以负载吸收的功率为

$$P_L=I^2R_L=\frac{U_{OC}^2R_L}{(R_0+R_L)^2+(X_0+X_L)^2}$$

由上式可以看出，负载获得的功率与端口的等效参数 U_{OC}、Z_0（内部）和负载参数 Z_L（外部）有关。在内部参数不变动（且 $U_{OC}\neq 0$）的情况下，负载 Z_L 得和 Z_0 匹配，才能够获得最大功率。如果 R_L、X_L 可以独立调节，则获得最大功率的条件为

$$\begin{cases}X_L+X_0=0\\ \dfrac{d}{dR_L}\left[\dfrac{U_{OC}^2R_L}{(R_L+R_0)^2}\right]=0\end{cases}$$

得出

$$X_L=-X_0,\quad \frac{d}{dR_L}\left[\frac{U_{OC}^2R_L}{(R_L+R_0)^2}\right]=\frac{U_{OC}^2\left[(R_L+R_0)^2-2R_L(R_L+R_0)\right]}{(R_L+R_0)^2}$$

上式分母不为零，则 $(R_L+R_0)^2-2R_L(R_L+R_0)=0$，即 $R_L=R_0$。

综上，$X_L=-X_0$，$R_L=R_0$，即

$$Z_L=Z_0^*=R_0-jX_0 \tag{4-51}$$

即负载和电源等效阻抗为共轭复数。将式（4-51）代入 $P_L=I^2R_L$，可得

$$P_{L\max}=\frac{U_{OC}^2}{4R_0} \tag{4-52}$$

最大功率传输定理指出：对于工作在正弦稳态下的单口网络，当其向负载传输功率时，若该网络可等效为戴维南电路（含开路电压 $\dot{U}_{OC}$ 和等效阻抗 $Z_0=R_0+jX_0$，$R_0>0$），则当负载阻抗 Z_L 满足共轭匹配条件（即 $Z_L=Z_0^*=R_0-jX_0$）时，负载可获得最大平均功率 $P_{L\max}=\dfrac{U_{OC}^2}{4R_0}$。

这种阻抗匹配方式称为共轭匹配（conjugate matching），在通信与电子系统设计中广泛应用，以确保负载从信号源获取最大功率。

【**例 4-18**】求图 4-36 所示电路中，Z_L 为何值时能获得最大功率，并求最大功率。

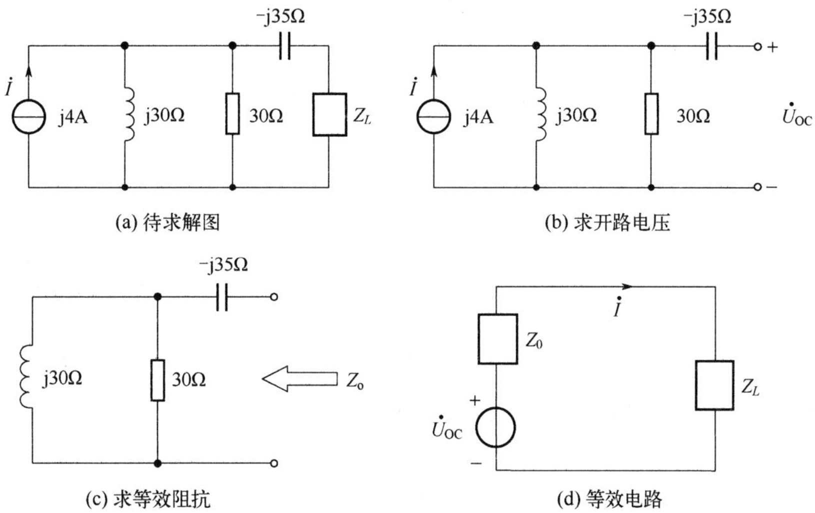

图 4-36　例 4-18 图

解：

（1）求图 4-36（b）中端口开路电压：

$$\dot{U}_{\text{OC}}=\dot{I}\times\left(\frac{\text{j}30\times 30}{\text{j}30+30}\right)=60\sqrt{2}\angle 135^{\circ}\text{V}$$

（2）求图 4-36（c）中等效阻抗：

$$Z_0=-\text{j}35+\frac{\text{j}30\times 30}{\text{j}30+30}=(15-\text{j}20)\Omega$$

（3）根据图 4-36（d），可知 $Z_L=Z_0^*=(15+\text{j}20)\Omega$ 时，可以获得最大功率，最大功率为

$$P_{L\max}=\frac{U_{\text{OC}}^2}{4R_0}=\frac{(60\sqrt{2})^2}{4\times 15}=120\text{W}$$

4.8　交流电路的频率响应

4.8.1　串联谐振

4.8.1.1　串联谐振条件

图 4-37 为 RLC 串联谐振电路，端口的输入阻抗为 $Z=R+\text{j}\left(\omega L-\dfrac{1}{\omega C}\right)=R+\text{j}(X_L+X_C)=R+\text{j}X$，当等效阻抗虚部为零时，即 $X=\omega L-\dfrac{1}{\omega C}=0$ 时，$\phi=0^{\circ}$，电路呈阻性，端口电压 $\dot{U}$ 和电流 $\dot{I}$ 同相位。

RLC 串联电路发生谐振的条件为

$$\omega_0 L=\frac{1}{\omega_0 C}\Rightarrow\omega_0=\frac{1}{\sqrt{LC}}\quad 或\quad f_0=\frac{1}{2\pi\sqrt{LC}}\tag{4-53}$$

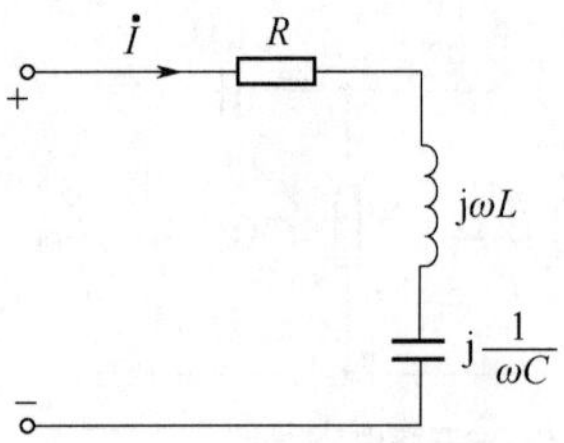

图 4-37　串联谐振电路

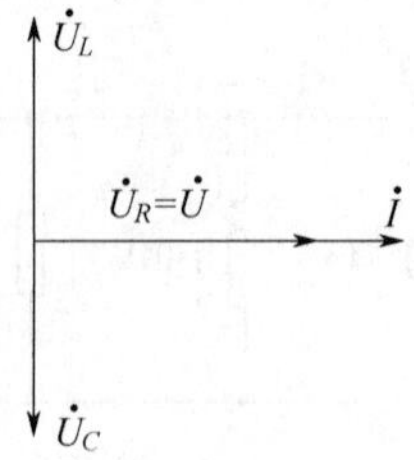

图 4-38　串联谐振电路的相量图

式中，ω_0 称为谐振角频率，f_0 称为谐振频率。该谐振角频率（频率）仅与电路参数 L 和 C 有关，与 R 无关，又称为固有角频率（固有频率）。

电路谐振的实现主要有两种方式：其一，在电路元件参数固定的情况下，通过调节激励源的工作频率使电路达到谐振状态；其二，在激励源频率恒定的条件下，通过调整电路中的电感或电容参数来实现谐振。这种调谐原理在实际工程中有着广泛应用，例如收音机接收电路就是通过改变可变电容器的容量，使其谐振频率与目标电台的载波频率一致，从而实现对特定电台信号的接收。这种通过调节电路元件参数使其与特定频率产生谐振的技术过程，在电子工程领域被称为调谐技术。

由式（4-53）可得

$$\omega_0 L=\frac{1}{\omega_0 C}=\frac{1}{\sqrt{LC}}L=\sqrt{\frac{L}{C}}=\rho\tag{4-54}$$

式中，ρ 称为特性阻抗，受 L 和 C 影响，与外加激励无关，ρ 的单位为 Ω 。

工程上常用特性阻抗与电阻 R 的比值来表征串联谐振电路的性能，称为串联谐振电路的品质因数（quality factor），用 Q 来表示，即

$$Q=\frac{\rho}{R}=\frac{\omega_0 L}{R}=\frac{1}{\omega_0 CR}=\frac{1}{R}\sqrt{\frac{L}{C}}\tag{4-55}$$

式中，Q 由电路参数 R 、L 和 C 决定，是无量纲的物理量。

4.8.1.2　串联谐振电路的特点

当发生 RLC 串联谐振时：

$$Z=R+\mathrm{j}\left(\omega L-\frac{1}{\omega C}\right)=R\text{，}\ |Z|=R\tag{4-56}$$

$$\dot{I}_0=\frac{\dot{U}}{Z}=\frac{\dot{U}}{R}\tag{4-57}$$

此时电路中阻抗值 $|Z|=R$ 最小，电流 I 达到最大值 $I_0=\dfrac{U}{R}$（U 一定）。

R 、L 和 C 上的电压分别为

$$\dot{U}_R=\dot{I}_0 R=\frac{\dot{U}}{R}R=\dot{U}\tag{4-58}$$

$$\dot{U}_L = \mathrm{j}\omega L\dot{I}_0 = \mathrm{j}\omega L\frac{\dot{U}}{R} = \mathrm{j}Q\dot{U} \tag{4-59}$$

$$\dot{U}_C = \frac{1}{\mathrm{j}\omega C}\dot{I}_0 = -\mathrm{j}\frac{\dot{U}}{\omega CR} = -\mathrm{j}Q\dot{U} \tag{4-60}$$

分析可得$\dot{U} = \dot{U}_R$，$\dot{U}_L + \dot{U}_C = 0$，它们的相量图如图 4-38 所示，即发生 RLC 串联谐振时，电阻上的电压等于端口电压，电感上的电压和电容上的电压等于端口电压的Q倍，且相位相反，因此 LC 串联端口相当于短路，串联谐振又称为电压谐振（voltage resonance）。当$Q>1$时，电感上和电容两端会出现过电压。在高压电路系统（如电力系统）中，这种过电压非常高，可能危及系统安全，必须采取措施避免发生谐振。但在低电压的电路系统中，如无线电接收系统，则要利用谐振时出现的过电压获得较高的输入信号。

【例 4-19】 收音机输入电路如图 4-39 所示，电阻 $R = 10\Omega$，通过调 C 使电路接收 $u_{S1} = \sqrt{2}\sin(1000t)$ 的信号，此时 U_o 的读数为 50V。求电流 I_0，并求电路的品质因数 Q 及元件 L、C 参数。

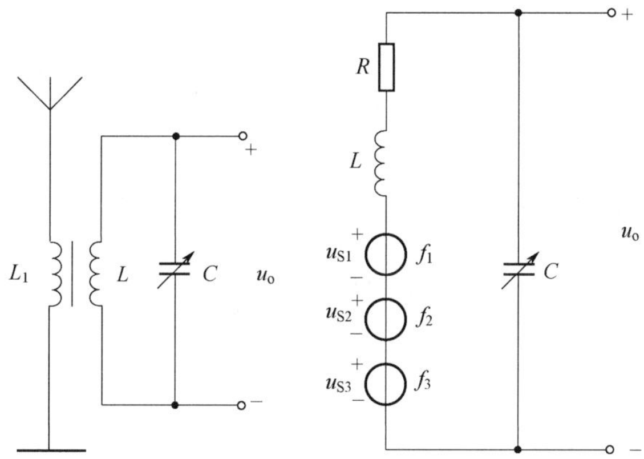

(a) 电路图　　　　(b) 等效电路

图 4-39　收音机的输入电路

解：

$$I_0 = \frac{U_{S1}}{R} = \frac{1}{10} = 0.1\text{A}$$

$$Q = \frac{U_o}{U_{S1}} = 50$$

$$Q = \frac{\omega_0 L}{R} \Rightarrow L = \frac{QR}{\omega_0} = 0.5\text{H}$$

$$Q = \frac{1}{\omega_0 CR} \Rightarrow C = \frac{1}{Q\omega_0 R} = 2\mu\text{F}$$

4.8.2 并联谐振

4.8.2.1 并联谐振条件

图 4-40（a）为 RLC 并联谐振电路，端口的输入导纳为

$$Y=\frac{\dot{I}_S}{\dot{U}}=\frac{1}{R}+\mathrm{j}\left(\omega C-\frac{1}{\omega L}\right)$$

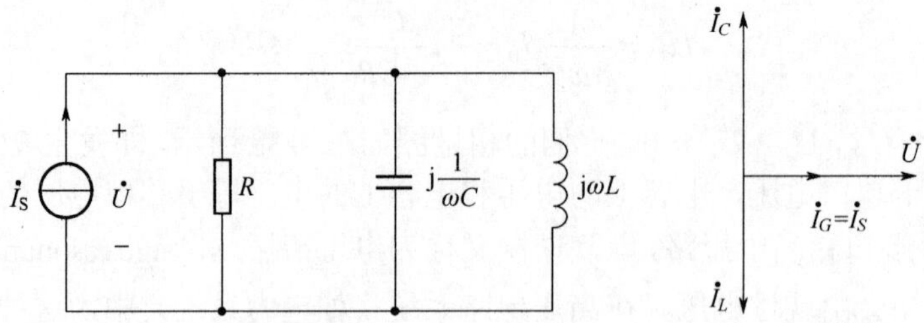

(a) 电路图　　(b) 相量图

图 4-40　并联谐振电路

当等效导纳 $B=\omega C-\frac{1}{\omega L}=0$ 时，$Y=\frac{1}{R}=G$，电路呈阻性，端口电压 $\dot{U}$ 和电流 $\dot{I}_S$ 同相位。因此，RLC 并联电路发生谐振的条件为

$$\omega_0=\frac{1}{\sqrt{LC}}\quad 或\quad f_0=\frac{1}{2\pi\sqrt{LC}} \tag{4-61}$$

4.8.2.2　并联谐振电路的特点

当发生 RLC 并联谐振时，有

$$Y=\frac{1}{R}=G，\ |Y|=\frac{1}{R}=G \tag{4-62}$$

$$\dot{U}_0=\frac{\dot{I}_S}{G} \tag{4-63}$$

此时电路中导纳值 $|Y|=G$ 最小，电压 U 达到最大值 $U_0=\frac{I_S}{G}$。

R、L 和 C 上的电流分别为

$$\dot{I}_R=G\dot{U}_0=\dot{I}_S \tag{4-64}$$

$$\dot{I}_L=\frac{1}{\mathrm{j}\omega L}\dot{U}_0=-\mathrm{j}\frac{1}{\omega L}\frac{\dot{I}_S}{G}=-\mathrm{j}Q\dot{I}_S \tag{4-65}$$

$$\dot{I}_C=\mathrm{j}\omega C\dot{U}_0=\mathrm{j}\omega C\frac{\dot{I}_S}{G}=\mathrm{j}Q\dot{I}_S \tag{4-66}$$

$$Q=\frac{R}{\rho}=\frac{1}{\omega_0 LR}=\omega_0 CR=R\sqrt{\frac{C}{L}} \tag{4-67}$$

式中，Q 为并联谐振电路的品质因数，为电阻 R 与特性阻抗的比值。分析可得 $\dot{I}_R=\dot{I}_S$，$\dot{I}_L+\dot{I}_C=0$，它们的相量图如图 4-40（b）所示，即发生 RLC 并联谐振时流过电阻的电流等于端口电流，流过电感的电流和流过电容的电流等于端口电流的 Q 倍，且相位相反，因此 LC 并联端口相当于开路，并联谐振又称为电流谐振（current resonance）。

4.9 三相电路

三相电路是由三相电源、三相负载和三相输电线路三部分组成的完整供电系统。与单相供电系统相比，三相供电系统具有显著优势：首先，在相同输电容量下，三相系统可节省约25%的导线材料；其次，三相电动机等设备具有结构简单、运行平稳、效率高等特点；再次，三相系统能提供两种电压等级（相电压和线电压）。正因如此，三相供电在工农业生产中获得广泛应用，如大型电动机、电焊机、工业电炉等都采用三相供电。我们日常生活中使用的 220V 交流电，实际上是从 380V 三相四线制系统中引出的某一相电压。这种供电方式既保留了三相系统的经济性，又能满足居民用电的单相需求。

4.9.1 三相电源

三相交流电源一般由三相交流发电机产生，其结构图如图 4-41 所示。

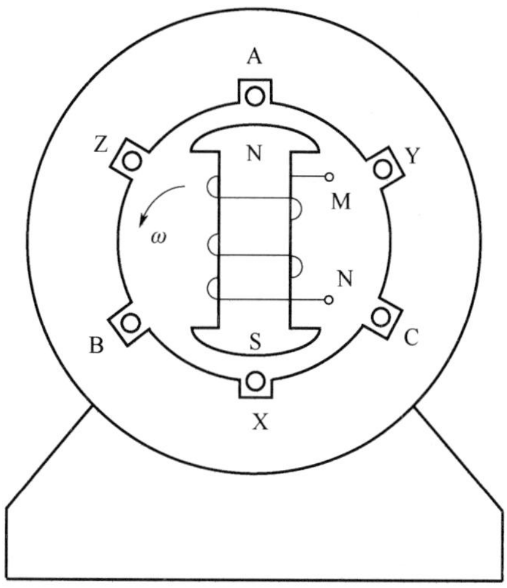

图 4-41　三相交流发电机结构图

三相交流发电机的结构主要由两大核心部件构成：固定不动的定子和旋转的转子。其中，定子由三组结构完全相同的绕组组成，这些绕组在空间上呈 120°对称分布，并固定安装在发电机外壳内；转子则是一个可旋转的电磁铁结构。当原动机驱动转子以恒定角速度 ω 旋转时，根据电磁感应原理，定子绕组中将同时感应产生三个具有特定关系的电动势：这三个电动势不仅幅值（最大值）完全相同，而且频率保持一致，更重要的是它们在相位上彼此相差 120°电角度。幅值相等、频率相同、相位相差 120°的三相电源，被称为对称三相电源，在电力系统中广泛使用。我国三相系统电源频率为 50Hz。

对称三相电源的瞬时值表达式：

$$
\begin{aligned}
u_{\mathrm{A}} &= \sqrt{2}U\sin(\omega t) \\
u_{\mathrm{B}} &= \sqrt{2}U\sin(\omega t-120^\circ) \\
u_{\mathrm{C}} &= \sqrt{2}U\sin(\omega t+120^\circ)
\end{aligned}
\tag{4-68}
$$

其相量表达式为：

$$\begin{aligned}\dot{U}_{A} &= U\angle 0^\circ \\ \dot{U}_{B} &= U\angle -120^\circ \\ \dot{U}_{C} &= U\angle 120^\circ\end{aligned} \tag{4-69}$$

对称三相电源幅值相等，角频率相同，相位彼此相差 120°，此时

$$u_{A}+u_{B}+u_{C}=0 \quad 或 \quad \dot{U}_{A}+\dot{U}_{B}+\dot{U}_{C}=0$$

对称三相电源的各相电压波形及相量关系可分别参见图 4-42 和图 4-43。在三相系统中，各相电压达到最大值的先后顺序称为相序（phase sequence）。其中，A 相—B 相—C 相—A 相依次达到峰值的循环称为正序（positive sequence），也称为顺序；而 A 相—C 相—B 相—A 相的循环则称为负序（negative sequence）或逆序。在电力工程实践中，出于系统稳定性和设备兼容性的考虑，电网运行普遍采用正序连接方式。这种相序选择不仅符合大多数电气设备的设计要求，还能确保旋转电机的正常运行方向。相序的确定对三相系统的并网运行、电机转向控制以及保护装置设置都具有重要意义，因此在实际操作中需要特别注意相序的正确性。

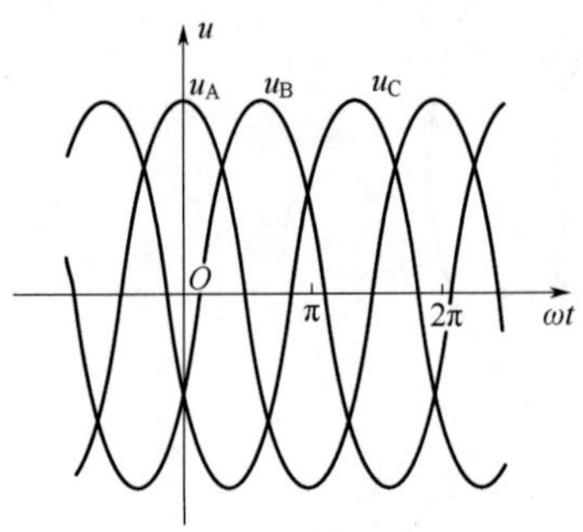

图 4-42　对称三相电源各相电压波形图

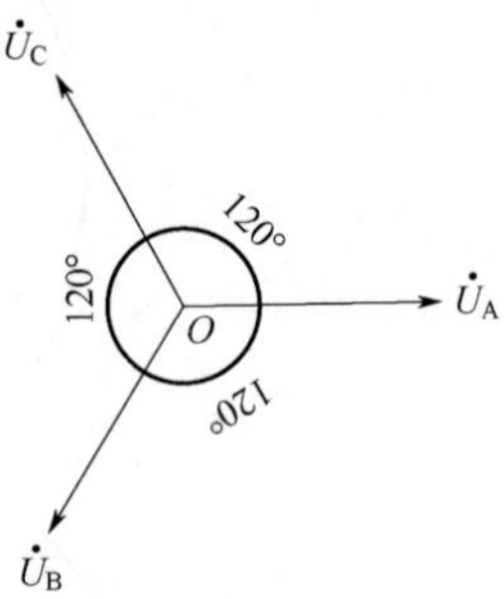

图 4-43　对称三相电源各相电压相量图

三相电源有星形联结和三角形联结两种联结方式。

1）星形联结

图 4-44 为三相电源星形（Y 形）联结方式。A、B、C 三个电源正端引出的导线称为相线或端线，俗称火线；三个电源负端接到同一点，称为中性点 N，中性点 N 引出的导线称为中性线或者中线，俗称零线。端线与中性线之间的电压称为相电压，分别为$\dot{U}_{AN}$、$\dot{U}_{BN}$、$\dot{U}_{CN}$。端线与端线之间的电压称为线电压，分别为$\dot{U}_{AB}$、$\dot{U}_{BC}$、$\dot{U}_{CA}$。

由图 4-44 可得以下关系式：

相电压：

$$\begin{cases}\dot{U}_{AN}=\dot{U}_{A} \\ \dot{U}_{BN}=\dot{U}_{B} \\ \dot{U}_{CN}=\dot{U}_{C}\end{cases} \tag{4-70}$$

设对称三相电源$\dot{U}_{A}=U_{P}\angle 0^\circ$，$\dot{U}_{B}=U_{P}\angle -120^\circ$，$\dot{U}_{C}=U_{P}\angle 120^\circ$，则式（4-70）可表示为：

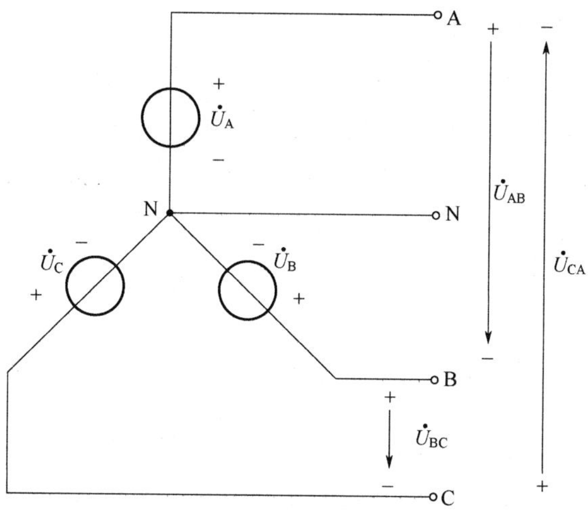

图 4-44　三相电源的星形联结

$$\begin{cases}\dot U_{AN}=\dot U_A=U_P\angle 0° \\ \dot U_{BN}=\dot U_B=U_P\angle -120° \\ \dot U_{CN}=\dot U_C=U_P\angle 120°\end{cases} \tag{4-71}$$

线电压：

$$\begin{cases}\dot U_{AB}=\dot U_A-\dot U_B \\ \dot U_{BC}=\dot U_B-\dot U_C \\ \dot U_{CA}=\dot U_C-\dot U_A\end{cases} \tag{4-72}$$

对于对称三相电源，式（4-72）可表示为：

$$\begin{cases}\dot U_{AB}=\dot U_A-\dot U_B=U_P\angle 0°-U_P\angle -120° \\ \dot U_{BC}=\dot U_B-\dot U_C=U_P\angle -120°-U_P\angle 120° \\ \dot U_{CA}=\dot U_C-\dot U_A=U_P\angle 120°-U_P\angle 0°\end{cases} \tag{4-73}$$

由以上关系式，可得相量图如图 4-45 所示。

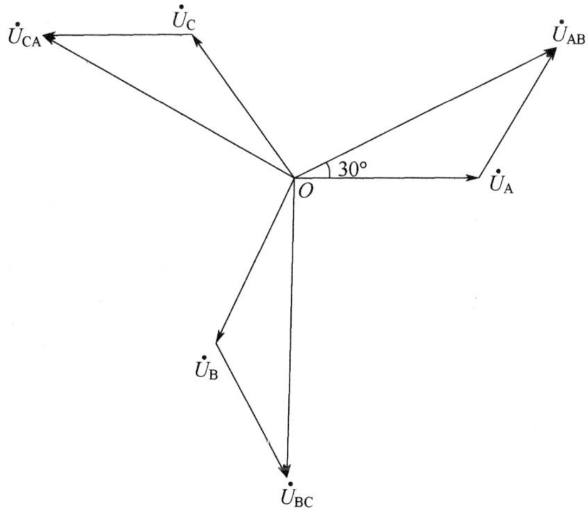

图 4-45　三相电源星形联结相量图

由此可知，各线电压与相电压满足以下关系：

$$\begin{cases}\dot{U}_{AB}=\sqrt{3}U_P\angle 30°=U_L\angle 30°=\sqrt{3}\dot{U}_A\angle 30° \\ \dot{U}_{BC}=\sqrt{3}U_P\angle -90°=U_L\angle -90°=\sqrt{3}\dot{U}_B\angle 30° \\ \dot{U}_{CA}=\sqrt{3}U_P\angle 150°=U_L\angle 150°=\sqrt{3}\dot{U}_C\angle 30°\end{cases} \tag{4-74}$$

星形联结方式下，对称三相电源的相电压和线电压都是对称的，且线电压有效值是相电压有效值的$\sqrt{3}$倍，即$U_L=\sqrt{3}U_P$，线电压超前对应相电压30°。

2）三角形联结

如图4-46所示，把三相电源首尾依次联结，从A、B、C三个端子引出端线，就是三相电源的三角形（△形）联结方式。

由图可知，三相电源三角形联结时，线电压与相电压相等，因而，三相电源三角形联结时，即AB的线电压与电源A相的相电压相等，BC的线电压与电源B相的相电压相等，CA的线电压与电源C相的相电压相等，如式（4-75）。

$$\begin{cases}\dot{U}_{AB}=\dot{U}_A \\ \dot{U}_{BC}=\dot{U}_B \\ \dot{U}_{CA}=\dot{U}_C\end{cases} \tag{4-75}$$

对称三相电源三角形联结的相量图如图4-46所示，由相量图可看出，三条线电压之和为零，即$\dot{U}_{AB}+\dot{U}_{BC}+\dot{U}_{CA}=0$，因此电源的三相绕组采用三角形联结时在绕组内部不会产生环路电流（环流）。但如果不慎将某一相绕组接反（如C相接反），则$\dot{U}_A+\dot{U}_B+(-\dot{U}_C)=-2\dot{U}_C\neq 0$，由于电源内阻很小，因此在电源内部会产生很大的环流，电源的绕组会被烧毁。所以在采用三角形联结时，为了避免此类事故，必须首先判断出每相绕组的首末端，再按正确的方法接线，绝对不允许接反。

4.9.2 三相负载

三相电路的负载由三个阻抗构成，三相负载可分为对称负载和不对称负载两类。三相负载也分星形联结和三角形联结两种联结方式。

1）星形联结

图4-47为三相负载星形联结习惯画法，它的接线原则与电源的星形联结相似，即将每相负载末端连成一点N′（中性点N′），首端A、B、C分别接端线，中性点N′则接中性线，称为三相四线制。

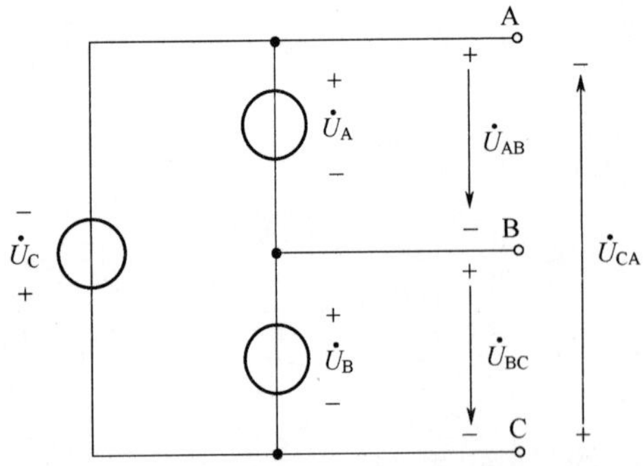

图4-46　电源三角形联结的电路图及相量图

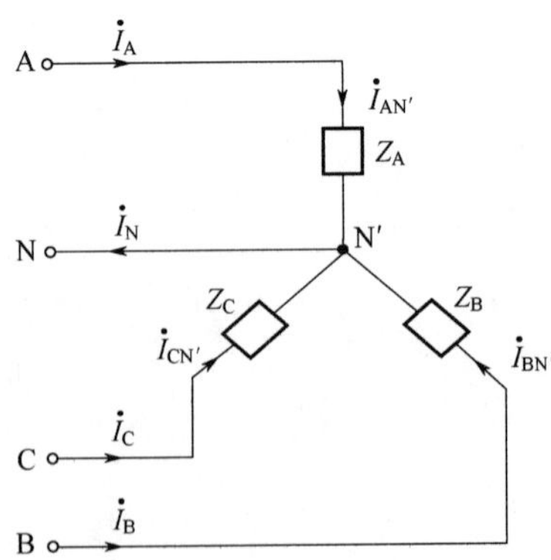

图4-47　三相负载的星形联结

图 4-47 中，三相负载星形联结时，流经每相负载的电流称为相电流，分别用 $\dot{I}_{AN'}$ 、$\dot{I}_{BN'}$、$\dot{I}_{CN'}$ 表示，有效值用 I_P 表示；流经端线的电流称为线电流，分别用 $\dot{I}_A$ 、$\dot{I}_B$ 、$\dot{I}_C$ 表示，有效值用 I_L 表示。各电流的参考方向如图中所示。当三相负载星形联结时，线电流与相应相电流相等，即：

$$\begin{cases} \dot{I}_A = \dot{I}_{AN'} \\ \dot{I}_B = \dot{I}_{BN'} \\ \dot{I}_C = \dot{I}_{CN'} \end{cases} \tag{4-76}$$

中性线电流：

$$\dot{I}_N = \dot{I}_A + \dot{I}_B + \dot{I}_C \tag{4-77}$$

当线电流为对称的三相电流时，中性线电流 $\dot{I}_N = 0$ 。

2）三角形联结

将三相负载分别接在三相电源的每两根相线之间的接法，称为三相负载的三角形（△形）联结，图 4-48 是三相负载三角形（△形）联结的习惯画法。

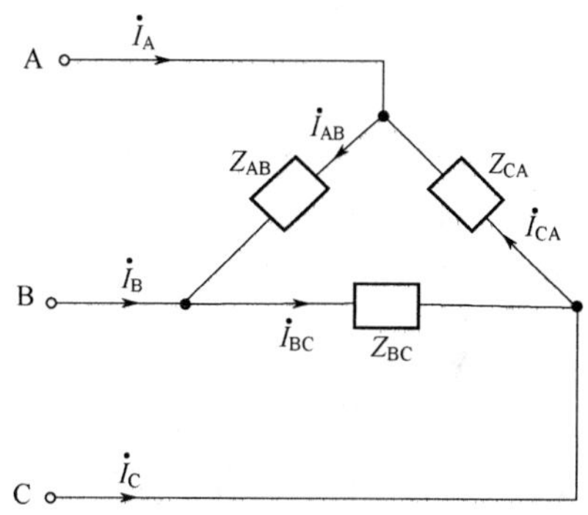

图 4-48　三相负载的三角形（△形）联结

对于三角形联结的每相负载来说，其也是单相交流电路，所以各相电流、电压和阻抗三者的关系仍与单相电路相同。由于三角形联结的各相负载是接在两根相线之间，因此负载的相电压就是线电压，当电源是对称电源时，无论负载本身是否对称，负载的相电压总是对称的。

在图 4-48 所示参考方向下，根据 KCL 定律，线电流与相电流之间关系如下：

$$\begin{cases} \dot{I}_A = \dot{I}_{AB} - \dot{I}_{CA} \\ \dot{I}_B = \dot{I}_{BC} - \dot{I}_{AB} \\ \dot{I}_C = \dot{I}_{CA} - \dot{I}_{BC} \end{cases}$$

当三相负载对称时，即 $Z_{AB} = Z_{BC} = Z_{CA} = Z$ ，则线电流与相电流之间关系如下：

$$\begin{cases} \dot{I}_A = \dot{I}_{AB} - \dot{I}_{CA} = \sqrt{3}\dot{I}_{AB}\angle -30° \\ \dot{I}_B = \dot{I}_{BC} - \dot{I}_{AB} = \sqrt{3}\dot{I}_{BC}\angle -30° \\ \dot{I}_C = \dot{I}_{CA} - \dot{I}_{BC} = \sqrt{3}\dot{I}_{CA}\angle -30° \end{cases} \tag{4-78}$$

4.9.3　对称三相电路分析

对称三相电源和对称三相负载组成对称三相电路。本小节根据对称三相电路的特点，分别分析电源采用星形联结时，负载星形联结和负载三角形联结两种情况。

1）负载星形联结

图 4-49 所示为电源和负载都是星形联结的 Y-Y 对称三相电路，通过分析可知，流过每相负载的相电流和流过相线的线电流相等。

$$\dot{I}_A = \frac{\dot{U}_A}{Z_A},\ \dot{I}_B = \frac{\dot{U}_B}{Z_B},\ \dot{I}_C = \frac{\dot{U}_C}{Z_C} \tag{4-79}$$

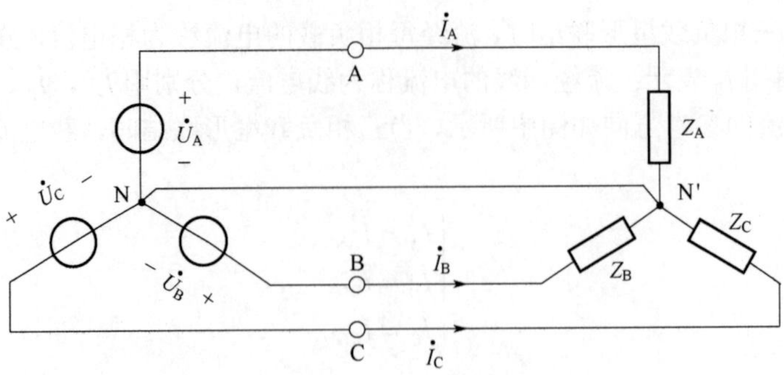

图 4-49　Y-Y 联结三相电路

当 $Z_A = Z_B = Z_C = Z$，即接对称三相负载时，$\dot{I}_A$、$\dot{I}_B$、$\dot{I}_C$ 对称，即电流幅值相等、角频率相同、相位彼此相差 120°。负载对称时，只需计算一相电流，其他两相电流可根据对称性直接写出。此时，中线电流 $\dot{I}_N = \dot{I}_A + \dot{I}_B + \dot{I}_C = \dfrac{\dot{U}_A + \dot{U}_B + \dot{U}_C}{Z} = 0$，Y-Y 对称三相电路，可去掉中性线，即负载对称时中线可以不接，改为三相三线制。

对称负载的相电流有效值：

$$I_P = I_L = \frac{U_P}{|Z|} \tag{4-80}$$

式中，I_P 为相电流的有效值；I_L 为线电流的有效值；U_P 为相电压；$|Z|$ 为阻抗模。

【例 4-20】 图 4-49 所示 Y-Y 对称三相电路中，已知 $\dot{U}_{AB} = 380\angle 0°\text{V}$，$Z = (30 + \text{j}40)\Omega$，求相电压 $\dot{U}_A$、$\dot{U}_B$、$\dot{U}_C$，线电流 $\dot{I}_A$、$\dot{I}_B$、$\dot{I}_C$，以及中线电流 $\dot{I}_N$。

解：

（1）根据式（4-74），$\dot{U}_{AB} = \sqrt{3}\dot{U}_A\angle 30° \Rightarrow \dot{U}_A = \dfrac{\dot{U}_{AB}}{\sqrt{3}\angle 30°} = 220\angle -30°\text{V}$。

（2）根据电源对称性，$\dot{U}_B = 220\angle -150°\text{V}$，$\dot{U}_C = 220\angle 90°\text{V}$。

根据式（4-79），相电流 $\dot{I}_A = \dfrac{\dot{U}_A}{Z} = \dfrac{220\angle -30°}{50\angle 53.1°} = 4.4\angle -83.1°\text{A}$。

（3）由于电源对称，负载对称，因此三个相电流对称。根据对称性可得：

$\dot{I}_B = \dot{I}_A\angle -120° = 4.4\angle 156.9°\text{A}$，$\dot{I}_C = \dot{I}_A\angle 120° = 4.4\angle 36.9°\text{A}$

并且当负载星形联结时，线电流等于相电流。

（4）中线电流 $\dot{I}_N = \dot{I}_A + \dot{I}_B + \dot{I}_C = 0$。

2）负载三角形联结

图 4-50 所示为电源星形联结，负载三角形联结的 Y-△三相电路。电源为对称三相电源，A 相负载两端的电压是电源线电压 $\dot{U}_{AB}$，B 相负载两端的电压是电源线电压 $\dot{U}_{BC}$，C 相负载两端的电压是电源线电压 $\dot{U}_{CA}$，可以求得三个相电流为

$$\dot{I}_{AB} = \frac{\dot{U}_{AB}}{Z_{AB}},\ \dot{I}_{BC} = \frac{\dot{U}_{BC}}{Z_{BC}},\ \dot{I}_{CA} = \frac{\dot{U}_{CA}}{Z_{CA}} \tag{4-81}$$

三相负载对称时，即 $Z_{AB} = Z_{BC} = Z_{CA} = Z$，则三个相电流 $\dot{I}_{AB}$、$\dot{I}_{BC}$、$\dot{I}_{CA}$ 对称，三个线电流 $\dot{I}_A$、$\dot{I}_B$、$\dot{I}_C$ 对称，同时线电流和相电流满足：

$$\begin{cases}\dot{I}_A = \sqrt{3}\dot{I}_{AB}\angle -30^\circ \\ \dot{I}_B = \sqrt{3}\dot{I}_{BC}\angle -30^\circ \\ \dot{I}_C = \sqrt{3}\dot{I}_{CA}\angle -30^\circ\end{cases}$$

由此可得线电流的有效值 I_L 是相电流有效值 I_P 的 $\sqrt{3}$ 倍，即 $I_L = \sqrt{3}I_P$ ，线电流滞后对应相电流 30° 。

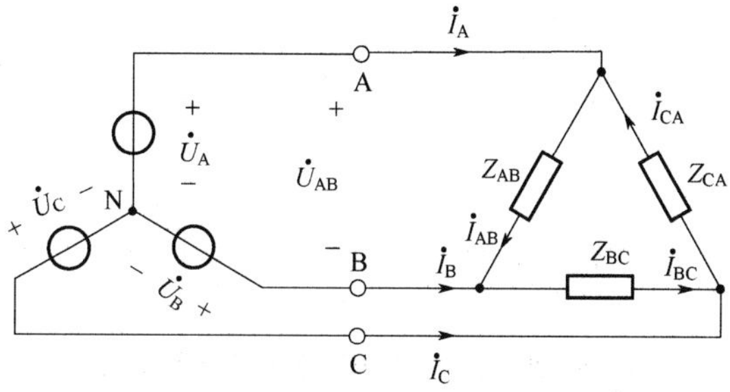

图 4-50　Y-△联结三相电路

【**例 4-21**】图 4-50 所示 Y-△对称三相电路，已知 $\dot{U}_A = 220\angle 0^\circ$ V， $Z = 100\angle 45^\circ\Omega$ ，求相电流 $\dot{I}_{AB}$ 、 $\dot{I}_{BC}$ 、 $\dot{I}_{CA}$ 和线电流 $\dot{I}_A$ 、 $\dot{I}_B$ 、 $\dot{I}_C$ 。

解：

（1）根据式（4-74）可得： $\dot{U}_{AB} = \sqrt{3}\dot{U}_A\angle 30^\circ = 380\angle 30^\circ V$ 。

（2）根据式（4-81）可得： $\dot{I}_{AB} = \dfrac{\dot{U}_{AB}}{Z_{AB}} = \dfrac{380\angle 30^\circ}{100\angle 45^\circ} = 3.8\angle -15^\circ A$ 。

（3）三相对称电路，三个相电流对称。根据对称性可得：

$$\dot{I}_{BC} = \dot{I}_{AB}\angle -120^\circ = 3.8\angle -135^\circ A$$

$$\dot{I}_{CA} = \dot{I}_{AB}\angle 120^\circ = 3.8\angle 105^\circ A$$

此步骤也可根据三相对称电源，三个线电压对称，由式（4-81）得到：

$$\dot{I}_{BC} = \frac{\dot{U}_{BC}}{Z_{BC}},\ \dot{I}_{CA} = \frac{\dot{U}_{CA}}{Z_{CA}}$$

（4）三相对称电路，根据线电流和相电流的关系［式（4-78）］可得：

$$\dot{I}_A = \sqrt{3}\dot{I}_{AB}\angle -30^\circ = 3.8\sqrt{3}\angle -45^\circ A$$

三相对称电路，三个线电流对称，根据对称性可得：

$$\dot{I}_B = \dot{I}_A\angle -120^\circ = 3.8\sqrt{3}\angle -165^\circ A$$

$$\dot{I}_C = \dot{I}_A\angle 120^\circ = 3.8\sqrt{3}\angle 75^\circ A$$

该步骤也可根据线电流和相电流的关系［式（4-78）］得到：

$$\dot{I}_B = \sqrt{3}\dot{I}_{BC}\angle -30^\circ = 3.8\sqrt{3}\angle -165^\circ A$$

$$\dot{I}_C = \sqrt{3}\dot{I}_{CA}\angle -30^\circ = 3.8\sqrt{3}\angle 75^\circ A$$

4.9.4 非对称三相电路分析

图 4-49 所示的 Y-Y 联结三相电路，可转换为图 4-51 形式求解。

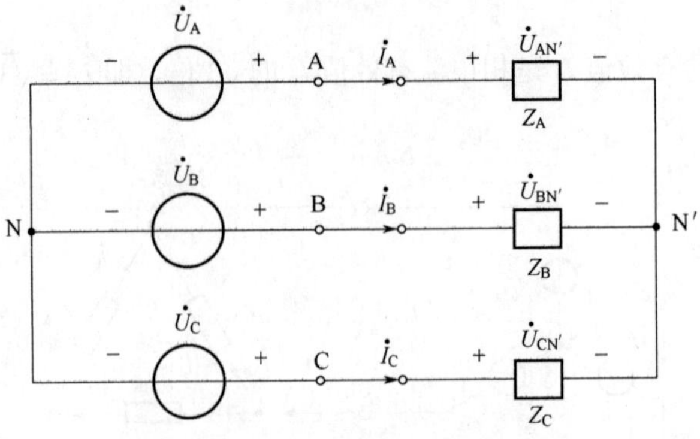

图 4-51 Y- Y 联结三相电路等效形式

当三相对称电源接三相不对称负载时，即不满足 $Z_A=Z_B=Z_C$ 关系时，需要先用节点电压法求 $\dot{U}_{N'N}$：

$$\dot{U}_{N'N}=\frac{\dfrac{\dot{U}_A}{Z_A}+\dfrac{\dot{U}_B}{Z_B}+\dfrac{\dot{U}_C}{Z_C}}{\dfrac{1}{Z_A}+\dfrac{1}{Z_B}+\dfrac{1}{Z_C}} \tag{4-82}$$

然后可求得：

$$\begin{cases}\dot{U}_{AN'}=\dot{U}_{AN}-\dot{U}_{N'N}\\ \dot{U}_{BN'}=\dot{U}_{BN}-\dot{U}_{N'N}\\ \dot{U}_{CN'}=\dot{U}_{CN}-\dot{U}_{N'N}\end{cases} \tag{4-83}$$

再求相电流：

$$\begin{cases}\dot{I}_A=\dfrac{\dot{U}_{AN'}}{Z_A}\\ \dot{I}_B=\dfrac{\dot{U}_{BN'}}{Z_B}\\ \dot{I}_C=\dfrac{\dot{U}_{CN'}}{Z_C}\end{cases} \tag{4-84}$$

如果 $Z_N=0$，可以强制让 $\dot{U}_{N'N}=0$，这样即使电路不对称，依然可使各相独立，互不影响，保证电路工作安全。由于 $\dot{I}_A$、$\dot{I}_B$、$\dot{I}_C$ 不对称，中线电流 $\dot{I}_N\neq 0$，因此中线不能省略。中线的存在对于保障非对称三相电路的供电安全非常重要，不能在中线上安装熔断器或保险丝。

4.9.5 三相功率

三相负载吸收总平均功率等于各项吸收平均功率之和，即：

$$P_{总}=P_A+P_B+P_C=U_AI_A\cos\phi_A+U_BI_B\cos\phi_B+U_CI_C\cos\phi_C$$

如果三相电路对称，则有：

$$P_{总} = 3U_{P}I_{P}\cos\phi \qquad (4\text{-}85)$$

对于星形负载，$U_{L} = \sqrt{3}U_{P}$，$I_{L} = I_{P}$；对于三角形负载，$U_{L} = U_{P}$，$I_{L} = \sqrt{3}I_{P}$，因此都可以得到以下关系：

$$P_{总} = 3U_{P}I_{P}\cos\phi = \sqrt{3}U_{L}I_{L}\cos\phi = 3I_{P}^{2}R \qquad (4\text{-}86)$$

同理，对于对称三相电路来说，无功功率为：

$$Q_{总} = 3U_{P}I_{P}\sin\phi = \sqrt{3}U_{L}I_{L}\sin\phi = 3I_{P}^{2}X \qquad (4\text{-}87)$$

视在功率为：

$$S_{总} = 3U_{P}I_{P} = \sqrt{3}U_{L}I_{L} = 3I_{P}^{2}|Z| \qquad (4\text{-}88)$$

【例 4-22】求【例 4-20】中的三相平均功率 P、三相无功功率 Q、三相视在功率 S。

解：

$$P_{总} = 3U_{P}I_{P}\cos\phi = 3\times220\times4.4\times\cos53.1^{\circ} = 1742\text{W}$$

$$P_{总} = \sqrt{3}U_{L}I_{L}\cos\phi = \sqrt{3}\times380\times4.4\times\cos53.1^{\circ} = 1742\text{W}$$

$$P_{总} = 3I_{P}^{2}R = 3\times4.4^{2}\times30 = 1742\text{W}$$

$$Q_{总} = 3U_{P}I_{P}\sin\phi = \sqrt{3}U_{L}I_{L}\sin\phi = 3I_{P}^{2}X = 3\times220\times4.4\times\sin53.1^{\circ} = 2323\,\text{var}$$

$$S_{总} = 3U_{P}I_{P} = \sqrt{3}U_{L}I_{L} = 3I_{P}^{2}|Z| = 3\times220\times4.4 = 2904\text{VA}$$

【例 4-23】求【例 4-21】中的三相平均功率 P、三相无功功率 Q、三相视在功率 S。

解：

$$\begin{aligned}P_{总} &= 3U_{P}I_{P}\cos\phi = \sqrt{3}U_{L}I_{L}\cos\phi = 3I_{P}^{2}R = 3\times380\times3.8\times\cos45^{\circ}\\ &= \sqrt{3}\times380\times3.8\sqrt{3}\times\cos45^{\circ} = 3\times3.8^{2}\times100\times\cos45^{\circ} = 3062\text{W}\end{aligned}$$

$$Q_{总} = 3U_{P}I_{P}\sin\phi = \sqrt{3}U_{L}I_{L}\sin\phi = 3I_{P}^{2}X = 3\times380\times3.8\times\sin45^{\circ} = 3062\,\text{var}$$

$$S_{总} = 3U_{P}I_{P} = \sqrt{3}U_{L}I_{L} = 3I_{P}^{2}|Z| = 3\times380\times3.8 = 4332\text{VA}$$

● 习题

习题 4-1　已知正弦电压电路 $u = 10\sqrt{2}\sin(1000t + 45^{\circ})\text{V}$，求其幅值、有效值、角频率、频率、周期和初相位。

习题 4-2　已知正弦电流在 $t = 0$ 时刻的瞬时值为 5A，其幅值为 10A，频率为 50Hz，请写出其瞬时值表达式。

习题 4-3　已知下列各正弦量的瞬时值表达式，求相位差，并说明相位关系。

（1）$i(t) = 5\sin\left(100t + \dfrac{\pi}{3}\right)\text{A}$，$u(t) = 5\sqrt{2}\sin(100t - 90^{\circ})\text{V}$

（2）$i_1(t) = 2\cos\left(314t + \dfrac{\pi}{6}\right)\text{A}$，$i_2(t) = 5\sin(314t + 15^{\circ})\text{A}$

（3）$u(t)=-5\sin(100\pi t-60°)\text{V}$，$i(t)=\sin\left(100\pi t+\dfrac{\pi}{4}\right)\text{A}$

（4）$u_1(t)=10\sin(100\pi t-30°)\text{V}$，$u_2(t)=20\cos(200\pi t+30°)\text{V}$

习题 4-4　写出下列正弦量的有效值相量和幅值相量，用代数式、三角函数式、指数式和极坐标式表示，并画出相量图。

（1）$i_1=14.14\sin\left(100t+\dfrac{\pi}{2}\right)\text{A}$

（2）$i_2=10\sin(100t)\text{A}$

（3）$u_1=5\sqrt{2}\sin(100t-60°)\text{V}$

（4）$u_2=-5\sin(100t+45°)\text{V}$

习题 4-5　写出下列相量对应的正弦量。

（1）$\dot{U}_1=(-3-\text{j}4)\text{V}$

（2）$\dot{U}_{2\text{m}}=(5-\text{j}5)\text{V}$

（3）$\dot{I}_{1\text{m}}=3\angle115°\text{A}$

（4）$\dot{I}_2=4\sqrt{2}\text{e}^{\text{j}35°}\text{A}$

习题 4-6　相量图如图 4-52 所示。已知图（a）中 $I=4\text{A}$，$U_1=50\text{V}$，$U_2=40\text{V}$；图（b）中 $U_\text{m}=10\text{V}$，$I_{1\text{m}}=10\text{A}$，$I_{2\text{m}}=12\text{A}$。写出它们对应的相量式和瞬时值式（频率 $f=50\text{Hz}$）。

习题 4-7　已知正弦电流 $i_1(t)=6\sqrt{2}\sin(\omega t+60°)\text{A}$，$i_2(t)=8\sqrt{2}\sin(\omega t-120°)\text{A}$，求 $i_1(t)+i_2(t)$，$i_1(t)-i_2(t)$，并画出相量图。

习题 4-8　已知正弦电压 $u_1(t)=10\sqrt{2}\cos\left(\omega t+\dfrac{\pi}{4}\right)\text{V}$，$u_2(t)=-10\sqrt{2}\cos\left(\omega t+\dfrac{\pi}{4}\right)\text{V}$，求 $u_1(t)+u_2(t)$，$u_1(t)-u_2(t)$，并画出相量图。

习题 4-9　（1）在图 4-53（a）中，$i_R(t)=8\sin(100t)\text{A}$，$i_C(t)=12\sin\left(100t+\dfrac{\pi}{2}\right)\text{A}$，$i_L(t)=6\sin\left(100t-\dfrac{\pi}{2}\right)\text{A}$，求 $i(t)$，并画出相量图。

（2）在图 4-53（b）中，$i_1(t)=2\sin(200t+36.9°)\text{A}$，$i_2(t)=2\cos(200t+36.9°)\text{A}$，求 $i(t)$，并画出相量图。

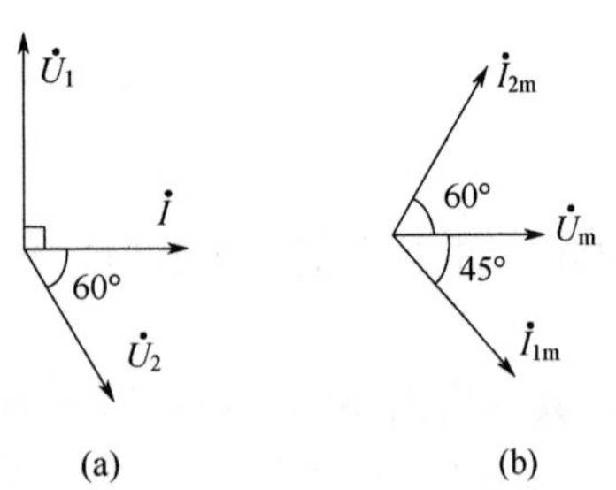

图 4-52　习题 4-6 图

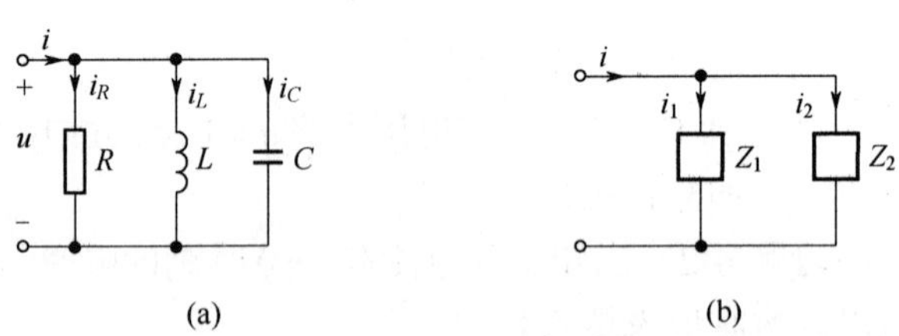

图 4-53　习题 4-9 图

习题 4-10　（1）在图 4-54（a）中，$u_R(t)=4\sin(100t+45°)\text{V}$，$u_C(t)=3\cos\left(100t-\dfrac{\pi}{4}\right)\text{V}$，$u_L(t)=6\cos\left(100t+\dfrac{3\pi}{4}\right)\text{V}$，求 $u(t)$，并画出相量图。

（2）在图 4-54（b）中，$u_1(t)=\sqrt{2}\sin(\omega t+53.1°)\text{V}$，$u_2(t)=2\sin(\omega t-143.1°)\text{V}$，求$u(t)$，并画出相量图。

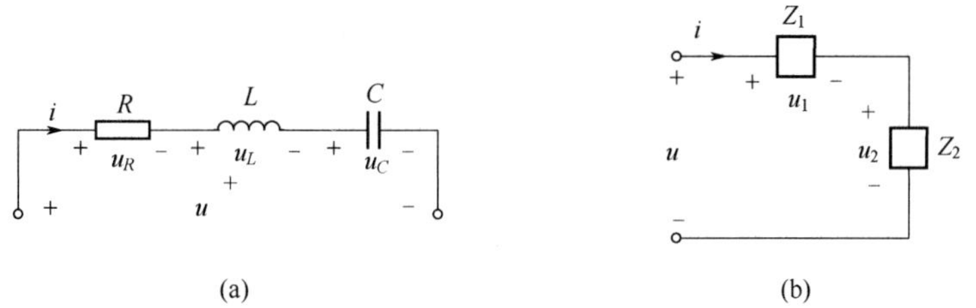

图 4-54　习题 4-10 图

习题 4-11　根据下面给出的电压、电流的瞬时值表达式，假设电压、电流采用关联参考方向，计算单一元件参数 R、L、C 值。

（1）$i(t)=\sqrt{2}\cos(2t+30°)\text{A}$，$u(t)=5\sqrt{2}\cos(2t+120°)\text{V}$

（2）$i(t)=5\cos(314t+60°)\text{A}$，$u(t)=10\sin(314t+60°)\text{V}$

（3）$u(t)=10\sqrt{2}\sin(1000t-60°)\text{V}$，$i(t)=\sqrt{2}\sin(1000t+30°)\text{A}$

习题 4-12　（1）若已知图 4-54（a）中，$i(t)=2\cos(1000t)\text{A}$，$R=10\Omega$，$L=2\text{mH}$，$C=50\mu\text{F}$，分别求$u_R$、$u_L$、$u_C$。

（2）若已知图 4-53（a）中，$u(t)=10\cos(1000t+53.1°)\text{V}$，$R=10\Omega$，$L=2\text{mH}$，$C=500\mu\text{F}$，分别求$i_R$、$i_L$、$i_C$。

习题 4-13　图 4-55 所示电路中，若$i_1(t)=5\sqrt{2}\cos(\omega t+45°)\text{A}$，$i_2(t)=5\sqrt{2}\sin(\omega t-45°)\text{A}$，求电流表读数。

习题 4-14　已知图 4-56 所示电路中各电压表读数为有效值，求未知电压表的读数。

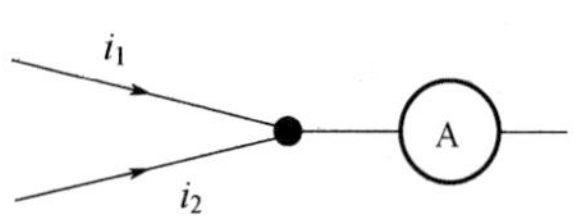

图 4-55　习题 4-13 图

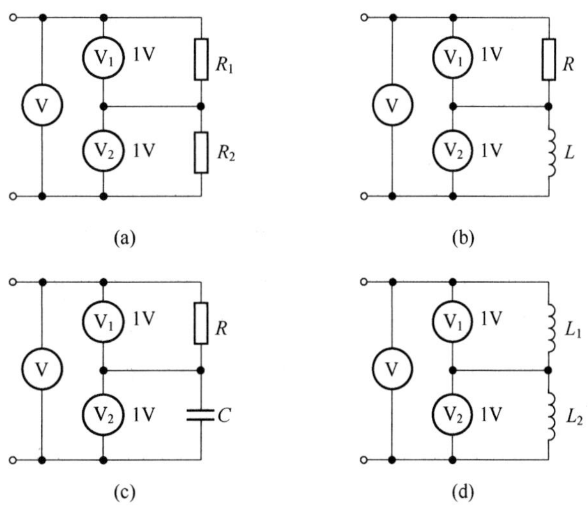

图 4-56　习题 4-14 图

习题 4-15　已知图 4-57 所示电路中各电流表读数为有效值，求未知电流表的读数。

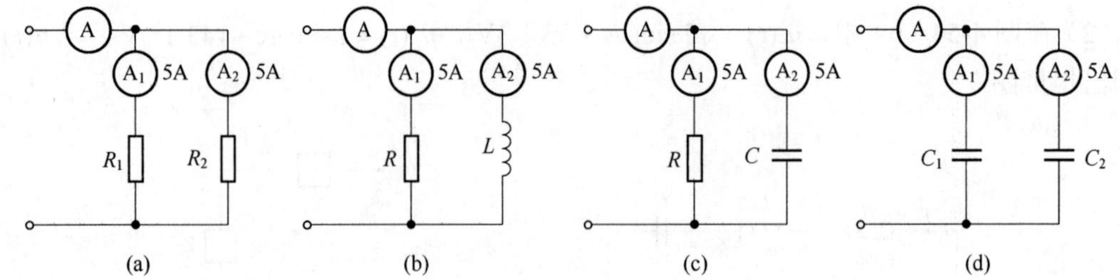

图 4-57　习题 4-15 图

习题 4-16　求图 4-58 所示电路中未知电流表读数。

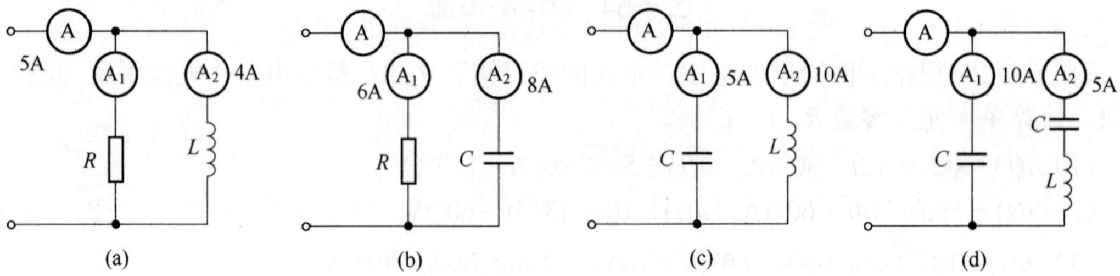

图 4-58　习题 4-16 图

习题 4-17　求图 4-59 所示电路中未知电压表读数。

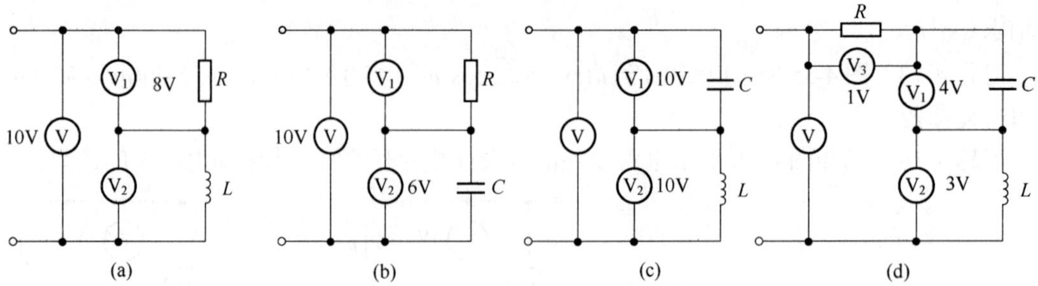

图 4-59　习题 4-17 图

习题 4-18　已知下列条件，求图 4-60 所示电路中的端口阻抗和导纳，并判断该电路的性质。

（1）$i(t)=5\sqrt{2}\sin(10t+90°)\,\text{A}$，$u(t)=200\sqrt{2}\sin(10t+53.1°)\,\text{V}$

（2）$i(t)=5\cos(100t+60°)\,\text{A}$，$u(t)=10\sin(100t+120°)\,\text{V}$

（3）$u(t)=10\sqrt{2}\sin(314t-45°)\,\text{V}$，$i(t)=\sqrt{2}\sin(314t-45°)\,\text{A}$

习题 4-19　求图 4-61 所示电路中未知电流表、电压表读数。

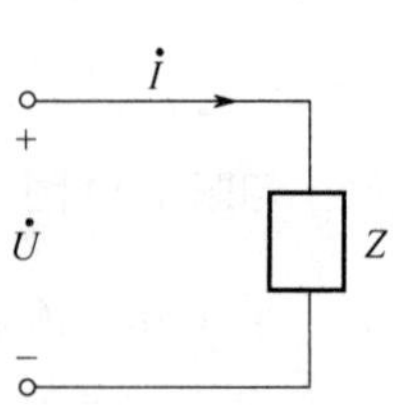

图 4-60　习题 4-18 图

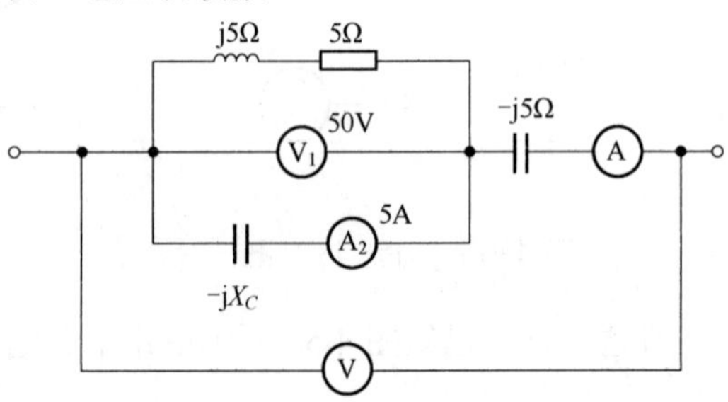

图 4-61　习题 4-19 图

习题 4-20　求图 4-62 所示电路中的端口阻抗和导纳。

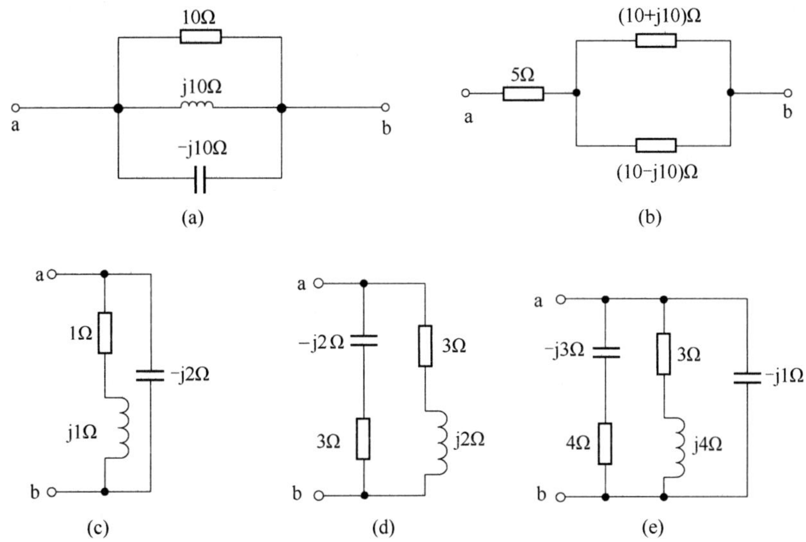

图 4-62　习题 4-20 图

习题 4-21　求图 4-63 所示电路中的端口阻抗，设 $\omega = 50\text{rad/s}$。

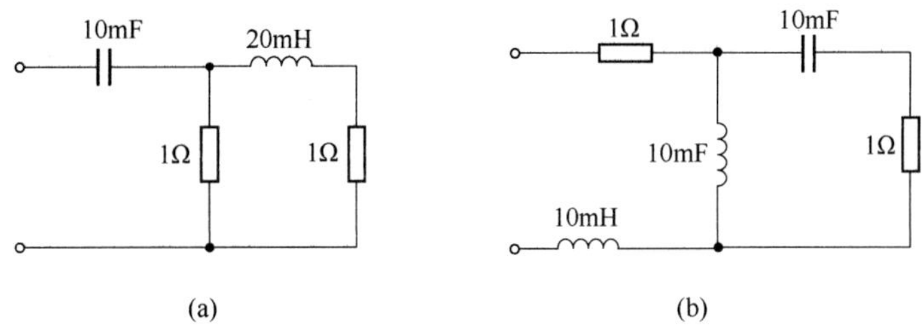

图 4-63　习题 4-21 图

习题 4-22 （1）图 4-64（a）所示正弦交流电路中，$u = 100\sqrt{2}\sin(5t + 45°)\text{V}$，求电流 i 和电路的功率 P；（2）求图 4-64（b）中电源提供的有功功率 P。

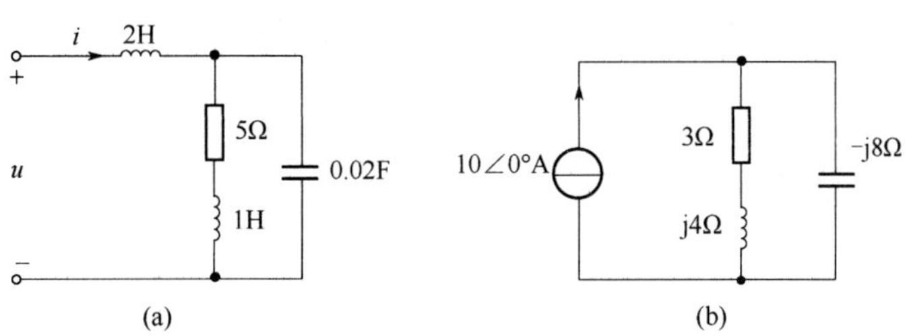

图 4-64　习题 4-22 图

习题 4-23　图 4-65 所示正弦交流电路中，若 $\omega L > \dfrac{1}{\omega C_2}$，且电流有效值 $I_1 = 4\text{A}$，$I_2 = 3\text{A}$，求 I。

习题 4-24　图 4-66 中，$Z_1 = (-3 + \text{j}4)\Omega$，$Z_2 = (4 - \text{j}3)\Omega$，串联于 $\dot{U} = 2\angle 0°\text{V}$ 的电源上工

作。求：（1）Z_1、Z_2 上的电压 $\dot{U}_1$、$\dot{U}_2$；（2）有功功率 P、无功功率 Q 及功率因数 λ，并说明该电路的性质。

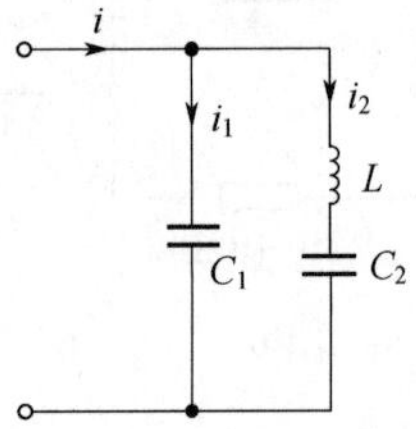

图 4-65　习题 4-23 图

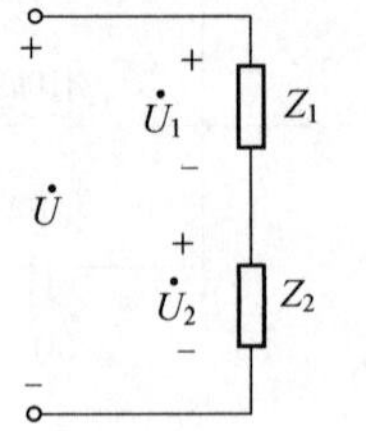

图 4-66　习题 4-24 图

习题 4-25　图 4-67 所示正弦交流电路中，已知电流源 $i_S = 10\sqrt{2}\sin(10t - 53.1°)\,\text{A}$，元件 1 为电感 $L = 0.5\,\text{H}$，其中电流 $i_1 = 4\sqrt{2}\sin(10t - 90°)\,\text{A}$，试求电压 u、电流 i_2 以及元件 2 的阻抗 Z_2。

习题 4-26　已知图 4-68 中 $i_S(t) = 2\sqrt{2}\cos(1000t)\,\text{A}$，$R = 1\Omega$，$L = 40\text{mH}$，$C = 25\mu\text{F}$，求电压 u。

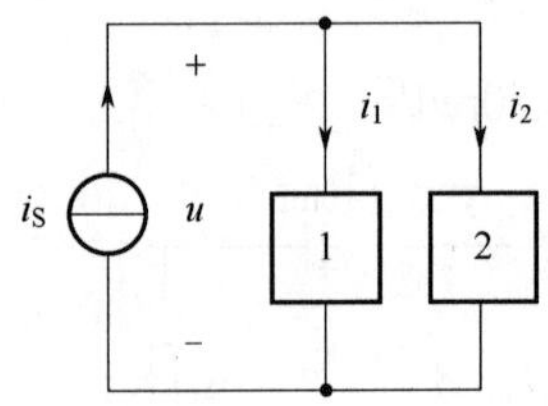

图 4-67　习题 4-25 图

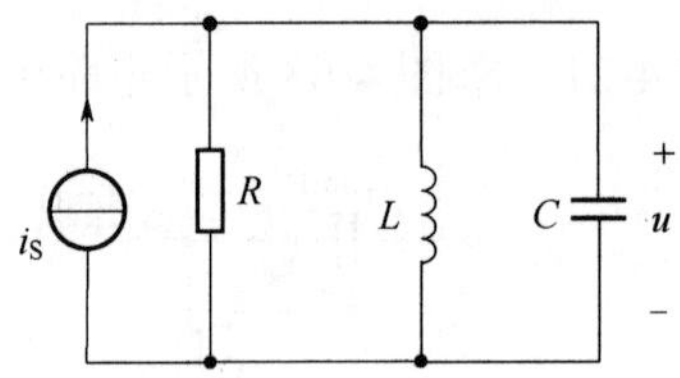

图 4-68　习题 4-26 图

习题 4-27　已知图 4-69 所示正弦交流电路中电压表的读数为 5V，试求电流表的读数以及电压 $\dot{U}_S$。

习题 4-28　图 4-70 所示正弦交流电路中，已知电流表 A 的读数为 2A，电压表 V_1 的读数为 17V，电压表 V_2 的读数为 10V，求电压表 V 的读数。

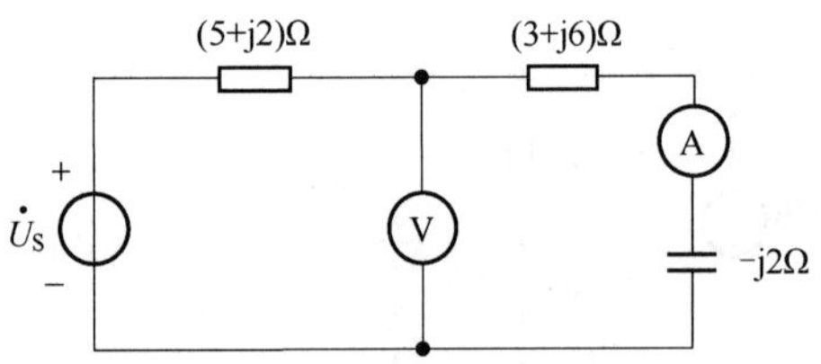

图 4-69　习题 4-27 图

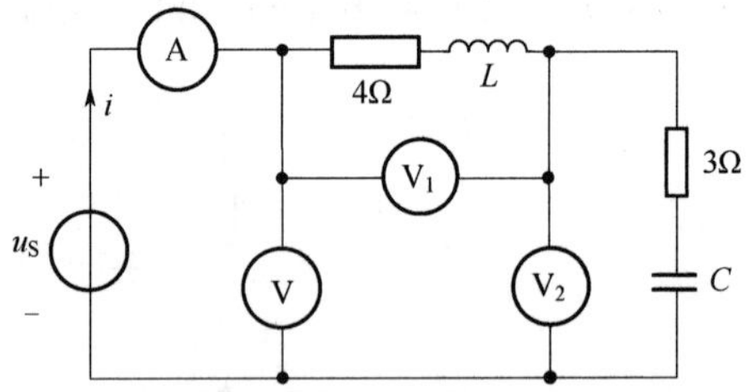

图 4-70　习题 4-28 图

习题 4-29　有一个电感线圈，当给它通入 10V 直流电时，测得电流是 2A；当给它通入 10V 工频交流电时，测得电流是 1.41A。求电感线圈的 R 和 L。

习题 4-30　已知图 4-71 所示正弦交流电路中，$u_S(t) = 20\cos(\omega t)\,\text{V}$，$\omega = 1000\text{rad/s}$，$U_L = 5\sqrt{2}\,\text{V}$，$P = 20\text{W}$，求 R 和 L。

习题 4-31　已知图 4-72 所示正弦交流电路中，负载 Z 的功率 $P_1 = 60\text{W}$，$U_1 = 10\text{V}$，

$\lambda_1=\cos\phi_1=0.6$ ，求端口电压$\dot{U}$ 。

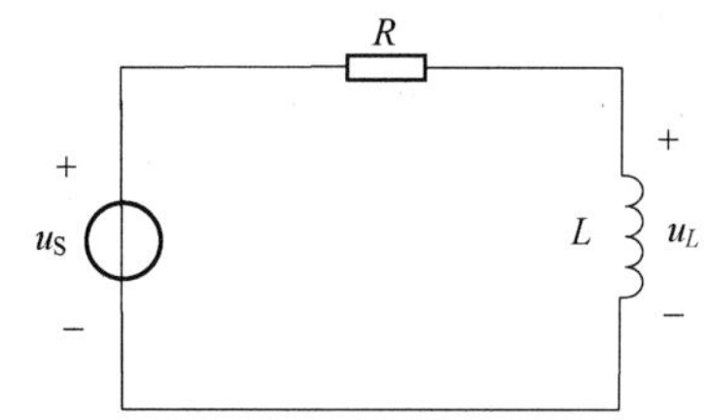

图 4-71　习题 4-30 图

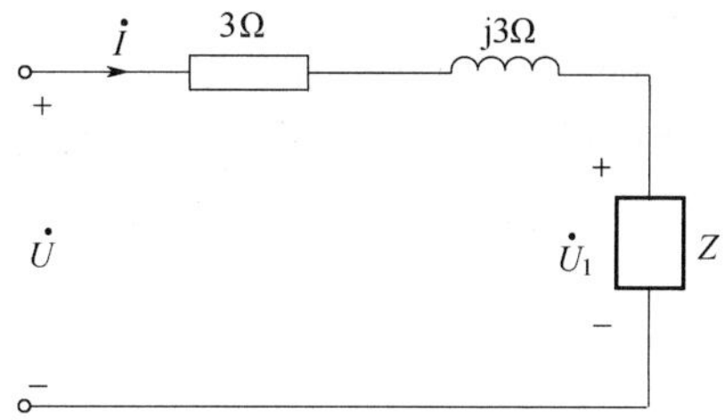

图 4-72　习题 4-31 图

习题 4-32　一个线圈接至 220V 的直流电源时，功率 $P_1=1.2\text{kW}$；接到工频 220V 正弦交流电源时，功率 $P_2=0.6\text{kW}$ 。求线圈 R 和 L。

习题 4-33　图 4-73 所示电路中，已知$\dot{U}_1=10\angle 0°\text{V}$ ，$R=10\Omega$ ，$X_L=5\Omega$ ，$X_C=10\Omega$ ，求$\dot{I}_L$ 、$\dot{I}_C$ 、$\dot{I}$ 、$\dot{U}$ ，并画出相量图。

习题 4-34　正弦交流电路如图 4-74 所示，已知 $I_1=10\text{A}$，$I_2=10\sqrt{2}\text{A}$，$U=200\text{V}$，$R_1=5\Omega$，$R_2=X_L$ 。求I、R_2、X_L、X_C 。

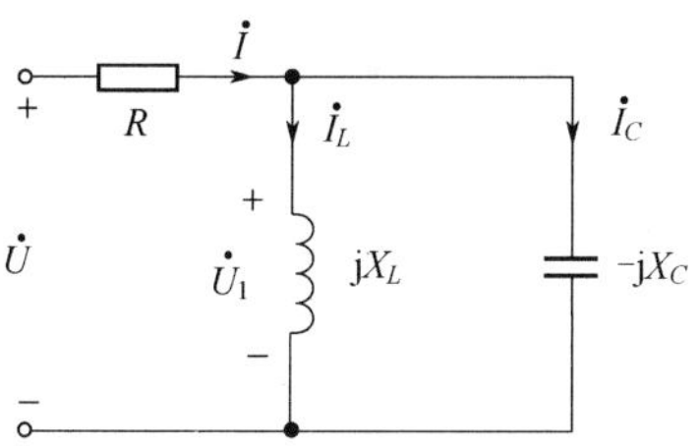

图 4-73　习题 4-33 图

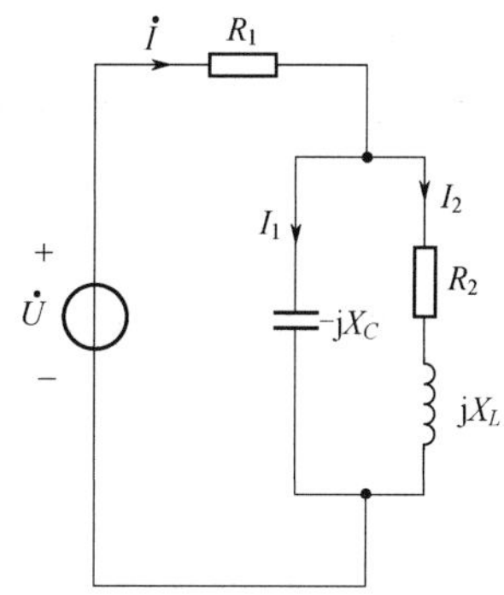

图 4-74　习题 4-34 图

习题 4-35　用支路电流法求图 4-75 所示电路的各支路电流。

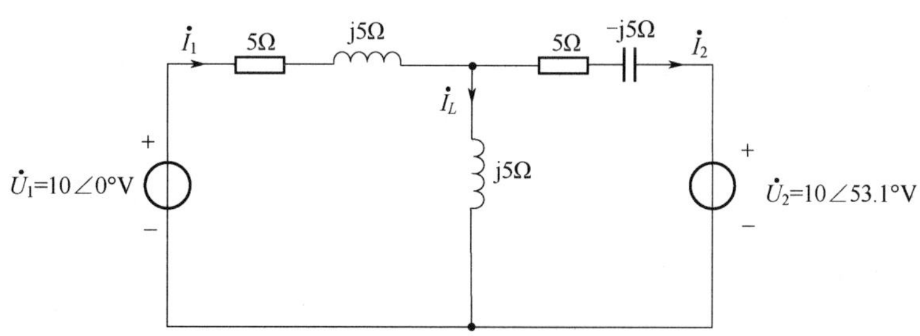

图 4-75　习题 4-35 图

习题 4-36　用叠加定理求图 4-75 所示电路的各支路电流。

习题 4-37　用戴维南定理求图 4-75 所示支路电流$\dot{I}_L$ 。

习题 4-38　用节点电压法求图 4-75 所示支路电流$\dot{I}_L$ 。

习题 4-39　用网孔电流法求图 4-75 所示各支路电流。

习题 4-40　用电源等效变换法求图 4-75 所示支路电流 $\dot{I}_L$。

习题 4-41　已知图 4-76 所示正弦交流电路中，$U_S = 20V$，$R_1 = 10\Omega$，$X_L = R_2 = 20\Omega$。求各支路电流以及电压源发出的功率。

习题 4-42　已知图 4-77 所示电路中，$u = 120\cos(1000t)V$，$R = 25\Omega$，$C = 140\mu F$，$L = 0.15H$，求电流 i、i_1、i_2，以及电源发出的有功功率、无功功率、视在功率、功率因数。

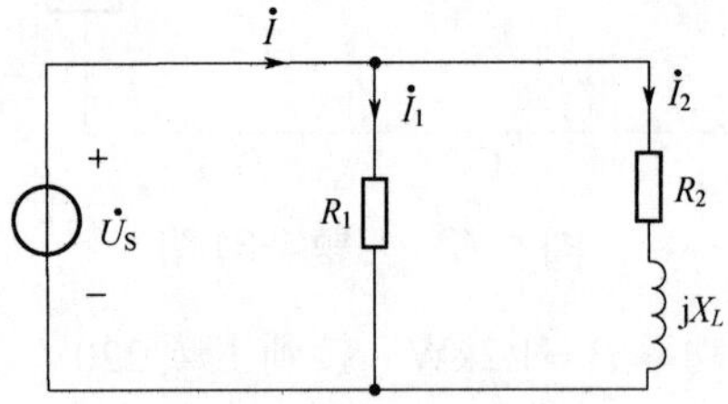

图 4-76　习题 4-41 图

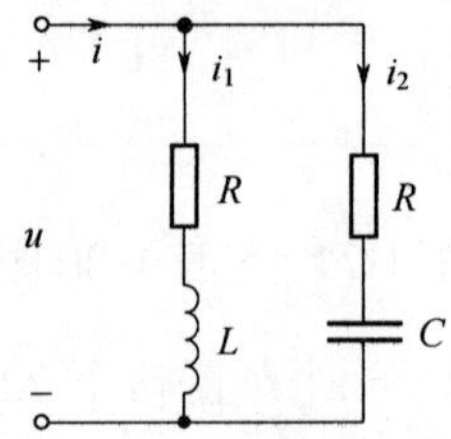

图 4-77　习题 4-42 图

习题 4-43　已知图 4-78 所示正弦交流电路中，$U_1 = 25V$，总有功功率 $P = 225W$，求 $\dot{I}$、$\dot{U}_2$、X_L 及电路的总无功功率 Q，画出电流、电压相量图。

习题 4-44　RL 串联电路如图 4-79 所示，外加电压的有效值 $U = 220V$，$f = 50Hz$ 时，消耗的功率 $P = 21W$，$I = 0.2A$，求：（1）电路中的电阻 R 和感抗 X_L；（2）功率因数 $\cos\phi$；（3）无功功率 Q；（4）将功率因数提高到 $\cos\phi_2 = 0.9$ 时，并联电容 C 的大小，以及此时的电流 I。

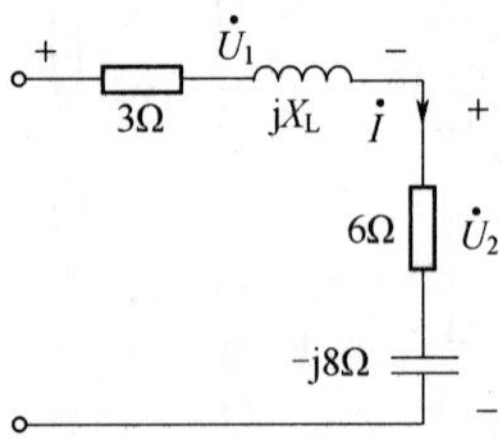

图 4-78　习题 4-43 图

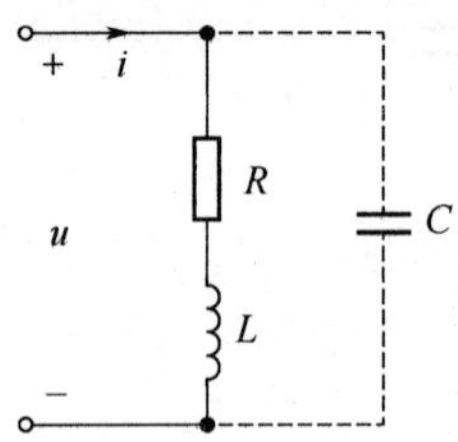

图 4-79　习题 4-44 图

习题 4-45　图 4-80 所示电路发生谐振时，电流表 A 的读数为 16A，电流表 A_1 的读数为 12A，求电流表 A_2 的读数。

习题 4-46　图 4-81 所示正弦电路中，$R = X_L = 10\Omega$，$U_{AB} = U_{BC}$，且电路处于谐振状态，求阻抗 Z。

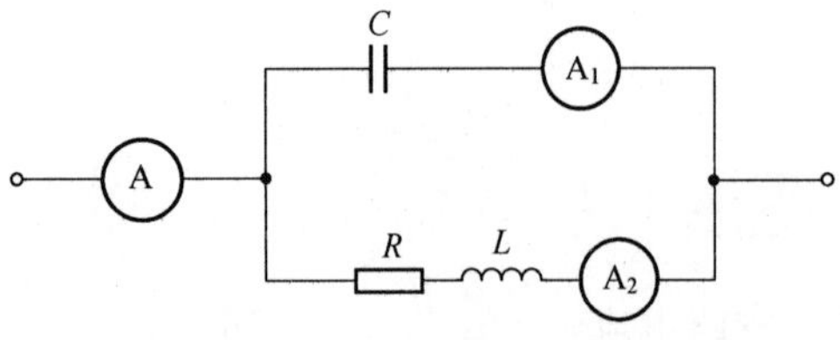

图 4-80　习题 4-45 图

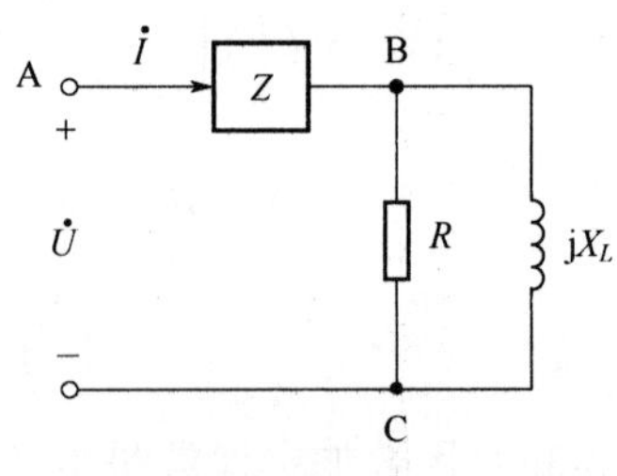

图 4-81　习题 4-46 图

习题 4-47　RLC 串联电路与 $u_S = 10\sqrt{2}\sin(2500t + 65°)V$ 电源相接，当 C=8μF 时，电路发

生谐振，此时功率 $P=100\text{W}$。试求电阻 R、电感 L 和电路的品质因数 Q 值。

习题 4-48　已知图 4-82 中，正弦电压源电压 $U_S=10\text{V}$，$f=10^6\text{Hz}$。调节 C 使电路谐振时电流表 A 的读数为 1A。求电压表 V 的读数、电容 C 的值、电阻 R 的值。

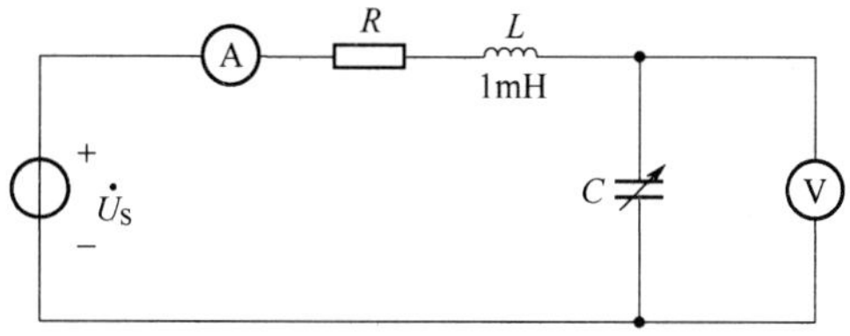

图 4-82　习题 4-48 图

习题 4-49　已知图 4-83 中，$U_S=1\text{V}$，$\omega=2000\text{rad/s}$。调节 C 使网络谐振时，$I_0=0.1\text{A}$，$U_C=50\text{V}$。求 R、L、C 及品质因数 Q。

习题 4-50　已知图 4-84 中，$U_1=50\text{V}$，$U=30\text{V}$，$R=10\Omega$，$L=0.01\text{H}$。试求 U_C、Q 和 ω_0。

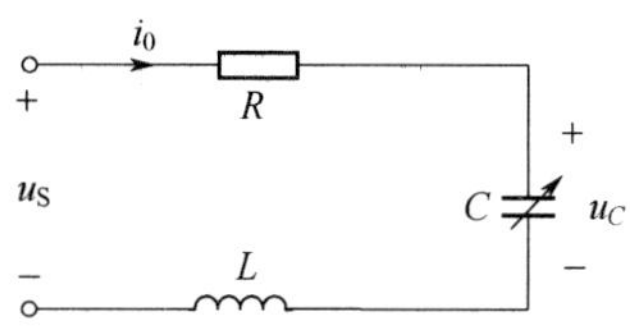

图 4-83　习题 4-49 图

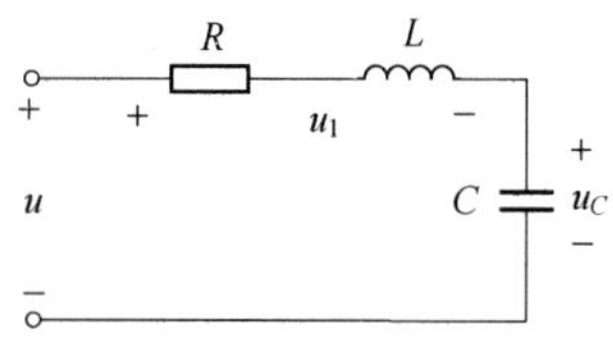

图 4-84　习题 4-50 图

习题 4-51　求图 4-85 中，负载阻抗 Z_L 获得最大功率的条件，并计算负载获得的最大功率。

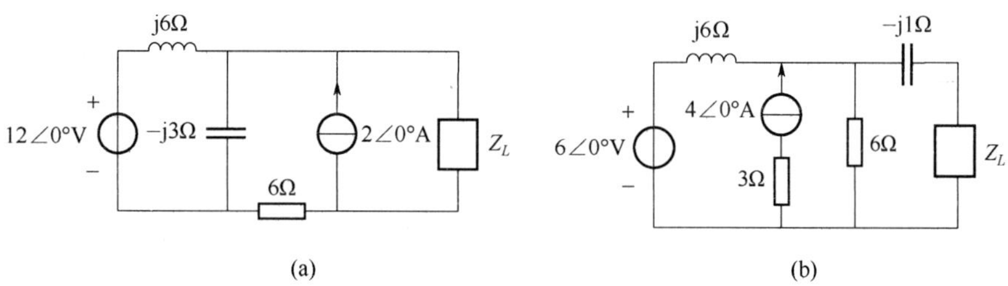

图 4-85　习题 4-51 图

习题 4-52　对称三相电路如图 4-86 所示，已知 $\dot{U}_A=220\angle0°\text{V}$，负载 $Z_A=Z_B=Z_C=(10+\text{j}10)\Omega$，求线电压 $\dot{U}_{AB}$、$\dot{U}_{BC}$、$\dot{U}_{CA}$，负载相电流 $\dot{I}_A$、$\dot{I}_B$、$\dot{I}_C$，并画出相量图。

习题 4-53　对称三相电路如图 4-86 所示，已知 $\dot{I}_B=10\angle30°\text{A}$，负载 $Z=(15.6+\text{j}15.6)\Omega$，求线电流 $\dot{I}_A$、$\dot{I}_C$，相电压 $\dot{U}_A$、$\dot{U}_B$、$\dot{U}_C$，线电压 $\dot{U}_{AB}$、$\dot{U}_{BC}$、$\dot{U}_{CA}$，并画出相量图。

习题 4-54　求图 4-86 所示对称三相电路中的三相平均功率 P、三相无功功率 Q、三相视在功率 S。

习题 4-55　对称三相电路如图 4-86 所示，已知 $U_P=220\text{V}$，$|Z|=22\Omega$，且总无功功率 $Q=3960\text{var}$，求 U_L、I_P 和三相总平均功率 P。

习题 4-56　对称三相电路如图 4-87 所示，已知 $U_L=380\text{V}$，$R=8\Omega$，总平均功率

$P = 3872\text{W}$，求U_P、I_P、ωL、Q。

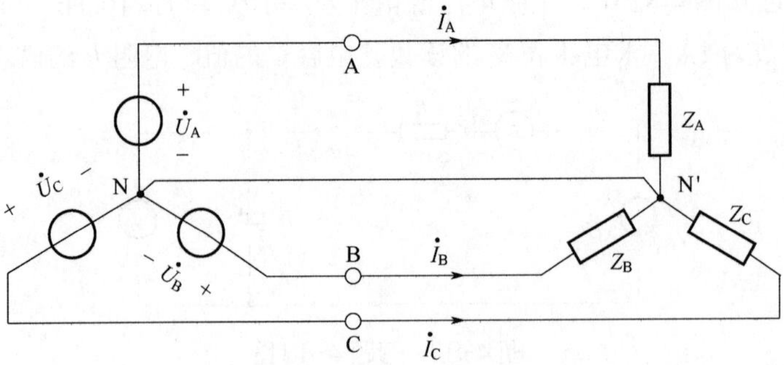

图 4-86　习题 4-52 图

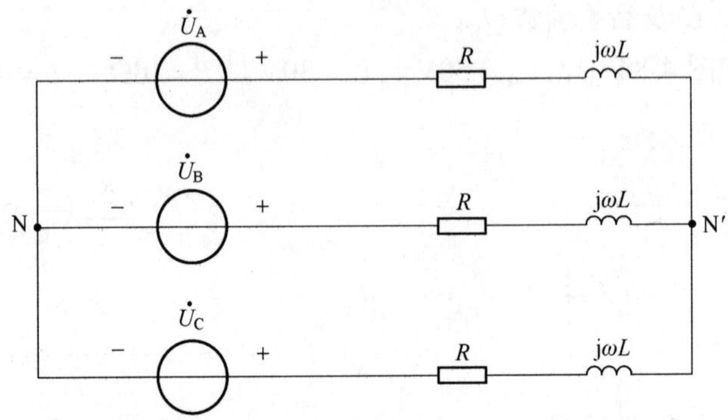

图 4-87　习题 4-56 图

习题 4-57　对称三相电路如图 4-50 所示，已知$\dot{U}_{AB} = 380\angle 0°\text{V}$，$Z = 38\Omega$，求负载相电流$\dot{I}_{AB}$、$\dot{I}_{BC}$、$\dot{I}_{CA}$，线电流$\dot{I}_A$、$\dot{I}_B$、$\dot{I}_C$，并画出相量图。

习题 4-58　对称三相电路如图 4-50 所示，已知$\dot{U}_B = 220\angle 0°\text{V}$，$Z = (10\sqrt{2} + \text{j}10\sqrt{2})\Omega$，求负载相电流$\dot{I}_{AB}$、$\dot{I}_{BC}$、$\dot{I}_{CA}$，线电流$\dot{I}_A$、$\dot{I}_B$、$\dot{I}_C$，并画出相量图。

习题 4-59　对称三相电路如图 4-50 所示，已知$I_P = 10\text{A}$，$|Z| = 38\Omega$，求线电流I_L、线电压U_L。

习题 4-60　求图 4-50 所示对称三相电路中的三相平均功率P、三相无功功率Q、三相视在功率S。

习题 4-61　图 4-50 所示对称三相电路中，已知$U_L = 380\text{V}$，$I_L = 10\text{A}$，负载阻抗角$\phi = 36.9°$，求三相总平均功率P、三相无功功率Q、三相视在功率S。

本书配套资源

第5章　半导体二极管及其电路

• 本章思维导图

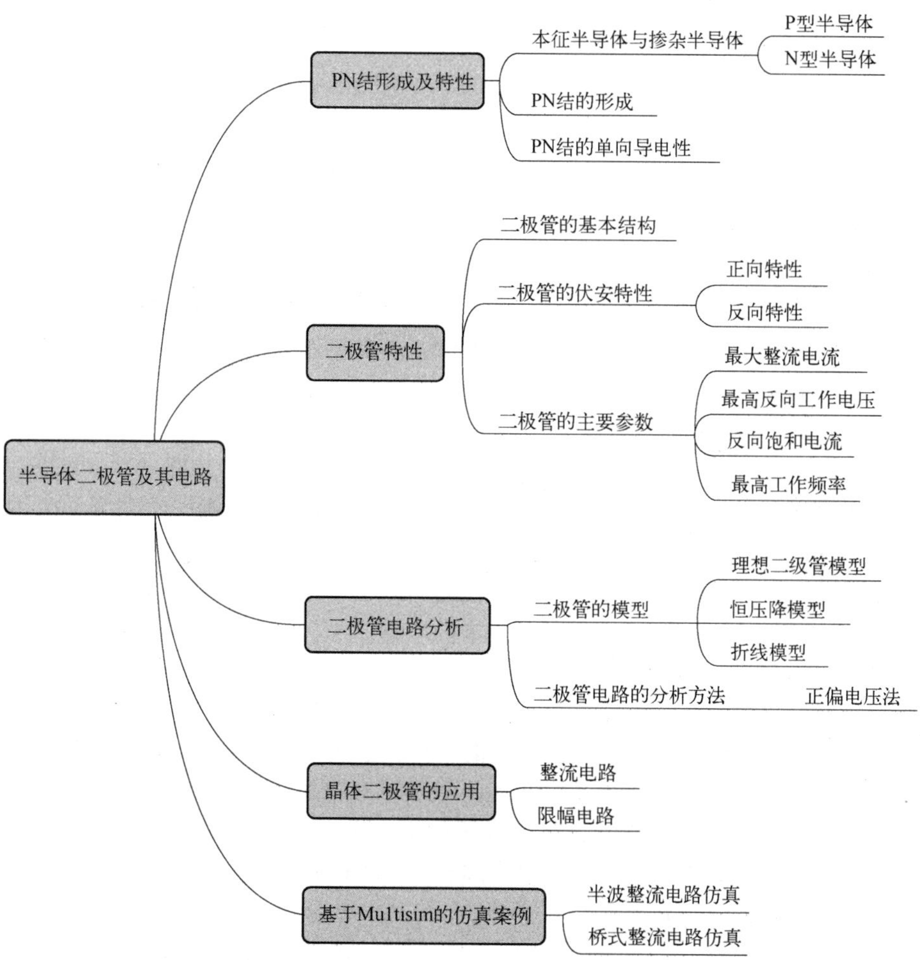

• 本章学习目标

1. 了解半导体材料的基础概念，熟悉本征半导体、掺杂半导体（N型和P型）特性，理解两类半导体的载流子和导电机理。

2. 掌握PN结的构成原理，理解PN结的扩散运动和漂移运动，深刻理解PN结的单向导电性原理。

3. 熟悉二极管特性，掌握不同类型二极管的电路分析方法，掌握二极管的典型应用电路，能基于仿真软件进行电路设计和仿真。

5.1 PN 结形成及特性

5.1.1 本征半导体与掺杂半导体

在了解 PN 结之前，我们先认识一下半导体材料。根据我们以前学过的化学知识，半导体是一种导电性能介于导体和绝缘体之间的物质，常见的半导体材料有硅（Si）和锗（Ge），如图 5-1 所示。

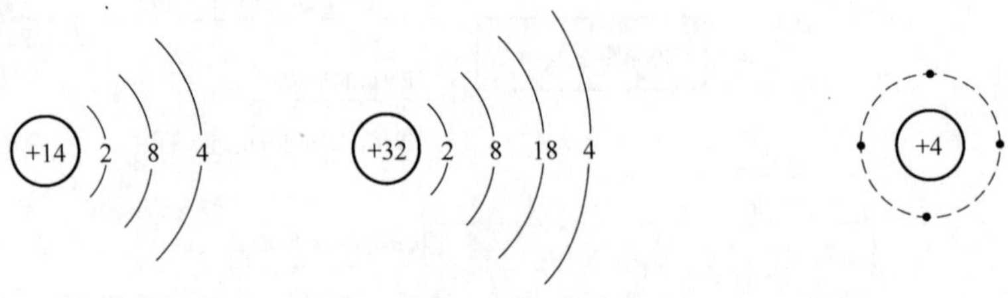

图 5-1　硅原子和锗原子的结构和最外层电子分布

纯净的、具有晶体结构的半导体，称为本征半导体。在本征半导体中，原子按一定规律整齐排列，每个原子最外层有 4 个电子，这些电子被相邻原子共用，形成稳定的共价键结构，如图 5-2 所示。

在常温下，本征半导体中只有极少数电子能够获得足够的能量挣脱共价键的束缚，成为自由电子，同时在原来的位置留下一个空位，称为空穴。自由电子和空穴是成对出现的，它们都可以参与导电，我们把半导体中这种能够导电的物质称为载流子。但在常态下，本征半导体中载流子数量极少，所以它的导电能力很弱。

为了提高半导体的导电性能，人们会在本征半导体中掺入微量的其他元素，这种经过掺杂的半导体称为掺杂半导体（杂质半导体）。根据掺入杂质元素的不同，掺杂半导体可分为 N（negative）型半导体和 P（positive）型半导体。

N 型半导体是在本征半导体中掺入少量的 5 价元素（如磷）形成的，如图 5-3 所示。5 价元素原子最外层有 5 个电子，在与 4 价的本征半导体组成晶体时，每一个 5 阶杂质原子总会多出 1 个没有配对的电子，这个电子很容易成为自由电子。根据掺入 5 价元素的量，可确保 N 型半导体中自由电子的数量远远多于空穴数量，因此我们把 N 型半导体中的自由电子称为多数载流子，空穴称为少数载流子。

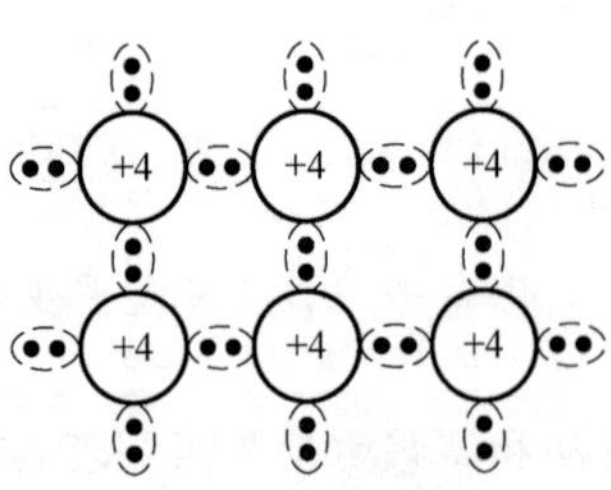

图 5-2　+4 价原子间共享共价键

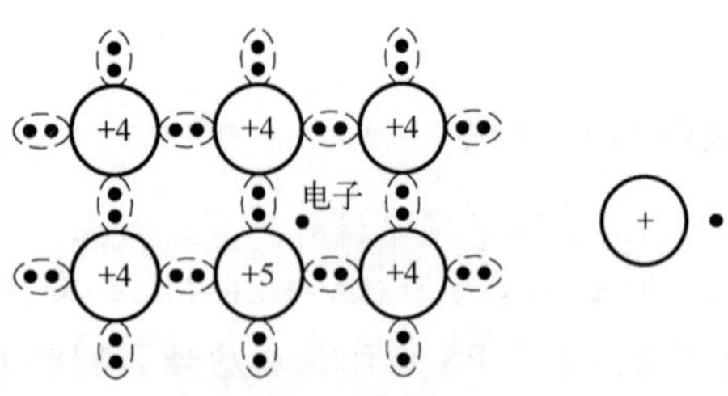

图 5-3　掺入+5 价原子间共享共价键

类似地，P 型半导体是在本征半导体中掺入少量的 3 价元素（如硼）形成的，如图 5-4 所示。3 价元素最外层有 3 个电子，与 4 价本征半导体组成晶体时，会缺少 1 个电子，从而形成 1 个空穴，这个空穴很容易吸引附近的电子来填补。根据掺入 3 价元素的量，可确保 P 型半导体中空穴的数量远远多于自由电子数量，因此我们把 P 型半导体中的空穴称为多数载流子，自由电子称为少数载流子。

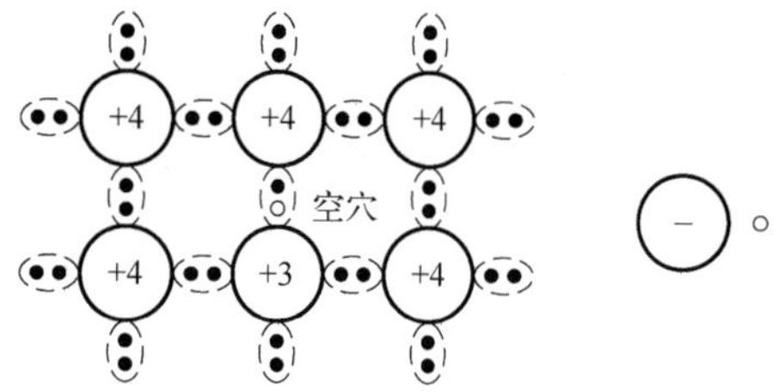

图 5-4　掺入+3 价原子间共享共价键

5.1.2　PN 结的形成

当把 N 型半导体和 P 型半导体通过特殊的工艺结合在一起时，就会形成 PN 结。在它们的交界面处，由于 N 型半导体中自由电子浓度高，P 型半导体中空穴浓度高，所以 N 型半导体中的自由电子会向 P 型半导体扩散，P 型半导体中的空穴相对会向 N 型半导体扩散，这种现象叫作载流子的扩散运动，如图 5-5 所示。

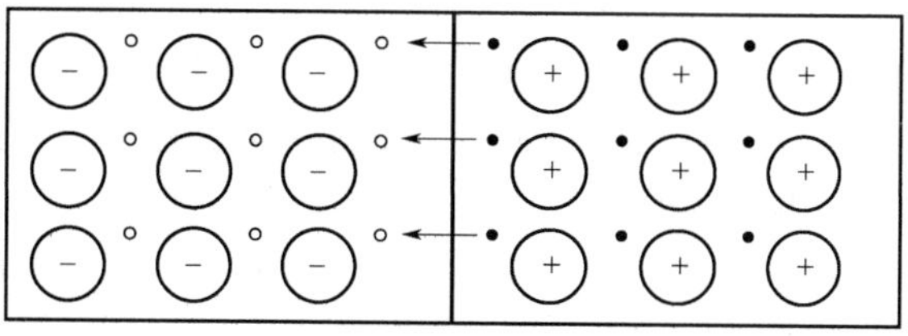
图 5-5　载流子扩散运动

随着扩散的进行，在交界面附近，N 型半导体一侧失去电子而留下带正电的离子，P 型半导体一侧的空穴得到电子被填充，显示为带负电的离子。这些不能移动的带电离子在交界面两侧形成了一个空间电荷区，也就是 PN 结，在该空间电荷区没有载流子，如图 5-6 所示。空间电荷区产生的内电场方向从 N 区指向 P 区，这个内电场会阻碍两边载流子的扩散运动，同时会吸引少数载流子向对方区域漂移，这种在电场作用下载流子的运动叫作漂移运动。

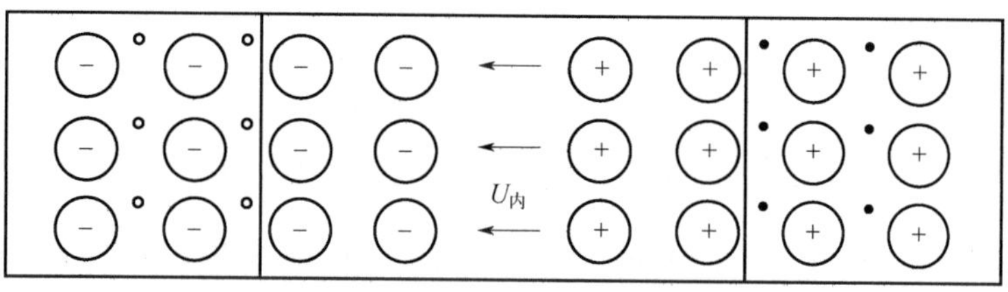

图 5-6　PN 结形成与内电场

当扩散运动和漂移运动达到动态平衡时，空间电荷区的宽度就稳定下来，PN 结也就形成稳定特性了。此时，虽然载流子的扩散和漂移仍在进行，但宏观上通过 PN 结的净电流为零。

5.1.3　PN 结的单向导电性

PN 结有一个重要的特性就是单向导电性，这也是半导体能够正常工作的基础。

当 PN 结外加正向电压时，也就是电源的正极接 P 区，负极接 N 区，这种情况称为 PN 结的正向偏置，如图 5-7 所示，E 为电源，R 为限流电阻，起到对 PN 结的保护作用。此时，外电场的方向与 PN 结内电场方向相反，根据同性相斥的原理，电源正极会对 P 区的空穴产生一个向右的电场力，电源负极会对 N 区的电子产生一个向左的电场力，削弱了内电场，这使得空间电荷区变窄，有利于多数载流子的扩散运动持续进行。当电源电压大于内电场电压时，P 区的空穴和 N 区的自由电子在电场作用下不断通过 PN 结，形成较大的正向电流。并且，随着正向电压的增大，正向电流会迅速增大，PN 结呈现出低电阻状态，相当于一个导通的开关。

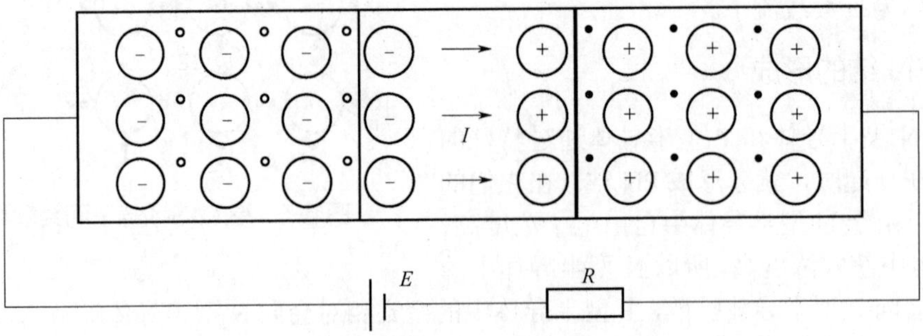

图 5-7　PN 结加正向电压，形成正向导通状态

当 PN 结外加反向电压时，即电源的正极接 N 区，负极接 P 区，称为反向偏置，如图 5-8 所示。这时，外电场的方向与内电场方向相同，根据异性相吸原理，电源正极会对 N 区的电子产生一个向右的电场力，电源负极会对 P 区的空穴产生一个向左的电场力，增强了内电场。内电场的增强使得空间电荷区变宽，进一步阻碍了多数载流子的扩散运动，同时促进少数载流子的漂移运动。但由于少数载流子数量极少，所以形成的反向电流非常小，几乎可以忽略不计，PN 结呈现出高电阻状态，相当于一个断开的开关。

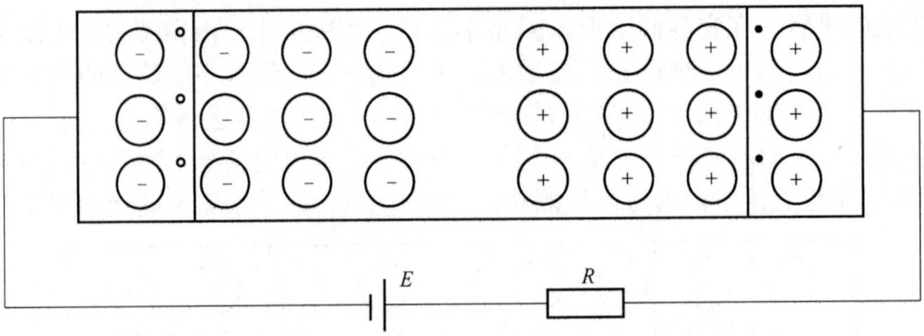

图 5-8　PN 结加反向电压，形成反向截止状态

需要注意的是，当反向电压增大到一定程度时，反向电流会突然急剧增大，这种现象叫作 PN 结的反向击穿。反向击穿分为电击穿和热击穿，电击穿在去掉反向电压后 PN 结可以恢复正常，而热击穿会使 PN 结永久性损坏。

5.2　二极管特性

5.2.1　二极管的基本结构

半导体二极管（简称二极管）是由一个 PN 结加上相应的电极引线和管壳进行封装后做成的。根据结构不同，二极管可分为点接触型、面接触型和平面型三类。

点接触型二极管的结构如图 5-9（a）所示。它的 PN 结面积很小，因此不能通过较大的电流，但它的结电容也很小，高频性能好，适用于高频和小电流的场合，如在收音机中用于检波等。

面接触型二极管的 PN 结面积较大，如图 5-9（b）所示。它能够通过较大的电流，结电容也较大，工作频率较低，常用于整流电路，把交流电转换为直流电。

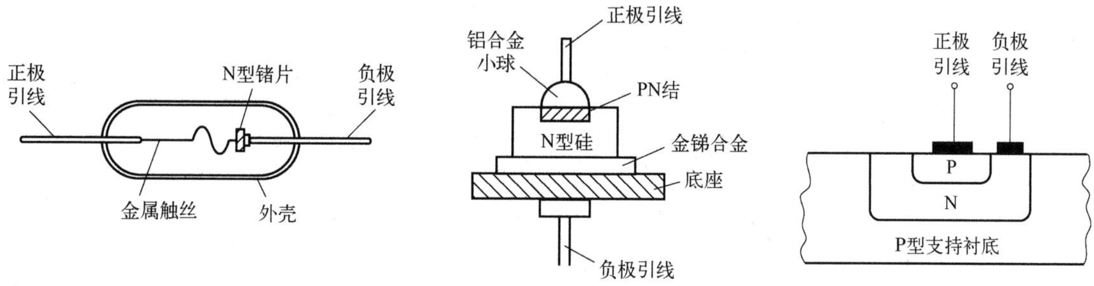

(a) 点接触型　　(b) 面接触型　　(c) 截面剖视图

图 5-9　二极管的物理结构图

平面型二极管采用平面工艺制造，PN 结面积可大可小，如图 5-9（c）所示。结面积大的可以通过较大电流，适用于大功率整流；结面积小的，结电容小，适用于在数字电路中作为开关管使用。

无论是哪种类型的二极管，其本质就是一个 PN 结，都有两个电极，从 P 区引出的电极称为阳极（正极），从 N 区引出的电极称为阴极（负极）。在电路图中，二极管的符号如图 5-10 所示，箭头方向表示正向电流的流通方向，即由 P 区指向 N 区。

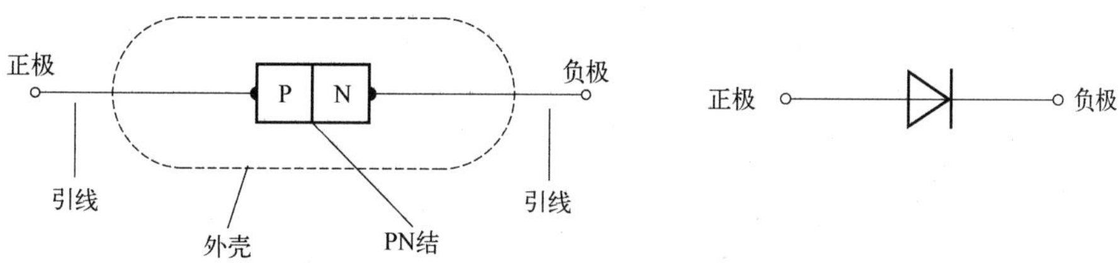

图 5-10　PN 结封装结构和二极管电气符号

5.2.2　二极管的伏安特性

二极管的伏安特性曲线是指加在二极管两端的电压和流过二极管的电流之间的关系曲线，它能够直观地反映出二极管的导电性能。通过复杂的半导体物理理论和数学推导，可以得到二极管的电流 i 与电压 u 之间的关系为：

$$i = I_S\left(e^{\frac{u}{U_T}} - 1\right) \tag{5-1}$$

式中，I_S 叫作反向饱和电流，它与 PN 结的材料、温度等因素有关；U_T 是一个与温度有关的常数，在常温（$T = 300\text{K}$）下，$U_T \approx 26\text{mV}$；e 是自然常数，约等于 2.718。这个公式虽然看起来有点复杂，但它却精确地描述了 PN 结在不同电压下的电流变化情况，可以通过实验来测绘二极管的伏安特性曲线，实验电路如图 5-11 所示。

在实验中，逐渐改变加在二极管两端的电压，记录对应的电流值，然后以电压为横坐标，电流为纵坐标，就可以绘制出二极管的伏安特性曲线，如图 5-12 所示。

（1）正向特性：当二极管外加正向电压较小时，外电场还不足以克服 PN 结内电场对多数载流子扩散运动的阻碍，此时正向电流很小，几乎为零，二极管呈现出高电阻状态，这个区域称为死区。硅二极管的死区电压约为 0.5V，锗二极管的死区电压约为 0.1V。

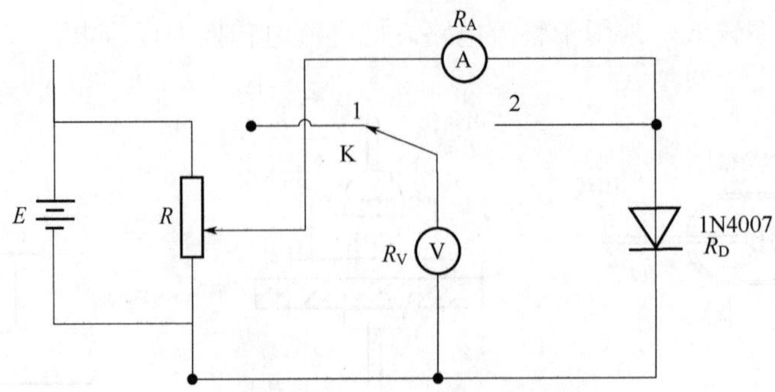

图 5-11　二极管伏安特性测试电路

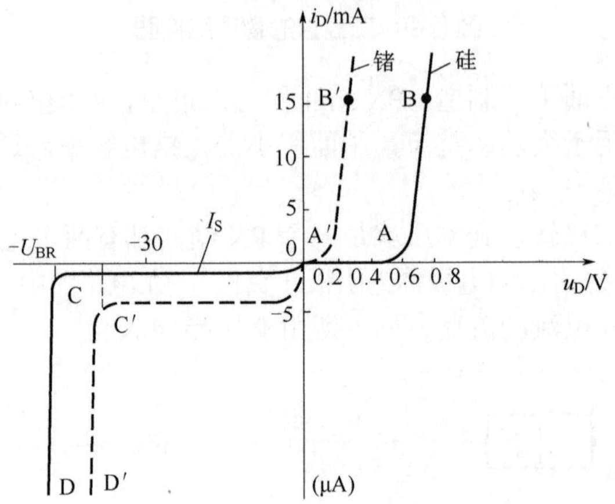

图 5-12　二极管伏安特性曲线

（U_{BR}：反向击穿电压）

当正向电压超过死区电压后，内电场被显著削弱，多数载流子的扩散运动加剧，正向电流开始迅速增大，二极管进入正向导通区。在正向导通区，二极管两端的电压变化很小，硅二极管的导通电压一般为 0.6～0.7V，锗二极管的导通电压一般为 0.2～0.3V。我们把这个相对稳定的电压称为二极管的导通压降，即二极管导通后两端的电压。

（2）反向特性：当二极管外加反向电压时，在一定范围内，反向电流非常小，几乎不随反向电压的增加而变化，这个电流称为反向饱和电流。这是因为反向电流是由少数载流子的漂移运动形成的，而少数载流子数量很少，所以反向饱和电流很小。硅二极管的反向饱和电流比锗二极管小得多，一般硅二极管的反向饱和电流在纳安（nA）级，锗二极管的反向饱和电流为几十微安。

当反向电压增大到某一数值时，反向电流会突然急剧增大，二极管失去单向导电性，这种现象称为反向击穿，对应的电压称为反向击穿电压。反向击穿后，如果不加以限制，过大的电流会使二极管因过热而损坏。

5.2.3　二极管的主要参数

为了正确使用二极管，我们需要了解它的主要参数，这些参数是选择和使用二极管的重要依据。

（1）最大整流电流 I_F：最大整流电流是指二极管长期连续工作时，允许通过的最大正向平均电流。使用时，通过二极管的平均电流不能超过这个数值，否则会因过热而损坏二极管。例如，常见的1N4007型二极管，其最大整流电流为1A。在设计整流电路时，就要根据负载所需的电流大小，选择最大整流电流合适的二极管。

（2）最高反向工作电压U_{RM}：最高反向工作电压是指二极管在使用时允许承受的最大反向电压，一般取反向击穿电压U_{BR}的50%。如果实际工作时加在二极管两端的反向电压超过这个数值，二极管就有可能被击穿损坏。比如，1N4007型二极管的最高反向工作电压为1000V。

（3）反向饱和电流I_S：反向饱和电流是指二极管在规定的温度和最高反向工作电压下的反向电流值。反向饱和电流越小，说明二极管的单向导电性越好，性能越稳定。一般硅二极管的反向饱和电流比锗二极管小很多，所以硅二极管在温度稳定性方面表现更好。

（4）最高工作频率f_M：最高工作频率是指二极管能够正常工作的最高频率。由于PN结存在结电容，当工作频率过高时，根据容抗计算公式，结电容的容抗变小，会使二极管的单向导电性变差。点接触型二极管的结电容小，最高工作频率可以达到几百兆赫；而面接触型二极管的结电容较大，最高工作频率通常只有几十千赫。

5.3 二极管电路分析

5.3.1 二极管的模型

在分析二极管电路时，为了简化计算，我们常常将二极管用一些等效的电路模型来代替。常见的二极管模型有理想二极管模型、恒压降模型和折线模型。

1）理想二极管模型

理想二极管模型是将二极管看作一个理想的开关。在正向偏置时，二极管导通，电阻为零，相当于短路，导通管压降也为零；在反向偏置时，二极管截止，电阻无穷大，相当于开路，反向电流为零，如图5-13所示。这种模型适用于电源电压远大于二极管导通压降、对分析精度要求不高的情况。

2）恒压降模型

恒压降模型是在理想二极管模型的基础上，考虑了二极管的导通压降。当二极管正向导通时，认为其管压降是一个恒定值，硅二极管一般取0.7V，锗二极管取0.3V，此时二极管相当于一个恒压源与理想二极管串联；反向偏置时，仍看作开路，如图5-14所示。这种模型适用于二极管正向导通电压不能忽略，且输入信号电压与导通电压相差不大的情况。

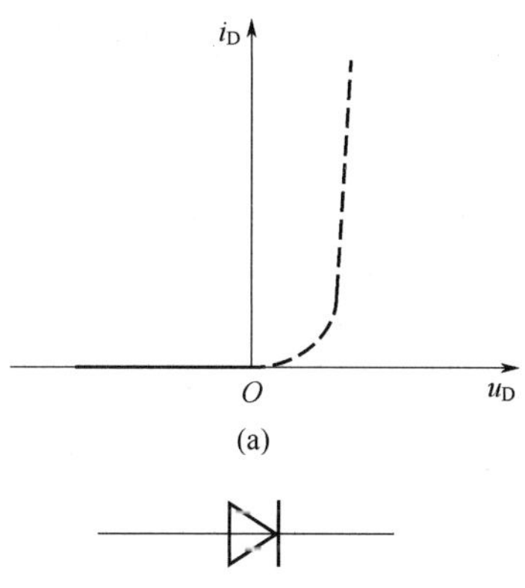

图5-13 理想二极管模型

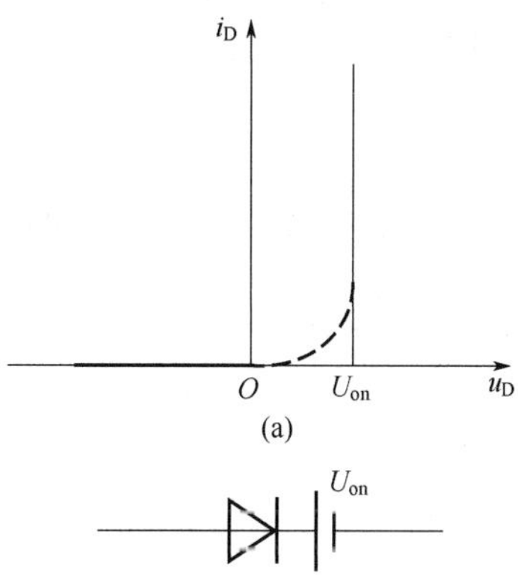

图5-14 二极管恒压降模型

3）折线模型

折线模型是一种更接近实际情况的二极管模型。它将二极管的伏安特性曲线用几条折线来近似表示。在正向特性中，当电压小于死区电压时，二极管不导通，电阻很大；当电压超过死区电压后，二极管导通，其管压降与电流呈线性关系，如图 5-15 所示。反向特性与前面两种模型类似，反向截止时看作开路，反向击穿时电流急剧增大。这种模型在分析精度要求较高时使用，但计算相对复杂一些。

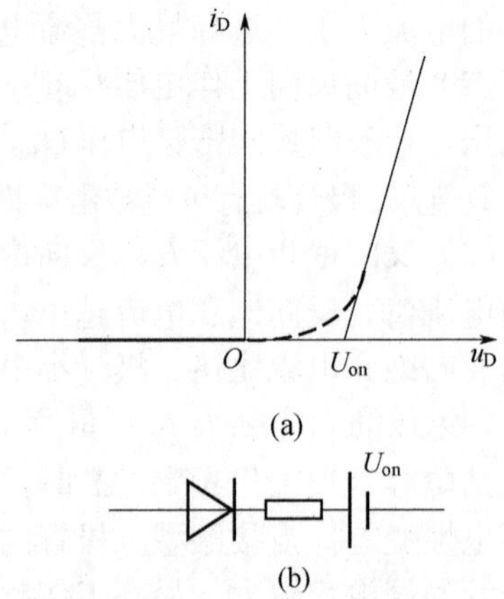

图 5-15　二极管折线模型的伏安特性曲线

5.3.2　二极管电路的分析方法

分析二极管电路的关键在于判断二极管是导通还是截止，然后根据不同的状态选择合适的模型进行计算，下面介绍常用的分析方法——正偏电压法：如果阳极电位高于阴极电位，且差值大于二极管的死区电压（硅管 0.5V，锗管 0.1V），则二极管导通。此时根据所选的二极管模型进行电路计算：如使用理想模型，可认为该二极管为一根导线；若使用恒压降模型，就将二极管看作一个具有导通压降的元件。无特殊说明，本书均假定二极管为理想模型。

如果阳极电位低于阴极电位，或者电位差小于死区电压，则二极管截止，将二极管看作开路，再进行电路分析。

正偏电压法是通过比较二极管阳极和阴极之间的电位差来判断二极管的工作状态，包含单个二极管电路分析和多个二极管电路分析方法。

5.3.2.1　单个二极管电路分析具体步骤

（1）选择合适的节点作为电路的参考零点电位，并标出。

（2）判断二极管的工作状态：

① 断开电路中二极管连接的两端，计算二极管在电路断开处的电位，记为（V_P, V_N）；

② 若 $V_P>V_N$，则二极管在电路中为导通状态，若 $V_P<V_N$，则二极管在电路中为断开状态。

（3）根据二极管的通断状态，将电路中的二极管等效为导通或断开开关。

（4）利用电路分析理论计算电路参数。

【例 5-1】图 5-16 所示电路中的二极管 VD 为理想二极管，判断二极管 VD 的通断状态，计算 U_{AB}。

解：

（1）选择合适的节点作为电路的参考零点电位，并标出，如图 5-17 所示。

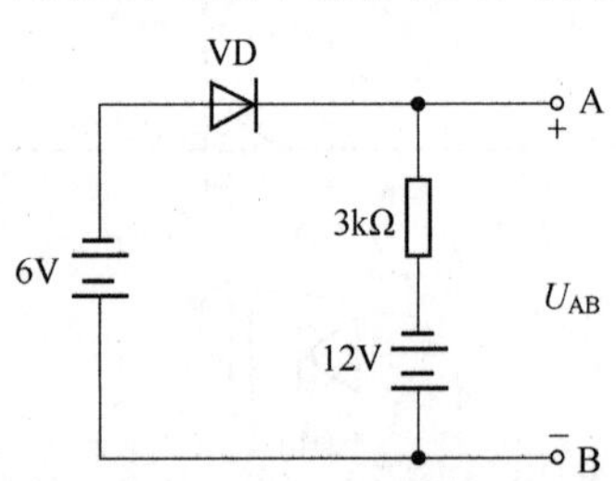

图 5-16　例 5-1 单个二极管直流电路图

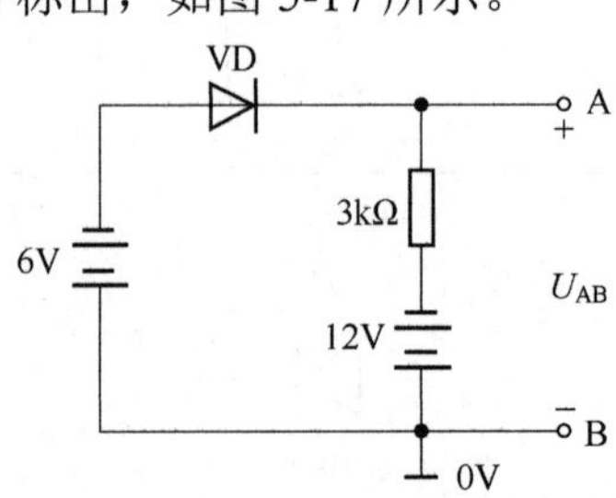

图 5-17　例 5-1 标出参考零点电位

（2）判断二极管的工作状态：

① 断开电路中二极管连接的两端，计算二极管在电路断开处的电位，记为（V_P, V_N），如图 5-18 所示；

② 若 $V_P > V_N$，则二极管在电路中为导通状态，若 $V_P < V_N$，则二极管在电路中为断开状态。

由①知，二极管 VD 两端断开，电路中无电流，此时 V_P=−6V，V_N=−12V，因为 $V_P - V_N$ = 6V＞0，所以二极管 VD 导通。

（3）根据二极管的通断状态，将电路中的二极管等效为导通开关，如图 5-19 所示。

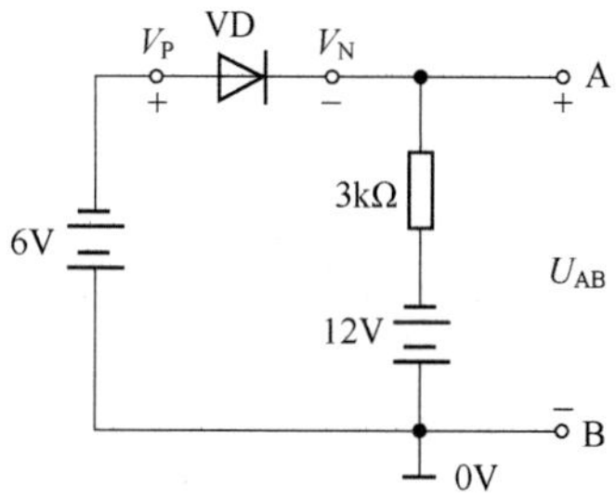

图 5-18　例 5-1 得到 V_P、V_N

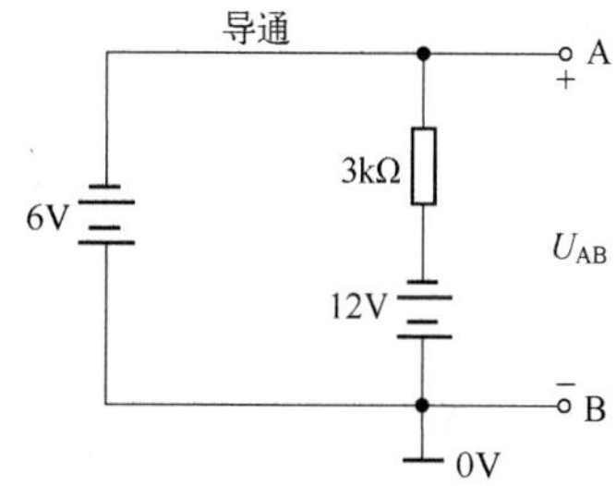

图 5-19　例 5-1 二极管等效为导通开关

（4）利用电路分析理论计算电路参数。

对图 5-19 求解有 U_{AB}=−6V。

【例 5-2】 电路如图 5-20 所示，其中 VD 为理想二极管，已知信号源 $u_i=8\sin(\omega t)$V，R=1kΩ，U_{REF}=3V，画出 u_o 波形。

解：

（1）选择合适的节点作为电路的参考零点电位，并标出，如图 5-21 所示。

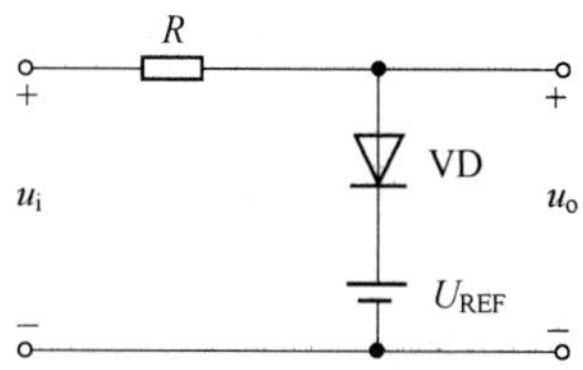

图 5-20　例 5-2 单个二极管交流电路图

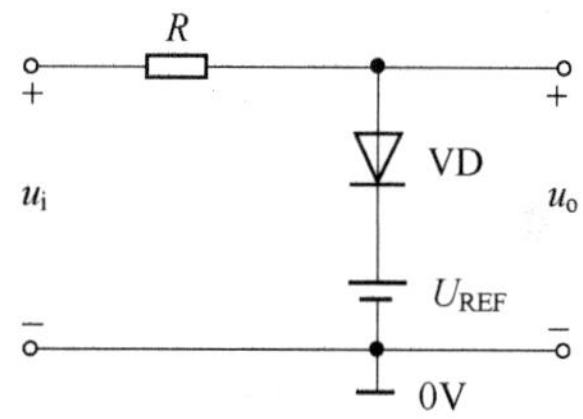

图 5-21　例 5-2 标出参考零点电位

（2）判断二极管的工作状态：

① 断开电路中二极管连接的两端，计算二极管在电路断开处的电位，记为（V_P, V_N），如图 5-22 所示；

② 若 $V_P > V_N$，则二极管在电路中为导通状态，若 $V_P < V_N$，则二极管在电路中为断开状态。

由①知，二极管 VD 两端断开，电路中无电流，此时 $V_P=u_i$，$V_N=U_{REF}$=3V。当 u_i＞3V，即 $V_P - V_N > 0$ 时，二极管 VD 导通；当 u_i＜3V，即 $V_P - V_N < 0$ 时，二极管 VD 断开。

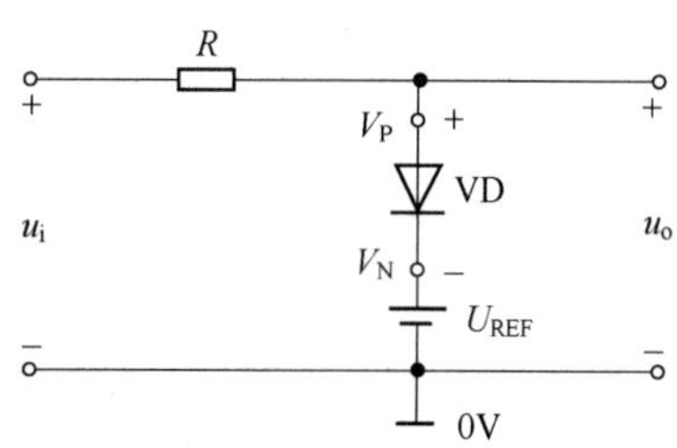

图 5-22　例 5-2 得到 V_P、V_N

（3）根据二极管的通断状态，将电路中的二极管等效为导通或断开开关，如图 5-23 所示。

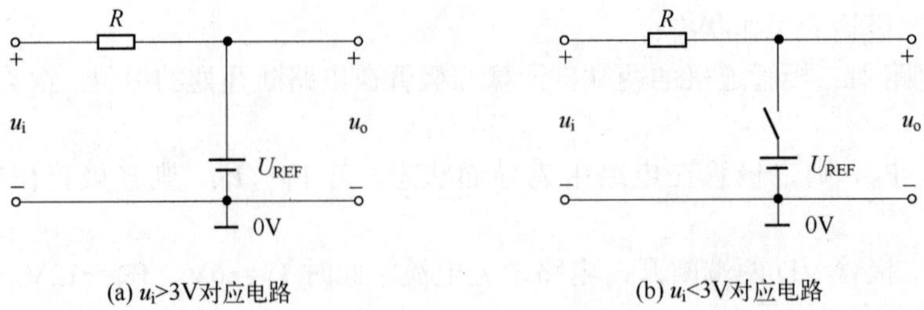

图 5-23 例 5-2 二极管等效为导通或断开开关

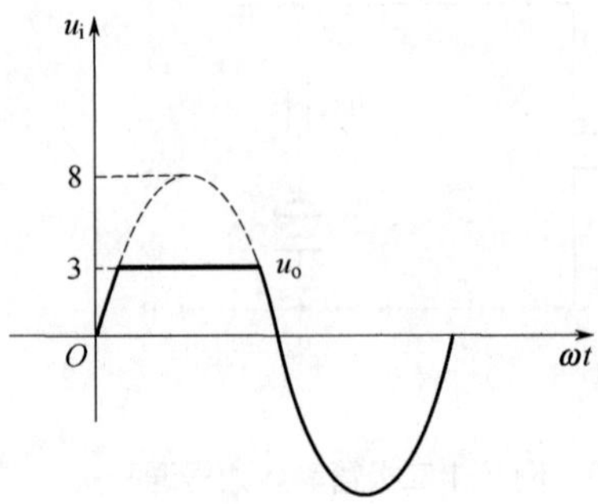

图 5-24 例 5-2 输出 u_o 波形

（4）利用电路分析理论计算电路参数。

由图 5-23 可得，当 u_i>3V 时，$u_o=U_{REF}$=3V；当 u_i<3V 时，$u_o=u_i$。输出 u_o 波形如图 5-24 所示。

5.3.2.2 多个二极管电路分析方法具体步骤

（1）选择合适的节点作为电路的参考零点电位；

（2）判断二极管的工作状态：

① 断开电路中所有二极管连接的两端，计算每个二极管在电路断开处的电位，记为(V_{P1}, V_{N1})、(V_{P2}, V_{N2})、(V_{P3}, V_{N3}) ……

② 对每个二极管分别计算 $V_i=V_{Pi}-V_{Ni}$，若 V_i>0，则 V_i 最大的优先导通，可用导通开关代替，若 V_i<0，则该二极管断开；

③ 重复上述步骤①②，直至所有二极管工作状态判断完毕。

（3）根据二极管的通断状态，分别将电路中的二极管等效为导通或断开开关；

（4）利用电路分析理论计算电路。

【例 5-3】图 5-25 所示电路中的二极管 VD_1 和 VD_2 均为理想二极管，判断二极管 VD_1 和 VD_2 的通断状态，计算 U_{AB}。

解：

（1）选择合适的节点作为电路的参考零点电位，并标出，如图 5-26 所示。

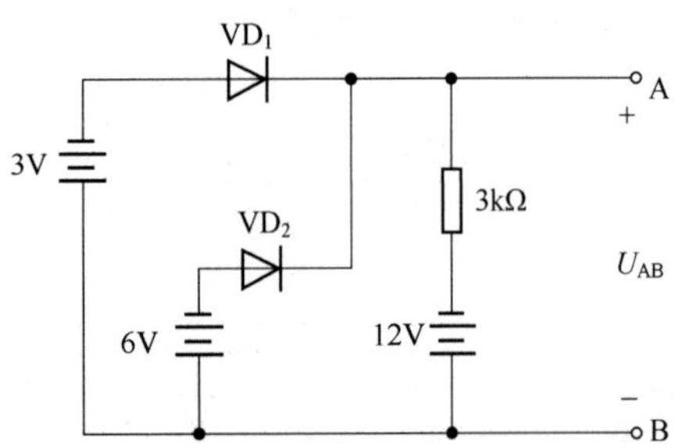

图 5-25 例 5-3 多个二极管直流电路图

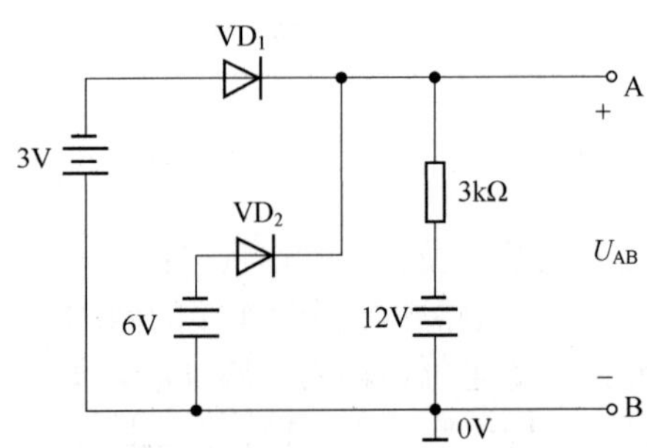

图 5-26 例 5-3 标出参考零点电位

（2）判断二极管的工作状态：

① 断开电路中所有二极管连接的两端，计算每个二极管在电路断开处的电位，记为(V_{P1}, V_{N1})、(V_{P2}, V_{N2})，如图 5-27 所示；

② 对每个二极管分别计算 $V_i=V_{Pi}-V_{Ni}$，若 $V_i>0$，则 V_i 最大的优先导通，可用导通开关代替，若 $V_i<0$，则该二极管断开。

由图 5-27 有 $V_{P1}=-3V$，$V_{N1}=-12V$，$V_{P2}=-6V$，$V_{N2}=-12V$，得 $V_1=V_{P1}-V_{N1}=-3V-(-12V)=9V$，$V_2=V_{P2}-V_{N2}=-6V-(-12V)=6V$。因为 $V_1>V_2$，所以 VD_1 优先导通，电路中 VD_1 等效为导通开关电路图如图 5-28 所示。

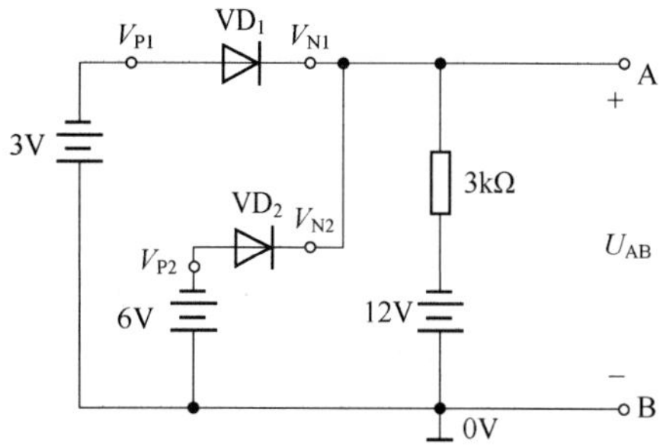

图 5-27　得到 V_{Pi}、V_{Ni}

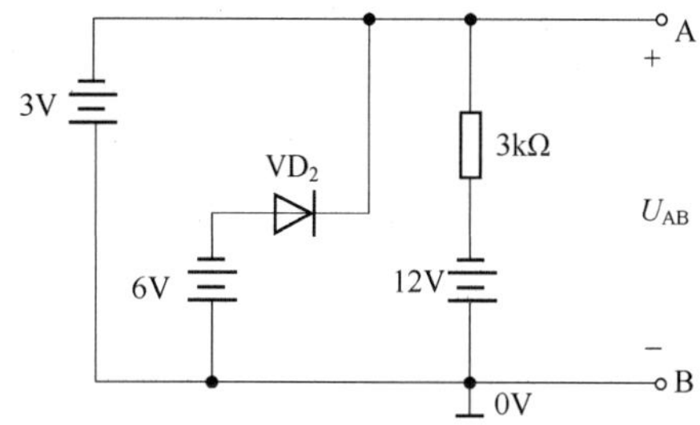

图 5-28　例 5-3 VD_1 等效为导通开关

③ 重复上述步骤①②，直至所有二极管工作状态判断完毕。

由图 5-29 有 $V'_{P2}=-6V$，$V'_{N2}=-3V$，$V'_2=V'_{P2}-V'_{N2}=-6V-(-3V)=-3V$，因为 $V'_2<0$，所以 VD_2 为断开状态。

（3）根据二极管的通断状态，分别将电路中的二极管等效为导通或断开开关，如图 5-30 所示。

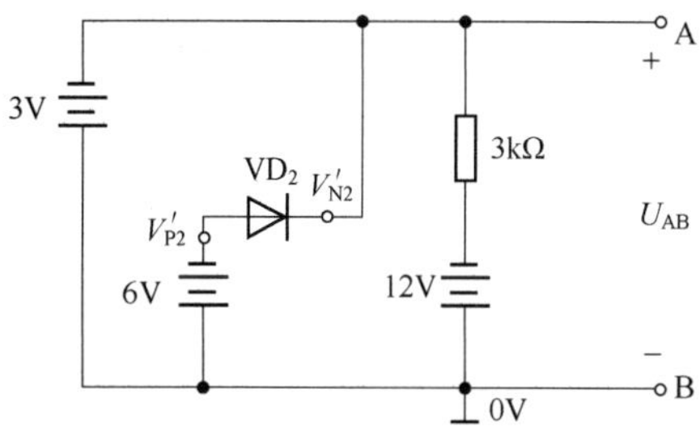

图 5-29　例 5-3 得到 V'_{P2}、V'_{N2}

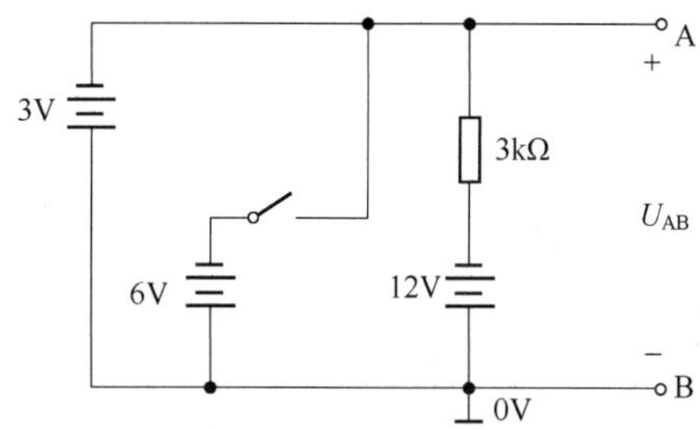

图 5-30　例 5-3 VD_1 等效为导通开关，VD_2 等效为断开开关

（4）利用电路分析理论计算电路。

对图 5-30 求解有 $U_{AB}=-3V$。

5.4　晶体二极管的应用

5.4.1　整流电路

整流电路是二极管常见的应用，它的作用是将交流电转换为直流电。常见的整流电路有半波整流电路、全波整流电路和桥式整流电路。

5.4.1.1 半波整流电路

半波整流电路如图 5-31 所示，由电源变压器 T、整流二极管 VD 和负载电阻 R_L 组成。电源变压器将交流电源电压 u_1 变换为合适的电压 u_2。

在 u_2 的正半周，二极管阳极电位高于阴极电位，二极管导通，电流经过二极管流向负载电阻 R_L，在 R_L 上产生电压；在 u_2 的负半周，二极管阳极电位低于阴极电位，二极管截止，电流无法通过，负载电阻 R_L 上没有电压。这样，通过二极管的单向导电作用，负载电阻 R_L 上就得到了一个单方向的脉动直流电压，如图 5-32 所示。

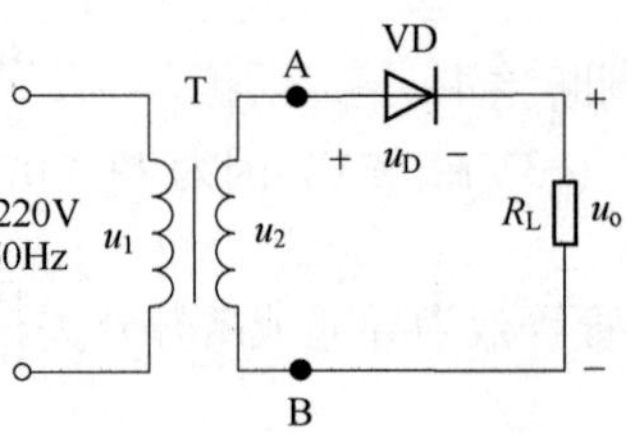

图 5-31　半波整流电路

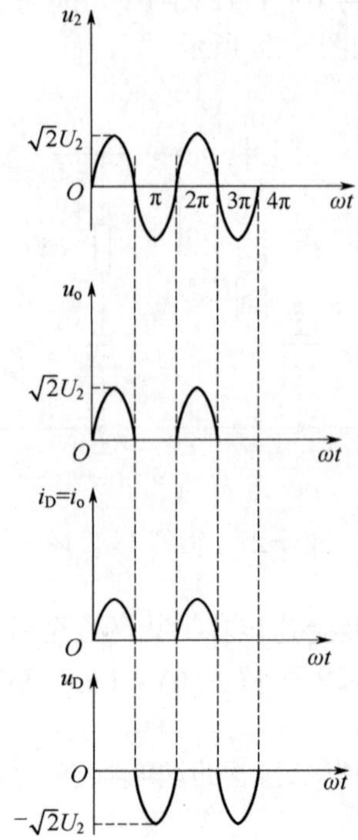

图 5-32　半波整流电路输出电压波形

半波整流电路的优点是电路简单，使用元件少；缺点是输出电压脉动大，整流效率低，只利用了交流电的半个周期，变压器利用率低。其输出电压的平均值 $U_{o(AV)}$ 为：

$$U_{o(AV)} = \frac{1}{2\pi}\int_0^{\pi}\sqrt{2}U_2\sin(\omega t)\mathrm{d}(\omega t) = \frac{\sqrt{2}}{\pi}U_2 \approx 0.45U_2 \tag{5-2}$$

输出电流的平均值为：

$$I_{o(AV)} = \frac{U_{o(AV)}}{R_L} \tag{5-3}$$

5.4.1.2 全波整流电路

全波整流电路如图 5-33 所示，它由电源变压器 T（带有中心抽头）、两个整流二极管 VD_1 和 VD_2，以及负载电阻 R_L 组成。

在 u_2 的正半周，u_{21}、u_{22} 的极性是上正下负，此时二极管 VD_1 导通，VD_2 截止，电流从 u_{21} 的正端出发，经过 VD_1、R_L 回到 u_{21} 的负端；在 u_2 的负半周，u_{21}、u_{22} 的极性是上负下正，此时二极管 VD_2 导通，VD_1 截止，电流从 u_{22} 的正端出发，经过 VD_2、R_L 回到 u_{22} 的负端。这样，在 u_2 的整个周期内，负载电阻 R_L 上都有电流流过，且电流方向不变，输出电压波形如图 5-34 所示。

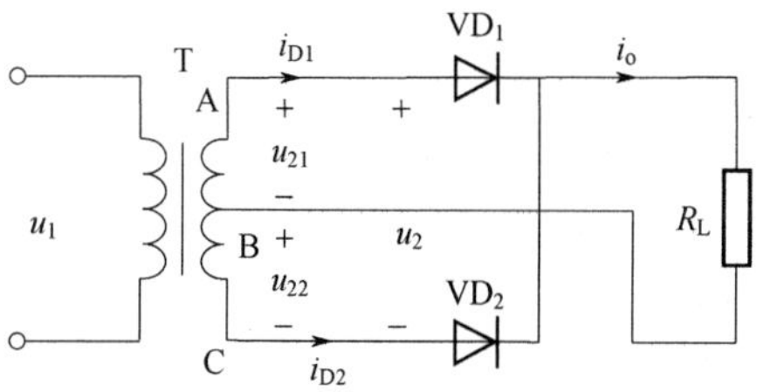

图 5-33　全波整流电路

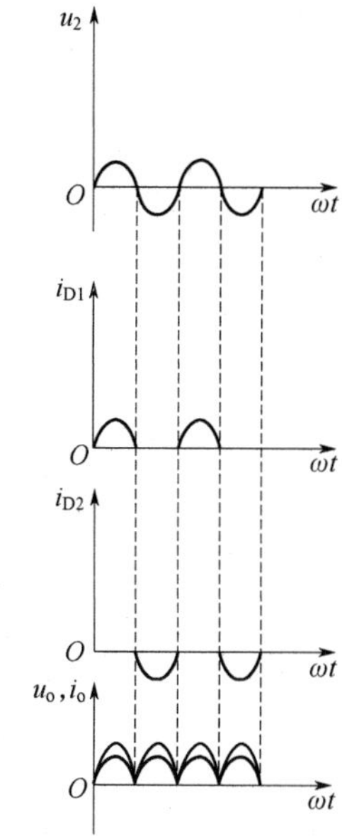

图 5-34　全波整流电路输出电压波形

全波整流电路输出电压的平均值$U_{o(AV)}$为：

$$U_{o(AV)} = \frac{1}{\pi}\int_0^{\pi}\sqrt{2}U_2\sin(\omega t)d(\omega t) = \frac{2\sqrt{2}}{\pi}U_2 \approx 0.9U_2 \tag{5-4}$$

输出电流的平均值为：

$$I_{o(AV)} = \frac{U_{o(AV)}}{R_L} \tag{5-5}$$

与半波整流电路相比，全波整流电路输出电压脉动小，整流效率高，但它需要变压器有中心抽头，且每个二极管承受的反向电压较高，是半波整流电路的 2 倍。

5.4.1.3　桥式整流电路

桥式整流电路如图 5-35 所示，它由 4 个整流二极管 VD_1～VD_4 和负载电阻 R_L 组成，4 个二极管接成电桥形式。

在 u_2 的正半周，二极管 VD_1 和 VD_3 导通，VD_2 和 VD_4 截止，电流从变压器次级线圈的 1 端出发，经过 VD_1、R_L、VD_3 回到变压器次级线圈的 2 端；在 u_2 的负半周，二极管 VD_2 和 VD_4 导通，VD_1 和 VD_3 截止，电流从变压器次级线圈的 2 端出发，经过 VD_2、R_L、VD_4 回到变压器次级线圈的 1 端。在整个周期内，负载电阻 R_L 上都有电流流过，且电流方向不变，输出电压波形与全波整流电路相似。

桥式整流电路输出电压的平均值 $U_{o(AV)} = \frac{2\sqrt{2}}{\pi}U_2 \approx 0.9U_2$，输出电流的平均值 $I_{o(AV)} = \frac{U_{o(AV)}}{R_L}$。它克服了全波整流电路的缺点，不需要带中心抽头的变压器，二极管承受的反向电压与半波整流电路相同，而且输出电压脉动小，整流效率高，因此在实际中得到了广泛应用。

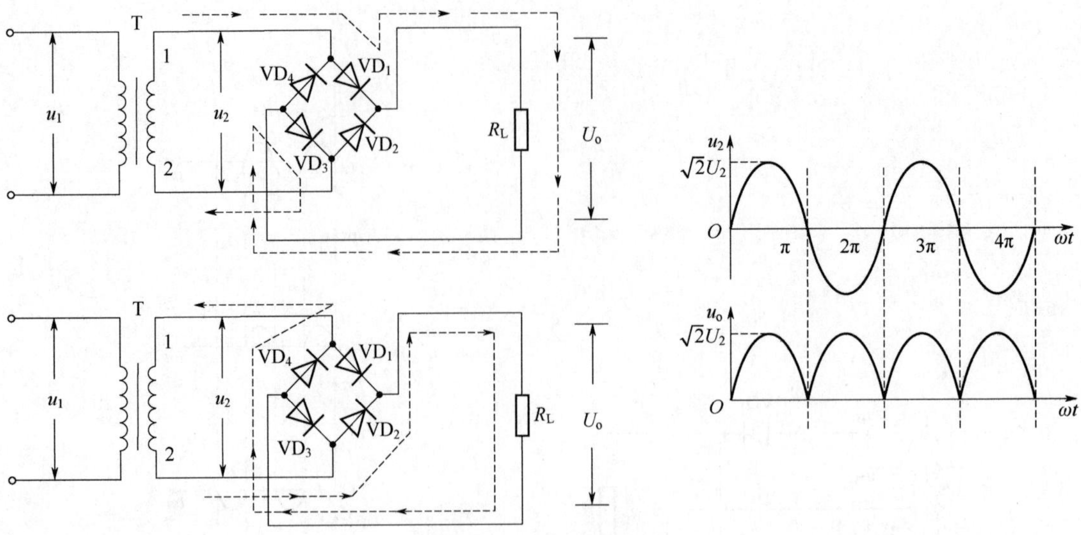

图 5-35　桥式整流电路

5.4.2　限幅电路

限幅电路的作用是将输出信号的幅度限制在一定范围内，使输出信号不超过预先设定的最大值和最小值。图 5-36 是一种简单的二极管限幅电路。

当输入信号 u_i 小于电源电压 5V 时，两个二极管都截止，输出信号 u_o 等于输入信号 u_i；当输入信号 u_i 大于 5V 时，二极管 VD_1 导通，将输出电压 u_o 钳位在 5V；当输入信号 u_i 小于−5V 时，二极管 VD_2 导通，将输出电压 u_o 钳位在−5V。这样，输出信号 u_o 的幅度就被限制在−5V 到 5V 之间，波形如图 5-37 所示。

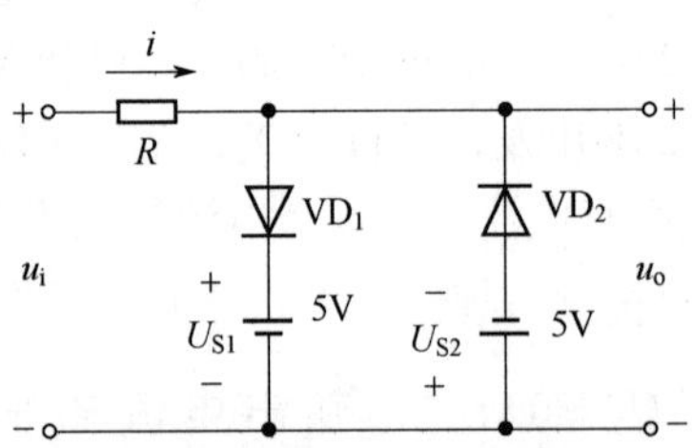

图 5-36　二极管限幅电路

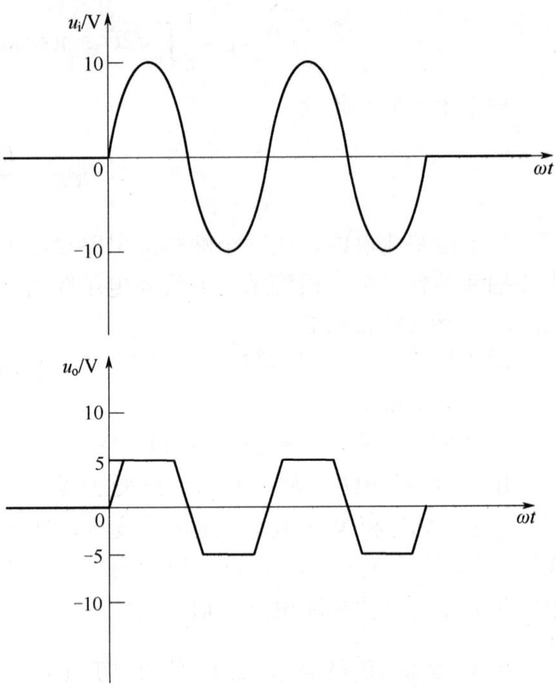

图 5-37　限幅电路输入、输出电压波形

限幅电路在通信、信号处理等领域有着广泛应用，例如：在无线电接收机中，用于防止放大器输出信号过大而产生失真；在数字电路中，用于将信号幅度调整到合适的电平范围。

5.5 基于 Multisim 的仿真案例

案例 1：半波整流电路仿真

1）电路搭建

打开 Multisim 软件，从元件库中依次选取交流电压源（US）、电源变压器（T1）、二极管（D）、电阻（R1）和示波器（XSC1）。将交流电压源的电压设置为 220V，频率为 50Hz；电源变压器的变比设置为 10∶1，即次级电压 u_2 为 22V；二极管选择普通硅二极管 1N4007；负载电阻设置为 1kΩ。按照图 5-31 所示的半波整流电路结构进行连接，将示波器的两个通道分别连接到交流电压源输出端和负载电阻两端，用于观察输入、输出电压波形，搭建好的电路如图 5-38 所示。

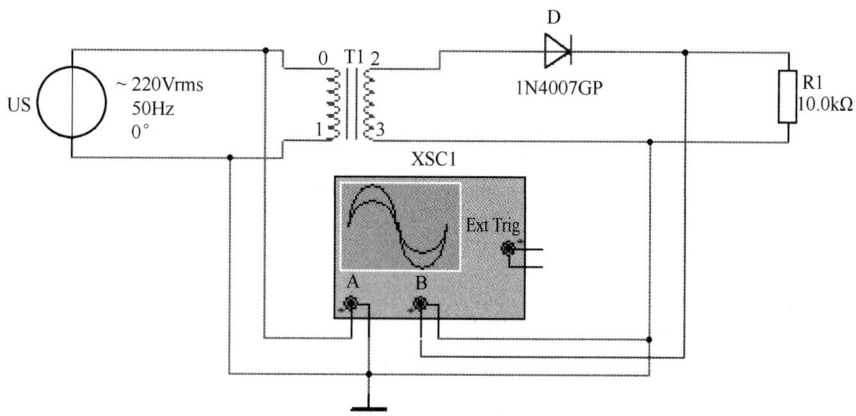

图 5-38 在 Multisim 中搭建的半波整流电路

2）仿真分析

点击 Multisim 软件中的“运行”按钮，开始仿真。在示波器界面中，可以观察到输入电压是一个正弦波，输出电压是一个单方向的脉动直流电压，与理论分析的波形一致，如图 5-39 所示。使用示波器的测量功能，测量输出电压的平均值，与理论计算值 $U_{o(AV)} \approx 0.45U_2 = 0.45 \times 22V = 9.9V$ 进行对比，分析误差产生的原因。

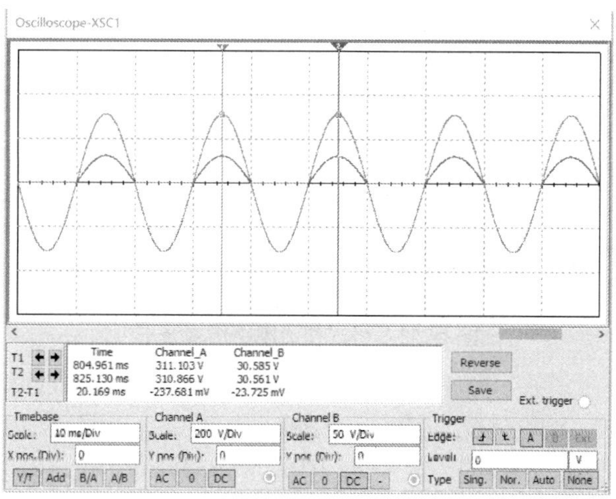

图 5-39 半波整流电路仿真波形

案例 2：桥式整流电路仿真

1）电路搭建

在 Multisim 软件中重新搭建桥式整流电路。从元件库选取 3N248 为整流桥（D1）、交流电压源（US，电压设置为 220V，频率为 50Hz）、负载电阻（R1，阻值为 1kΩ）和示波器（XSC1）。按照图 5-35 所示的桥式整流电路结构连接元件，将示波器的两个通道分别连接到交流电压源输出端和负载电阻两端，搭建好的电路如图 5-40 所示。

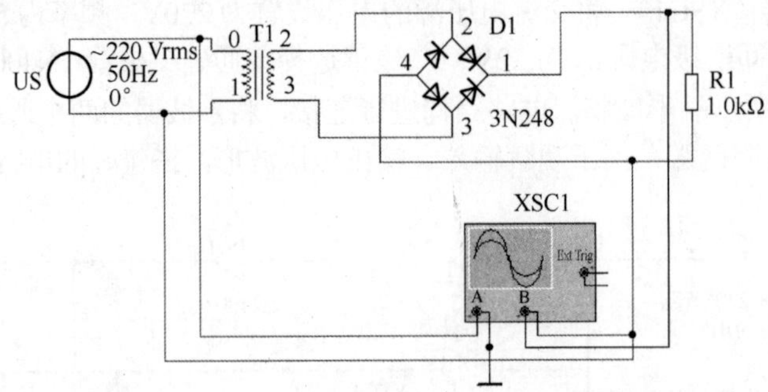

图 5-40　在 Multisim 中搭建的桥式整流电路

2）仿真分析

点击“运行”按钮进行仿真，在示波器上观察输入、输出电压波形。可以看到输入电压是正弦波，输出电压是一个脉动更小的直流电压，如图 5-41 所示。测量输出电压的平均值，与理论值 $U_{\text{o(AV)}} \approx 0.9U_2 = 0.9 \times 22\text{V} = 19.8\text{V}$ 进行比较。还可以在负载电阻两端并联一个滤波电容，观察滤波后输出电压波形的变化，进一步理解整流滤波电路的工作原理。

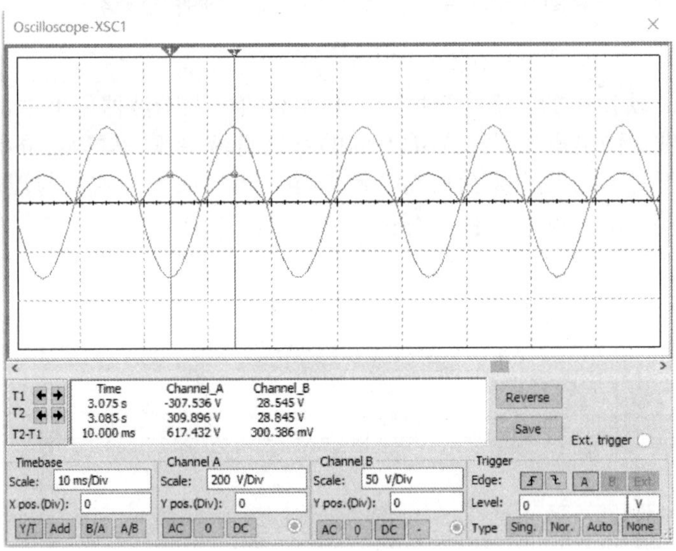

图 5-41　桥式整流电路仿真波形

• 习题

习题 5-1　已知某 PN 结的反向饱和电流 $I_S = 1\text{nA}$，常温下 $U_T = 26\text{mV}$，求：当外加正向

电压 $u=0.6\text{V}$ 时，通过 PN 结的电流 i 是多少？（参考式（5-1）。

习题 5-2　某硅二极管的导通压降为 0.7V，当它正向导通时，若流过的电流为 10mA，求：此时加在二极管两端的电压约为多少？（提示：忽略死区电压，近似认为电压等于导通压降。）

习题 5-3　一个无标记的二极管，分别用 a 和 b 表示其两只引脚，利用数字万用表测量其电阻。当红表笔接 a，黑表笔接 b 时，测得电阻值为 500Ω。当红表笔接 b，黑表笔接 a 时，测得电阻值为 100kΩ。判断二极管两引脚的极性。

习题 5-4　分析判断图 5-42 所示各电路中二极管是导通还是截止，并计算电压 U_{ab}，设图中的二极管都是理想的。

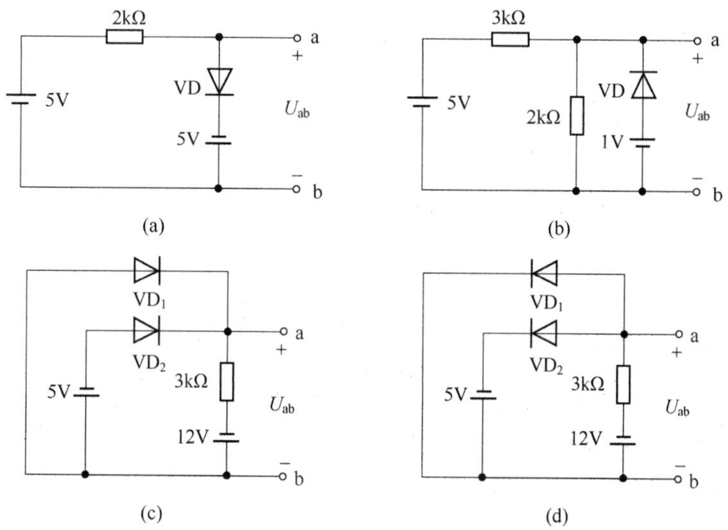

图 5-42　习题 5-4 图

习题 5-5　二极管电路如图 5-43（a）所示，设输入电压 $u_i(t)$ 波形如图 5-43（b）所示，在 $0<t<10\text{ms}$ 的时间间隔内，试绘出输出电压 $u_o(t)$ 的波形，设二极管是理想的。

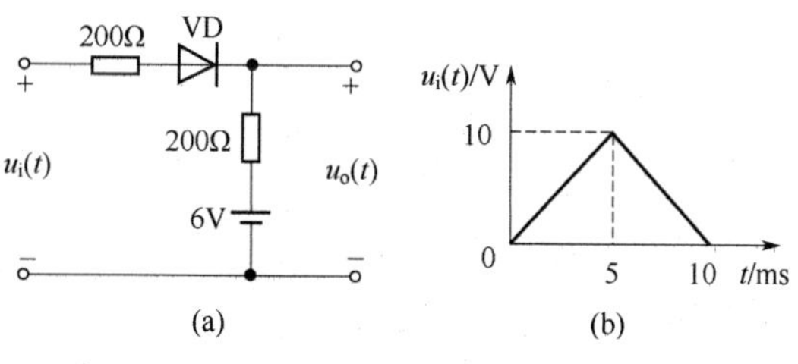

图 5-43　习题 5-5 图

习题 5-6　在图 5-44 所示的电路中，设二极管为理想的，已知 $u_i=10\sin(\omega t)\text{V}$，试分别画出输出电压 u_o 的波形，并标出幅值。

习题 5-7　在图 5-45 所示电路中，均含有一直流电源，R=5Ω，设二极管为理想的，输入电压 $u_i=5\sin(\omega t)\text{V}$，试分别画出输出电压 u_o 的波形，并标出幅值。

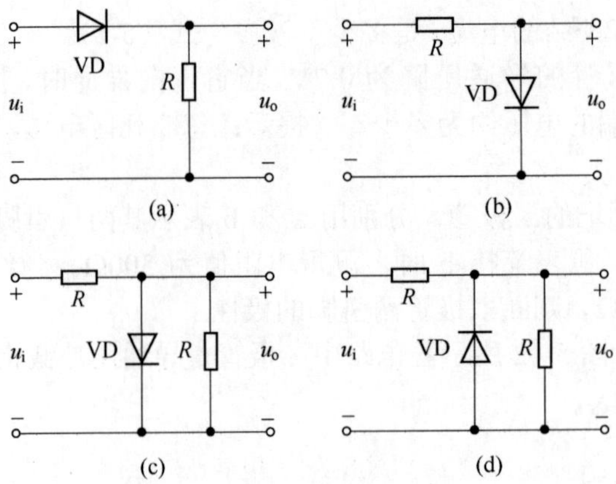

图 5-44　习题 5-6 图

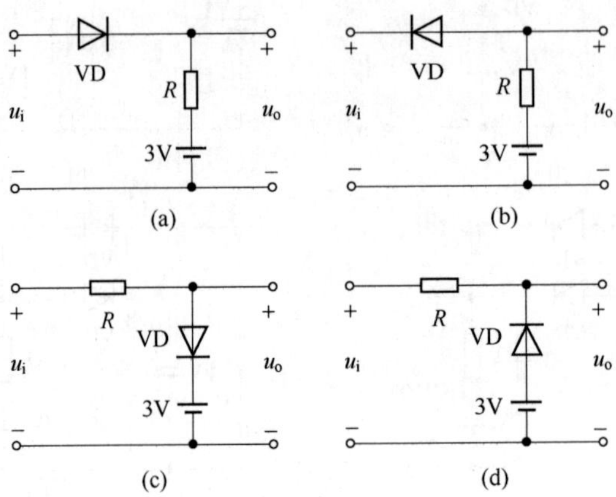

图 5-45　习题 5-7 图

习题 5-8　图 5-46 所示电路含有两个二极管，可实现对信号的钳位作用，设二极管为理想的，$u_i = 8\sin(\omega t)$V，试画出输出电压u_o的波形，并分析说明钳位电压主要与什么有关。

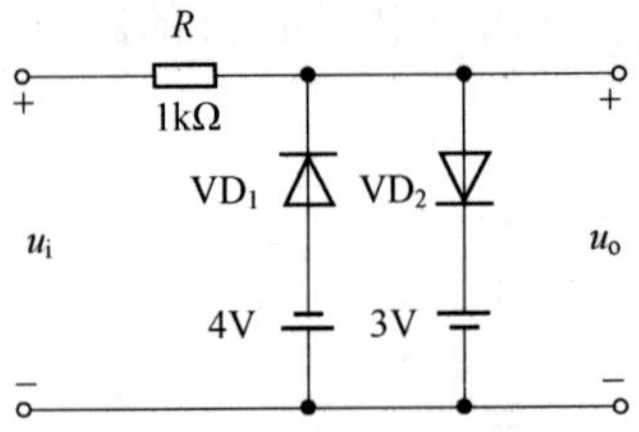

图 5-46　习题 5-8 图

习题 5-9　半波整流电路中，变压器次级电压有效值$U_2 = 20$V，负载电阻$R_L = 1$kΩ，求输出电压平均值$U_{o(AV)}$和输出电流平均值$I_{o(AV)}$。

习题 5-10　全波整流电路中，变压器次级电压有效值$U_2 = 15$V，负载电阻$R_L = 500\Omega$，求输出电压平均值和流过每个二极管的平均电流。

习题 5-11　桥式整流电路中，变压器次级电压有效值$U_2 = 22$V，负载电阻$R_L = 1.2$kΩ，求：

（1）输出电压平均值$U_{o(AV)}$；

（2）流过每个二极管的平均电流$I_{D(AV)}$；

（3）二极管承受的最高反向工作电压U_{RM}。

习题 5-12　某桥式整流电路的输出电压平均值为 18V，负载电流平均值为 100mA，求变压器次级电压有效值和二极管的最大整流电流（假设二极管安全裕量为 2 倍）。

习题 5-13　设计一个半波整流电路，要求输出电压平均值为 9V，负载电流平均值为 50mA，求：

（1）变压器次级电压有效值；

（2）选择合适的二极管（考虑最大整流电流和最高反向工作电压）。

习题 5-14　某桥式整流滤波电路（电容滤波）的输出电压为 24V，负载电阻为 200Ω，求变压器次级电压有效值和电容的耐压值。（提示：电容滤波后输出电压约为 1.2 倍次级电压有效值。）

习题 5-15　某二极管的伏安特性方程为$i = 10^{-9}\left(e^{\frac{u}{0.026}} - 1\right)$A，求当$u = 0.7$V 时的电流$i$，并计算此时二极管的动态电阻$r_d = \frac{\Delta u}{\Delta i}$。（提示：动态电阻近似为$\frac{U_T}{i}$。）

习题 5-16　已知某二极管的最大整流电流$I_F = 1$A，最高反向工作电压$U_{RM} = 50$V，能否将它用于输出电压为 30V、电流为 1.5A 的整流电路中？为什么？

习题 5-17　一个硅二极管在 25℃时的反向饱和电流$I_S = 1\mu$A，温度每升高 10℃，I_S约增大 1 倍，求温度升高到 75℃时的I_S。

本书配套资源

第 6 章　晶体三极管及其放大电路

- **本章思维导图**

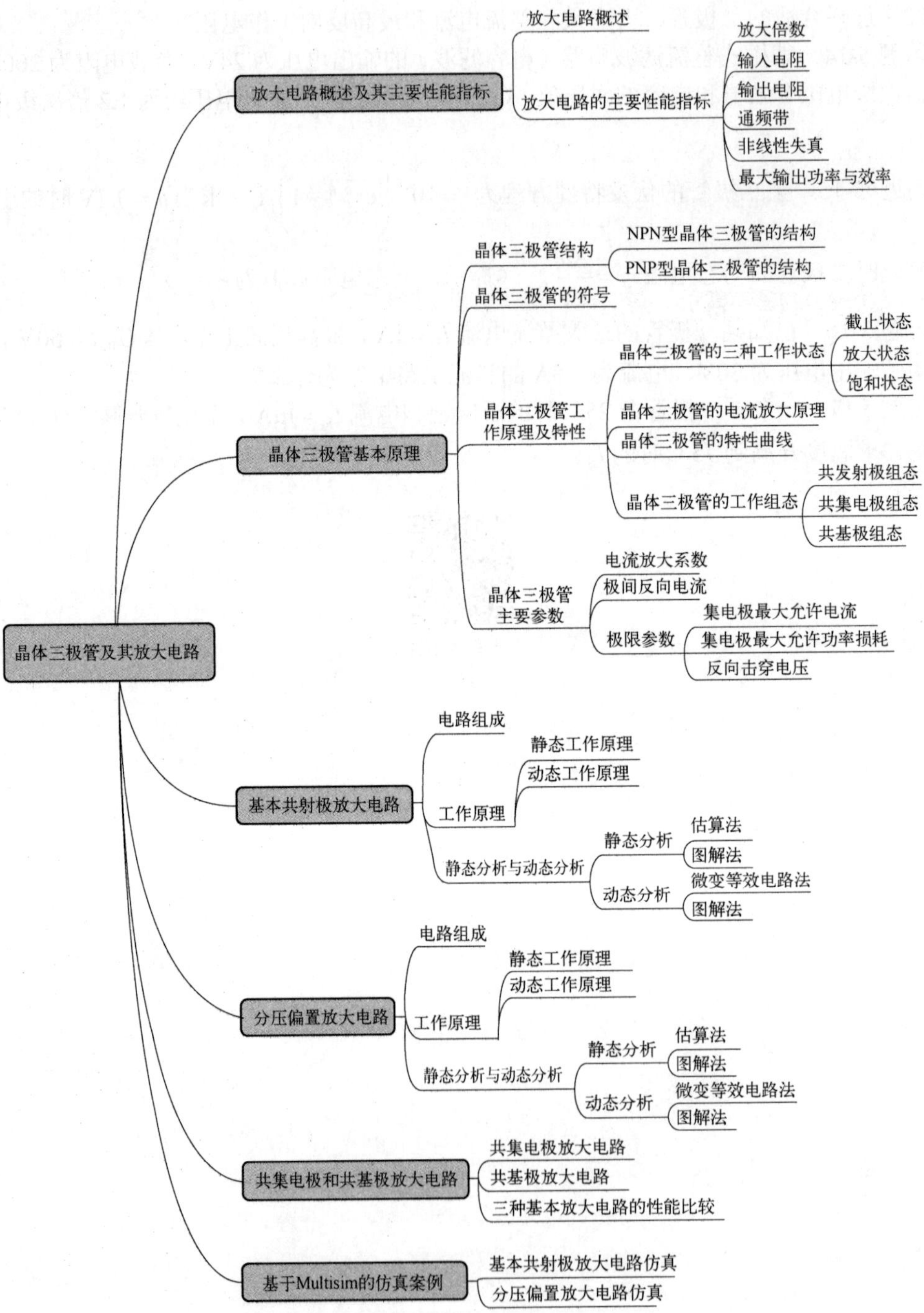

- **本章学习目标**

1. 了解晶体三极管基础结构与分类，理解三个电极的本质区别，熟悉晶体三极管的电路符号和电流放大系数，掌握三个电极之间的电流关系和动态分配关系。

2. 熟悉三极管的三种工作状态——饱和、截止和放大，熟练掌握三极管的输入特性曲线和输出特性曲线，掌握基本共射极放大电路组成结构和各个元件的作用，了解共集电极放大电路（射极输出器）和共基极放大电路的组成结构，理解和熟练计算放大电路的静态工作点，理解静态工作点对放大电路性能的影响，掌握放大电路的动态分析方法，理解和熟练计算电路的电压放大倍数、输入电阻和输出电阻。

3. 掌握分压偏置放大电路组成结构和各个元件的作用，理解和熟练计算放大电路的静态工作点，理解静态工作点对放大电路性能的影响，掌握放大电路的动态分析方法，理解和熟练计算电路的电压放大倍数、输入电阻和输出电阻。

4. 熟练使用仿真软件进行三极管放大电路的设计和仿真。

6.1 放大电路概述及其主要性能指标

6.1.1 放大电路概述

在电子信息时代，我们每天都在接触和使用各种电子设备，如手机、电脑、电视等。这些设备能够处理和传输各种信息，其中一个重要的环节就是信号的放大。放大电路是电子电路中基本的功能电路，其作用是将微弱的电信号（电压、电流、功率等）放大到满足一定条件，以便于后续的处理、显示或驱动负载。

为了更好地理解放大电路的概念，先来看一个简单的例子。假设有一个麦克风，当我们对着它说话时，它会将声音信号转换为微弱的电信号，这个电信号非常小，无法直接驱动扬声器发出响亮的声音，这时就需要一个放大电路来将这个微弱的电信号放大，然后再送到扬声器，这样我们就能听到清晰响亮的声音了。

放大电路的核心元件是具有放大作用的电子器件，如晶体三极管、场效应管等。在本章中，我们将重点介绍晶体三极管及其构成的放大电路。晶体三极管是一种三端半导体器件，它具有电流放大作用，能够将输入的小电流信号放大成较大的电流信号，从而实现对电信号的放大。

放大电路的种类繁多，根据不同的分类标准，可以分为不同的类型。例如：根据放大信号的类型，可以分为直流放大电路和交流放大电路；根据放大电路的用途，可以分为电压放大电路、电流放大电路和功率放大电路；根据放大电路的工作状态，可以分为甲类放大电路、乙类放大电路和甲乙类放大电路等。

在实际应用中，放大电路通常不是单独存在的，而是作为电子系统的一个组成部分，与其他电路一起协同工作。例如，在一个音频放大器中，放大电路需要与输入电路、输出电路、电源电路等配合，才能实现对音频信号的放大和处理。

6.1.2 放大电路的主要性能指标

为了衡量放大电路的性能优劣，我们需要定义一些性能指标，这些性能指标是设计和分析放大电路的重要依据。下面介绍放大电路的几个主要性能指标。

1）放大倍数（增益）

放大倍数是衡量放大电路放大能力的重要指标，它表示输出信号与输入信号的比值。根据输入和输出信号的不同类型，放大倍数可以分为电压放大倍数、电流放大倍数和功率放大倍数。

（1）电压放大倍数 A_u 。电压放大倍数是指放大电路的输出电压与输入电压的比值，即：

$$A_u = \frac{u_o}{u_i} \tag{6-1}$$

式中，u_o 表示输出电压，u_i 表示输入电压。电压放大倍数通常用分贝（dB）来表示，其换算关系为：

$$A_u(\mathrm{dB}) = 20\lg|A_u| \tag{6-2}$$

例如，当电压放大倍数 $A_u = 100$ 时，用分贝表示为：

$$A_u(\mathrm{dB}) = 20\lg 100 = 20 \times 2 = 40\mathrm{dB}$$

（2）电流放大倍数 A_i 。电流放大倍数是指放大电路的输出电流与输入电流的比值，即：

$$A_i = \frac{i_o}{i_i} \tag{6-3}$$

式中，i_o 表示输出电流，i_i 表示输入电流。电流放大倍数也可用分贝表示，其换算关系为：

$$A_i(\mathrm{dB}) = 20\lg|A_i|$$

（3）功率放大倍数 A_p 。功率放大倍数是指放大电路的输出功率与输入功率的比值，即

$$A_p = \frac{p_o}{p_i} \tag{6-4}$$

式中，p_o 表示输出功率，p_i 表示输入功率。功率放大倍数用分贝表示的换算关系为：

$$A_p(\mathrm{dB}) = 10\lg|A_p| \tag{6-5}$$

需要注意的是，这三种放大倍数之间存在一定的关系。由于功率 $p = ui$ ，所以功率放大倍数可以表示为电压放大倍数和电流放大倍数的乘积，即：

$$A_p = A_u A_i \tag{6-6}$$

2）输入电阻 R_i

输入电阻是指输入理想信号源的电压与流过其电流的比值，也可表示为断开输入信号后的开路二端网络等效电阻，它反映了放大电路对信号源的影响程度。输入电阻的计算公式为：

$$R_i = \frac{u_i}{i_i} \tag{6-7}$$

式中，u_i 表示输入电压，i_i 表示输入电流。

输入电阻的大小对放大电路的性能有重要影响。一般来说，若输入信号为电压源信号，输入电阻越大越好。这是因为当输入电阻较大时，放大电路从信号源吸取的电流较小，从而对信号源的影响较小，能够更好地保持信号源的原有特性。例如，在一个传感器信号采集系统中，如果放大电路的输入电阻较小，那么它会从传感器中吸取较大的电流，这可能会导致传感器的工作状态发生变化，从而影响测量结果的准确性。

3）输出电阻 R_o

输出电阻是指在放大电路的输出端断开负载，并对该二端网络内的独立电源做置零处理，将二端网络输出端接理想信号源，此时信号源电压与流过其电流的比值。它也可表示为放大电路断开负载后的二端网络等效电阻，它反映了放大电路带负载的能力。输出电阻的具体测量方法是：在放大电路的输出端加上一个固定的信号，然后分别测量输出端接负载时的 u_o 和流过输出端的电流 i_o，根据这两个值可以计算出输出电阻。输出电阻的计算公式为：

$$R_o = \frac{u_o}{i_o} \tag{6-8}$$

式中，u_o 表示输出端外接电压，i_o 表示输出电流。

输出电阻的大小对放大电路的性能也有重要影响。一般来说，输出电阻越小越好。这是因为当输出电阻较小时，放大电路的输出电压受负载变化的影响较小，能够更好地保持输出电压的稳定性。例如，在一个音频放大器中，如果输出电阻较大，那么当连接不同的扬声器时，输出电压会发生较大的变化，这可能会导致声音的音质发生改变。

4）通频带 BW

我们知道，任何一个信号都有对应的频率范围，通频带是指放大电路能够有效放大的信号频率范围。在实际应用中，放大电路的放大倍数通常会随着信号频率的变化而变化。一般来说，对于带通信号，在中频段，放大电路的放大倍数比较稳定；而在低频段和高频段，放大倍数会逐渐下降。

通频带的定义为：当放大倍数下降到中频段放大倍数的 0.707（即-3dB）时，对应的低频频率 f_L 和高频频率 f_H 之间的频率范围。即：

$$\mathrm{BW} = f_H - f_L \tag{6-9}$$

式中，f_L 称为下限截止频率，f_H 称为上限截止频率。

通频带是衡量放大电路对不同频率信号放大能力的重要指标。不同的应用场合，对通频带的要求也不同。例如：在音频放大电路中，通常需要较宽的通频带，以保证能够有效放大音频信号的各个频率成分；而在一些窄带通信系统中，则只需要较窄的通频带，以提高系统的抗干扰能力。

5）非线性失真

非线性失真是指由于放大电路中非线性元件（如晶体三极管）的特性，输出信号的波形与输入信号的波形不一致的现象。非线性失真主要包括谐波失真、互调失真等。

谐波失真是指输出信号中产生了输入信号中不存在的谐波成分。互调失真是指当输入信号包含两个或多个不同频率的成分时，输出信号中会产生这些频率成分的加减频率成分。

非线性失真会影响放大电路的性能，特别是在对信号质量要求较高的场合，如音频放大、视频放大等。为了减小非线性失真，通常需要合理选择放大电路的工作点和频带，并采用适当的负反馈技术。

6）最大输出功率与效率

最大输出功率是指放大电路在不失真的情况下能够输出的最大功率。效率是指放大电路的输出功率与电源供给功率的比值，它反映了放大电路对电源能量的利用效率。

在实际应用中，特别是在功率放大电路中，通常希望放大电路能够具有较高的最大输出功率和效率，以减少能量的浪费和发热。

以上就是放大电路的几个主要性能指标。在设计和分析放大电路时，需要根据具体的应用需求，综合考虑这些性能指标，以达到最佳的设计效果。

6.2 晶体三极管基本原理

6.2.1 晶体三极管结构

晶体三极管，也称为半导体三极管或双极型晶体管（BJT），是一种重要的半导体器件。它由两个 PN 结组成（PN 结特性见第 5 章），具有三个电极，分别是发射极（emitter，简称 E）、基极（base，简称 B）和集电极（collector，简称 C）。

根据结构的不同，晶体三极管可以分为 NPN 型和 PNP 型两种类型。下面分别介绍这两种类型的晶体三极管的结构。

1）NPN 型晶体三极管的结构

NPN 型晶体三极管的结构如图 6-1 所示。它由两层 N 型半导体和一层 P 型半导体组成，中间的 P 型半导体层称为基区，两侧的 N 型半导体层分别称为发射区和集电区。从发射区引出的电极称为发射极（E），从基区引出的电极称为基极（B），从集电区引出的电极称为集电极（C）。

发射区和基区之间形成的 PN 结称为发射结，基区和集电区之间形成的 PN 结称为集电结。

为了使晶体三极管具有良好的放大性能，在制造工艺上对 NPN 型晶体三极管的结构有一些特殊的要求：

（1）发射区的掺杂浓度较高，这样可以提供大量的多数载流子（电子）。

（2）基区很薄，通常只有几微米到几十微米，并且掺杂浓度很低，这样可以减少电子在基区的复合机会。

（3）集电区的面积较大，这样可以更好地收集从发射区发射过来的电子。

2）PNP 型晶体三极管的结构

PNP 型晶体三极管的结构与 NPN 型晶体三极管的结构类似，只是它们的半导体类型相反。PNP 型晶体三极管的结构如图 6-2 所示。PNP 型晶体三极管由两层 P 型半导体和一层 N 型半导体组成，中间的 N 型半导体层称为基区，两侧的 P 型半导体层分别称为发射区和集电区。从发射区引出的电极称为发射极（E），从基区引出的电极称为基极（B），从集电区引出的电极称为集电极（C）。

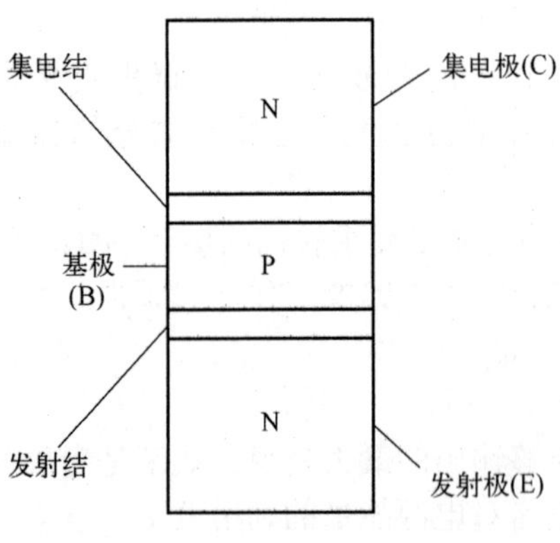

图 6-1　NPN 型晶体三极管的结构

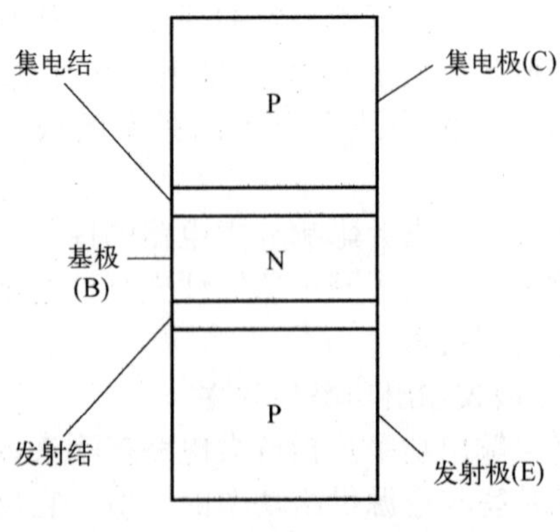

图 6-2　PNP 型晶体三极管的结构

同样，发射区和基区之间形成的 PN 结称为发射结，基区和集电区之间形成的 PN 结称为集电结。

PNP 型晶体三极管的制造工艺要求与 NPN 型晶体三极管类似，只是掺杂的杂质类型相反。

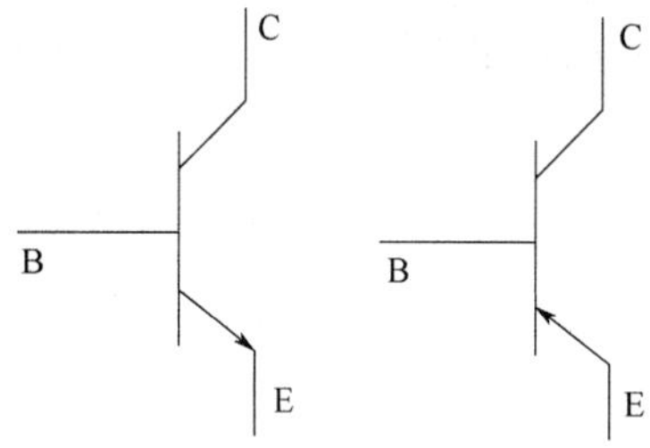

(a) NPN　　(b) PNP

图 6-3　NPN 型和 PNP 型晶体三极管的电路符号

6.2.2　晶体三极管的符号

NPN 型和 PNP 型晶体三极管的电路符号如图 6-3 所示。在符号中，发射极上的箭头表示电流的方向。对于 NPN 型晶体三极管，箭头向外，表示电流从发射极流出；对于 PNP 型晶体三极管，箭头向内，表示电流从发射极流入。

6.2.3　晶体三极管工作原理及特性

晶体三极管的工作原理可由半导体中的载流子运动和 PN 结的单向导电特性进行分析。下面以 NPN 型晶体三极管为例，介绍晶体三极管的工作原理和特性。

6.2.3.1　晶体三极管的三种工作状态

根据晶体三极管的电极电压大小，其有三种工作状态，分别是截止状态、放大状态和饱和状态，这三种工作状态取决于发射结和集电结的偏置情况。

1）截止状态

当发射结和集电结都处于反向偏置时，晶体三极管处于截止状态，即

$$V_E > V_B，V_C > V_B \tag{6-10}$$

式中，V_E 是发射极电位，V_C 是集电极电位，V_B 是基极电位。

在截止状态下，晶体三极管的发射极电流 I_E、基极电流 I_B 和集电极电流 I_C 都非常小，近似为零，此时，晶体三极管相当于一个断开的开关。

2）放大状态

当发射结处于正向偏置，集电结处于反向偏置时，晶体三极管处于放大状态，即

$$V_E < V_B，V_C > V_B \tag{6-11}$$

在放大状态下，晶体三极管具有电流放大作用，即集电极电流 I_C 与基极电流 I_B 之间存在着固定的比例关系：

$$I_C = \beta I_B$$

式中，β 称为晶体三极管的电流放大系数，它是一个大于 1 的常数。

3）饱和状态

当发射结和集电结都处于正向偏置时，晶体三极管处于饱和状态，即

$$V_E < V_B，V_C < V_B \tag{6-12}$$

在饱和状态下，晶体三极管的集电极电流 I_C 不再受基极电流 I_B 的控制，而是取决于外部电路的参数，此时，晶体三极管相当于一个闭合的开关。

6.2.3.2　晶体三极管的电流放大原理

晶体三极管的电流放大原理是基于载流子的运动和复合。在 NPN 型晶体三极管中，当发射结处于正向偏置时，发射区的多数载流子（电子）会向基区扩散，形成发射极电流 I_E。由于基区很薄且掺杂浓度很低，所以大部分电子能够穿过基区到达集电结。在集电结反向偏置

的作用下，这些电子被集电区收集，形成集电极电流I_C，只有一小部分电子会与基区中的空穴复合，形成基极电流I_B。

根据电流连续性原理，发射极电流I_E等于集电极电流I_C和基极电流I_B之和，即

$$I_E = I_C + I_B \tag{6-13}$$

又因为$I_C = \beta I_B$，所以可以得到：

$$I_E = (\beta + 1) I_B \tag{6-14}$$

这就是晶体三极管的电流放大原理。可以看出，通过控制基极电流I_B的大小，就可以控制集电极电流I_C的大小，从而实现对电流的放大。

6.2.3.3 晶体三极管的特性曲线

晶体三极管的特性曲线是描述晶体三极管各极电压和电流之间关系的曲线。晶体三极管的特性曲线主要包括输入特性曲线和输出特性曲线。

1）输入特性曲线

输入特性曲线是指在集电极-发射极电压U_{CE}保持不变的情况下，基极电流I_B与基极-发射极电压U_{BE}之间的关系曲线，即

$$I_B = f(U_{BE})\big|_{U_{CE}=常数} \tag{6-15}$$

NPN型晶体三极管的输入特性曲线如图6-4所示。从图中可以看出，输入特性曲线类似于二极管的伏安特性曲线，具有非线性特性。当U_{BE}小于某一值时，I_B几乎为零，这个值称为死区电压。对于硅管，死区电压约为0.5V；对于锗管，死区电压约为0.1V。当U_{BE}大于死区电压后，I_B随着U_{BE}的增加而迅速增加。

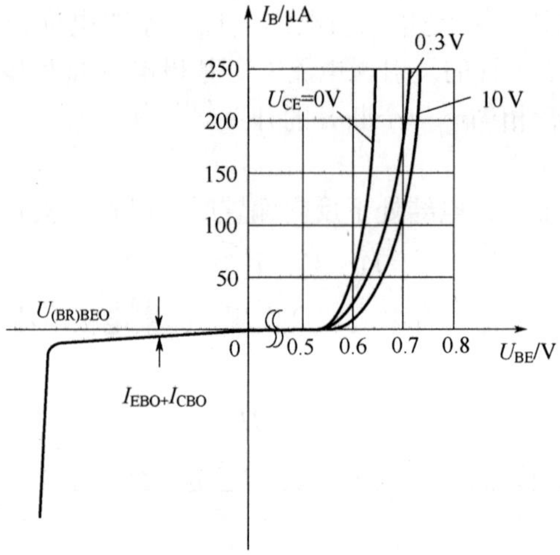

图6-4 NPN型晶体三极管的输入特性曲线

（$U_{(BR)BEO}$：基极-发射极反向击穿电压；I_{EBO}：发射极-基极反向饱和电流；I_{CBO}：集电极-基极反向饱和电流）

2）输出特性曲线

输出特性曲线是指在基极电流I_B保持不变的情况下，集电极电流I_C与集电极-发射极电压U_{CE}之间的关系曲线，即

$$I_C = f(U_{CE})\big|_{I_B=常数} \tag{6-16}$$

NPN 型晶体三极管的输出特性曲线如图 6-5 所示。从图中可以看出，输出特性曲线可以分为三个区域：截止区、放大区和饱和区。

截止区：当 $I_B=0$ 时，I_C 几乎为零，此时晶体三极管处于截止状态。截止区的特点是发射结和集电结都处于反向偏置。

放大区：在放大区内，输出特性曲线近似为一组平行于横轴的直线，这表明 I_C 主要取决于 I_B，而与 U_{CE} 关系不大。放大区的特点是发射结处于正向偏置，集电结处于反向偏置。

饱和区：在饱和区内，I_C 随着 U_{CE} 的增加而迅速增加，此时 I_C 不再受 I_B 的控制。饱和区的特点是发射结和集电结都处于正向偏置。

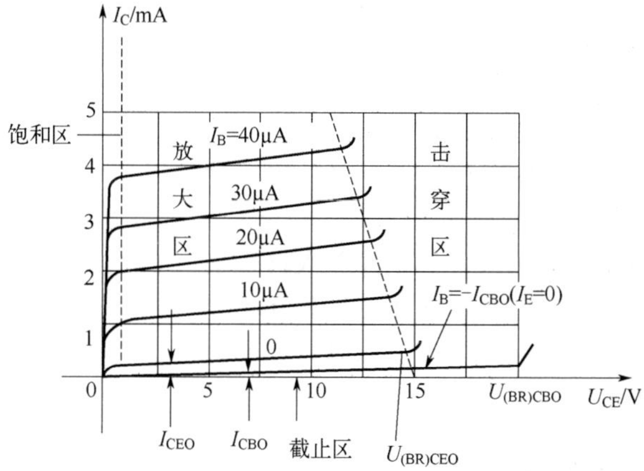

图 6-5　NPN 型晶体三极管的输出特性曲线

（$U_{(BR)CEO}$：反向击穿电压；$U_{(BR)CBO}$：发射极开路时的集电结击穿电压；I_{CEO}：集电极-发射极反向饱和电流；I_{CBO}：集电极-基极反向饱和电流）

6.2.4　晶体三极管的三种工作组态

晶体三极管的三种工作组态是指根据输入信号和输出信号的公共端不同，将晶体三极管的连接方式分为共发射极（共射极）组态、共集电极组态和共基极组态三种类型，如图 6-6 所示。下面分别介绍这三种工作组态的特点。

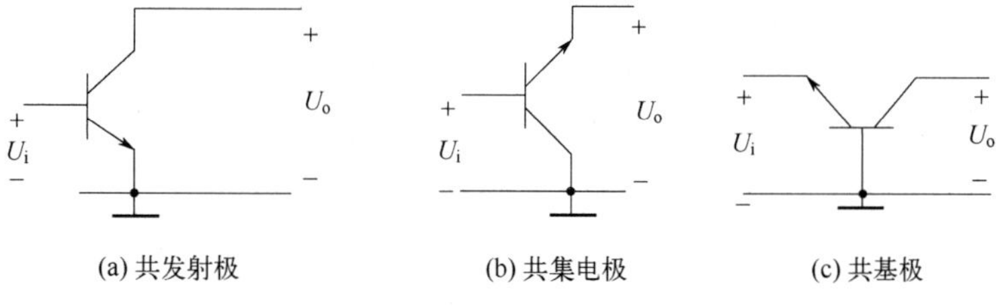

图 6-6　晶体三极管的三种工作组态

1）共发射极组态

共发射极组态是指以发射极作为输入信号和输出信号的公共端的连接方式。在共发射极组态中，输入信号加在基极和发射极之间，输出信号从集电极和发射极之间取出。

共发射极组态的特点是：

（1）具有较大的电压放大倍数和电流放大倍数，因此具有较高的功率放大倍数。

（2）输出电压与输入电压反相，即相位差为 180°。

（3）输入电阻和输出电阻适中。

共发射极组态是广泛应用的一种组态，常用于一般的信号放大电路中。

2）共集电极组态

共集电极组态是指以集电极作为输入信号和输出信号的公共端的连接方式。在共集电极组态中，输入信号加在基极和集电极之间，输出信号从发射极和集电极之间取出。

共集电极组态的特点是：

（1）电压放大倍数小于 1，但接近于 1，具有电压跟随作用。

（2）具有较大的电流放大倍数和功率放大倍数。

（3）输入电阻很大，输出电阻很小，因此具有良好的阻抗匹配特性。

共集电极组态常用于输入级、输出级和缓冲级电路中。

3）共基极组态

共基极组态是指以基极作为输入信号和输出信号的公共端的连接方式。在共基极组态中，输入信号加在发射极和基极之间，输出信号从集电极和基极之间取出。

共基极组态的特点是：

（1）具有较大的电压放大倍数，但电流放大倍数小于 1。

（2）输出电压与输入电压同相，即相位差为 0°。

（3）输入电阻很小，输出电阻很大，高频特性好。

共基极组态常用于高频放大电路和宽频带放大电路中。

6.3 晶体三极管主要参数

晶体三极管的参数是衡量其性能优劣的重要指标。下面介绍晶体三极管的几个主要参数。

1）电流放大系数

电流放大系数是晶体三极管的重要参数，它表示晶体三极管的电流放大能力。电流放大系数分为直流电流放大系数和交流电流放大系数。

（1）直流电流放大系数 $\overline{\beta}$。直流电流放大系数是指在静态（无交流信号）情况下，集电极电流 I_C 与基极电流 I_B 的比值，即

$$\overline{\beta}=\frac{I_C}{I_B} \tag{6-17}$$

（2）交流电流放大系数 β。交流电流放大系数是指在动态（有交流信号）情况下，集电极电流的变化量 ΔI_C 与基极电流的变化量 ΔI_B 的比值，即

$$\beta=\frac{\Delta I_C}{\Delta I_B} \tag{6-18}$$

在实际应用中，由于 $\overline{\beta}$ 和 β 的值相差不大，通常可以认为它们近似相等。

2）极间反向电流

极间反向电流是指晶体三极管在反向偏置时的电流，主要包括集电极-基极反向饱和电流 I_{CBO} 和集电极-发射极反向饱和电流 I_{CEO}。

（1）集电极-基极反向饱和电流 I_{CBO}。I_{CBO} 是指当发射极开路时，集电极和基极之间的反向电流。I_{CBO} 的大小主要取决于温度，温度升高时，I_{CBO} 会显著增加。I_{CBO} 越小，晶体三极管的性能越稳定。

（2）集电极-发射极反向饱和电流 I_{CEO}。I_{CEO} 是指当基极开路时，集电极和发射极之间的反向电流。I_{CEO} 也称为穿透电流，它与 I_{CBO} 之间的关系为：

$$I_{CEO}=(1+\beta)I_{CBO} \tag{6-19}$$

由于 β 通常比较大，所以 I_{CEO} 比 I_{CBO} 大得多。I_{CEO} 也是衡量晶体三极管热稳定性的重要指标，I_{CEO} 越小，晶体三极管的热稳定性越好。

3）极限参数

极限参数是指晶体三极管正常工作时所允许的最大参数值，超过这些值，晶体三极管可能会损坏。晶体三极管的主要极限参数包括集电极最大允许电流 I_{CM}、集电极最大允许功率损耗 P_{CM} 和反向击穿电压 $U_{(BR)CEO}$。

（1）集电极最大允许电流 I_{CM}。I_{CM} 是指晶体三极管正常工作时集电极所允许的最大电流。当集电极电流超过 I_{CM} 时，晶体三极管的性能会下降，甚至可能会导致晶体三极管损坏。

（2）集电极最大允许功率损耗 P_{CM}。P_{CM} 是指晶体三极管正常工作时集电极所允许的最大功率损耗。集电极功率损耗 P_C 等于集电极电流 I_C 与集电极-发射极电压 U_{CE} 的乘积，即

$$P_C=I_CU_{CE} \tag{6-20}$$

当 P_C 超过 P_{CM} 时，晶体三极管的温度会升高，可能会导致晶体三极管损坏。

（3）反向击穿电压 $U_{(BR)CEO}$。$U_{(BR)CEO}$ 是指当基极开路时，集电极和发射极之间的最大允许反向电压。当 U_{CE} 超过 $U_{(BR)CEO}$ 时，集电结会发生反向击穿，导致晶体三极管损坏。

6.4 基本共射极放大电路

6.4.1 基本共射极放大电路组成

基本共射极放大电路是基本的放大电路形式，理解它的组成和工作原理，对后续学习复杂电路至关重要。它由晶体三极管、直流电源、电阻和电容等元件组成。下面介绍基本共射极放大电路的组成和各元件的作用。

1）电路组成

在 6.2 节中提出了要保证晶体三极管工作在放大状态，必须是发射结处于正向偏置，集电结处于反向偏置，图 6-7（a）中包含两个直流电源，U_{BB} 确保三极管发射结正向偏置，U_{CC} 确保集电结反向偏置，经过计算分析可知，当满足 $R_B>\beta R_C$ 时，双电源供电模式可等效为单电源供电模式，如图 6-7（b）所示，并最终形成我们常见的单电源供电的基本共射极放大电路结构图。该电路以 NPN 型晶体三极管为核心，通过调节基极电压和基极电流使晶体三极管工作在合适的工作区间，为后续放大电路提供合适的静态工作点。

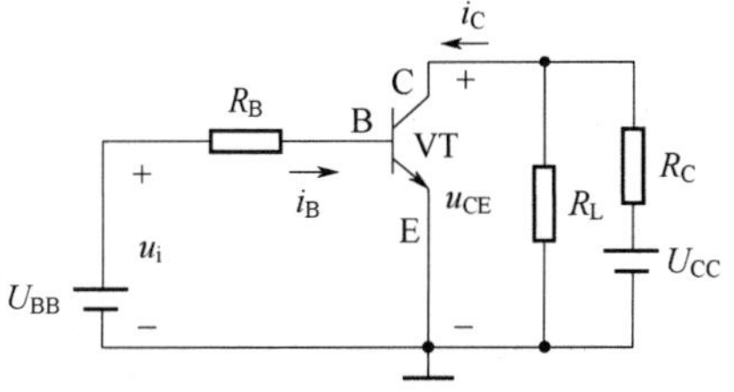

(a) 双电源供电

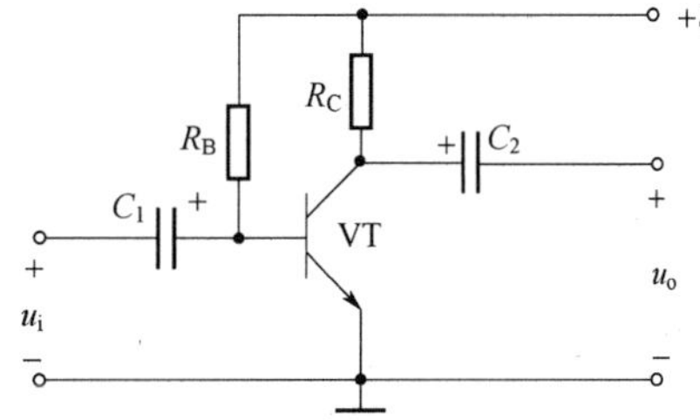

(b) 单电源供电

图 6-7　基本共射极放大电路原理图（双电源供电向单电源供电的演变）

2）各元件的作用

（1）晶体三极管 VT。晶体三极管是放大电路的核心元件，它具有电流放大作用，能够将输入的小电流信号放大成较大的电流信号。在基本共射极放大电路中，通常采用 NPN 型晶体三极管。

（2）直流电源U_{CC}。直流电源为放大电路提供能量，使晶体三极管能够正常工作。U_{CC}的大小一般根据放大电路的要求和晶体三极管的参数来选择，通常为几伏到几十伏。

（3）集电极电阻R_C。集电极电阻的作用是将晶体三极管的集电极电流变化转换为电压变化，从而实现电压放大。R_C的阻值一般为几千欧到几十千欧。

（4）基极电阻R_B。直流电源电压和基极电阻R_B为晶体三极管的基极提供合适的偏置电压，从而确定晶体三极管的静态工作点。R_B的阻值一般为几十千欧到几百千欧。

（5）发射极电阻R_E。发射极电阻的作用是稳定晶体三极管的静态工作点。当温度变化时，R_E能够通过负反馈作用抑制晶体三极管的静态工作点的变化。R_E的阻值一般为几百欧到几千欧。

（6）发射极旁路电容C_E。发射极旁路电容的作用是为交流信号提供一条低阻抗的通路，使发射极电阻R_E对交流信号不起作用，从而提高放大电路的交流放大倍数。C_E的容量一般为几十微法到几百微法。

（7）耦合电容C_1和C_2。耦合电容C_1和C_2的作用是隔离直流、传输交流。C_1用于将输入信号耦合到晶体三极管的基极，同时阻止直流信号进入信号源；C_2用于将放大后的信号耦合到负载，同时阻止直流信号进入负载。C_1和C_2的容量一般为几微法到几十微法。

6.4.2 工作原理

基本共射极放大电路的工作原理是基于晶体三极管的电流放大作用，通过调整在输入回路和输出回路中各个元件的值来实现信号的放大。下面分别介绍放大电路的静态工作原理和动态工作原理。

1）静态工作原理

静态工作是指放大电路在没有交流输入信号（即输入信号短路为零）时的工作状态，又称电路的直流通路。在静态工作状态下，放大电路中的电流和电压都是直流值，称为静态值，如图 6-8 所示。

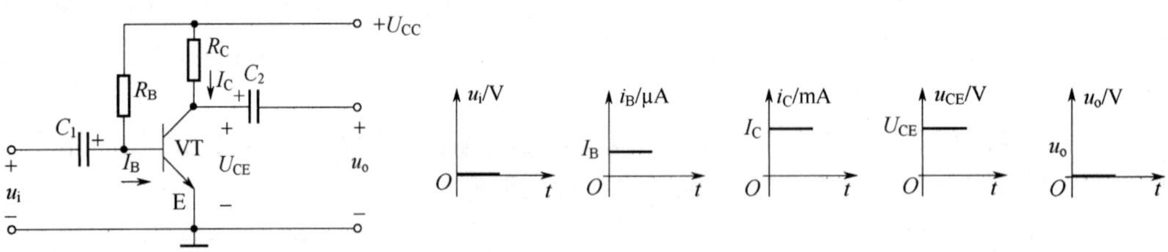

图 6-8　基本共射极放大电路静态过程各路信号变化

为了使放大电路能够正常工作，必须给晶体三极管设置合适的静态工作点（Q 点）。静态工作点是指在静态（直流电源单独作用）工作状态下，晶体三极管的基极电流I_{BQ}、集电极电流I_{CQ}和集电极-发射极电压U_{CEQ}的值。图 6-9 所示为基本共发射极放大电路静态工作电路图。

在基本共射极放大电路中，由直流电源U_{CC}通过基极电阻R_B为晶体三极管的基极提供偏置电流，根据欧姆定律，可求得基极电流I_{BQ}，即

$$I_{BQ}=\frac{U_{CC}-U_{BE}}{R_B} \quad (6\text{-}21)$$

这里的U_{BE}是晶体三极管基极与发射极之间的电压。一般情况下，对于硅管，U_{BE}约为0.7V；对于锗管，U_{BE}约为0.3V，无特别说明，也可认为$U_{BE}=0V$。

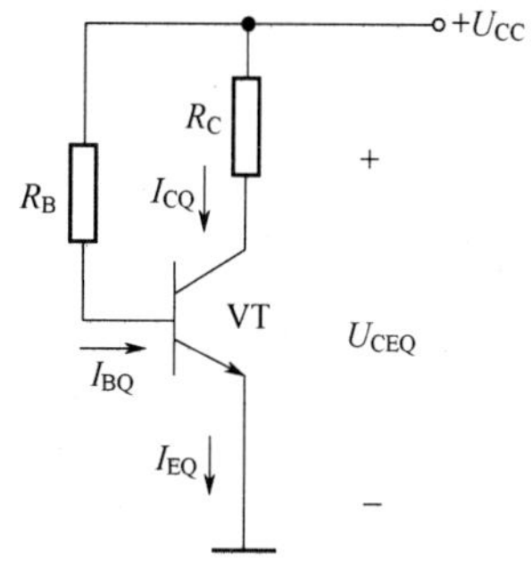

图 6-9　基本共发射极放大电路静态工作电路图

晶体三极管的集电极电流I_{CQ}与基极电流I_{BQ}之间存在固定关系，即

$$I_{CQ}=\beta I_{BQ} \quad (6\text{-}22)$$

式中，β是晶体三极管的电流放大系数，不同型号的晶体三极管，β值有所不同，一般在几十到几百之间。

由基尔霍夫电流定律可知，发射极电流I_{EQ}近似等于集电极电流I_{CQ}与基极电流I_{BQ}之和，因为I_{BQ}比I_{CQ}小得多，所以通常可以认为

$$I_{EQ}=I_{CQ}+I_{BQ}\approx I_{CQ} \quad (6\text{-}23)$$

最后，可计算集电极-发射极电压U_{CEQ}。根据电路结构可得

$$U_{CEQ}=U_{CC}-I_{CQ}R_C \quad (6\text{-}24)$$

通过以上计算，可以确定放大电路的静态工作点Q（I_{BQ}、I_{CQ}、U_{CEQ}）。

2）动态工作原理

动态工作是指放大电路在有输入信号时的工作状态。在动态工作状态下，放大电路中的电流和电压都是在静态值的基础上叠加了交流信号，如图6-10所示。

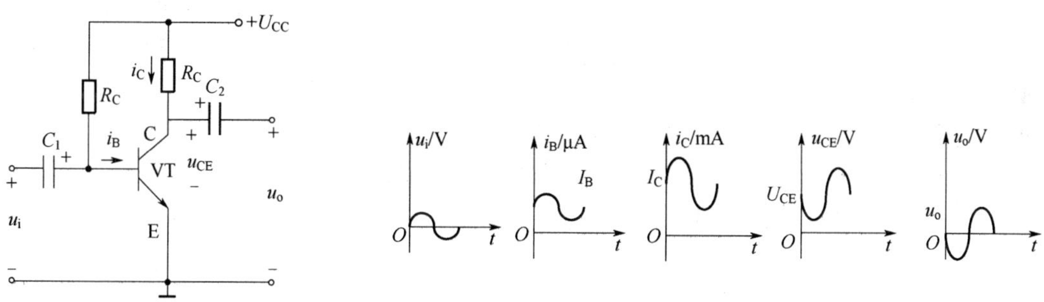

图 6-10　基本共射极放大电路中输入信号放大过程

当输入信号u_i通过耦合电容C_1加到晶体三极管的基极时，基极电压u_{BE}会在静态值U_{BEQ}的基础上叠加一个交流分量u_i，即

$$u_{BE}=U_{BEQ}+u_i \quad (6\text{-}25)$$

由于晶体三极管的输入特性是非线性的，所以基极电流i_B会在静态值I_{BQ}的基础上叠加一个交流分量i_b，即

$$i_B=I_{BQ}+i_b \quad (6\text{-}26)$$

根据晶体三极管的电流放大作用，集电极电流i_C会在静态值I_{CQ}的基础上叠加一个交流

分量i_c，即

$$i_C = I_{CQ} + i_c \tag{6-27}$$

其中，$i_c = \beta i_b$。

集电极电压u_{CE}为

$$u_{CE} = U_{CC} - i_C R_C \tag{6-28}$$

将$i_C = I_{CQ} + i_c$代入式（6-28），得到

$$u_{CE} = U_{CC} - (I_{CQ} + i_c)R_C = U_{CEQ} - i_c R_C \tag{6-29}$$

其中，$U_{CEQ} = U_{CC} - I_{CQ}R_C$为静态集电极-发射极电压。

可以看出，集电极电压u_{CE}会在静态值U_{CEQ}的基础上叠加一个交流分量$u_{ce} = -i_c R_C$。由于i_c与输入信号u_i同相，而u_{ce}与i_c反相，所以u_{ce}与输入信号u_i反相。

最后，输出信号u_o通过耦合电容C_2输出，由于耦合电容的隔直通交作用，输出信号u_o中只包含交流分量u_{ce}，即

$$u_o = u_{ce} = -i_c R_C \tag{6-30}$$

可以看出，输出信号u_o与输入信号u_i反相，并且幅度得到了放大。这就是基本共射极放大电路的电压放大原理。

6.4.3 静态分析与动态分析

为了定量分析放大电路的性能，根据叠加定理，可对电路分别进行静态分析和动态分析。静态分析的目的是确定放大电路的静态工作点，动态分析的目的是确定放大电路的电压放大倍数、输入电阻和输出电阻等性能指标。

6.4.3.1 静态分析

上述提及静态分析是指在没有输入信号（即输入信号短路）的情况下，分析放大电路的直流工作状态。静态分析的方法主要有估算法和图解法两种。

1）估算法

估算法是通过计算来确定放大电路的静态工作点。对于如图 6-7（b）所示的基本共射极放大电路，其静态分析电路如图 6-9 所示。对静态工作点的估算步骤如下：

（1）画出静态分析工作电路图。

（2）计算基极电流I_{BQ}：

$$I_{BQ} = \frac{U_{CC} - U_{BE}}{R_b} \tag{6-31}$$

（3）计算集电极电流I_{CQ}：

$$I_{CQ} = \beta I_{BQ} \tag{6-32}$$

（4）计算集电极-发射极电压U_{CEQ}：

$$U_{CEQ} = U_{CC} - I_{CQ}R_C \tag{6-33}$$

通过以上计算，可以得到放大电路的静态工作点 Q（I_{BQ}、I_{CQ}、U_{CEQ}）。

2）图解法

图解法是一种直观的静态分析方式，能显式地表达静态工作点的实际意义，如图 6-11 所示，可分为 4 个步骤。

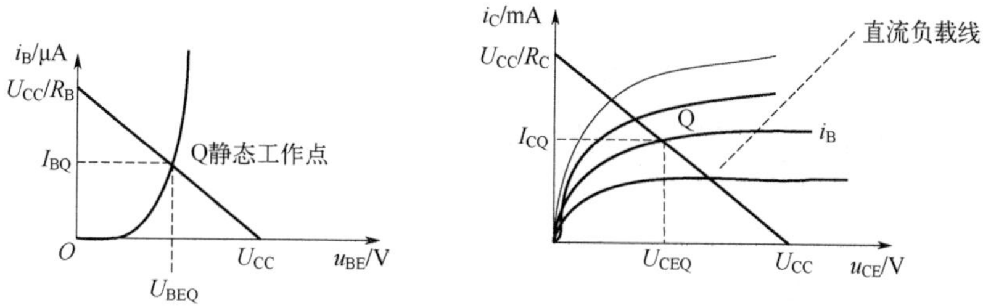

图 6-11　静态分析图解法

（1）绘制晶体三极管的输出特性曲线。输出特性曲线描述了不同基极电流 I_B 下，集电极电流 I_C 与集电极-发射极电压 U_{CE} 的关系。

（2）根据电路的直流通路列出直流负载线方程。对于基本共射极放大电路，直流通路中电容视为开路，直流负载线方程为

$$U_{CE}=U_{CC}-I_C R_C \tag{6-34}$$

（3）在输出特性曲线坐标平面上确定直流负载线。当 $I_C=0$ 时，$U_{CE}=U_{CC}$，得到直流负载线与 u_{CE} 轴的交点；当 $U_{CE}=0$ 时，$I_C=\dfrac{U_{CC}}{R_C}$，得到直流负载线与 i_C 轴的交点，连接这两个交点，就能画出直流负载线。

（4）根据基极偏置电路计算基极电流 I_{BQ}，找到输出特性曲线中对应 I_{BQ} 的曲线。该曲线与直流负载线的交点就是静态工作点 Q，从坐标上可以直接读出静态工作点的参数 I_{CQ} 和 U_{CEQ}。

图解法能直观展示静态工作点在特性曲线上的位置，帮助我们更好地理解电路静态工作状态。

6.4.3.2　动态分析

动态分析是指在有输入信号的情况下，分析放大电路的交流工作状态。动态分析的方法主要有微变等效电路法和图解法两种。

1）微变等效电路法

微变等效电路法是将非线性的晶体三极管在小信号条件下等效为线性电路，从而简化放大电路的分析，如图 6-12 所示。图 6-12（b）为三极管微变等效电路模型，其中可估算

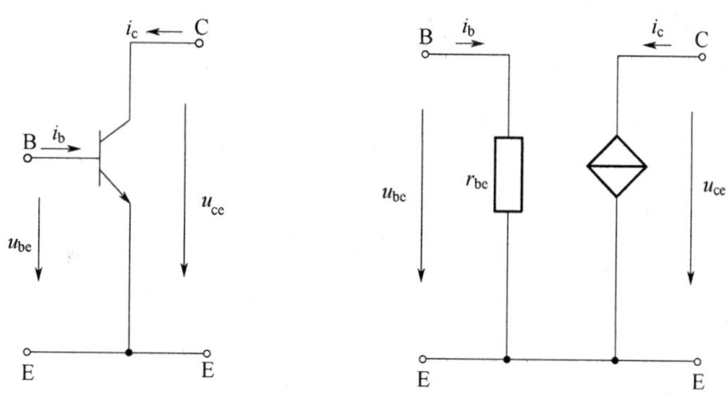

(a) 三极管小信号电路模型　　(b) 三极管微变等效电路模型

图 6-12　三极管的微变等效电路模型

$$r_{be} = 200 + (1+\beta)\frac{26\text{mV}}{I_E(\text{mA})} \tag{6-35}$$

式中，200 和 26mV 为三极管经验值，r_{be} 单位为欧姆。

微变等效电路法的具体步骤如下：

（1）画出放大电路的交流通路。交流通路是指在交流信号作用下，放大电路中交流电流的流通路径。画交流通路时，将直流电源视为短路，将大容量的耦合电容和旁路电容视为短路。

（2）用晶体三极管的微变等效电路代替交流通路中的晶体三极管。晶体三极管的微变等效电路是一个线性电路，它由输入电阻 r_{be}、电流源 βi_b 和输出电阻 r_{ce} 组成。在一般情况下，r_{ce} 很大，可以忽略不计。

（3）根据微变等效电路，计算放大电路的电压放大倍数 A_u、输入电阻 R_i 和输出电阻 R_o。

对于基本共射极放大电路，其微变等效电路如图 6-13 所示。

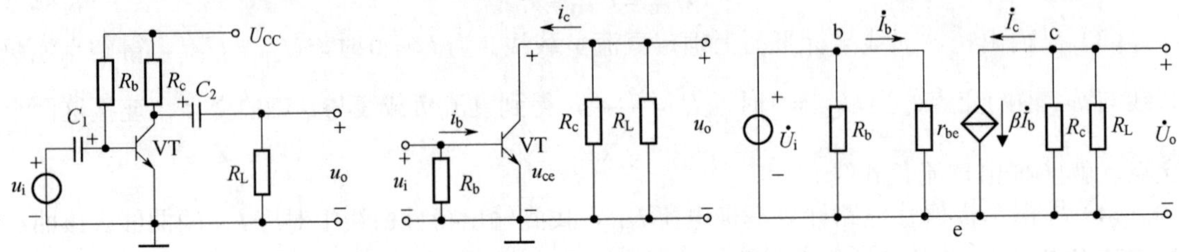

图 6-13　基本共射极放大电路的微变等效电路

根据微变等效电路，可以计算出放大电路的电压放大倍数 A_u、输入电阻 R_i 和输出电阻 R_o。

电压放大倍数 A_u：

$$\begin{cases} A_u = \dfrac{u_o}{u_i} = -\dfrac{\beta i_b R_c}{i_b r_{be}} = -\dfrac{\beta R_c}{r_{be}}, & \text{空载} \\ A_u = \dfrac{u_o}{u_i} = -\dfrac{\beta i_b R_c \parallel R_L}{i_b r_{be}} = -\dfrac{\beta R_c \parallel R_L}{r_{be}}, & \text{负载} \end{cases} \tag{6-36}$$

其中，负号表示输出电压与输入电压反相。

输入电阻 R_i：

$$R_i = \frac{u_i}{i_i} = R_b // r_{be} \approx r_{be} \tag{6-37}$$

输出电阻 R_o：

$$R_o = R_c \tag{6-38}$$

2）图解法

图解法是通过在晶体三极管的特性曲线上作图来分析放大电路的动态工作状态，如图 6-14 所示，图解法的步骤如下：

（1）画出晶体三极管的输出特性曲线和直流负载线，并确定静态工作点 Q。

（2）根据放大电路的交流通路，列出交流负载线方程：

$$u_{ce} = -i_c(R_c // R_L) \tag{6-39}$$

其中，R_L 为负载电阻。

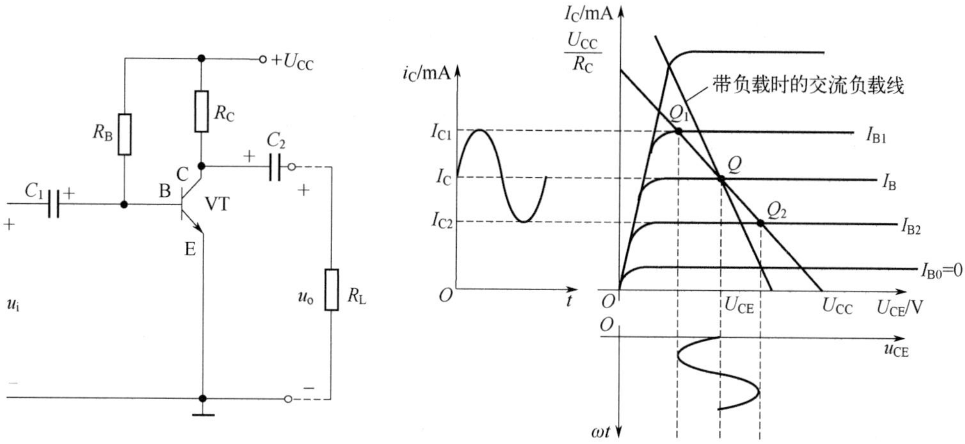

图 6-14　基本共射极放大电路动态分析图解法

（3）在输出特性曲线上画出交流负载线。交流负载线通过静态工作点 Q，其斜率为 $-\dfrac{1}{R_c//R_L}$。

（4）根据输入信号的波形，在输入特性曲线上画出 i_b 的波形。

（5）根据 i_b 的波形，在输出特性曲线上画出 i_c 和 u_{ce} 的波形。

（6）根据 u_{ce} 的波形，画出输出信号 u_o 的波形。

通过图解法，可以直观地观察放大电路的动态工作过程，分析放大电路的非线性失真情况，以及确定放大电路的最大不失真输出电压。

【例 6-1】 在图 6-15 所示电路中，已知 $U_{BE}(on)=0.7V$，C_1 和 C_2 对交流信号可视为短路，试：（1）求电路的静态工作点 Q；（2）画出电路微变等效电路，并求 r_{be}；（3）求电压放大倍数 A_u、输入电阻 R_i、输出电阻 R_o。

解：

（1）求电路的静态工作点：

① 画出静态分析工作电路图，如图 6-16 所示。

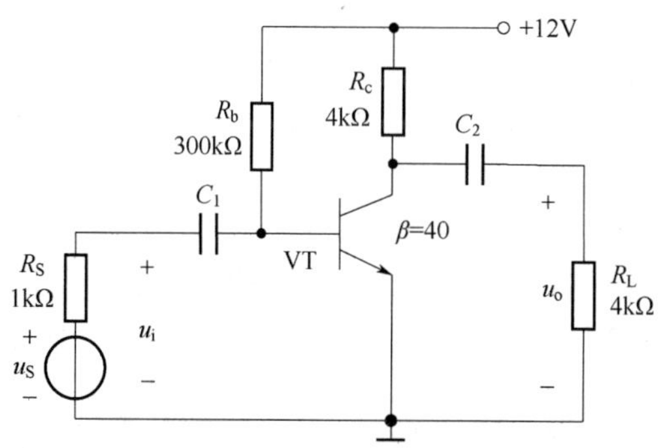

图 6-15　例 6-1 电路图

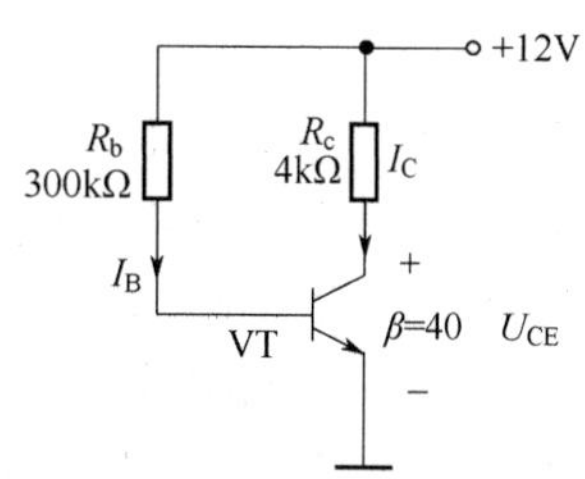

图 6-16　例 6-1 静态分析工作电路图

② 计算基极电流 I_{BQ}：

$$I_{BQ}=\frac{U_{CC}-U_{BE}}{R_b}=\frac{12V-0.7V}{300k\Omega}\approx 38\mu A$$

③ 计算集电极电流 I_{CQ}：

$$I_{CQ}=\beta I_{BQ}=40\times 38\mu A\approx 1.5mA$$

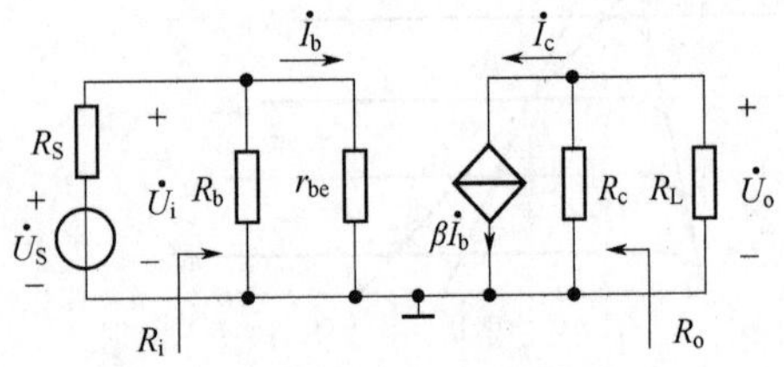

图 6-17　例 6-1 电路微变等效电路

④ 计算集电极-发射极电压 U_{CE}：

$$U_{CE}=U_{CC}-I_C R_c=12V-1.5mA\times 4k\Omega=6V$$

所以，可得放大电路的静态工作点 Q（38μA、1.5mA、6V）。

（2）画出电路微变等效电路，如图 6-17 所示。

$$r_{be}=200+(1+\beta)\frac{26mV}{I_E(mA)}=884\Omega$$

（3）求动态参数。

放大倍数：$$A_u=\frac{u_o}{u_i}=-\frac{\beta i_b R_c \parallel R_L}{i_b r_{be}}=-\frac{\beta R_c \parallel R_L}{r_{be}}=-90.5$$

输入电阻：$$R_i=R_b//r_{be}\approx r_{be}=884\Omega$$

输出电阻：$$R_o=R_c=4k\Omega$$

6.5　分压偏置放大电路

6.5.1　分压偏置放大电路组成

在前面学习的基本共射极放大电路中，我们已了解到它虽然能够实现信号放大，但由于半导体是温度敏感型器件，这必然引发一个问题——静态工作点会受到温度等因素的影响而不稳定，使得静态分析和动态分析存在极大误差。为了解决这个问题，研究者们设计出了分压偏置放大电路。

分压偏置放大电路的组成如图 6-18 所示。从整体上看，它和基本共射极放大电路有相似之处，都包含晶体三极管、直流电源、电阻和电容等元件，但在具体的连接和元件作用上又有一些独特之处。

电路中，晶体三极管依然是核心元件，我们仍以常见的 NPN 型晶体三极管为例。直流电源 U_{CC} 为整个电路提供能量，它就像电路的“动力源泉”，源源不断地为电路中的元件输送电能。

基极部分由两个电阻 R_{b1} 和 R_{b2} 组成了分压电路。这两个电阻就像是一对“好搭档”，它们相互配合，对电源电压 U_{CC} 进行分压，从而为晶体三极管的基极提供一个相对稳定的偏置电压。这就好比从一个大水池（电源 U_{CC}）中通过两根水管（R_{b1} 和 R_{b2}）分流，为一个小水盆（基极）提供合适水量（偏置电压）的水。

发射极连接了电阻 R_e 和旁路电容 C_e。R_e 在这里起到了稳定静态工作点的关键作用，它就像一个“小卫士”，时刻监测着电路中的电流变化，一旦电流出现异常波动，它就能通过自身的特性进行调节。而旁路电容 C_e 则是为交流信号“开绿灯”，它能让交流信号几乎无阻碍地通过，使 R_e 对交流信号不起作用，这样就能保证放大电路对交流信号的放大能力不受影响。

集电极连接着集电极电阻 R_c，它的作用和基本共射极放大电路中一样，将集电极电流的变化转换为电压变化，实现电压放大的功能。输入信号通过耦合电容 C_1 连接到基极，输出信号通过耦合电容C_2连接到负载，这两个耦合电容就像“隔离墙”和“传送带”，既能隔离直流信号，防止直流信号对信号源和负载产生不良影响，又能把交流信号顺利地传送到相应的位置。

6.5.2 工作原理

1）静态工作原理

在没有输入信号，也就是静态工作状态下，分压偏置放大电路是如何确定静态工作点的呢？

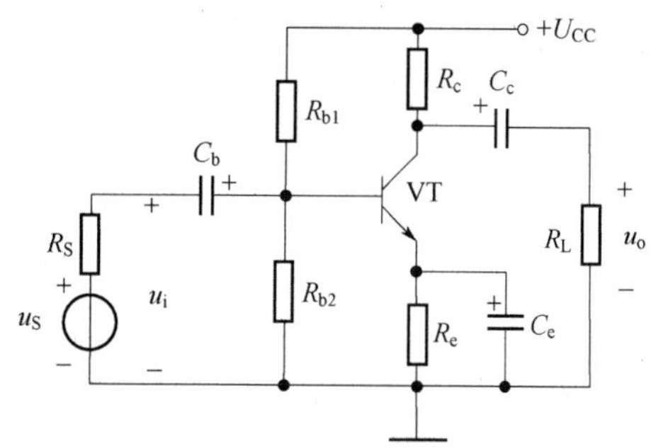

图 6-18　分压偏置放大电路

首先，由R_{b1}和R_{b2}组成的分压电路，根据电阻分压原理，我们可以计算出基极的电压U_B，由于三极管基极电流极小，可忽略，则有

$$U_B \approx \frac{R_{b2}}{R_{b1}+R_{b2}}U_{CC} \tag{6-40}$$

这就像是按照一定的比例从电源电压U_{CC}中“截取”一部分电压给基极。

因为基极和发射极之间存在一个二极管结构（发射结），所以发射极电压U_E比基极电压U_B低一个二极管导通电压U_{BE}（对于硅管，U_{BE}大约是 0.7V；对于锗管，U_{BE}大约是 0.3V），即

$$U_E = U_B - U_{BE} \tag{6-41}$$

根据欧姆定律，发射极电流I_E就可以通过发射极电压U_E和发射极电阻R_e计算出来，即

$$I_E = \frac{U_E}{R_e} \tag{6-42}$$

晶体三极管在正常工作时，集电极电流I_C近似等于发射极电流I_E，即$I_C \approx I_E$。

知道了集电极电流I_C，根据晶体三极管的电流放大关系，我们就可以计算基极电流I_B，即

$$I_B = \frac{I_C}{\beta} \tag{6-43}$$

式中，β是晶体三极管的电流放大系数。

最后，计算集电极-发射极电压U_{CE}有

$$U_{CE} = U_{CC} - I_C R_c - I_E R_e \tag{6-44}$$

因为$I_C \approx I_E$，所以也可以写成

$$U_{CE} \approx U_{CC} - I_C(R_c + R_e) \tag{6-45}$$

通过以上这些分析步骤，我们就确定了分压偏置放大电路的静态工作点 Q（I_{BQ}、I_{CQ}、U_{CEQ}）。

那么，为什么分压偏置放大电路能稳定静态工作点呢？假设三极管工作温度升高，晶体三极管的集电极电流I_C增大。因为$I_C \approx I_E$，所以发射极电流I_E也增大。发射极电流I_E增大，会使发射极电阻R_e上的电压$U_E = I_E R_e$增大，而基极电压U_B是由R_{b1}和R_{b2}分压确定的，

基本保持不变。这样一来，发射结电压 $U_{BE}=U_B-U_E$ 就会减小。根据晶体三极管的输入特性，基极电流 I_B 会减小，从而使集电极电流 I_C 减小，抵消了温度升高导致的 I_C 增大，实现了静态工作点的稳定。

2）动态工作原理

当有输入信号加入时，电路进入动态工作状态。输入信号 u_i 通过耦合电容 C_1 加到晶体三极管的基极，基极电压 u_{BE} 就会在静态值 U_{BEQ} 的基础上叠加一个交流分量 u_{be}，即 $u_{BE}=U_{BEQ}+u_{be}$。

由于晶体三极管的输入特性，基极电流 i_B 会在静态值 I_{BQ} 的基础上叠加一个交流分量 i_b，即 $i_B=I_{BQ}+i_b$。

根据晶体三极管的电流放大作用，集电极电流 i_C 会在静态值 I_{CQ} 的基础上叠加一个交流分量 i_c，并且 $i_c=\beta i_b$。

集电极电压 $u_{CE}=U_{CC}-i_CR_c-i_ER_e$，将 $i_C=I_{CQ}+i_c$ 和 $i_E=I_{EQ}+i_e$（i_e 是发射极电流的交流分量，且 $i_e\approx i_c$）代入可得：

$$\begin{aligned}u_{CE}&=U_{CC}-(I_{CQ}+i_c)R_c-(I_{EQ}+i_e)R_e\\&\approx U_{CC}-I_{CQ}R_c-I_{EQ}R_e-i_c(R_c+R_e)\end{aligned}\tag{6-46}$$

式中，$U_{CC}-I_{CQ}R_c-I_{EQ}R_e$ 是静态时的集电极-发射极电压 U_{CEQ}，所以 $u_{CE}=U_{CEQ}-i_c(R_c+R_e)$，即集电极电压 u_{CE} 在静态值 U_{CEQ} 的基础上叠加了一个交流分量 $u_{ce}=-i_c(R_c+R_e)$。

输出信号 u_o 通过耦合电容 C_2 输出，由于耦合电容的“通交流、隔直流”作用，输出信号 u_o 中只包含交流分量 u_{ce}，实现了对输入信号的放大输出。

6.5.3 静态分析与动态分析

1）静态分析

静态分析的目的是确定电路的静态工作点，常用的方法是估算法，如图 6-19 所示。

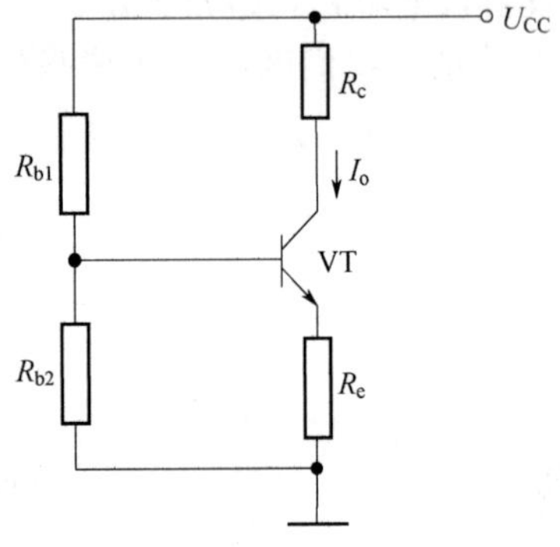

图 6-19 分压偏置放大电路静态分析电路图

（1）计算基极电压 U_B。根据分压公式计算有

$$U_B=\frac{R_{b2}}{R_{b1}+R_{b2}}U_{CC}\tag{6-47}$$

（2）计算发射极电压 U_E。

$$U_E=U_B-U_{BE}\tag{6-48}$$

（3）计算发射极电流 I_E。由欧姆定律可得

$$I_E=\frac{U_E}{R_e}\tag{6-49}$$

（4）估算 I_C。

$$I_C\approx I_E\tag{6-50}$$

（5）计算基极电流 I_B。

$$I_B=\frac{I_C}{\beta}\tag{6-51}$$

（6）计算集电极-发射极电压U_{CE}。

$$U_{CE} \approx U_{CC} - I_C(R_c + R_e) \tag{6-52}$$

通过以上这些分析和计算，就确定了分压偏置放大电路静态工作点Q（I_{BQ}、I_{CQ}、U_{CEQ}）。

除了上述采用的估算法，还可以用图解法进行静态分析，具体步骤如下：

（1）画出晶体三极管的输出特性曲线，这些曲线描述了不同基极电流I_B下，集电极电流I_C和集电极-发射极电压U_{CE}的关系。

（2）根据电路的直流通路列出直流负载线方程。对于分压偏置放大电路，直流负载线方程为$U_{CE} = U_{CC} - I_C(R_c + R_e)$。

（3）在输出特性曲线坐标平面上确定直流负载线。当$I_C = 0$时，$U_{CE} = U_{CC}$，得到直流负载线与U_{CE}轴的交点；当$U_{CE} = 0$时，$I_C = \dfrac{U_{CC}}{R_c + R_e}$，得到直流负载线与$I_C$轴的交点。连接这两个点，就画出了直流负载线。

（4）根据基极偏置电路计算出基极电流I_B，找到输出特性曲线中对应I_B的那条曲线。这条曲线与直流负载线的交点就是静态工作点 Q，从坐标上可以读出静态工作点的参数I_{CQ}和U_{CEQ}。

图解法可以直观地看到静态工作点在特性曲线上的位置，帮助我们更好地理解电路的工作状态。

2）动态分析

动态分析主要是为了求解电路的电压放大倍数、输入电阻和输出电阻等性能指标，常用的方法是微变等效电路法，如图 6-20 所示。分压偏置放大电路动态分析步骤如下：

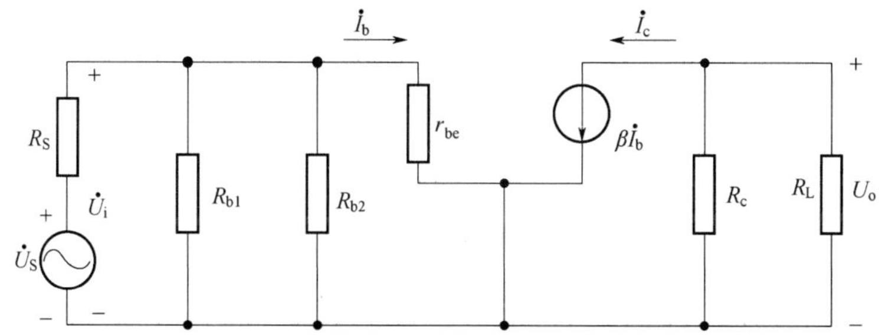

图 6-20　分压偏置放大电路动态分析电路图

（1）画出分压偏置放大电路的交流通路。在交流通路中，直流电源和大容量的电容（耦合电容C_1、C_2和旁路电容C_e）都视为短路。因为直流电源两端电压恒定，对交流信号没有影响；而大容量电容对于交流信号的容抗很小，可以近似看作短路，让交流信号顺利通过。

（2）将晶体三极管用它的微变等效电路代替。晶体三极管的微变等效电路中，输入电阻r_{be}表示基极和发射极之间对交流信号的阻碍作用，电流源βi_b表示晶体三极管的电流放大作用，输出电阻r_{ce}由于阻值很大，在一般分析中可以忽略不计。

（3）计算各项性能指标。

电压放大倍数A_u：根据微变等效电路，输入电压$u_i = i_b r_{be}$，输出电压$u_o = -i_c R'_L$（其中$R'_L = R_c // R_L$），又因为$i_c = \beta i_b$，所以电压放大倍数为

$$A_u = \frac{u_o}{u_i} = -\frac{\beta R'_L}{r_{be}} \tag{6-53}$$

式中，负号表示输出电压与输入电压反相。

输入电阻 R_i：从放大电路输入端等效电阻就是输入电阻 R_i，即

$$R_i = R_{b1} // R_{b2} // r_{be} \tag{6-54}$$

在交流通路中，R_{b1}、R_{b2} 和 r_{be} 是并联关系，它们共同决定了电路对输入信号的“阻碍”程度。

输出电阻 R_o：从放大电路输出端等效电阻就是输出电阻 R_o，在忽略晶体三极管输出电阻 r_{ce} 的情况下，有

$$R_o = R_c \tag{6-55}$$

类似地，也可以用图解法进行动态分析。

（1）在已经画出的晶体三极管输出特性曲线和直流负载线的基础上，根据交流通路列出交流负载线方程：

$$u_{ce} = -i_c R_L' \quad (R_L' = R_c // R_L) \tag{6-56}$$

（2）交流负载线要通过静态工作点 Q，并且其斜率为 $-\dfrac{1}{R_L'}$。通过计算找到交流负载线与输出特性曲线的交点，确定交流信号变化时集电极电流 i_c 和集电极-发射极电压 u_{ce} 的变化范围。

（3）根据输入信号的波形，在晶体三极管的输入特性曲线上画出基极电流 i_b 的波形。再根据 i_b 的变化，在输出特性曲线上画出 i_c 和 u_{ce} 的波形。

（4）从 u_{ce} 的波形中得到输出信号 u_o 的波形，通过观察和测量波形，可以分析放大电路的动态性能，比如是否存在非线性失真等情况。

【例 6-2】在图 6-21 所示分压式偏置放大电路中，已知晶体管的 $U_{BE(on)}$=0.7V，试：（1）求电路的静态工作点 Q；（2）画出电路微变等效电路，并求 r_{be}；（3）求电压放大倍数 A_u、输入电阻 R_i、输出电阻 R_o。

解：

（1）求电路的静态工作点。

① 画出静态分析工作电路图，如图 6-22 所示。

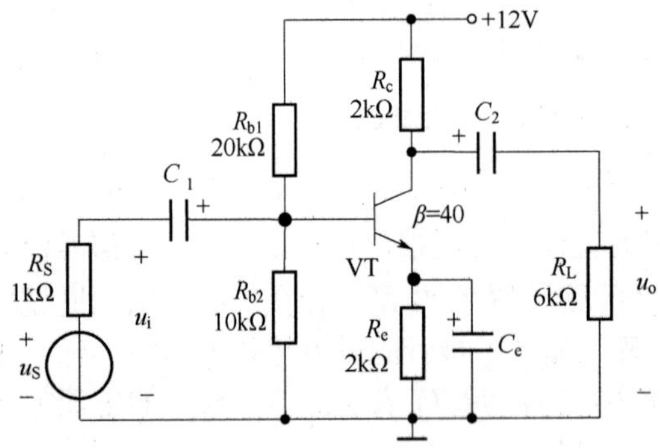

图 6-21　例 6-2 电路图

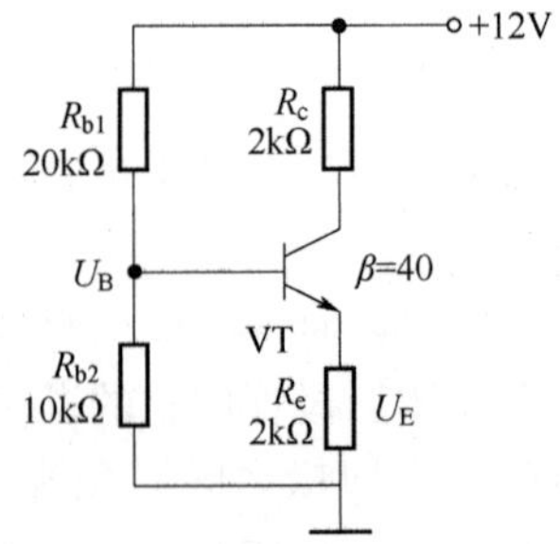

图 6-22　例 6-2 静态分析工作电路图

② 计算基极电压 U_B。根据分压公式计算有

$$U_B = \frac{R_{b2}}{R_{b1} + R_{b2}} U_{CC} = 4\text{V}$$

③ 计算发射极电压U_E：

$$U_E = U_B - U_{BE} = 3.3V$$

④ 计算发射极电流I_E：

$$I_E = \frac{U_E}{R_e} = 1.65mA$$

⑤ 估算I_C：

$$I_C \approx I_E = 1.65mA$$

⑥ 计算基极电流I_B：

$$I_B = \frac{I_C}{\beta} = 41\mu A$$

⑦ 计算集电极-发射极电压U_{CE}：

$$U_{CE} \approx U_{CC} - I_C(R_c + R_e) = 5.4V$$

通过以上这些分析和计算，就确定了分压偏置放大电路静态工作点 Q（41μA、1.65mA、5.4V）。

（2）画出电路微变等效电路，如图 6-23 所示。

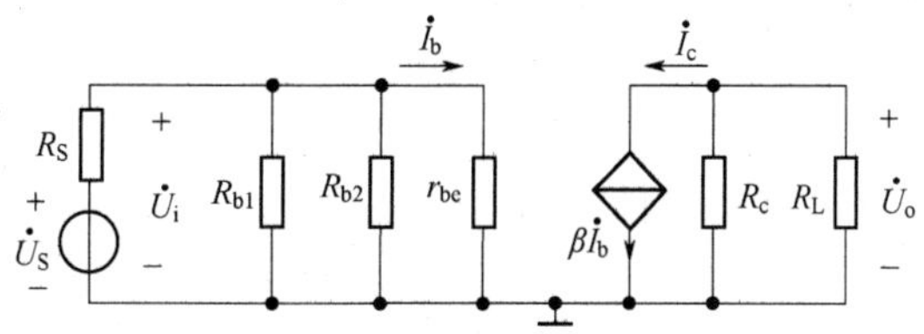

图 6-23　例 6-2 电路微变等效电路

$$r_{be} = 200 + (1+\beta)\frac{26mV}{I_E(mA)} = 834\Omega$$

（3）求动态参数。

放大倍数：　$$A_u = \frac{u_o}{u_i} = -\frac{\beta i_b R_c \parallel R_L}{i_b r_{be}} = -\frac{\beta R_c \parallel R_L}{r_{be}} = -72$$

输入电阻：　$$R_i = R_{b1} // R_{b2} // r_{be} \approx r_{be} = 834\Omega$$

输出电阻：　$$R_o = R_c = 2k\Omega$$

6.6　共集电极和共基极放大电路

6.6.1　共集电极放大电路

共集电极放大电路在电子电路中有着独特的功能和应用，它还有一个大家比较熟悉的名字——射极输出器。为什么叫这个名字呢？我们先从它的电路组成来了解一下。

共集电极放大电路的组成如图 6-24 所示。可以看到，晶体三极管依然是核心元件，这里我们同样以 NPN 型晶体三极管为例。集电极直接连接到直流电源U_{CC}，这就好像集电极找到了一个毫不吝啬的坚强后盾，为整个电路提供稳定的能量。输入信号从基极加入，而输出信号却是从发射极取出，这就是它被称为共集电极放大电路的原因——集电极是输入回路和输出回路的公共端。

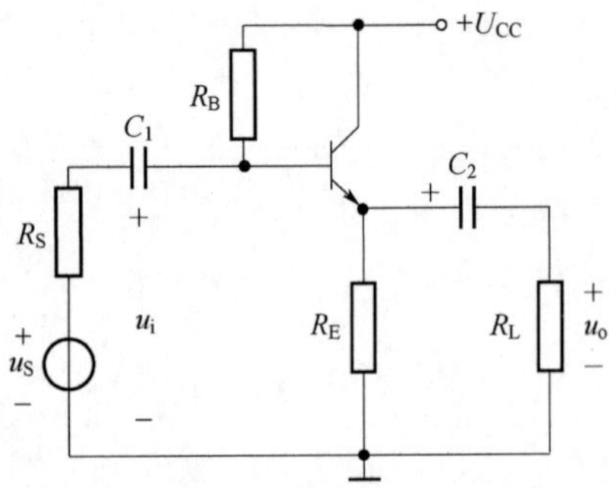

图 6-24　共集电极放大电路

共集电极放大电路具有一些非常突出的性能特点。

电压放大倍数：它的电压放大倍数 $A_u \approx 1$，但总是略小于 1。这意味着输出电压几乎和输入电压相等，能够实现电压跟随的效果，所以它也被叫作电压跟随器。比如，输入一个幅值为 1V 的交流信号，输出信号的幅值可能是 0.98V，虽然没有把电压放大，但能够很好地跟随输入电压的变化。在一些需要保持信号电压大小基本不变的场合，如信号缓冲电路中，共集电极放大电路就非常适用，它可以在不改变信号电压的情况下，增强信号的驱动能力。

输入电阻：共集电极放大电路的输入电阻 R_i 非常大，一般能达到几十千欧，甚至几百千欧。这是因为基极电流很小，输入信号主要通过基极-发射极间的等效电阻进入电路，再加上基极电阻 R_b 的作用，使得整个输入电阻大大提高。高输入电阻有什么好处呢？它对信号源的影响极小，就像一个温和的取用者，不会从信号源索取过多的电流，从而保证信号源能稳定工作。例如，在传感器信号采集电路中，传感器输出的信号往往很微弱，如果直接连接到输入电阻小的电路，信号源可能会受到较大影响，导致采集到的信号不准确。而使用共集电极放大电路作为输入级，就能很好地保护传感器信号源。

输出电阻：与输入电阻相反，共集电极放大电路的输出电阻 R_o 很小，通常只有几十欧到几百欧。较小的输出电阻使得它具有很强的带负载能力，即便负载电阻发生一定变化，输出电压也能保持相对稳定。比如，在一个需要同时驱动多个设备的电路中，共集电极放大电路作为输出级，能够稳定地为各个设备提供电压，不会因为某个设备的接入或断开而使输出电压产生大幅波动。

6.6.2　共基极放大电路

共基极放大电路在结构和性能上与前面介绍的放大电路又有所不同，它有着自己独特的个性。其电路组成如图 6-25 所示。在共基极放大电路中，基极成为输入回路和输出回路的公共端，输入信号从发射极加入，输出信号则从集电极取出。

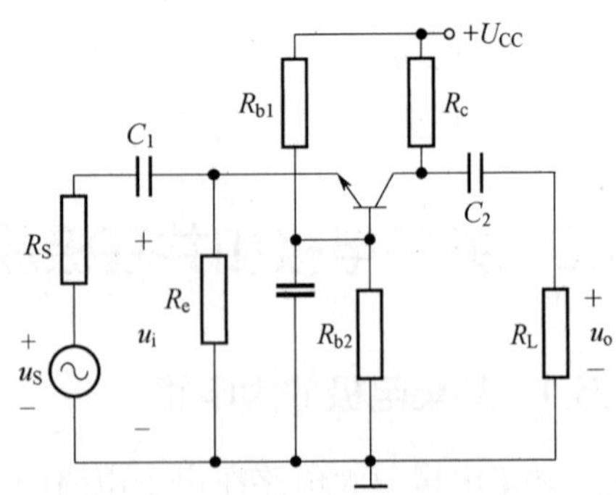

图 6-25　共基极放大电路

共基极放大电路的性能特点如下：

电流放大倍数：共基极放大电路的电流放大倍数 A_i<1。这是因为发射极电流近似等于集电极电流，所以经过这个电路后，电流不但没有被放大，反而稍微变小了一点。例如，输入的发射极电流是 1mA，输出的集电极电流可能只有 0.95mA。

电压放大倍数：虽然电流放大倍数小于 1，但它的电压放大倍数 A_u 较大，和共射极放大电路类似，

计算公式为 $A_u = \frac{\beta R_c}{r_{be}}$（$r_{be}$ 为晶体管的输入电阻）。只要合理选择集电极电阻 R_c 等参数，就能够实现对电压信号的有效放大。在一些需要放大电压信号的场合，共基极放大电路能发挥重要作用。

输入电阻：共基极放大电路的输入电阻 R_i 很小，一般只有几欧到几十欧。这是由于发射极作为输入端，其等效电阻相对较小。低输入电阻意味着它对信号源的要求比较高，需要信号源能够提供较大的电流。

输出电阻：它的输出电阻 R_o 很大，通常可达几十千欧。这种高输出电阻和低输入电阻的特性，使得共基极放大电路适用于高频和宽频带放大电路。在无线电通信领域，信号频率通常很高，共基极放大电路能够在高频情况下保持较好的信号放大性能，减少信号失真，因此在高频信号处理电路中得到广泛应用。

6.6.3 三种基本放大电路的性能比较

为了更清晰、全面地了解共射极、共集电极和共基极这三种基本放大电路的特点和差异，我们将它们的主要性能指标整理成表格进行对比，如表 6-1 所示。

表 6-1 三种基本放大电路的性能比较

性能指标	共射极放大电路	共集电极放大电路	共基极放大电路
电压放大倍数	较大，输出与输入反相	约为 1（电压跟随）	较大，输出与输入同相
电流放大倍数	较大	较大	略小于 1
输入电阻	中等	很大	很小
输出电阻	较大	很小	很大
应用场景	常用于一般信号放大，如音频放大器、信号预处理电路	适用于输入级（保护信号源）、输出级（增强带负载能力）、缓冲级（隔离前后级）	主要用于高频放大、宽频带放大，如无线电通信中的高频信号处理电路

从表 6-1 中可以一目了然地看出，三种放大电路各有优劣，适用于不同的应用场景。共射极放大电路综合放大性能良好，既能放大电压又能放大电流，所以在常见的音频放大、信号初步处理等场合广泛应用；共集电极放大电路凭借高输入电阻和低输出电阻的特性，在需要保护信号源、增强电路驱动能力或隔离前后级电路影响的地方发挥着重要作用；共基极放大电路则在高频和宽频带信号放大方面表现卓越，满足了无线电通信等领域对高频信号处理的特殊需求。在实际设计和应用电子电路时，我们需要根据具体的需求，如信号的类型、频率范围、对放大倍数和输入输出电阻的要求等，来选择合适的放大电路，就像挑选合适的工具来完成不同的任务一样。

6.7 基于 Multisim 的仿真案例

案例 1：基本共射极放大电路仿真

1）电路搭建

打开 Multisim 软件，就像进入了一个虚拟的电子实验室。首先，从元件库中找到 NPN 型晶体管，这里我们选择常用的 2N2222A 晶体管（Q1），将其放置在工作区，它就是我们电路的“核心成员”。接着放置直流电源（V1），将其电压设置为U_{CC}=12V，它为整个电路提供能量。再添加基极电阻R1和R2，通过调整R2把基极电阻值设为300kΩ，放置集电极电阻(R3)阻值设为R_c=3kΩ，这两个极的电阻将对电路的电流和电压起到调节作用。然后选取耦合电容（C1和C2），电容值设置为$C_1=C_2$=10μF，它们能隔离直流信号、传输交流信号。最后添加输入信号源（正弦波信号源Vs），设置频率为1kHz，幅值为10mV，以及负载电阻（RL），阻值设为R_L=1kΩ。这样，一个完整的基本共射极放大电路就搭建好了，如图6-26所示。

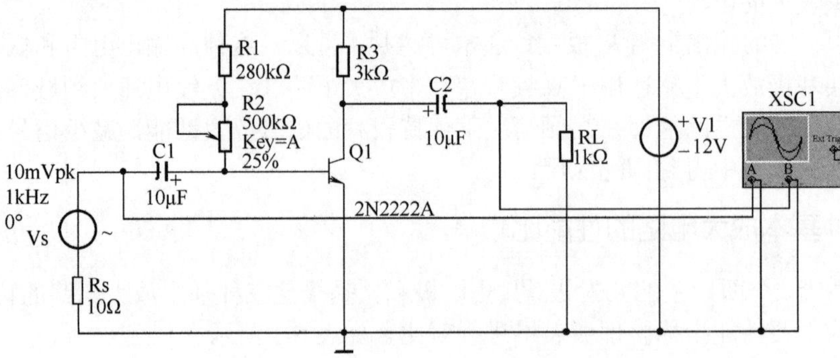

图6-26　基本共射极放大电路仿真图

2）仿真分析

（1）静态工作点分析：在Multisim软件中，点击菜单栏中的“仿真”选项，选择“分析”中的“直流工作点分析”，如图6-27所示。软件会自动计算并显示晶体管各极的直流电压和电流值。我们可以将这些值与之前通过理论计算得到的静态工作点数值（比如，理论计算出的基极电流I_{BQ}、集电极电流I_{CQ}和集电极-发射极电压U_{CEQ}）进行对比，若仿真结果与理论值相差较大，就需要仔细检查电路元件参数设置是否正确，或者电路连接是否存在问题。

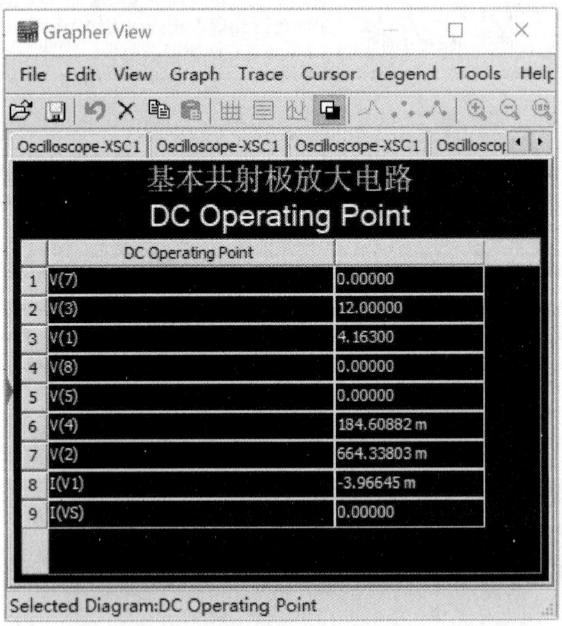

图6-27　基本共射极放大电路静态工作点

（2）动态分析：启动“瞬态分析”功能，设置合适的分析时间范围，点击“运行”选项，如图 6-28 所示。这时可以通过示波器观察输入信号和输出信号的波形。使用示波器测量输入、输出电压的幅值，根据电压放大倍数的计算公式 $A_u = \dfrac{\text{输出电压幅值}}{\text{输入电压幅值}}$，计算出实际的电压放大倍数，并与理论计算得到的电压放大倍数进行对比，分析误差产生的原因。此外，还可以使用“交流分析”功能，绘制出放大电路的幅频特性曲线和相频特性曲线，通过这些曲线能更直观地了解放大电路对不同频率信号的放大能力和相位变化情况，判断电路的通频带等特性。

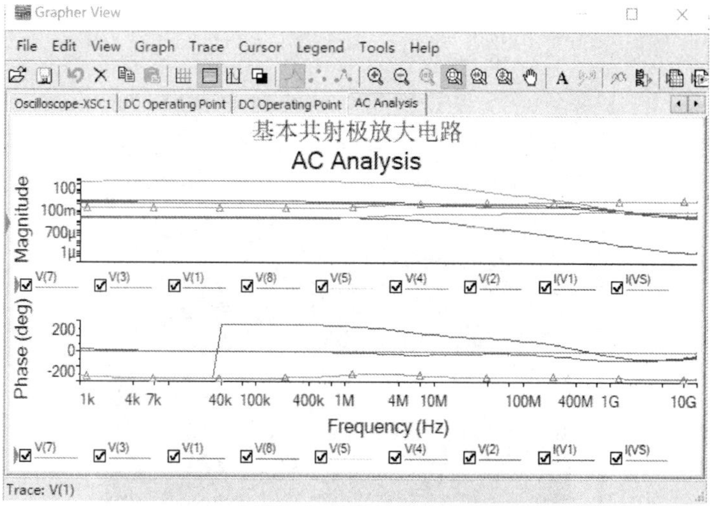

图 6-28　基本共射极放大电路动态分析

案例 2：分压偏置放大电路仿真

1）电路搭建

在 Multisim 软件的工作区重新搭建分压偏置放大电路。从元件库中选取 NPN 型晶体管 Q1（2N2222A），放置集电极直流电源 V1，设置为 $U_{CC}=12V$。接着添加基极分压电阻 R1（阻值设为 20kΩ）、R（可调电阻）、R2（阻值设为 10kΩ）。再放置集电极电阻 Rc（设为 3kΩ）、发射极电阻 Re（设为 2kΩ）、旁路电容 C3（设为 10μF）、耦合电容 C1 和 C2（设为 10μF）。添加输入信号源（正弦波信号源），频率为 1kHz，幅值为 10mV，以及负载电阻，阻值为 1kΩ。这样，分压偏置放大电路就搭建完成了，如图 6-29 所示。

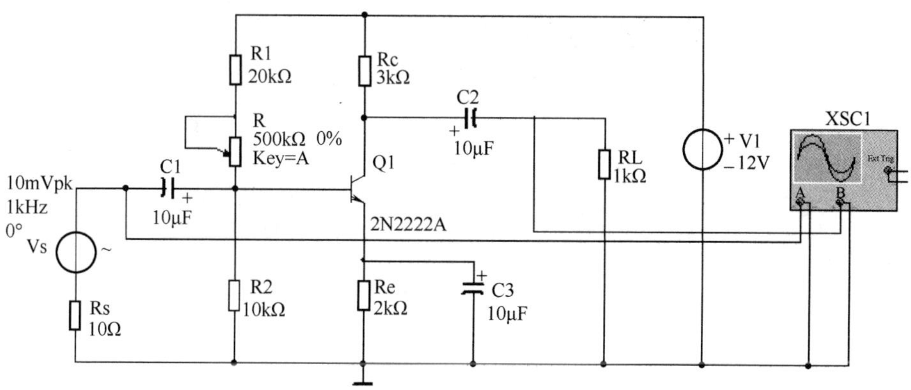

图 6-29　分压偏置放大电路仿真图

2）仿真分析

和基本共射极放大电路仿真步骤类似，先进行静态工作点分析，使用“直流工作点分析”功能，查看晶体管各极的直流电压和电流值，验证静态工作点是否稳定，如图 6-30 所示。然后进行动态分析，通过“瞬态分析”观察输入输出信号波形，计算电压放大倍数，如图 6-31 所示。特别地，我们可以利用 Multisim 的“参数扫描分析”功能，改变温度参数，可观察温度变化对静态工作点的影响。

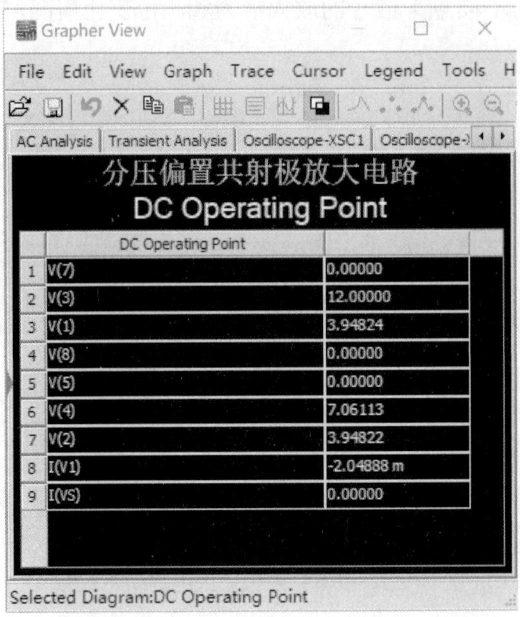

图 6-30　分压偏置放大电路静态工作点

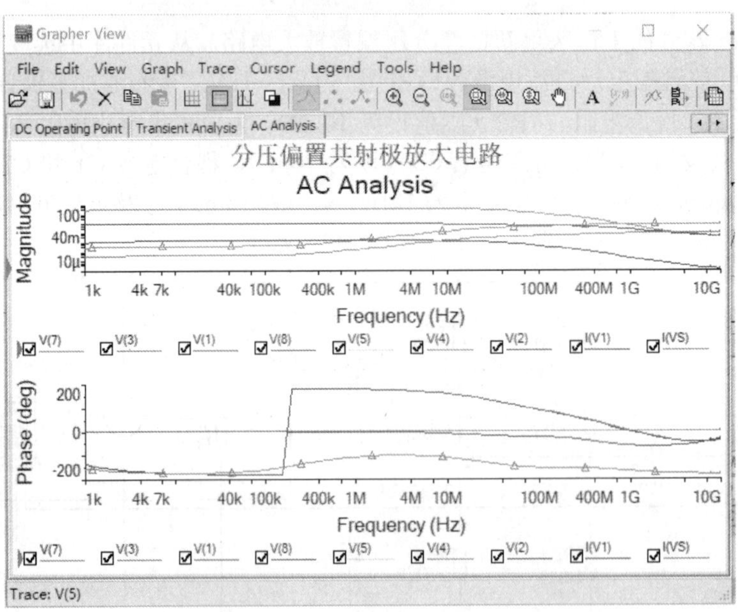

图 6-31　分压偏置放大电路动态分析

习题 6-1　已知某 NPN 型晶体三极管的 $I_B = 20\mu A$ ， $\beta = 50$ ，求 I_C 和 I_E 的值。

习题 6-2　某 PNP 型晶体三极管的 $I_E = 1.2mA$ ， $\beta = 80$ ，计算 I_B 和 I_C 的大小。

习题 6-3　晶体三极管的 $I_{CBO} = 1\mu A$ ， $\beta = 60$ ，求该晶体三极管的穿透电流 I_{CEO} 。

习题 6-4　已知图 6-32 所示基本共射极放大电路中，$U_{CC} = 12V$ ，$R_b = 300k\Omega$ ，$R_c = 3k\Omega$ ，晶体三极管的 $\beta = 50$ ， $U_{BE} = 0.7V$ ，求电路的静态工作点 I_{BQ} 、 I_{CQ} 和 U_{CEQ} 。

习题 6-5　在图 6-32 所示电路中，若负载电阻 $R_L = 3k\Omega$ ，画出交流通路，并计算该电路的电压放大倍数 A_u 、输入电阻 R_i 和输出电阻 R_o （设 $r_{be} = 1.2k\Omega$ ）。

习题 6-6　基本共射极放大电路中， $U_{CC} = 15V$ ， $R_b = 240k\Omega$ ， $R_c = 4k\Omega$ ， $\beta = 40$ ， $U_{BE} = 0.7V$ 。（1）求静态工作点；（2）若输入信号 $u_i = 10\sin(\omega t)mV$ ，输出信号是否会失真？若失真，属于哪种失真？如何调整 R_b 来消除失真？

习题 6-7　已知图 6-33 所示分压偏置放大电路中，$U_{CC} = 12V$ ，$R_{b1} = 20k\Omega$ ，$R_{b2} = 10k\Omega$ ，$R_e = 2k\Omega$ ， $R_c = 3k\Omega$ ， $\beta = 50$ ， $U_{BE} = 0.7V$ ，求静态工作点 I_{CQ} 和 U_{CEQ} 。

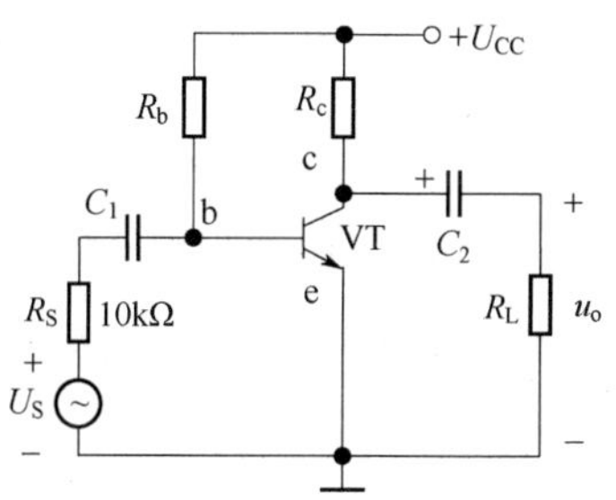

图 6-32　习题 6-4 图

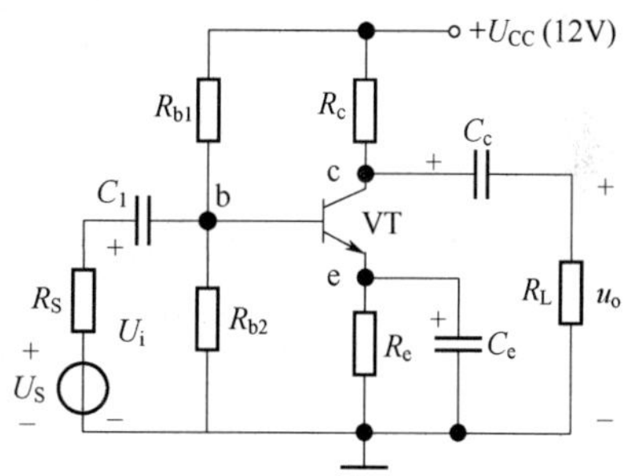

图 6-33　习题 6-7 图

习题 6-8　在图 6-33 所示电路中，若旁路电容 C_e 开路，对电路的静态工作点和电压放大倍数有什么影响？计算此时的电压放大倍数 A_u （设 $r_{be} = 1k\Omega$ ）。

习题 6-9　分压偏置放大电路（图 6-34）中， $U_{CC} = 18V$ ， $R_{b1} = 30k\Omega$ ， $R_{b2} = 15k\Omega$ ，$R_e = 2.2k\Omega$ ， $R_c = 3.3k\Omega$ ， $R_L = 3.3k\Omega$ ，忽略信号源内阻， $\beta = 60$ ， $U_{BE} = 0.7V$ 。（1）求静态工作点；（2）若输入信号 $u_i = 20\sin(\omega t)mV$ ，计算输出信号 u_o 的幅值。

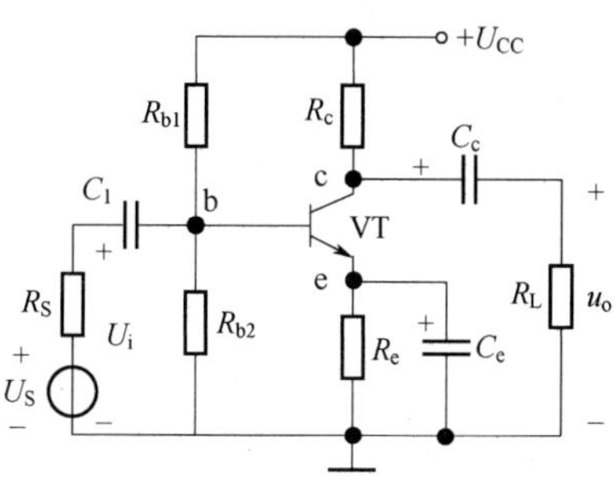

图 6-34　习题 6-9 图

习题 6-10　放大电路由比较共射极放大电路、共集电极放大电路和共基极放大电路构成，对应数值分别为：共射极放大电路 $A_u=-100$ ，$R_i=1\text{k}\Omega$ ，$R_o=3\text{k}\Omega$ ；共集电极放大电路 $A_u=0.98$ ，$R_i=50\text{k}\Omega$ ，$R_o=100\Omega$ ；共基极放大电路 $A_u=80$ ，$R_i=50\Omega$ ，$R_o=30\text{k}\Omega$ 。若将它们依次连接组成三级放大电路，求总的电压放大倍数 $A_{u总}$ 、输入电阻 $R_{i总}$ 和输出电阻 $R_{o总}$ 。

习题 6-11　两级共射极放大电路中，第一级的电压放大倍数 $A_{u1}=-50$ ，第二级的电压放大倍数 $A_{u2}=-80$ ，求总的电压放大倍数 $A_{u总}$ 。

习题 6-12　某放大电路由共集电极放大电路和共射极放大电路组成，已知共集电极放大电路的电压放大倍数 $A_{u1}=0.95$ ，输入电阻 $R_{i1}=50\text{k}\Omega$ ，输出电阻 $R_{o1}=100\Omega$ ；共射极放大电路的电压放大倍数 $A_{u2}=-120$ ，输入电阻 $R_{i2}=1.2\text{k}\Omega$ ，输出电阻 $R_{o2}=3\text{k}\Omega$ 。求组合放大电路的输入电阻 R_i 、输出电阻 R_o 和电压放大倍数 A_u 。

习题 6-13　某放大电路的中频电压放大倍数 $A_{um}=100$ ，下限截止频率 $f_L=10\text{Hz}$ ，上限截止频率 $f_H=100\text{kHz}$ ，求通频带 BW，并写出该放大电路的电压放大倍数表达式 $A_u(\text{j}\omega)$ 。

习题 6-14　放大电路的输入电阻 $R_i=2\text{k}\Omega$ ，信号源内阻 $R_S=500\Omega$ ，开路电压 $u_{OC}=10\text{mV}$ ，求放大电路的输入电压 u_i 。

习题 6-15　已知某放大电路的输出电阻 $R_o=2\text{k}\Omega$ ，空载输出电压 $u_o=5\text{V}$ ，接入负载电阻 $R_L=3\text{k}\Omega$ 后，求负载两端的电压 u_L 。

习题 6-16　某共射极放大电路在温度 $T_1=25℃$ 时，$\beta=50$ ，$I_{CBO1}=1\mu\text{A}$ ，$I_B=20\mu\text{A}$ ；当温度升高到 $T_2=55℃$ 时，β 值增大 30%，I_{CBO} 增大为原来的 4 倍，若 I_B 不变，求温度变化前后的 I_C 值。

习题 6-17　共射极放大电路中，若静态工作点 I_{CQ} 从 1mA 增加到 2mA，假设 r_{be} 与 I_{EQ} 的关系为 $r_{be}=200+(1+\beta)\dfrac{26\text{mV}}{I_{EQ}}$ ，$\beta=50$ ，求 I_{CQ} 变化前后的 r_{be} 值，并分析其对电压放大倍数的影响。

习题 6-18　在 Multisim 中搭建基本共射极放大电路，$U_{CC}=12\text{V}$ ，$R_b=200\text{k}\Omega$ ，$R_c=3\text{k}\Omega$ ，$\beta=50$ ，$U_{BE}=0.7\text{V}$ ，$R_L=3\text{k}\Omega$ ，$C_1=C_2=10\mu\text{F}$ ，晶体三极管选用 2N2222。

（1）通过直流工作点分析，测量静态工作点 I_{CQ} 和 U_{CEQ} ，与理论计算值对比；

（2）进行瞬态分析，输入 $u_i=10\sin(2\pi\times1000t)\text{mV}$ ，观察输入输出波形，测量输出电压的幅值，计算实际电压放大倍数，并分析与理论值的误差原因；

（3）改变 R_b 为 $150\text{k}\Omega$ ，重复上述分析，观察静态工作点和输出波形的变化。

习题 6-19　利用 Multisim 搭建分压偏置放大电路，参考电路如图 6-35 所示，参数如下：$U_{CC}=15\text{V}$ ，$R_{b1}=33\text{k}\Omega$ ，$R_{b2}=10\text{k}\Omega$ ，$R_e=2\text{k}\Omega$ ，$R_c=3.3\text{k}\Omega$ ，$\beta=60$ ，$U_{BE}=0.7\text{V}$ ，$R_L=5.1\text{k}\Omega$ ，$C_1=C_2=10\mu\text{F}$ ，$C_e=47\mu\text{F}$ ，晶体三极管选用 S9013。

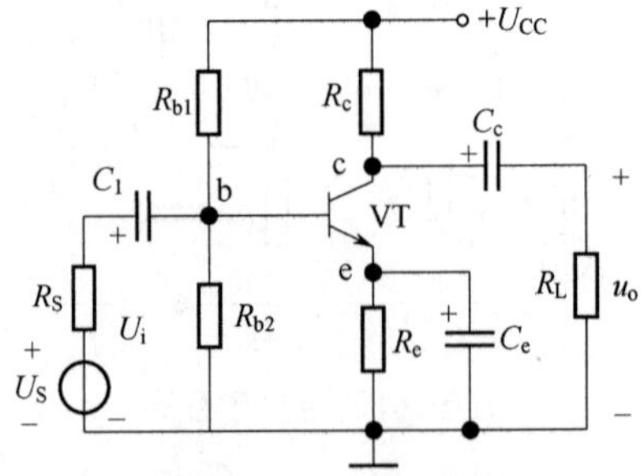

图 6-35　习题 6-19 图

（1）进行直流工作点分析，验证静态工作点的稳定性（可对比改变温度参数前后的静态工作点）；

（2）设置交流分析，频率范围从 10Hz 到 100kHz，绘制幅频特性曲线，确定电路的通频带；

（3）若去掉旁路电容 C_e，重新进行交流分析，对比电压放大倍数和通频带的变化。

习题 6-20　已知放大电路的交流通路如图 6-36 所示，$r_{be}=1.2\text{k}\Omega$，$\beta=40$，$R_b=200\text{k}\Omega$，$R_c=3\text{k}\Omega$，$R_L=3\text{k}\Omega$。

（1）计算电压放大倍数 A_u；

（2）若在输出端再并联一个 $R_{L1}=3\text{k}\Omega$ 的电阻，计算此时的 A_u，并分析负载变化对电压放大倍数的影响；

（3）计算输入电阻 R_i 和输出电阻 R_o。

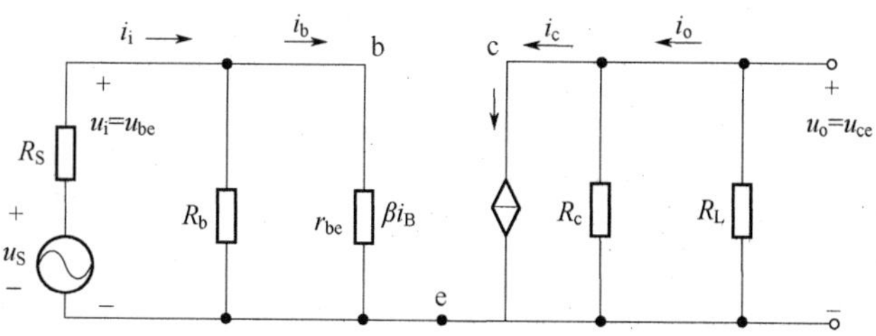

图 6-36　习题 6-20 图

习题 6-21　设计一个共射极放大电路，要求电压放大倍数 $|A_u|\geqslant 80$，输入电阻 $R_i\geqslant 1\text{k}\Omega$，已知 $U_{CC}=12\text{V}$，$\beta=60$，$U_{BE}=0.7\text{V}$，选择合适的 R_b、R_c 和 R_L 的值（假设 r_{be} 可根据公式计算），并计算静态工作点。

习题 6-22　某晶体三极管的极限参数为 $I_{CM}=100\text{mA}$，$U_{(BR)CEO}=30\text{V}$，$P_{CM}=1\text{W}$，试画出其安全工作区（以 I_C 为纵坐标，U_{CE} 为横坐标），并判断当 $I_C=50\text{mA}$，$U_{CE}=20\text{V}$ 时，晶体三极管是否安全工作。

习题 6-23　已知晶体三极管的 $P_{CM}=0.5\text{W}$，$U_{(BR)CEO}=25\text{V}$，$I_{CM}=80\text{mA}$，若该晶体三极管工作在 $U_{CE}=15\text{V}$ 的情况下，求最大允许的集电极电流 I_C。

习题 6-24　某放大电路中，晶体三极管的 $\beta=60$，$I_{CBO}=1\mu\text{A}$，$U_{(BR)CEO}=20\text{V}$，$P_{CM}=0.6\text{W}$，电路的 $U_{CC}=12\text{V}$，$R_c=2\text{k}\Omega$，为保证晶体三极管安全工作，求基极电流 I_B 的取值范围。

习题 6-25　晶体三极管的 $I_{CM}=150\text{mA}$，$U_{(BR)CEO}=35\text{V}$，$P_{CM}=1.5\text{W}$，在某电路中，$U_{CE}=18\text{V}$，$I_C=80\text{mA}$，计算此时晶体三极管的管耗，并判断是否超过 P_{CM}。若超过，应如何调整电路参数（如 R_c 或 U_{CC}）来保证安全工作？

本书配套资源

第 7 章　集成运算放大器

● 本章思维导图

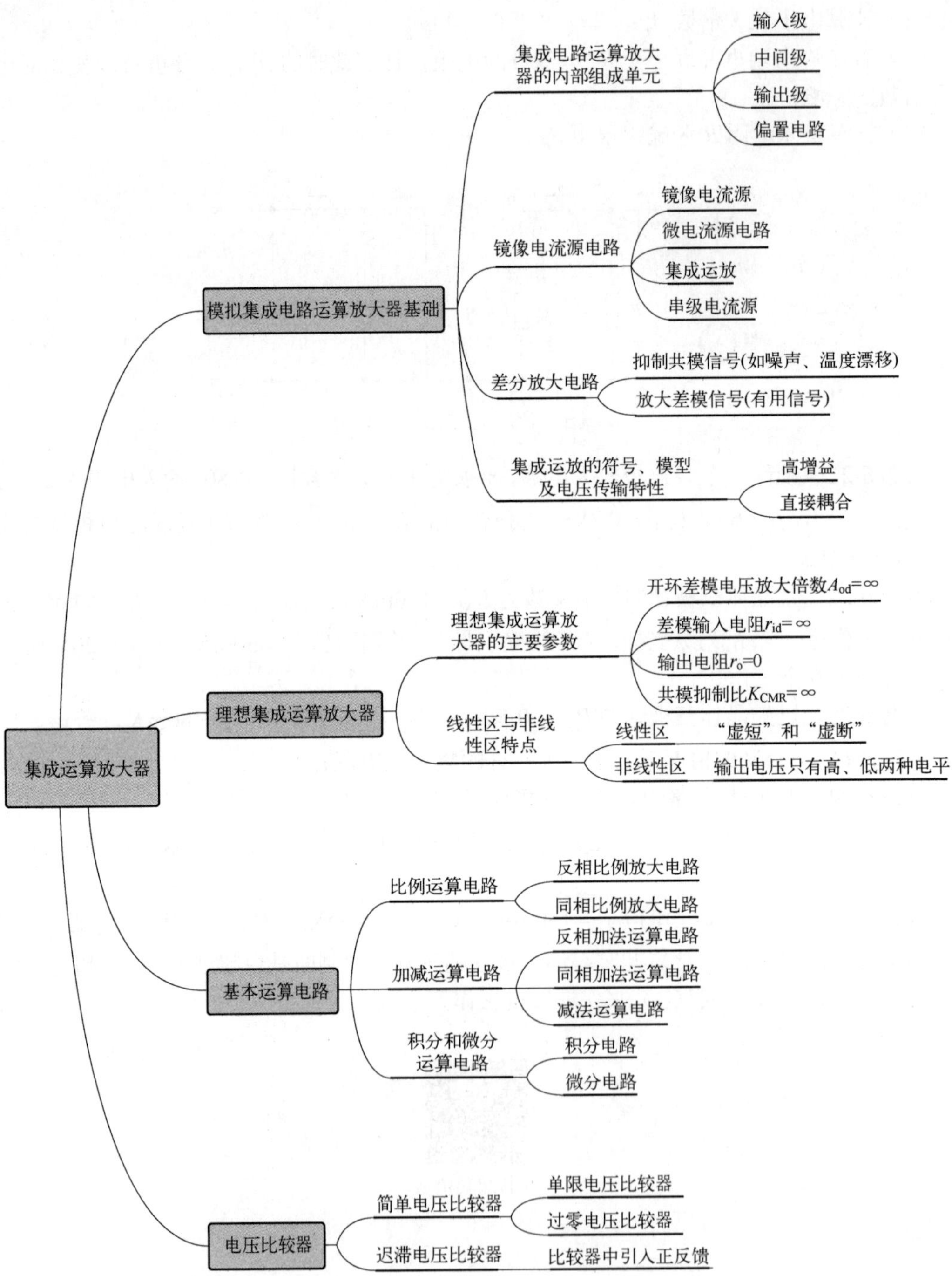

- **本章学习目标**

1. 掌握模拟集成电路的内部组成原理;
2. 掌握镜像电流源的原理;
3. 掌握差分放大原理;
4. 掌握模拟集成电路运算放大器的工作原理;
5. 掌握几种基础的基本运算电路的工作原理;
6. 掌握电压比较器的原理。

7.1 模拟集成电路运算放大器基础

集成电路（integrated circuit，IC）是将大量电子元件（如晶体管、电阻、电容等）集成在一块半导体基板（通常是硅）上的微型电路，用于实现特定的电子功能。集成电路典型封装见图 7-1。1958 年，杰克 • 基尔比（Jack Kilby，德州仪器）发明了第一块锗基集成电路，2000 年因这项发明被授予诺贝尔物理学奖。1959 年，罗伯特 • 诺伊斯（Robert Noyce，仙童半导体）改进硅基 IC，奠定了现代 IC 制造基础。1965 年，戈登 • 摩尔提出摩尔定律，指出集成电路上的晶体管数量每 18～24 个月翻一倍，这一定律有力推动了半导体行业高速发展。

集成电路按功能分类，分为：模拟 IC，处理连续信号（电压/电流），如运放、电源管理、射频电路等；数字 IC，处理离散信号（0/1 逻辑），如 CPU、存储器、FPGA 等；混合信号 IC，同时集成模拟和数字电路，如 ADC/DAC、传感器接口芯片等。

集成电路按规模分类，分为小规模（SSI）、中规模（MSI）、大规模（LSI）、超大规模（VLSI）、极大规模（ULSI）。按制造工艺分类，分为硅基 IC、化合物半导体 IC（如 GaN、SiC）、柔性 IC 等。未来将在 3D IC、GAA 晶体管（环绕栅极）技术、异构集成、石墨烯等新兴材料、量子计算芯片等方面持续进步。集成电路工作稳定、使用方便、体积小、重量轻、功耗小，是现代电子系统的基石，其发展推动着信息技术的革命。理解 IC 的关键技术，有助于更好地选择和应用芯片，并为未来技术创新奠定基础。

图 7-1　集成电路典型封装

7.1.1 集成电路运算放大器的内部组成单元

模拟集成电路（analog integrated circuits）是用于处理连续时间信号（电压、电流）的集成电路，与数字 IC（处理离散 0/1 信号）形成互补。其核心特点有：输入/输出为连续变化的模拟量（如声音、温度、光强）；对噪声、失真、线性度敏感，精度要求高；存在寄生参数、工艺偏差等影响，具有非理想效应。模拟集成电路包括运算放大器、数据转换器、电源管理 IC、传感器接口 IC、射频 IC 等。

集成运放的内部组成分为 4 个部分，包括输入级、中间级、输出级和配套的偏置电路，如图 7-2 所示。

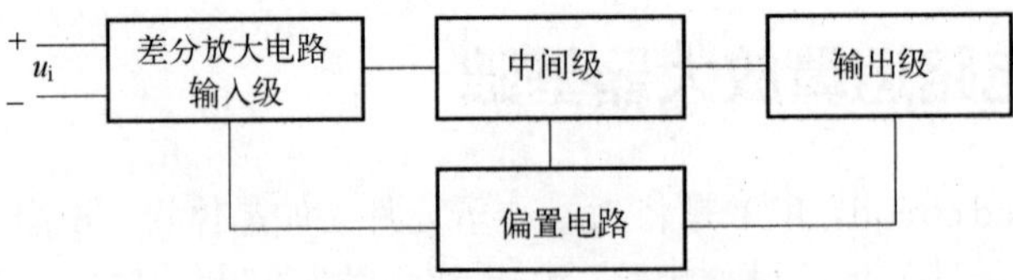

图 7-2　集成运放内部结构

输入级，又称前置级。它提供与输出同相和反相的两个输入端，并具有较高的输入阻抗和抑制干扰及零点漂移的能力。一般采用由双极性三极管或场效应三极管组成的差分式放大电路。

中间级，承担整个运放的电压放大，也称电压放大级。要求具有很高的电压增益，还应具有较高的输入电阻，因而多采用复合管共射极（或共源极）放大电路和有源负载电路。

输出级，主要作用是提供足够大的输出功率，以满足负载的需要。同时还应具有较小的输出电阻和较大的动态范围，多采用互补对称电路。为了防止输出端对地短路，或电流过大而损坏内部管子，通常在输出级内增加保护电路，来提高运放的可靠性。

偏置电路，用于向集成运放的各级放大电路提供直流偏置电路，并使整个运放的静态工作点稳定且功耗较小，一般由各种类型的恒流源电路组成。

7.1.2 镜像电流源电路

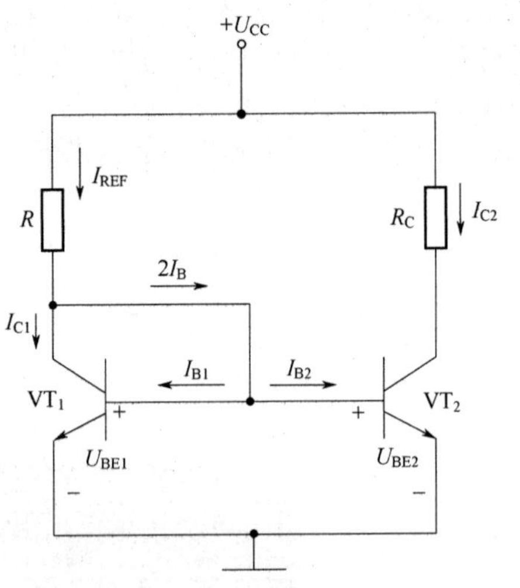

图 7-3　镜像电流源

集成运放中的电流源是保证各级电路稳定工作的基础偏置元件，有三大功能：为差分输入级、中间放大级建立稳定偏置，提供精确静态工作点；替代传统电阻负载，提高电压增益，实现有源负载；通过高阻抗电流源提升共模抑制比（CMRR），增强共模抑制。其基本结构如图 7-3 所示。

图 7-3 使用两个参数相同的晶体管（VT_1 和 VT_2），即 VT_1 与 VT_2 为镜像管，参数基本相同，它们的基极-发射极电压（U_{BE}）保持一致，即有 $U_{BE1} = U_{BE2}$，则

$$I_{B1} = I_{B2} = I_B，I_{C1} = I_{C2} = I_C \tag{7-1}$$

$$I_{C2}=I_{C1}=I_{REF}-2I_B=I_{REF}-2\frac{I_{C2}}{\beta} \tag{7-2}$$

整理得到

$$I_{C2}=I_{REF}\frac{1}{1+\frac{2}{\beta}} \tag{7-3}$$

因为$\beta>>2$，所以

$$I_{C2}\approx I_{REF}=\frac{U_{CC}-U_{BE1}}{R} \tag{7-4}$$

由此可得，负载在一定范围内变化时，I_{C2}的电流值将保持不变，体现恒流特性，得到一个电流源I_o，可以用图 7-4 所示的模型表示，一般 r_o 在几百千欧以上。

如果需要微电流源，则可以用图 7-5 所示电路。

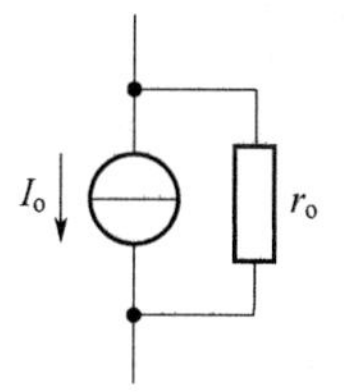

图 7-4　镜像电流源的电源模型

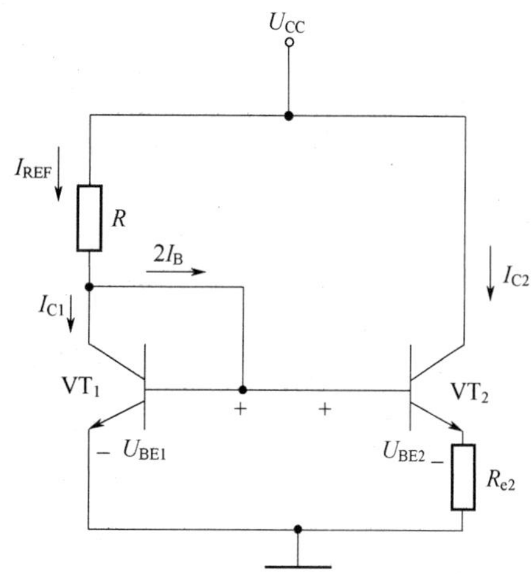

图 7-5　微电流源电路

计算得到

$$I_o=I_{C2}\approx I_{E2}=\frac{U_{BE1}-U_{BE2}}{R_{e2}}=\frac{\Delta U_{BE}}{R_{e2}} \tag{7-5}$$

由于ΔU_{BE}为两个三极管发射结电压差值，比较小，因此 I_o 也比较小，得到一个微电流源。

若芯片有 10 个模块均需 10mA 电流，单独设计 10 个电流源成本高，可以设计如图 7-6 所示的多路镜像电源，只需 1 个参考源和 10 个镜像。其中，VT_1、R 支路产生基准电流 I_{REF}。

【例 7-1】图 7-7 所示电路为串级电流源，已知 U_{BE}=0.6 V，试求输出电流 I_o。

解：

$$I_{REF}R+U_{BE1}+U_{BE4}=U_{CC}$$

$$I_{REF}=\frac{U_{CC}-U_{BE1}-U_{BE4}}{R}=\frac{15\text{V}-2\times0.6\text{V}}{10\text{k}\Omega}=1.38\text{mA}$$

$$I_o\approx I_{REF}\approx1.38\text{mA}$$

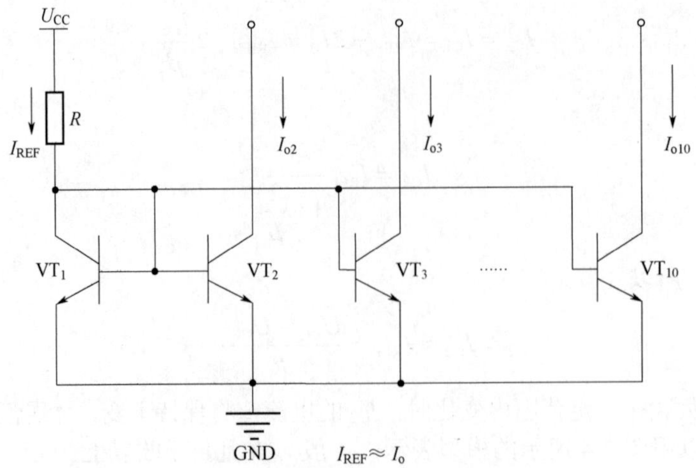

图 7-6 多路镜像电源电路

在集成电路中，电流源可以作为有源负载，提高电压放大倍数，如图 7-8 所示。其中，VT_2、VT_3 和 R 构成电流源，该电流源的等效交流电阻作为共射极 VT_1 放大器的负载 R_o。

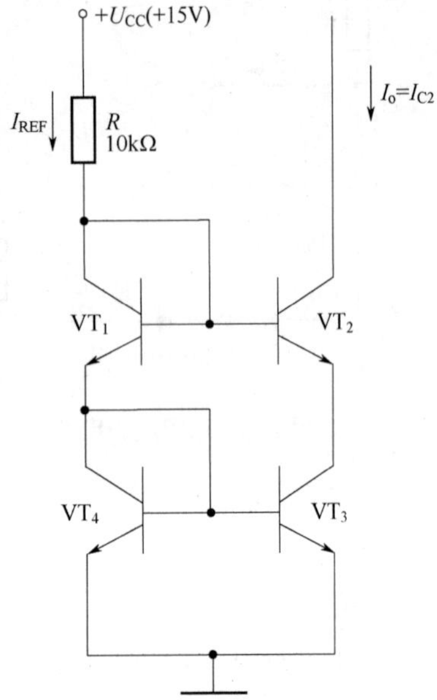

图 7-7 串级电流源

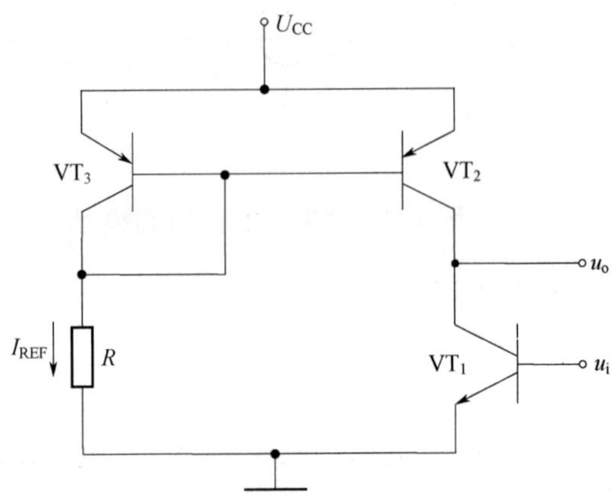

图 7-8 电流源作为负载

放大器增益为

$$\dot{A}_u=-\frac{\beta R_o}{r_{be}} \tag{7-6}$$

由于电流源的等效电阻非常大，达到几百千欧以上，因此增强了放大器的效果。

7.1.3 差分放大电路

集成运算放大器的输入级一般由差分放大器组成。差分放大器（differential amplifier）是一种能够放大两个输入信号差值的电路，其核心特点是抑制共模信号（如噪声、温度漂移），同时放大差模信号（有用信号）。其电路性能优越，广泛应用于模拟集成电路、传感器信号处理、通信系统等领域，同时，它也是集成电路运算放大器的主要组成单元。典型双入双出电路如图 7-9 所示。

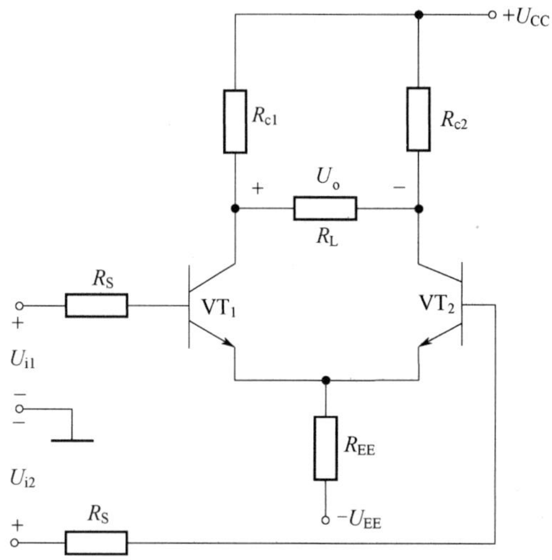

图 7-9　双入双出电路

典型的差分放大电路由以下部分组成：两个对称的晶体管（BJT 或 MOSFET）构成共射极输入对管（VT_1、VT_2），采用电流源偏置，增强共模抑制能力，负载电阻将电流变化转换为输出电压，双端输入与双端/单端输出。

实际加到放大器两输入端的信号为 u_{i1} 和 u_{i2}，电压往往为任意信号。两个输出端 u_{o1} 和 u_{o2}，输出信号取其差值。为方便计算，我们引入差模信号 u_{id} 和共模信号 u_{ic}，分别定义为：

$$u_{id} = u_{i1} - u_{i2} \tag{7-7}$$

$$u_{ic} = \frac{u_{i1} + u_{i2}}{2}$$

$$u_{i1} = -u_{i2} = \frac{u_{id}}{2} \tag{7-8}$$

$$u_{ic1} = u_{ic2} = u_{ic}$$

差模输入信号 u_{id} 是指放大器两个输入端的输入信号为一对大小相等、极性相反的输入信号电压，它为两输入信号的差值，一般为有用信号。

共模输入信号 u_{ic} 是指放大器的两输入端分别输入一个大小相等、极性相同的信号，它为两输入信号的均值，代表环境噪声或干扰，需对其进行抑制。

两个输入信号可分解为共模信号和差模信号之和。

$$u_{i1}=u_{ic} + \frac{u_{id}}{2}，\quad u_{i2}=u_{ic} - \frac{u_{id}}{2} \tag{7-9}$$

总输出电压表示为

$$u_o = u_o' + u_o'' = A_{VD}u_{id} + A_{VC}u_{ic} \tag{7-10}$$

其中，A_{VD} 为差模放大倍数，A_{VC} 为共模放大倍数。

差分放大电路的共模抑制比（CMRR）参数为

$$K_{CMR} = \left|\frac{A_{VD}}{A_{VC}}\right| \tag{7-11}$$

其常用分贝表示，即

$$K_{CMR} = 20\lg\left|\frac{A_{VD}}{A_{VC}}\right| \tag{7-12}$$

K_{CMR} 特点如下：

（1）描述差分放大电路对零点漂移[1]的抑制能力。K_{CMR} 越大，抑制零漂能力越强。

（2）理想情况下，电路参数完全对称，$A_{VC}=0$，$K_{CMR}=\infty$。

（3）差放电路每个三极管的集电极对地电压零漂与单管放大电路相同，几乎没有改善。

差分放大电路分析如下。

（1）静态分析。差分电路的静态电路图如图 7-10 所示。令输入交流信号为零，即 $u_{i1}=u_{i2}=0$，则

$$i_{C1}=i_{C2}=I_C=I_o/2 \tag{7-13}$$

其中，流过 R_{EE} 的电流为

$$I_o = \frac{0-U_{BE}-(-U_{EE})}{R_{EE}+\dfrac{R_S}{2(1+\beta)}} \tag{7-14}$$

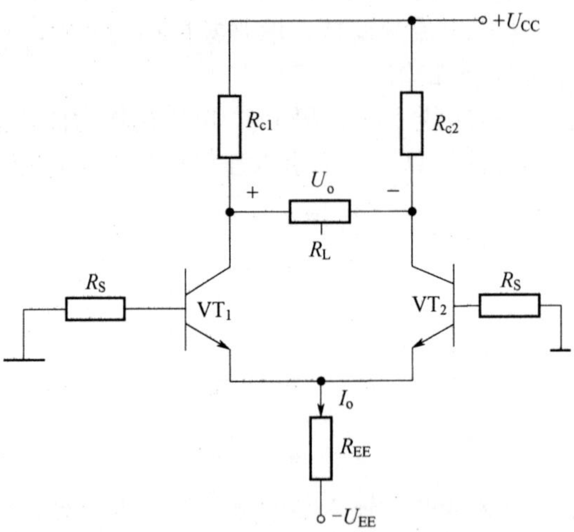

图 7-10　差分电路的静态电路图

（2）动态分析。在差模输入信号作用下，R_{EE} 可视为短路，负载电阻 R_L 两端的增量电压等值、反相，故负载中间的点对应的电位保持不变，即交流电位为 0。电路可以表示为图 7-11。

[1] 零点漂移是指当放大电路在输入信号为零时，输出还有缓慢变化的电压产生，即输出电压偏离原来的起始点而上下飘动，简称零漂。

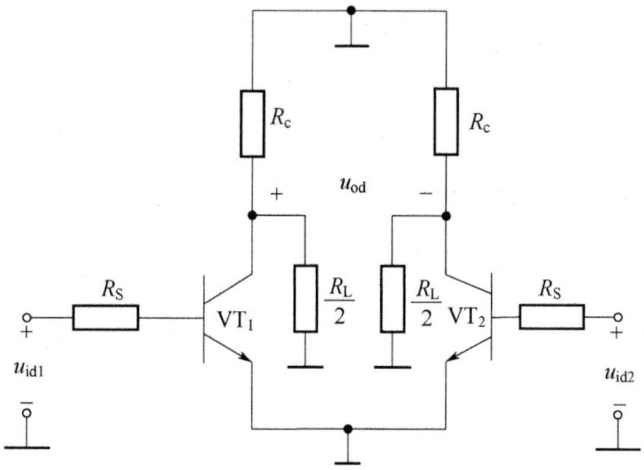

图 7-11 差分电路的动态电路图

求得，差模输入电阻为 $2(R_S+r_{be})$，双端输出差模输出电阻为 $2R_c$，差模电压增益为 $A_{VD}=-\dfrac{\beta R'_L}{R_S+r_{be}}$。

由此可见，双端输出时的差模电压增益与单个共发射极放大电路的增益相同。

7.1.4 集成运放的符号、模型及电压传输特性

集成运算放大器（operational amplifier，Op-Amp）是一种高增益、直接耦合的差分放大器，具有高输入阻抗、低输出阻抗和宽频带特性，广泛应用于信号放大、滤波、运算及比较等电路中。

下面以 LM741 运算放大器为例，介绍集成运放的原理。LM741 是一种直流耦合高增益电子电压放大器，是常用的运算放大器集成电路，由于其高质量和可靠的性能，运算放大器 LM741 非常适用于比较器、多谐振荡器、直流放大器、求和放大器、积分器或微分器以及有源滤波器。图 7-12 为 LM741 集成运算放大器的引脚图和实物图。

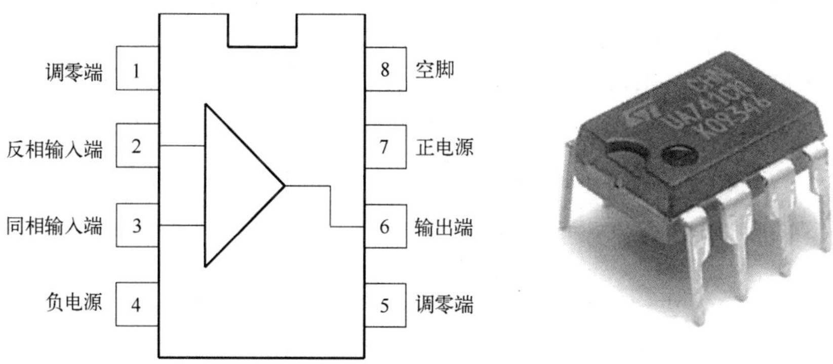

图 7-12 LM741 集成运算放大器的引脚图和实物图

LM741 由 24 个晶体管、10 个电阻和 1 个电容的电路构成。所有这些晶体管和电阻器都集成在一个单片芯片中，这些组件的内部连接如图 7-13 所示。

差分放大输入级采用 VT_1～VT_4 共集-共基组合，并设计为双入-单出方式。VT_{16}、VT_{17} 为中间放大级，VT_{14}、VT_{20} 为互补对称功放作为输出级。集成运算放大器的符号，目前主要有两种，如图 7-14 所示。

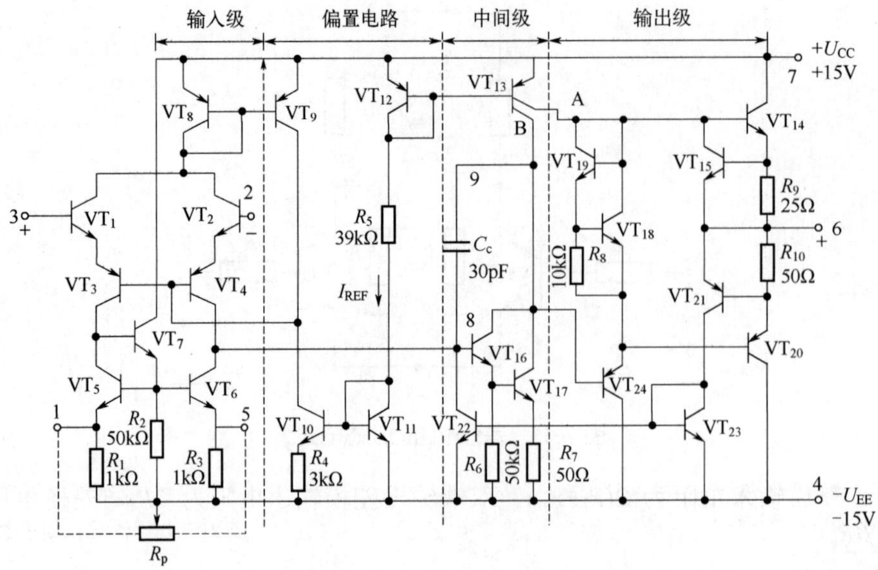

图 7-13　LM741 内部连接图

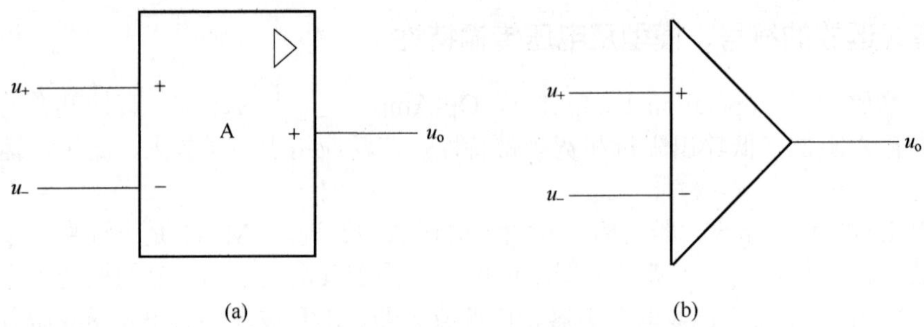

图 7-14　集成运放符号

图 7-14（a）为国家标准符号，图 7-14（b）为国际通用符号，本书采用国家标准符号，箭头代表信号从输入向输出流动。图中标识“-”和“+”符号的分别是反相输入端和同相输入端，它们对地电压分别用 u_-和 u_+表示，输出是 u_o。运放的模型如图 7-15 所示。

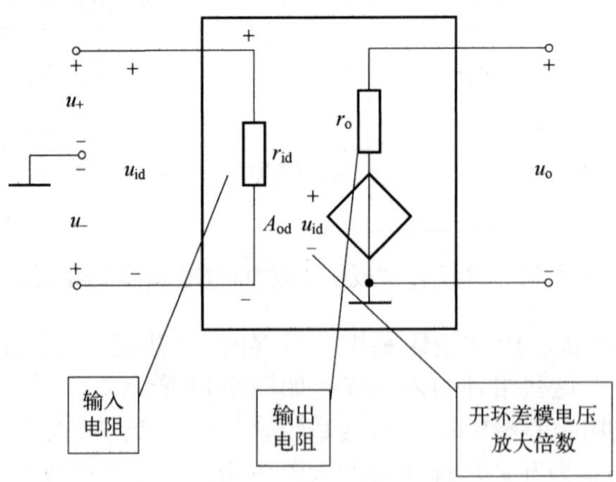

图 7-15　运放模型

图 7-15 中，差分输入电阻 r_{id} 一般比较大，典型值达兆欧级（如 1MΩ），输出电阻 r_o 比较小，一般是几十欧到几百欧。运算放大器的开环差模电压放大倍数用 A_{od} 表示，有如下的电压传输特性：

$$U_o = A_{od}(U_+ - U_-) \tag{7-15}$$

A_{od} 数值很高，一般约为 10^4～10^7，因此有如图 7-16 所示的传输特性曲线。

图 7-16 中的线性区就是曲线中的斜线部分，斜率是集成运算放大电路的开环差模电压放大倍数 A_{od}。饱和区是曲线中的水平直线部分，当集成运算放大电路工作在非线性区时，输出电压只能是正饱和值 $+U_{o(sat)}$ 和负饱和值 $-U_{o(sat)}$，其值接近运算放大器的正、负电源电压。

若 $\pm U_{o(sat)}=\pm 14V$，$A_{od}=5\times 10^6$，则为保证集成运放工作在线性区，输入信号应满足 $|u_+-u_-|<2.8\mu V$，输入电压差很微弱。

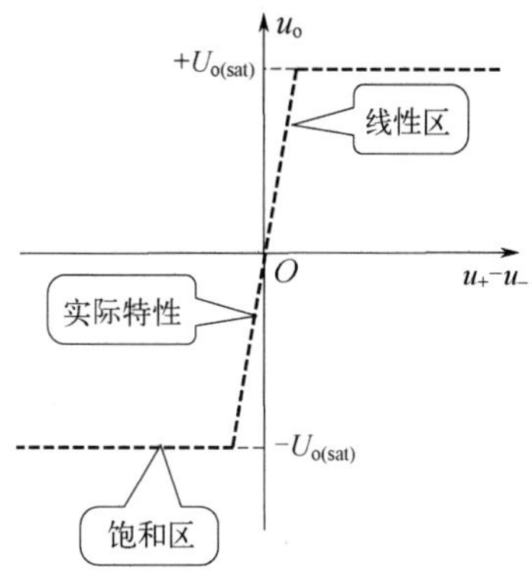

图 7-16　集成运算放大电路的电压传输特性曲线

7.2　理想集成运算放大器

由于运放的开环放大倍数很大、输入电阻高、输出电阻小，因此在电路分析时常将其理想化，称其为理想运放。

7.2.1　理想集成运算放大器的主要参数

理想集成运算放大器的基本条件如下：

（1）开环差模电压放大倍数 $A_{od}=\infty$；

（2）差模输入电阻 $r_{id}=\infty$；

（3）输出电阻 $r_o=0$；

（4）共模抑制比 $K_{CMR}=\infty$。

7.2.2　线性区与非线性区特点

理想运放有如图 7-17 所示的电压传输特性曲线，包括中间的线性区和两端的非线性区（饱和区）。

1）线性区

根据 $U_o = A_{od}(U_+ - U_-)$ 可知，理想运放工作在线性区时，输出电压 U_o 与输入电压 U_i 之间是线性放大关系。由于理想功放 $A_{od}=\infty$，可以导出

$$U_+ - U_- = \frac{U_o}{A_{od}} = 0 \tag{7-16}$$

运放工作在线性区，差模输入电压等于零，即 $U_+=U_-$，理想运放的两个输入端电位相等，两输入点等电位相当于短路。理想运放的两个输入端并没有真正短接，却具有短接的现象被称为“虚短”。

因为净输入电压为零，又因为输入电阻为无穷大，所以可近似地认为两个输入端均无电流流入。这种现象被称为“虚断”。

$$I_+ = I_- = 0 \tag{7-17}$$

"虚短"和"虚断"是运放工作在线性区的两个重要结论。

2）非线性区

输出电压只有高、低两种电平，即

$$U_o = \begin{cases} U_{oH}, & U_+ > U_- \\ U_{oL}, & U_+ < U_- \end{cases} \tag{7-18}$$

因为输入电阻为无穷大，所以两个输入端的输入电流也均为零，即

$$I_+ = I_- = 0 \tag{7-19}$$

由此可得，工作在非线性区的理想运放仍具有"虚断"的特点，但一般不具有"虚短"的特点。

理想运算放大电路模型见图 7-18。

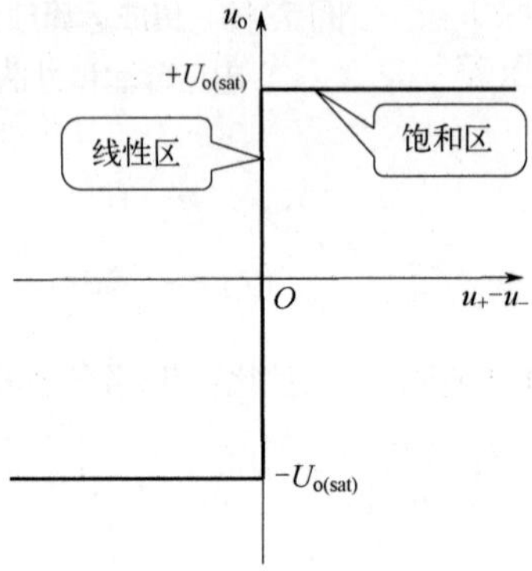

图 7-17　集成运算放大电路的理想电压传输特性曲线

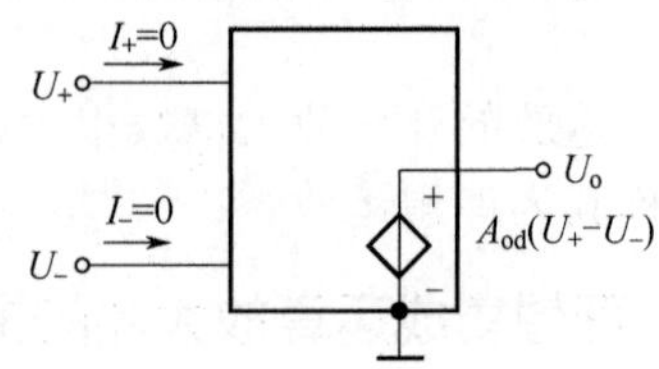

图 7-18　理想运算放大电路模型

7.3　基本运算电路

运算电路利用集成运放的线性工作区（需引入负反馈），实现输入信号的数学运算。其关键分析方法为"两虚"：虚短（$U_+=U_-$）和虚断（输入电流为零）。一个运算放大器连接上外部元件，就得到一个运算放大电路，可以对各种模拟信号进行比例、加法、减法、积分、微分等运算。

7.3.1　比例运算电路

1）反相比例放大电路

反相放大器电路具有放大输入信号并反相输出的功能。"反相"的意思是正、负号颠倒。在图 7-19 所示电路中，像把输出 u_o 经由反馈电阻 R_f 连接到反相输入端（-）的连接方法就是负反馈。

由虚短和虚断可知，$u_+=u_-=0$，$i_+=i_-\approx 0$，有 KCL 方程

$$i_1 = i_f \tag{7-20}$$

$$\frac{u_i - 0}{R_1} = \frac{0 - u_o}{R_f} \tag{7-21}$$

整理得到

$$A_u=\frac{u_o}{u_i}=\frac{-i_f R_f}{i_1 R_1}=-\frac{R_f}{R_1} \tag{7-22}$$

放大器的增益为输出与输入的电阻比例值，负号说明输入输出反相。

2）同相比例放大电路

输入信号接入运放同相输入端，反相输入端通过 R_1 接地，输出电压通过反馈电阻 R_f 连接至反相输入端形成闭环网络，构成同相比例放大电路，如图 7-20 所示。

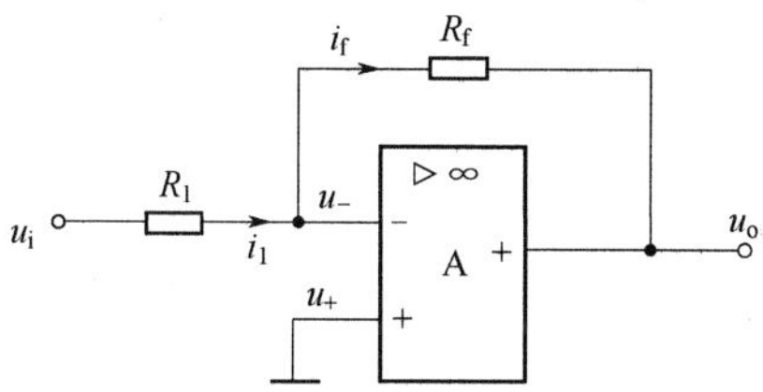

图 7-19　反相比例放大电路

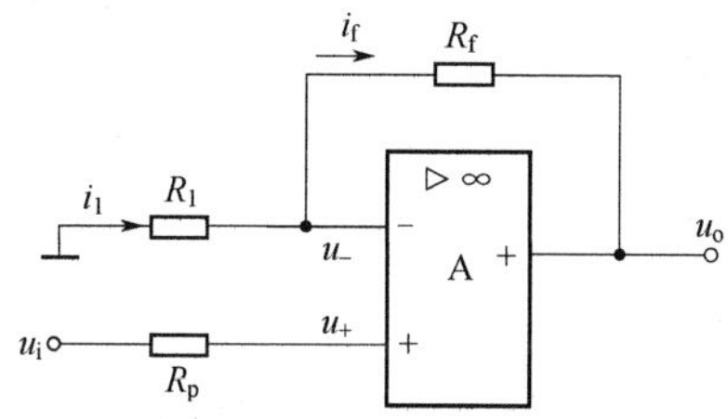

图 7-20　同相比例放大电路

由虚短和虚断可知，$u_+=u_-$，$i_+=i_-\approx 0$，所以

$$u_i=u_+=u_-=-i_1 R_1 \tag{7-23}$$

而 $u_o=-i_1(R_1+R_f)$，可得

$$A_u=\frac{u_o}{u_i}=\frac{-i_1(R_1+R_f)}{-i_1 R_1}=1+\frac{R_f}{R_1} \tag{7-24}$$

同相比例放大电路的特例为电压跟随器，如图 7-21 所示。

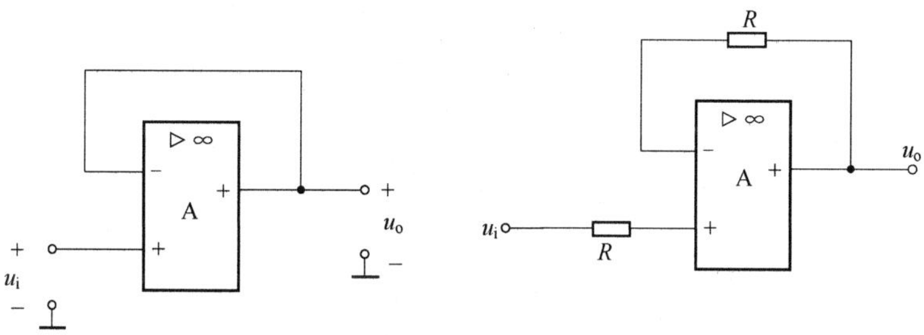

图 7-21　电压跟随器

由虚短可知，$u_o=u_i$，增益为 $A_u=1$。理想的电压跟随器具有输入阻抗 R_i 趋于无穷大、输出阻抗 R_o=0 和正向电压传输系数 $A_u=1$ 三个基本特征。

在电路中，电压跟随器一般用作缓冲级及隔离级。电压放大器的输出阻抗一般比较高，通常在几千欧到几十千欧，如果后级的输入阻抗比较小，那么信号就会有相当大的部分损耗在前级的输出电阻上。在这个时候，就需要电压跟随器从中进行缓冲，起到承上启下的作用。比如在 HI-FI 电路中，把跟随器电路置于前级和功放之间，通过断开负反馈回路来消除大环路负反馈所带来的弊端，避免扬声器的反电动势对前级的干扰作用，使音质的清晰度得到大幅度提高。

【例 7-2】电路如图 7-22 所示，如果输入电压 U_i =1V，求输出电压 U_o。

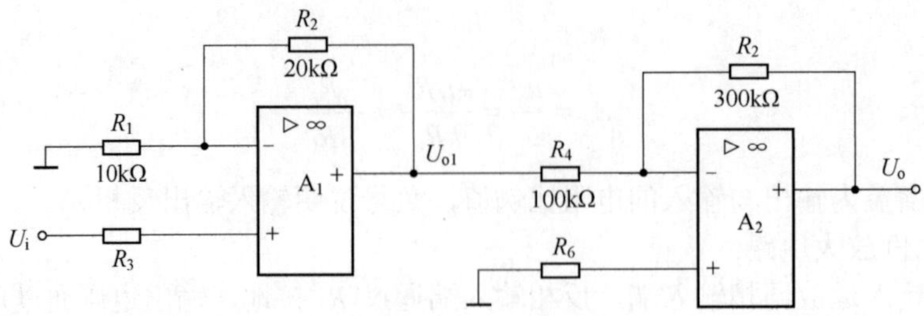

图 7-22　例 7-2 图

解：

电路中 A_1 放大器为同相比例放大电路，有

$$U_{o1}=\left(1+\frac{R_2}{R_1}\right)U_i=3U_i \tag{7-25}$$

R_3 为平衡电阻，其值为 $R_1/\!/R_2=6.67\text{k}\Omega$。

电路中 A_2 放大器为反相比例放大电路，有

$$U_o=-\frac{R_5}{R_4}U_{o1}=-\frac{R_5}{R_4}\times 3U_i=-9U_i \tag{7-26}$$

7.3.2　加减运算电路

1）反相加法运算电路

2 个输入信号接入反相端，可以实现电压加法计算，如图 7-23 所示。

由虚短和虚断可知，$u_+=u_-=0\text{V}$，$i_+=i_-\approx 0$，可以得

$$i_1+i_2=i_f \tag{7-27}$$

$$\frac{u_{i1}}{R_{i1}}+\frac{u_{i2}}{R_{i2}}=\frac{-u_o}{R_f} \tag{7-28}$$

整理得到

$$u_o=-\left(\frac{R_f}{R_{i1}}u_{i1}+\frac{R_f}{R_{i2}}u_{i2}\right) \tag{7-29}$$

如果 $R_{i1}=R_{i2}=R_f$，则有

$$u_o=-(u_{i1}+u_{i2}) \tag{7-30}$$

输出电压实现了反相加法计算。

2）同相加法运算电路

2 个输入信号接入同相端，可以实现电压加法计算，如图 7-24 所示。

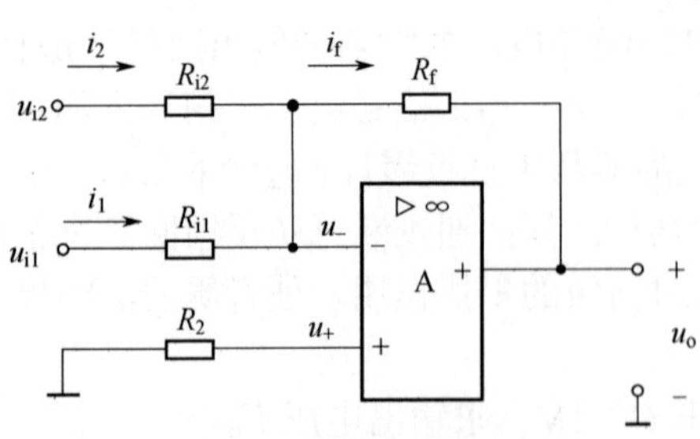

图 7-23　反相加法器

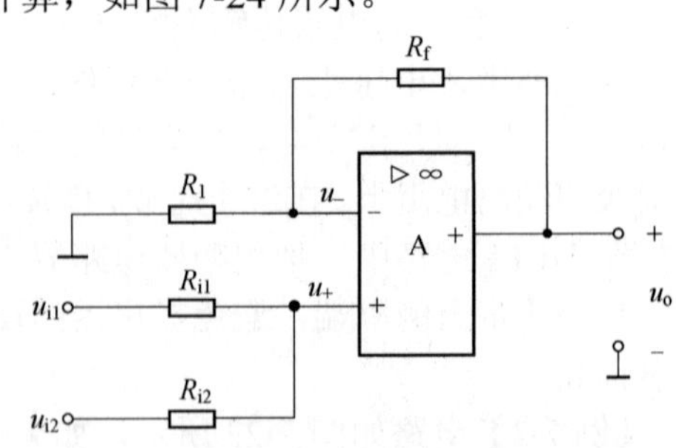

图 7-24　同相加法器

利用叠加定理，首先计算 u_{i1} 单独作用时，有

$$u'_+ = \frac{R_{i2}}{R_{i1}+R_{i2}}u_{i1} \tag{7-31}$$

$$\begin{aligned} u'_o &= \left(1+\frac{R_f}{R_1}\right)u'_+ \\ &= \left(1+\frac{R_f}{R_1}\right)\frac{R_{i2}}{R_{i1}+R_{i2}}u_{i1} \end{aligned} \tag{7-32}$$

然后计算 u_{i2} 单独作用时，有

$$u''_o = \left(1+\frac{R_f}{R_1}\right)\frac{R_{i1}}{R_{i1}+R_{i2}}u_{i2} \tag{7-33}$$

叠加得到

$$u_o = \left(1+\frac{R_f}{R_1}\right)\left(\frac{R_{i2}}{R_{i1}+R_{i2}}u_{i1}+\frac{R_{i1}}{R_{i1}+R_{i2}}u_{i2}\right) \tag{7-34}$$

如果 $R_{i1}=R_{i2}=R_f$，则有

$$u_o = u_{i1}+u_{i2} \tag{7-35}$$

3）减法运算电路

图 7-25 为减法运算电路，由电路图可以看出，它是反相输入和同相输入相结合的放大电路。

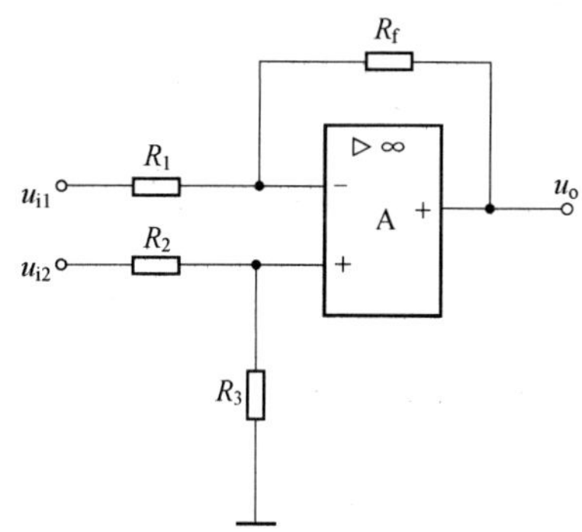

图 7-25 减法运算电路

由虚断可知，流过 R_1 的电流等于流过 R_f 的电流，即

$$\frac{u_{i1}-u_-}{R_1} = \frac{u_- - u_o}{R_f} \tag{7-36}$$

流过 R_2 的电流等于流过 R_3 的电流，即

$$\frac{u_{i2}-u_+}{R_2} = \frac{u_+}{R_3} \tag{7-37}$$

利用虚短 $u_+=u_-$，联立求解式（7-36）、式（7-37），可得

$$u_o = \left(1+\frac{R_f}{R_1}\right)\left(\frac{R_3}{R_2+R_3}\right)u_{i2} - \frac{R_f}{R_1}u_{i1} \tag{7-38}$$

如果有 $\frac{R_f}{R_1}=\frac{R_3}{R_2}$，则有

$$u_o = \frac{R_f}{R_1}(u_{i2}-u_{i1}) \tag{7-39}$$

如此实现了减法计算，即输出电压与两个输入电压的差值成正比。

7.3.3 积分和微分运算电路

1）积分电路

图 7-26 为积分电路，由图可以看出，它是反相输入的放大电路。

由虚短和虚断可知：

$$i_C = i_1 = \frac{u_i}{R_1} \tag{7-40}$$

若电容上的初始电压为零，则输出电压为

$$u_o = -u_C = -\frac{1}{C}\int i_C \mathrm{d}t = -\frac{1}{C}\int \frac{u_i}{R_1}\mathrm{d}t \tag{7-41}$$

得到

$$u_o = -\frac{1}{R_1 C}\int u_i \mathrm{d}t \tag{7-42}$$

实现了电压的积分计算。

2）微分电路

将积分电路中的电阻和电容对换一下，即可得到微分电路，如图 7-27 所示。

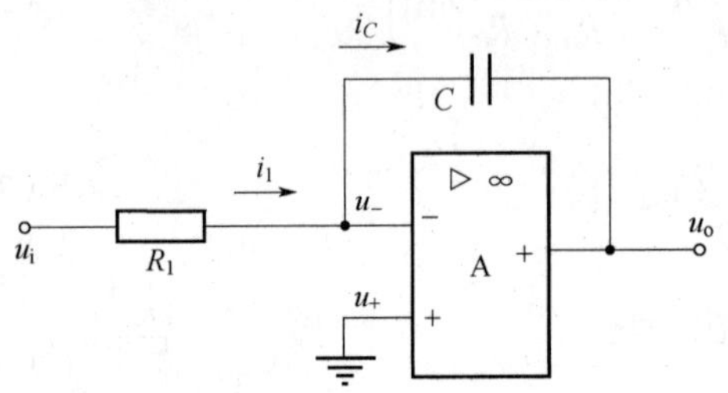

图 7-26　积分电路

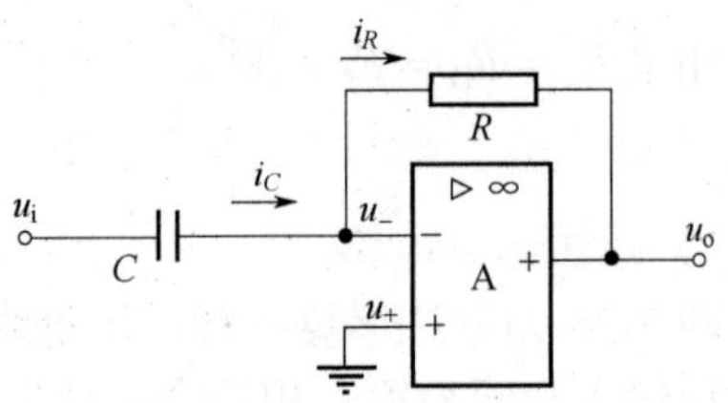

图 7-27　微分电路

根据虚短和虚断，有

$$i_C = i_R = C\frac{\mathrm{d}u_i}{\mathrm{d}t} \tag{7-43}$$

整理得到

$$u_o = -i_R R = -CR\frac{\mathrm{d}u_i}{\mathrm{d}t} \tag{7-44}$$

7.4　电压比较器

电压比较器用来比较输入信号与参考电压的大小。当两者幅度相等时输出电压产生跃变，由高电平变成低电平，或者由低电平变成高电平，由此来判断输入信号的大小和极性。

7.4.1　简单电压比较器

集成运放处于开环或仅引入正反馈就成为一个电压比较器。输出只有高、低两种电平，因此集成运放工作在非线性区。

图 7-28 为单限电压比较器电路，运放开环，输入电压 u_i 与参考电压 u_R 比较，有

$$\begin{aligned} &u_i > u_R \text{ 时，} u_o = +U_{oH} \\ &u_i < u_R \text{ 时，} u_o = -U_{oL} \end{aligned} \tag{7-45}$$

输入输出关系如图 7-29 所示。

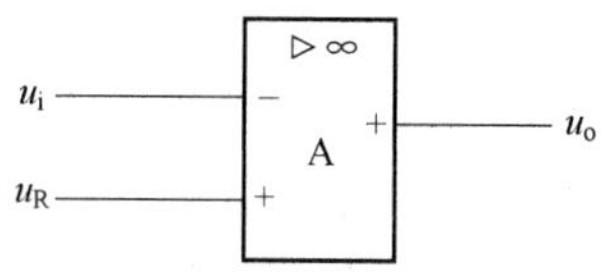

图 7-28　单限电压比较器

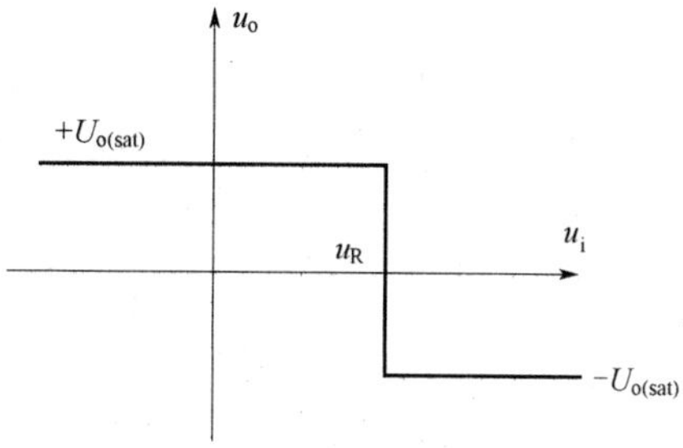

图 7-29　电压比较器输入输出关系

同时，有 $i_-=i_+=0$，即输入电流均为零，但是两输入端“虚短”的概念不再适用。

参考电压 u_R 可以是正值也可以是负值。当 u_R=0 时，则输入电压 u_i 每次过零，输出电压就要产生跳变。这种比较器称为过零比较器，如图 7-30 所示。

输入电压接入反相端，参考电压为 0，接入同相端，其特性如下：

$$u_i<u_R,\ u_o=U_{oH} \tag{7-46}$$

$$u_i>u_R,\ u_o=U_{oL}$$

当输入信号为正弦波时，运放的同相输入端的电位为零，也就是输入信号和零电位比较。当输入信号是正弦波的正半周时，运算放大器的输出电压为负的最大值；当输入信号为正弦波的负半周时，运算放大器的输出电压为正的最大值。这样过零比较器将正弦波变成了方波，实现了波形转换，如图 7-31 所示。

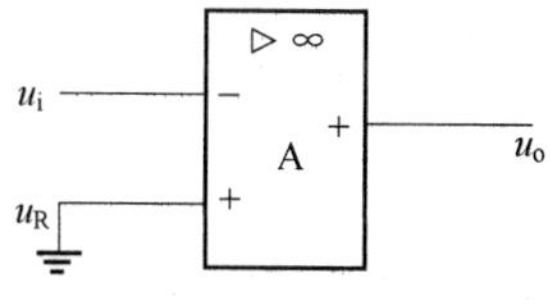

图 7-30　过零电压比较器

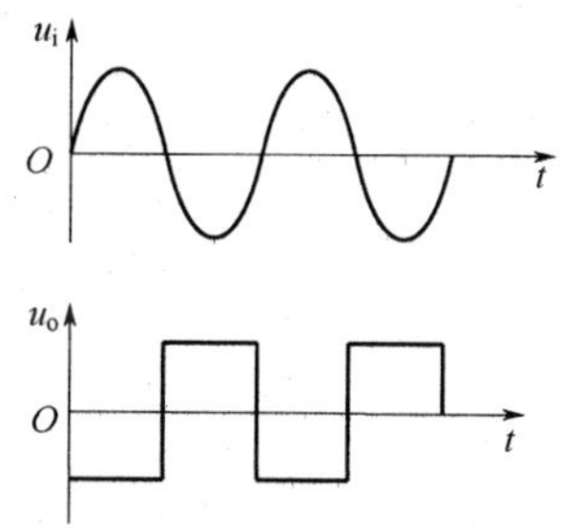

图 7-31　0V 参考电压输入输出电压波形

当参考电压接入 2V 时，得到如图 7-32 所示波形曲线。

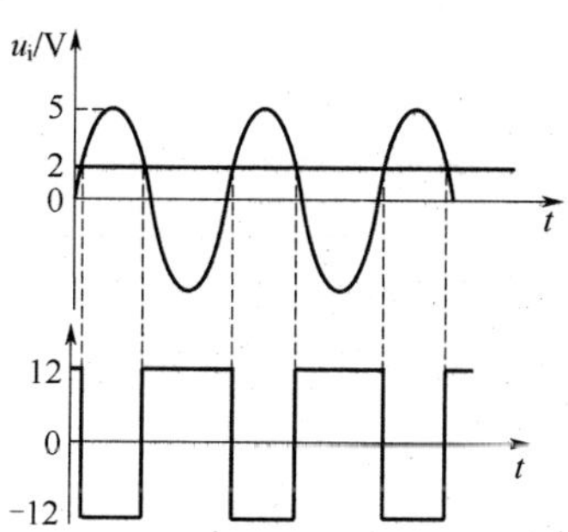

图 7-32　2V 参考电压输入输出电压波形

7.4.2 迟滞电压比较器

简单电压比较器应用中存在下述问题：①输出电压转换时间受运放的限制，使高频脉冲的边缘不够陡峭；②抗干扰能力差，在比较门限处，输出将产生多次跳变，如图 7-33 所示。

为了解决以上两个问题，在比较器中引入正反馈，构成迟滞电压比较器，如图 7-34 所示。这种比较器具有很强的抗干扰能力，同时由于正反馈加速了状态转换，从而改善了输出波形的边缘。

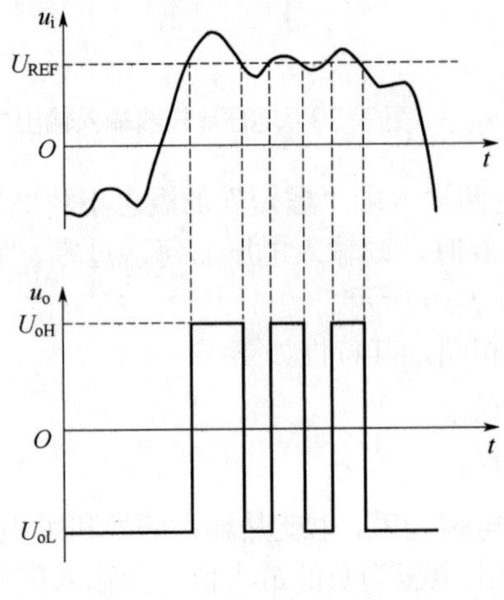

图 7-33　简单电压比较器的输出跳变问题

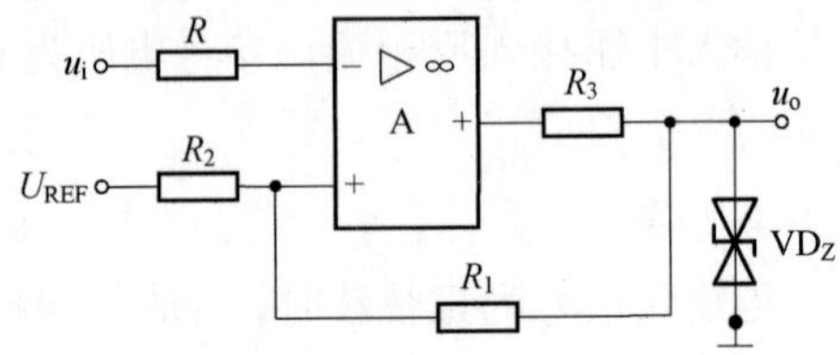

图 7-34　迟滞电压比较器

输出电压有如下特点：

$$u_i < u_+ \text{时}，u_o = +U_{oH} \tag{7-47}$$
$$u_i > u_+ \text{时}，u_o = -U_{oL}$$

根据叠加定理，同相端电压 u_+ 由两部分组成，一部分由 U_{REF} 提供，一部分由 U_Z 提供，又由于 U_Z 输出有两种可能，一个是 $+U_Z$，一个是 $-U_Z$，因此门限电压有两个。

$$\begin{cases} U_{TH+} = \dfrac{R_1}{R_1+R_2}U_{REF} + \dfrac{R_2}{R_1+R_2}U_Z，\text{上限门} \\ U_{TH-} = \dfrac{R_1}{R_1+R_2}U_{REF} - \dfrac{R_2}{R_1+R_2}U_Z，\text{下限门} \end{cases} \tag{7-48}$$

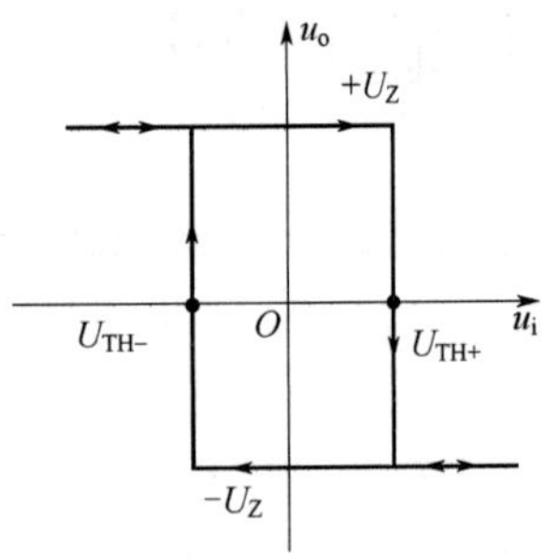

图 7-35　迟滞电压比较器传输特性曲线

设 $u_i < U_{TH-}$，则 $u_- < u_+$，$u_o = +U_Z$。此时 $u_+ = U_{TH+}$；增大 u_i，直至 $+U_{TH+}$，再增大，u_o 从 $+U_Z$ 跃变为 $-U_Z$。

设 $u_i > +U_{TH+}$，则 $u_- > u_+$，$u_o = -U_Z$。此时 $u_+ = U_{TH-}$；减小 u_i，直至 U_{TH-}，再减小，u_o 从 $-U_Z$ 跃变为 $+U_Z$。迟滞电压比较器传输特性曲线如图 7-35 所示。

其中迟滞带宽为

$$\Delta U_{TH} = \frac{2R_2}{R_1+R_2}U_Z \tag{7-49}$$

迟滞带宽表示抗干扰能力的强弱，带宽越宽，抗干扰能力越强，同时灵敏度越低。并且输入电压的峰值必须大于迟滞带宽，否则输出电压不可能跳变。

● 习题

习题 7-1　图 7-36 所示电路中，已知 R_1=2kΩ，R_f=5kΩ，R_2=2kΩ，R_3=18kΩ，U_i=1V，求输出电压 U_o。

习题 7-2　在图 7-37 电路中，已知 $R_f=2R_1$，$u_i=-2V$，试求输出电压 u_o。

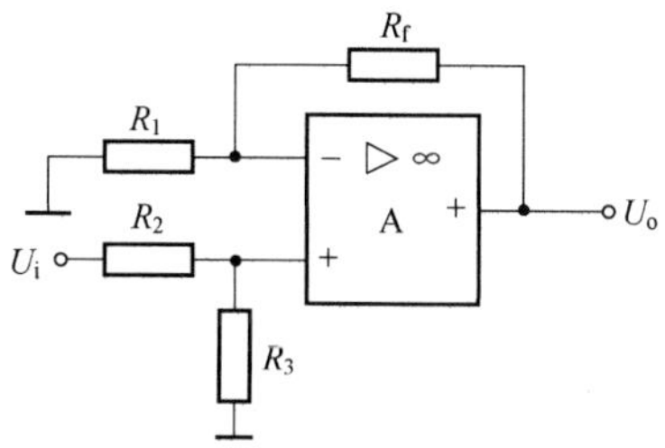

图 7-36　习题 7-1 图

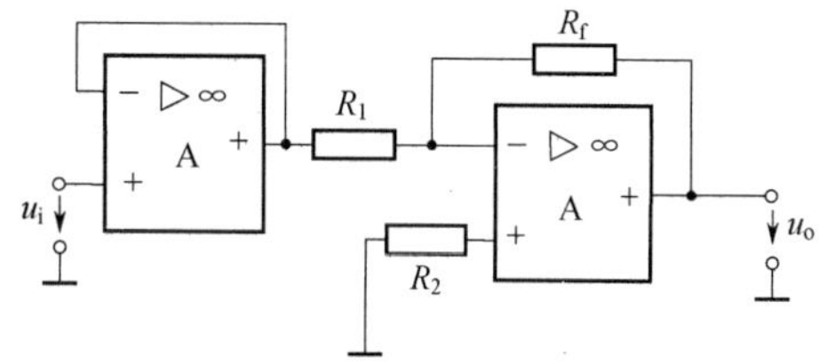

图 7-37　习题 7-2 图

习题 7-3　电路如图 7-38 所示，试写出 u_o 与 u_{i1} 和 u_{i2} 的关系，并求出当 u_{i1}=1.5V，u_{i2}=−0.5V 时 u_o 的值。

习题 7-4　某运算放大器构成的电路如图 7-39 所示，已知输入电压 U_{i1}=2V、U_{i2}=1V，各相关电阻大小已经标出，试求：

（1）A 点的电压值 U_A；

（2）输出电压 U_o 的大小。

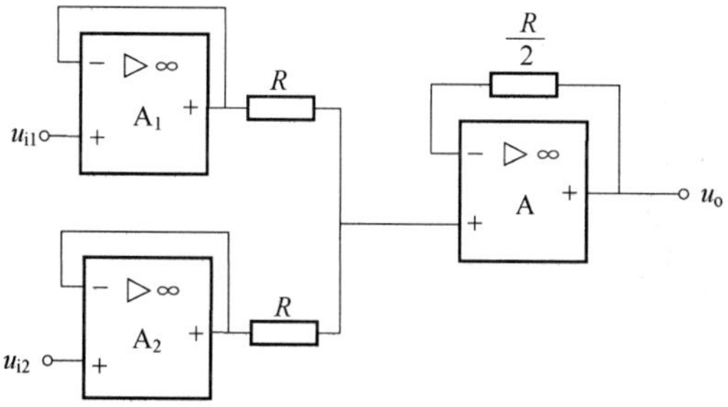

图 7-38　习题 7-3 图

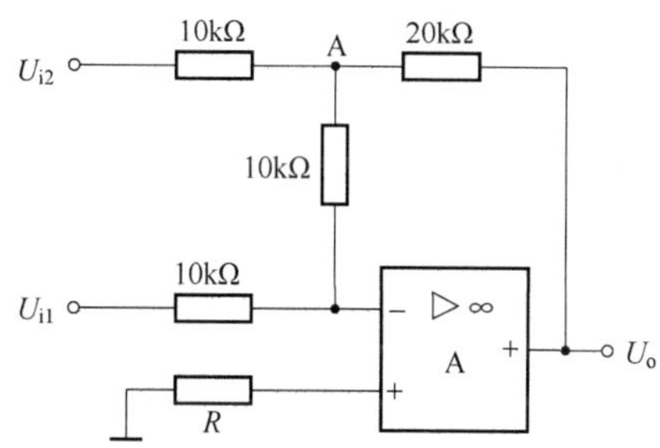

图 7-39　习题 7-4 图

习题 7-5　电路如图 7-40 所示，双向稳压管的 $U_Z=\pm6V$，输入电压为 $u_i=0.5\sin(\omega t)V$。试画出 u_{o1}、u_{o2}、u_o 的波形，并指出集成运放的工作状态。

习题 7-6　电路如图 7-41 所示，集成运放的最大输出电压是±12V，双向稳压管的电压 $U_Z=\pm6V$，输入信号 $u_i=12\sin(\omega t)V$，在参考电压 U_{REF} 为 3V 和−3V 两种情况下，试画出传输特性曲线和输出电压的波形。

习题 7-7　电路如图 7-42 所示，A 为理想运算放大器，R_1=5kΩ，$R_2=R_3$=1kΩ，试分析确定在 u_i 分别为 2V 及−2V 时的 u_o 值。

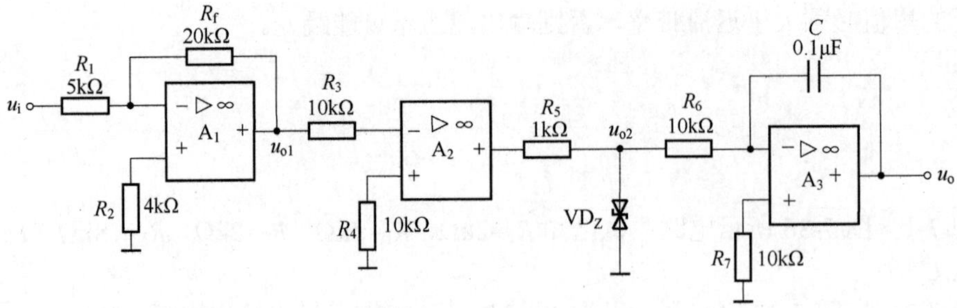

图 7-40　习题 7-5 图

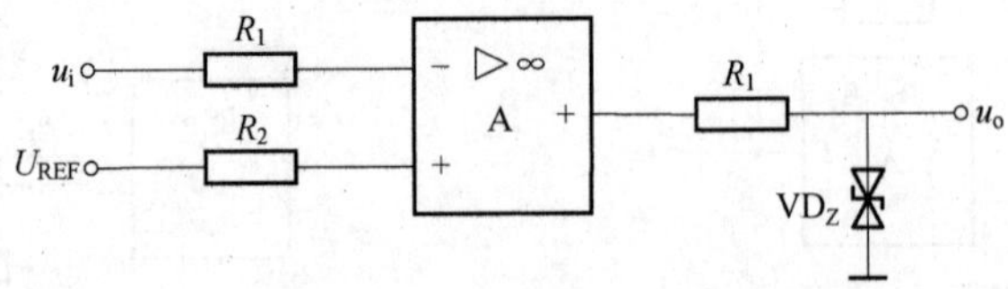

图 7-41　习题 7-6 图

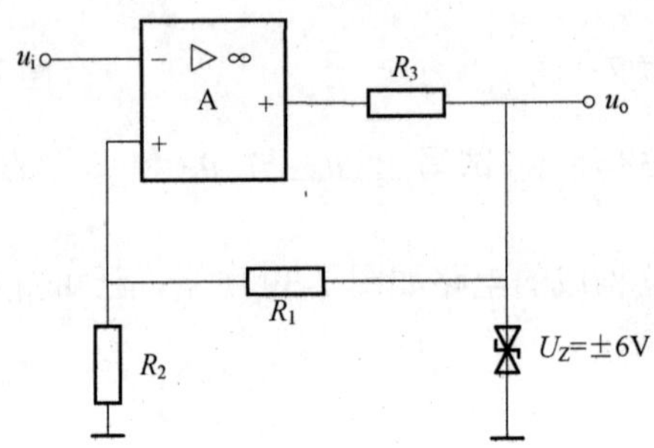

图 7-42　习题 7-7 图

本书配套资源

第 8 章　负反馈放大电路

• 本章思维导图

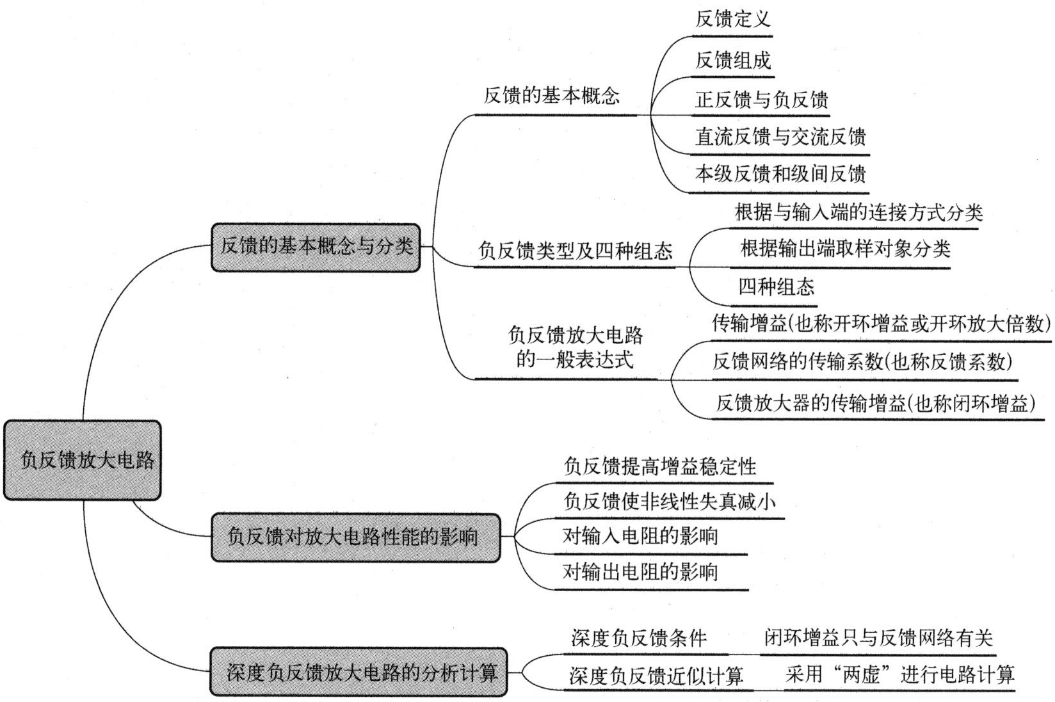

• 本章学习目标

1. 掌握反馈的判断方法；
2. 掌握负反馈的四种组态特点及对电路的影响；
3. 掌握深度负反馈的原理及计算方法；
4. 了解如何根据需求引入合适的反馈。

8.1　反馈的基本概念与分类

反馈（feedback）在电子电路中至关重要，特别是在放大电路中，它通过将输出信号的一部分送回输入端，来调整电路的性能。

8.1.1　反馈的基本概念

1）反馈定义

反馈是指将放大器的输出量（电流或电压）通过一定的网络，回送到放大器的输入回路，并同输入信号一起参与放大器的控制作用，从而使放大器的某些性能获得有效改善的过程。电路中只有正向传输，没有反向传输，称为开环状态；既有正向传输，又有反馈，称为闭环状态。

2）反馈组成

在放大电路中加入反馈，如图 8-1 所示，包括三个部分：

基本放大电路：开环增益为 A（无反馈时的增益）。

反馈网络：将输出信号的一部分回馈到输入端。

比较环节：输入信号与反馈信号相比较，得到净输入量。

3）正反馈与负反馈

根据反馈的极性分类，可分为正反馈和负反馈。使放大电路净输入量增大的反馈称为正反馈，使放大电路净输入量减小的反馈称为负反馈。正反馈虽然能够提高放大倍数，但会使电路工作变得不稳定，在实际工作中，正反馈常用于产生正弦波振荡。负反馈在放大电路中应用广泛，它能显著改善电路的稳定性、线性度、带宽等关键指标。

判别方法：瞬时极性法，即先假设放大电路输入端信号在某一瞬间对地的极性为“+”或“-”；然后根据各级电路输出端与输入端信号的相位关系（同相或反相），标出反馈回路中各点的瞬时极性；再得到反馈端信号的极性；最后，通过比较反馈端信号与输入端信号的极性来判断电路的净输入信号是加强还是削弱，从而确定是正反馈还是负反馈。

【例 8-1】判断图 8-2 所示电路为正反馈还是负反馈。

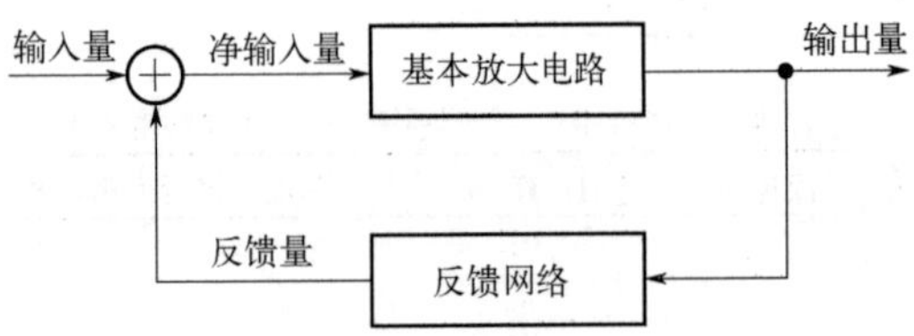

图 8-1　反馈原理

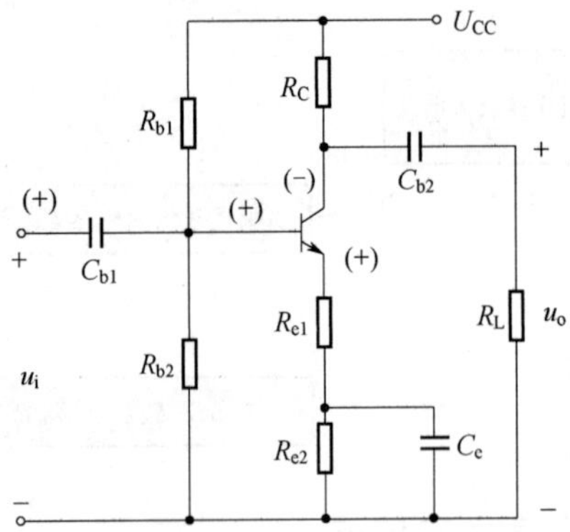

图 8-2　例 8-1 电路图

解：

用瞬时极性法，从基极开始，标为“+”号，然后根据三极管的特性，集电极为“-”，发射极为“+”，反馈信号通过电容 C_{b2} 引回到基极，使得净输入 U_{be} 减小，由此可得，反馈为负反馈。

【例 8-2】判断图 8-3 所示电路为正反馈还是负反馈。

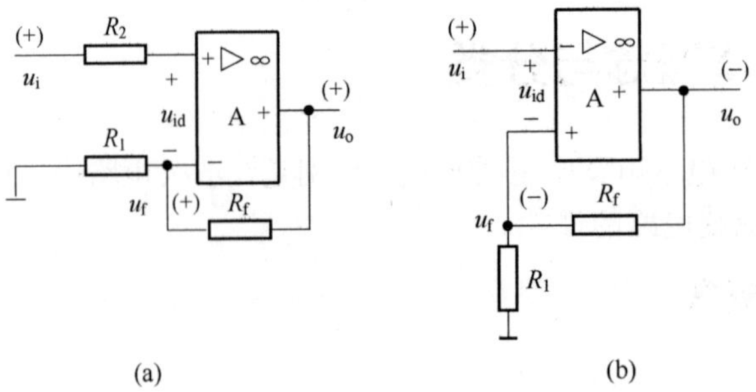

图 8-3　例 8-2 电路图

解：

用瞬时极性法，图 8-3（a）为负反馈，图 8-3（b）为正反馈。

4）直流反馈与交流反馈

根据反馈的交直流性质，可分为直流反馈和交流反馈。如果反馈信号中只含直流成分，则称为直流反馈。直流负反馈用于稳定静态工作点，对放大电路的动态性能没有影响。如果反馈信号中只含交流成分，则称为交流反馈。交流负反馈用于改善放大电路的各项动态性能。

【例 8-3】 判断图 8-4 所示电路为直流反馈还是交流反馈。

解：

R_f、R_e 引入直流负反馈，R_f 引入交流负反馈。

5）本级反馈和级间反馈

只对多级放大电路中某一级起反馈作用的称为本级反馈，将多级放大电路的输出量引回到其输入级的输入回路的称为级间反馈。

【例 8-4】 判断图 8-5 所示电路为本级反馈还是级间反馈。

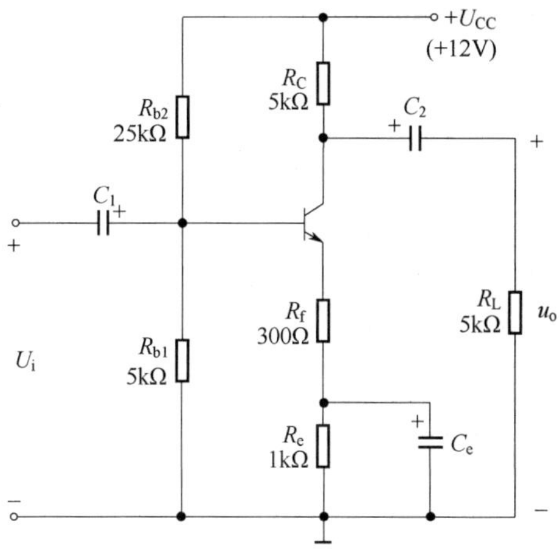

图 8-4　例 8-3 电路图

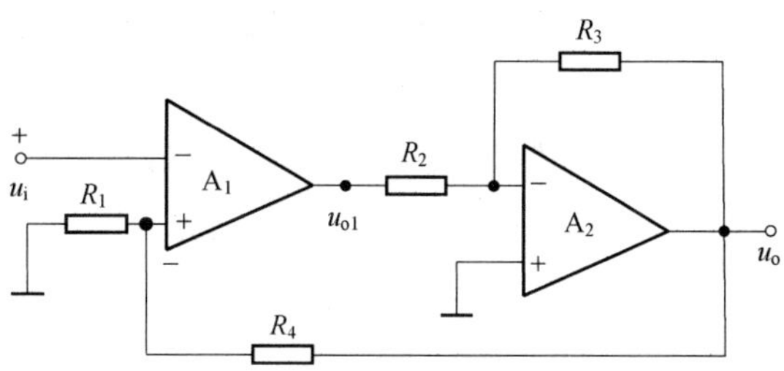

图 8-5　例 8-4 电路图

解：

根据反馈电路，R_3 为本级反馈，R_4 为极间反馈。

8.1.2　负反馈类型及四种组态

负反馈原理如图 8-6 所示。

图 8-6 中，X_i 为反馈放大电路的输入信号，X_{id} 为基本放大电路的输入信号（净输入信号），X_f 为反馈信号，X_o 为输出信号。有

$$X_F=FX_o，X_{id}=X_i-X_f \quad (8\text{-}1)$$

$$X_o=AX_{id}$$

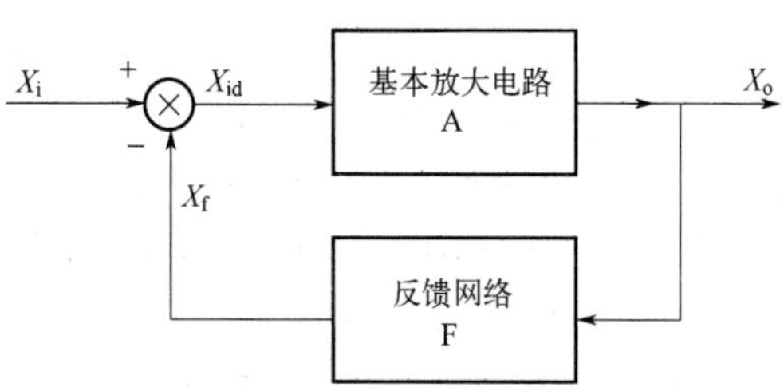

图 8-6　负反馈原理

1）根据与输入端的连接方式分类

负反馈可分为串联负反馈和并联负反馈两类。串联负反馈是输入信号与反馈信号两者串联后获得净输入信号，如图 8-7（a）所示；并联负反馈是输入信号与反馈信号两者并联后获得净输入信号，如图 8-7（b）所示。

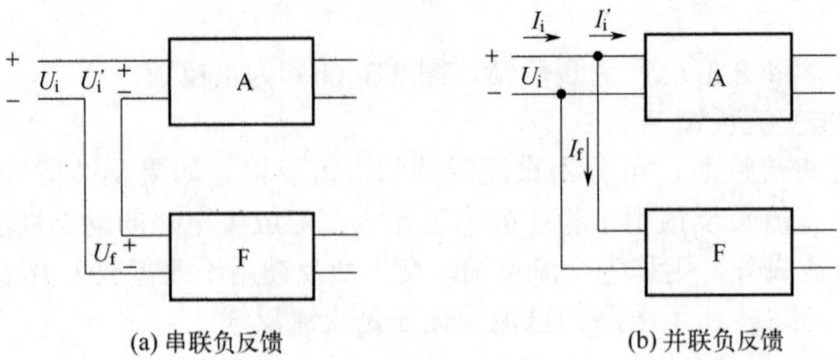

图 8-7　串联/并联负反馈

串联负反馈：在输入回路中，输入信号 X_i、反馈信号 X_f 和净输入信号 X_{id} 串联连接，以电压形式相加减，即

$$U_{id}=U_i-U_f \tag{8-2}$$

并联负反馈：在输入回路中，输入信号 X_i、反馈信号 X_f 和净输入信号 X_{id} 并联连接，以电流形式相加减，即

$$I_{id}=I_i-I_f \tag{8-3}$$

判别方法：输入信号和反馈信号在不同节点引入为串联反馈，在同一节点引入为并联反馈。

【例 8-5】 判断图 8-8 所示电路为串联负反馈还是并联负反馈。

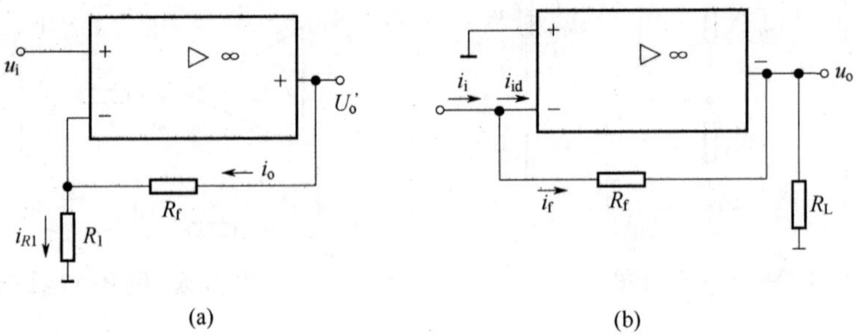

图 8-8　例 8-5 电路图

解：

根据输入信号与反馈信号的连接方式可知，图 8-8（a）为串联负反馈，图 8-8（b）为并联负反馈。

2）根据输出端取样对象分类

负反馈可分为电压负反馈和电流负反馈两类。电压负反馈的反馈信号取自输出电压，反馈量与输出电压成正比；电流负反馈的反馈信号取自输出电流，反馈量与输出电流成正比。

电压负反馈：能够稳定输出电压，具有恒压特性。如图 8-9 所示。

电流负反馈：能够稳定输出电流，具有恒流特性。如图 8-10 所示。

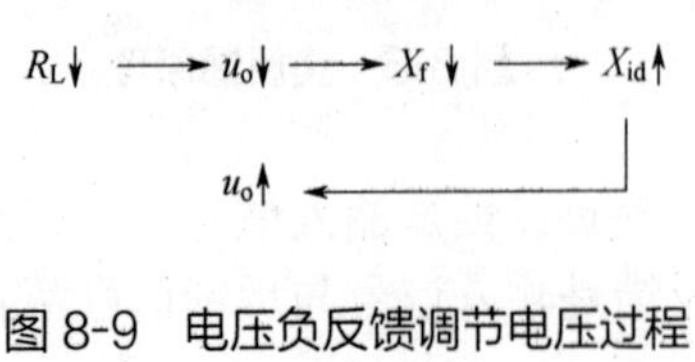

图 8-9　电压负反馈调节电压过程

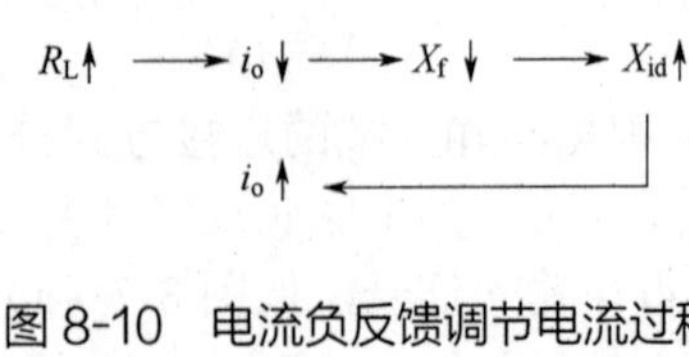

图 8-10　电流负反馈调节电流过程

判断方法：负载短路法，即将负载短路（未接负载时输出对地短路），若反馈量为零，则为电压负反馈；若将负载短路，反馈量仍然存在，则为电流负反馈。

【例 8-6】 判断图 8-8 所示电路为电压负反馈还是电流负反馈。

解：

用负载短路法，负载短路后根据反馈信号是否存在，可知，图 8-8（a）为电流负反馈，图 8-8（b）为电压负反馈。

3）四种组态

根据以上分类方法，常常把负反馈分为以下四种组态：电压串联负反馈、电流串联负反馈、电压并联负反馈、电流并联负反馈，如图 8-11 所示。

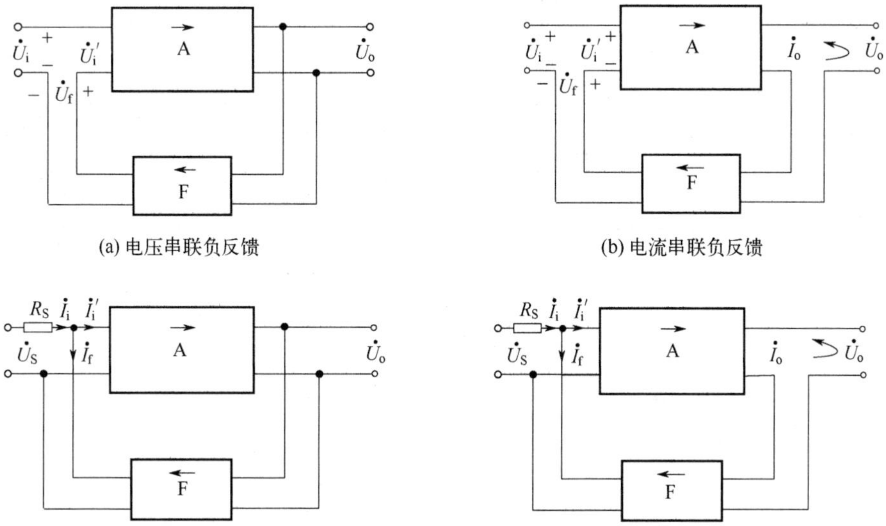

(a) 电压串联负反馈　(b) 电流串联负反馈

(c) 电压并联负反馈　(d) 电流并联负反馈

图 8-11　负反馈四种组态

反馈组态判断方法：

（1）判断反馈极性：采用瞬时极性法，根据反馈对净输入信号的影响是增强还是减弱，确定反馈为正反馈还是负反馈；

（2）判断交流、直流反馈：如果反馈支路中有电容存在，具有隔直作用，则该反馈为交流反馈；

（3）判断电流、电压反馈：假设负载短路，如果输出电压为零，则表示反馈消失，该反馈为电压反馈，否则为电流反馈；

（4）判断串联、并联反馈：输入信号与反馈信号连接关系判断是串联还是并联反馈；

（5）确定最终反馈组态。

【例 8-7】 判断图 8-12 所示电路的组态。

解：

用瞬时极性法、负载短路法，并根据输入端的连接关系可知，图 8-12（a）为电压串联负反馈，图 8-12（b）为电流并联负反馈。

【例 8-8】 判断图 8-13 所示电路的组态。

解：

用瞬时极性法、负载短路法，并根据输入端的连接关系可知，图 8-13（a）为电压并联负反馈，图 8-13（b）为电流串联负反馈。

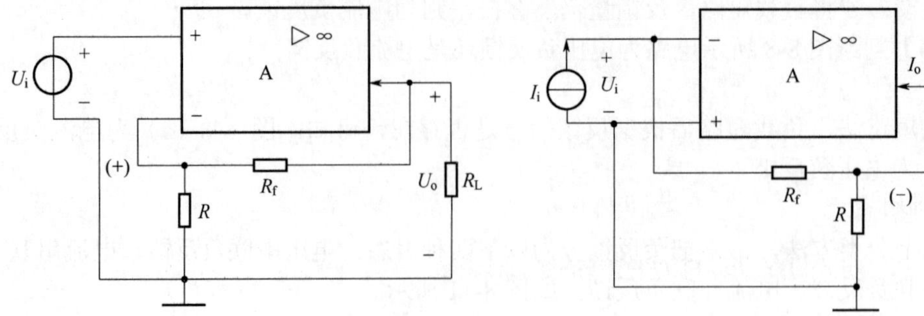

图 8-12　例 8-7 电路图

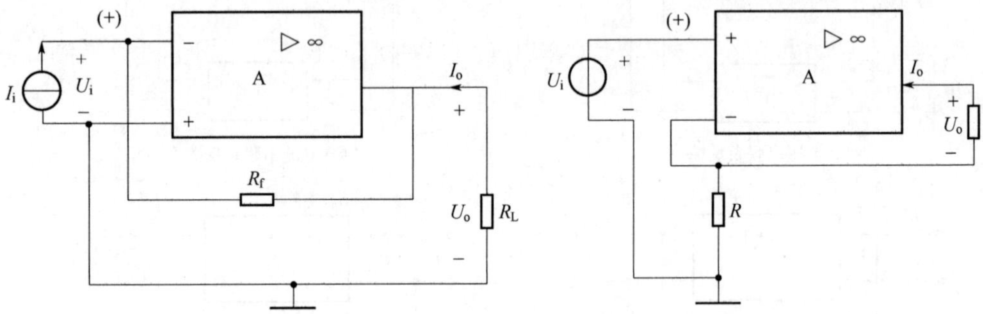

图 8-13　例 8-8 电路图

8.1.3　负反馈放大电路的一般表达式

负反馈放大电路原理参见图 8-6。图中各信号满足式（8-1)。

其中，传输增益（也称开环增益或开环放大倍数）为

$$A=\frac{X_o}{X_{id}} \tag{8-4}$$

反馈网络的传输系数（也称反馈系数）为

$$F=\frac{X_f}{X_o} \tag{8-5}$$

反馈放大器的传输增益（也称闭环增益）为

$$A_f=\frac{X_o}{X_i} \tag{8-6}$$

整理得到

$$A_f=\frac{X_o}{X_i}=\frac{X_o}{X_{id}+X_f}=\frac{X_o}{X_o/A+X_oF}=\frac{A}{1+AF} \tag{8-7}$$

式（8-7）为闭环增益的一般表达式。可知，负反馈使放大器的增益下降为原来的 $1/(1+AF)$；更通用一点，一般在正弦稳态情况下分析，此时 A 和 F 都是频率的函数，当考虑

信号频率的影响时，A_f、A 和 F 分别用 $\dot{A}_f$ 、$\dot{A}$ 和 $\dot{F}$ 表示。

设定 $D=1+AF$ 为反馈深度，表征反馈强弱。几种特殊情况如下所述：

（1）$\left|1+\dot{A}\dot{F}\right|>>1$ 时，深度负反馈；

（2）$\left|1+\dot{A}\dot{F}\right|<1$ 时，正反馈；

（3）$\left|1+\dot{A}\dot{F}\right|=0$ 时，$\left|\dot{A}_F\right|\to\infty$，自激振荡。

8.2 负反馈对放大电路性能的影响

负反馈是放大电路中常用的技术，可以显著改善电路性能。以下是负反馈对放大电路性能的主要影响。

1）负反馈提高增益稳定性

负反馈通过自动调节输出，减小开环增益波动的影响。对闭环增益 A_f 关于开环增益 A 求微分，有

$$\begin{aligned}&A_f=\frac{A}{1+AF},\\&\mathrm{d}A_f=\frac{1}{(1+AF)^2}\mathrm{d}A=\frac{A}{1+AF}\frac{1}{1+AF}\frac{\mathrm{d}A}{A}=A_f\frac{1}{1+AF}\frac{\mathrm{d}A}{A}\end{aligned} \tag{8-8}$$

于是可得

$$\frac{\mathrm{d}A_f}{A_f}=\frac{1}{1+AF}\frac{\mathrm{d}A}{A}$$

即闭环增益相对变化量为开环增益相对变化量的 $1/(1+AF)$。同时，在深度负反馈条件下闭环增益为

$$\dot{A}_f\approx\frac{1}{\dot{F}} \tag{8-9}$$

即深度负反馈情况下，闭环增益只取决于反馈网络。当反馈网络由稳定的线性元件组成时，闭环增益将有很高的稳定性。

2）负反馈使非线性失真减小

负反馈信号抵消部分输入信号，使放大器工作在线性区，谐波失真降低为原来的 $1/(1+AF)$，可以改善输出波形保真度，但是无法消除固有失真，如三极管放大器的饱和、截止失真。

3）对输入电阻的影响

如图 8-14 所示，求得串联负反馈闭环输入电阻为

$$u_i=u_{id}+u_f=(1+AF)u_{id} \tag{8-10}$$

$$R_{if}=u_i/i_i=(1+AF)\frac{u_{id}}{i_i}=(1+AF)R_i \tag{8-11}$$

因此，引入串联负反馈后，输入电阻增大了。

同理，可以求得并联负反馈闭环输入电阻为

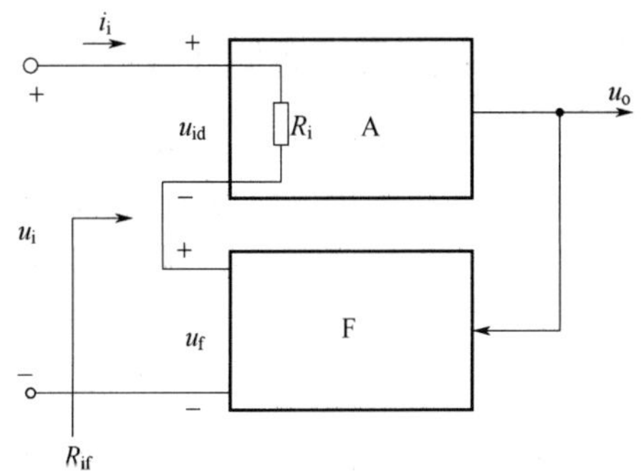

图 8-14　串联反馈输入电阻

$$R_{\mathrm{if}} = \frac{R_{\mathrm{i}}}{1+AF} \tag{8-12}$$

因此，引入并联负反馈后，输入电阻减小了。

4）对输出电阻的影响

电压负反馈闭环输出电阻为

$$R_{\mathrm{of}} = \frac{u_{\mathrm{o}}}{i_{\mathrm{o}}} = \frac{R_{\mathrm{o}}}{1+A_{\mathrm{o}}F} \tag{8-13}$$

电压负反馈稳定输出电压，使输出具有恒压特性，因而输出电阻减小。

电流负反馈闭环输出电阻为

$$R_{\mathrm{of}} = \frac{u_{\mathrm{o}}}{i_{\mathrm{o}}} = (1+AF)R_{\mathrm{o}} \tag{8-14}$$

电流负反馈稳定输出电流，使输出具有恒流特性，因而输出电阻增大。

综上，负反馈对放大电路性能的改善，是以牺牲增益为代价的，且仅对环内的性能产生影响。另外，在改善性能引入负反馈时，可以遵循如下一般原则：要稳定直流量，引直流负反馈；要稳定交流量，引交流负反馈；要稳定输出电压，引电压负反馈；要稳定输出电流，引电流负反馈；要增大输入电阻，引串联负反馈；要减小输入电阻，引并联负反馈。

8.3 深度负反馈放大电路的分析计算

8.3.1 深度负反馈条件

深度负反馈条件下，$|1+\dot{A}\dot{F}|>>1$，有

$$\dot{A}_{\mathrm{f}} = \frac{\dot{A}}{1+\dot{A}\dot{F}} \approx \frac{\dot{A}}{\dot{A}\dot{F}} = \frac{1}{\dot{F}} \tag{8-15}$$

即在深度负反馈条件下闭环增益只与反馈网络有关。

另外，由 $\dot{A}_{\mathrm{f}} = \frac{\dot{X}_{\mathrm{o}}}{\dot{X}_{\mathrm{i}}}$，$\dot{F} = \frac{\dot{X}_{\mathrm{f}}}{\dot{X}_{\mathrm{o}}}$，$\dot{A}_{\mathrm{f}} = \frac{\dot{A}}{1+\dot{A}\dot{F}} \approx \frac{1}{\dot{F}}$ 可以得到

$$\dot{X}_{\mathrm{f}} \approx \dot{X}_{\mathrm{i}}，\quad \dot{X}_{\mathrm{id}} = \dot{X}_{\mathrm{i}} - \dot{X}_{\mathrm{f}} \approx 0 \tag{8-16}$$

输入量近似等于反馈量，净输入量近似等于零。

8.3.2 深度负反馈近似计算

由净输入量近似等于零，可以得到基本放大电路“两虚”的概念。在串联负反馈情况下，输入端采用电压形式，如果输入电阻为有限值，有

$$u_{\mathrm{id}} = u_{\mathrm{i}} - u_{\mathrm{f}} \approx 0 \text{（虚短）} \tag{8-17}$$

$$i_{\mathrm{id}} = \frac{u_{\mathrm{id}}}{r_{\mathrm{i}}} \approx 0 \text{（虚断）}$$

在并联负反馈情况下，输入端采用电流形式，有

$$i_{\mathrm{id}} = i_{\mathrm{i}} - i_{\mathrm{f}} \approx 0 \text{（虚断）} \tag{8-18}$$

$$u_{\mathrm{id}} = i_{\mathrm{id}}\, r_{\mathrm{i}} \approx 0 \text{（虚短）}$$

因此，深度负反馈条件下，可以采用“两虚”进行电路计算。在具体电路中，处理“两虚”有如下的技巧。

（1）虚短，u_{id}≈0，如图 8-15 所示。

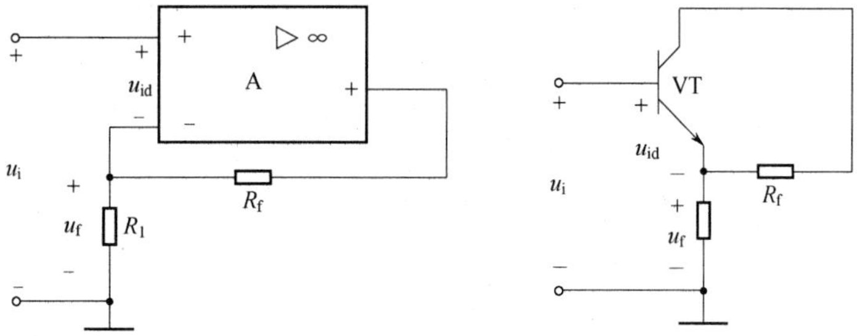

(a) $u_+=u_-$(运放电路)　　(b) $u_e=u_b$(三极管电路)

图 8-15　虚短处理技巧

（2）虚断，i_{id}≈0，如图 8-16 所示。

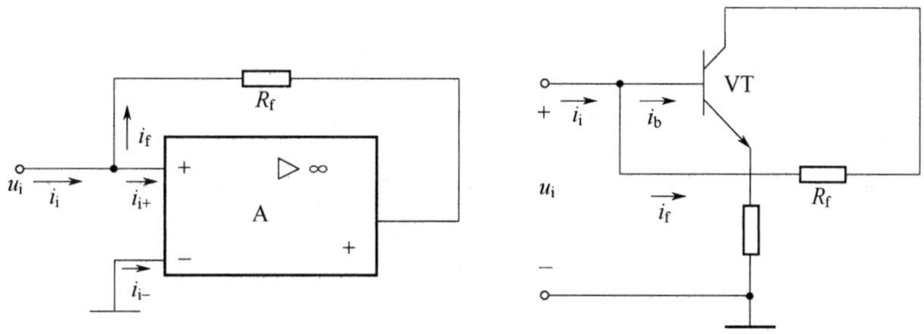

(a) $i_{i+}=i_{i-}=0$(运放电路)　　(b) $i_b=0$(三极管电路)

图 8-16　虚断处理技巧

【例 8-9】设图 8-17 所示电路满足深度负反馈条件，试确定图示电路的反馈类型，并求电压增益。

解：

（1）用瞬时极性法、负载短路法，并根据输入端的连接关系可知，图 8-17 为电压串联负反馈。

（2）由“两虚”概念，有

$$u_i = u_f$$

$$u_o = \frac{u_f}{R_1}(R_1 + R_f) \tag{8-19}$$

求得电压增益为

$$A_{uf} = \frac{u_o}{u_i} = \frac{R_1 + R_f}{R_1} = 1 + \frac{R_f}{R_1} \tag{8-20}$$

【例 8-10】设图 8-18 所示电路满足深度负反馈条件，试确定图示电路的反馈类型，并求电流增益。

解：

（1）用瞬时极性法、负载短路法，并根据输入端的连接关系可知，图 8-18 为电流并联负反馈。

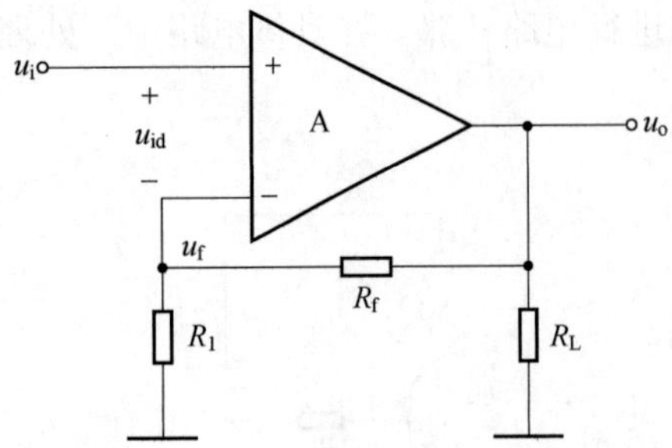

图 8-17　例 8-9 电路图

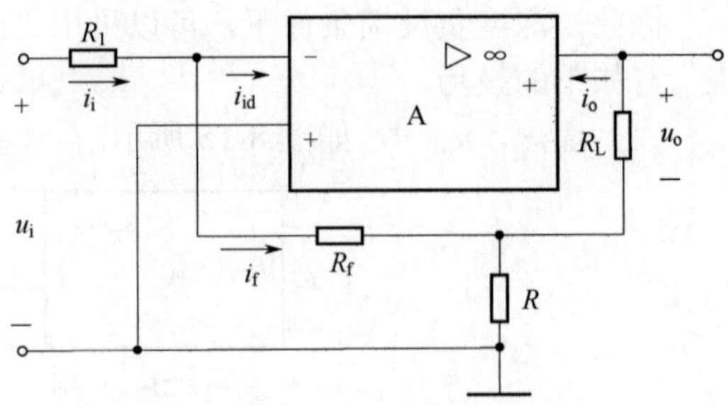

图 8-18　例 8-10 电路图

（2）根据虚短、虚断，有

$$u_i = i_i R_1,\quad i_i = i_f \tag{8-21}$$

$$i_f \approx \frac{R}{R + R_f} i_o \tag{8-22}$$

求得电流增益为

$$A_{if} = \frac{i_o}{i_i} = \frac{R + R_f}{R} = 1 + \frac{R_f}{R} \tag{8-23}$$

【例 8-11】设图 8-19 所示电路满足深度负反馈条件，试确定图示电路的反馈类型，并求电压增益。

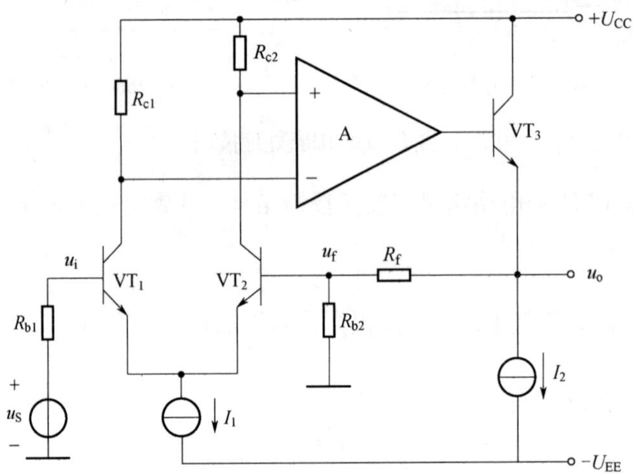

图 8-19　例 8-11 电路图

解：

（1）图 8-19 为电压串联负反馈。

（2）根据虚短、虚断，有

$$u_f = u_i$$

$$u_f = \frac{R_{b2}}{R_{b2} + R_f} u_o$$

求得闭环电压增益为

$$A_{uf}=\frac{u_o}{u_i}=1+\frac{R_f}{R_{b2}}$$

● 习题

习题 8-1　判断图 8-20 所示各电路中反馈是正还是负，如果为负请判断组态。

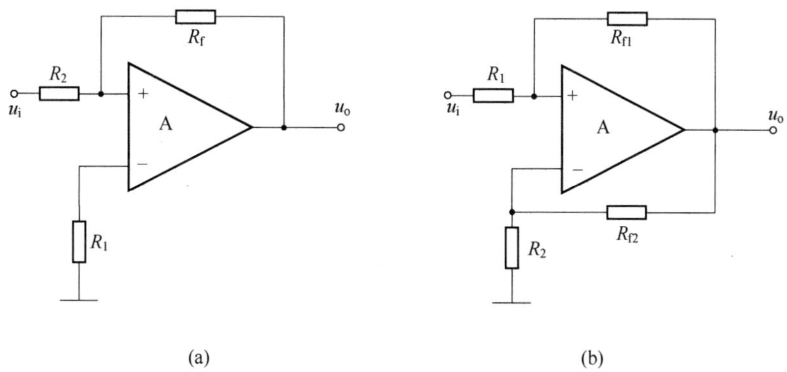

图 8-20　习题 8-1 电路图

习题 8-2　判断图 8-21 所示各电路中反馈是正还是负，如果为负请判断组态。

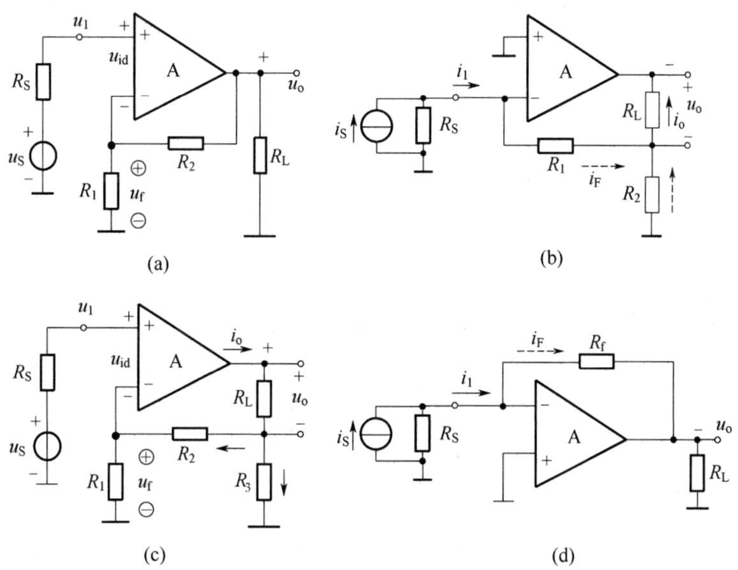

图 8-21　习题 8-2 电路图

习题 8-3　判断图 8-22 所示各电路中是否引入了反馈；若引入了反馈，则判断是正反馈还是负反馈；若引入了交流负反馈，则判断是哪种组态的负反馈，并指出反馈系数是哪两个量的比值。设图中所有电容对交流信号均可视为短路。

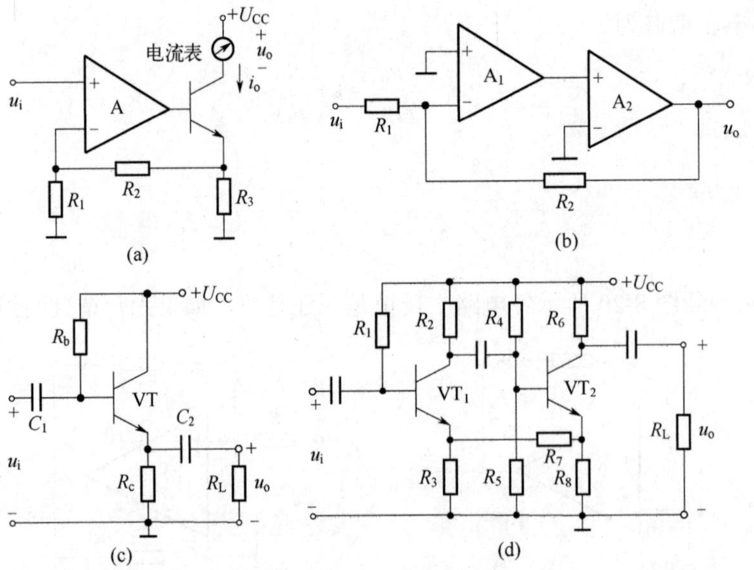

图 8-22　习题 8-3 电路图

习题 8-4　判断图 8-23 所示电路中反馈组态。如果为负反馈，求满足深度负反馈条件下的电压增益。

习题 8-5　判断图 8-24 所示电路中反馈组态。如果为负反馈，求满足深度负反馈条件下的电压增益。

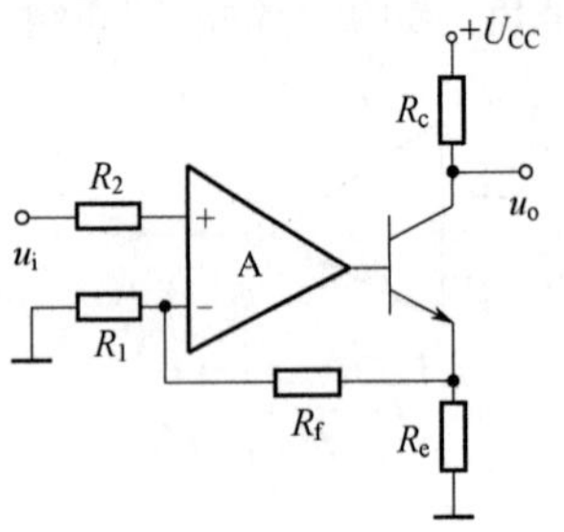

图 8-23　习题 8-4 电路图

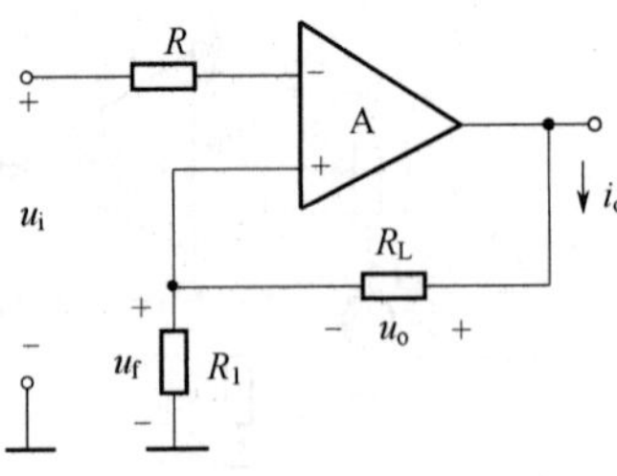

图 8-24　习题 8-5 电路图

习题 8-6　判断图 8-25 所示电路中反馈组态。如果为负反馈，求满足深度负反馈条件下的电压增益。

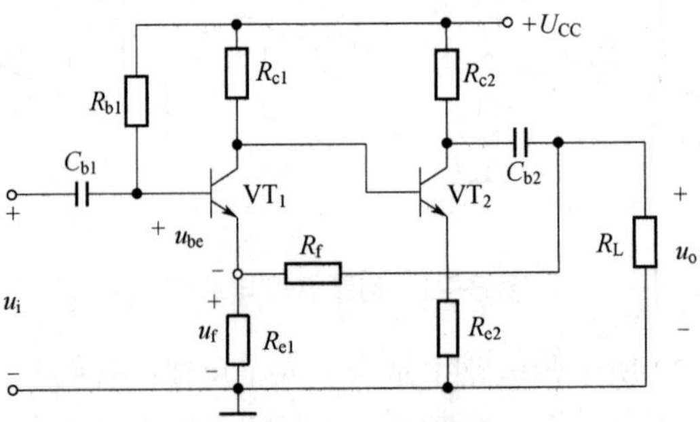

图 8-25　习题 8-6 电路图

习题 8-7　判断图 8-26 所示电路中各级和极间反馈组态。如果为负反馈，求满足深度负反馈条件下的各级电压增益。

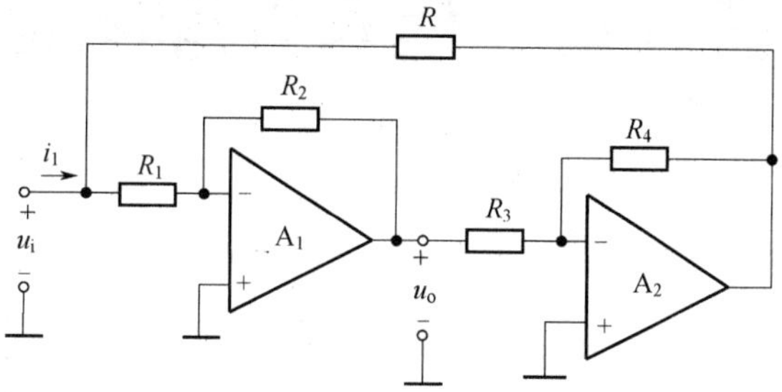

图 8-26　习题 8-7 电路图

本书配套资源

第 9 章　信号处理电路

• 本章思维导图

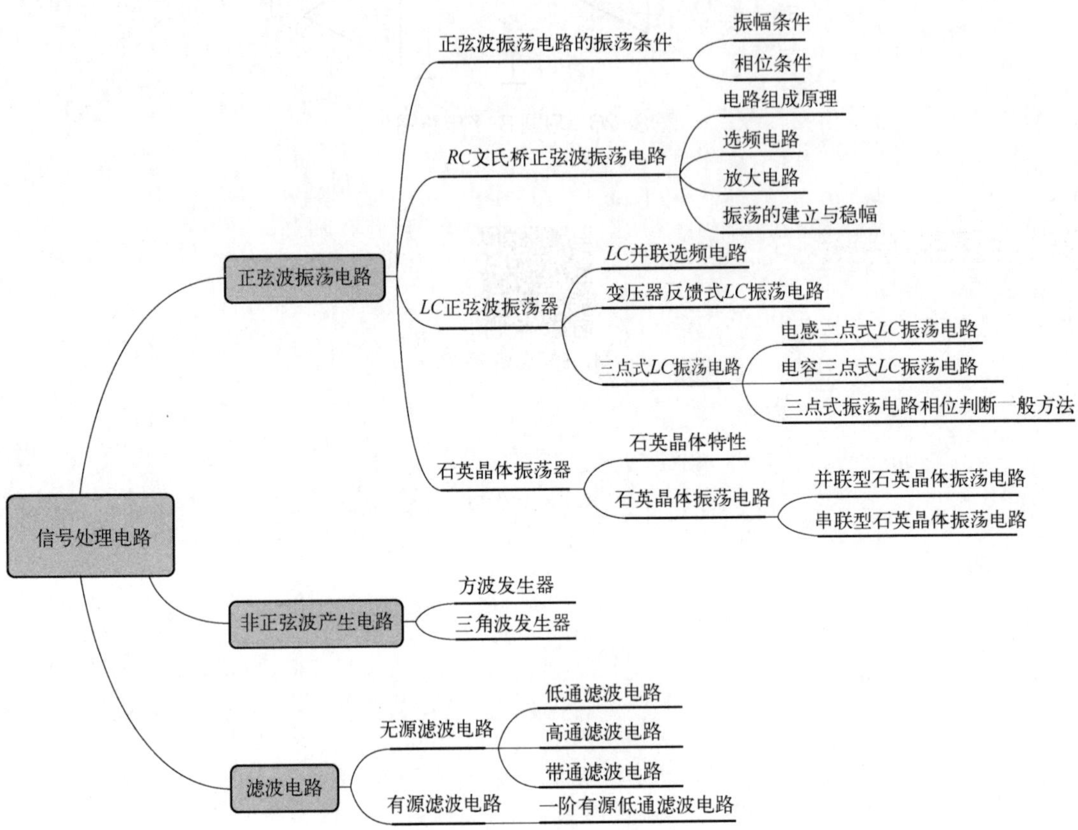

• 本章学习目标

1. 理解正弦波振荡电路的工作原理，*LC* 正弦波振荡器（如变压器反馈式、电感三点式、电容三点式）的组成与特点，石英晶体振荡器的高频稳定性原理，滤波电路的分类与特性，三角波发生器的构成方法（如积分电路与比较器的结合）。

2. 熟悉 *RC* 文氏桥振荡电路的结构、振荡频率计算及稳幅措施，分析方波发生器的工作原理。

3. 掌握正弦波振荡的起振条件与平衡条件（幅度平衡与相位平衡），能够根据需求设计简单的振荡电路，并分析其性能指标；能够进行方波发生器参数设计。

振荡电路是一种无须外加输入信号，能够自动将直流电能转换为特定频率和幅度的交流信号的电子电路。

振荡电路根据输出波形和结构可分为正弦波振荡器和非正弦波振荡器两大类。正弦波振荡器（如 *LC*、*RC*、晶体振荡器）能够产生单一频率的正弦信号，其中 *LC* 振荡器适用于高频射频电路，*RC* 振荡器适合低频音频范围，而晶体振荡器凭借石英晶体的高稳定性，广泛用于时钟电路。非正弦波振荡器（如多谐振荡器、张弛振荡器）则输出方波、三角波等波形，典型应用包括 555 定时器构成的脉冲发生器、施密特触发器振荡电路等。根据工作原理可以分为反馈型振荡电路、负阻型振荡电路。根据选频网络分为 *LC*、*RC*、晶体振荡电路，压控振荡电路，开关电容振荡电路，等等。

此外，振荡电路的性能关键指标包括频率稳定性（受温度、电源影响程度）、波形纯度（谐波失真）和起振速度（从通电到稳定输出的时间），这些因素直接影响其在具体应用中的可靠性。

本章主要介绍反馈型振荡电路，主要是 *RC*、*LC*、晶体振荡电路，以及非正弦波产生电路。

9.1 正弦波振荡电路

振荡电路在现代电子系统中扮演着至关重要的角色。在通信领域，它用于生成载波信号和频率合成；在计算机系统中，晶体振荡器为 CPU 和微控制器提供精准的时钟基准；在测试测量设备中，它作为信号源用于电路调试和校准。

反馈型振荡电路，其核心工作原理基于正反馈机制，即通过放大电路和反馈网络的配合，使输出信号的一部分被反馈回输入端，不断补充能量以维持振荡。要使电路稳定工作，必须满足两个关键条件：振幅平衡条件（环路增益≥1，保证信号不衰减）和相位平衡条件（总相移为 360°的整数倍，确保正反馈）。

9.1.1 正弦波振荡电路的振荡条件

第 8 章介绍负反馈放大电路 $\dot{A}_{\mathrm{f}}=\dfrac{\dot{A}}{1+\dot{A}\dot{F}}$，当$1+\dot{A}\dot{F}=0$时，$\dot{A}_{\mathrm{f}}=\infty$，则此时无须外加信号，就能输出一定频率、一定幅值的信号，称为自激振荡。放大电路是引入负反馈，使电路正常工作，避免出现自激；在正弦波振荡电路中引入的是正反馈，且振荡频率可控，其方框图如图 9-1 所示。

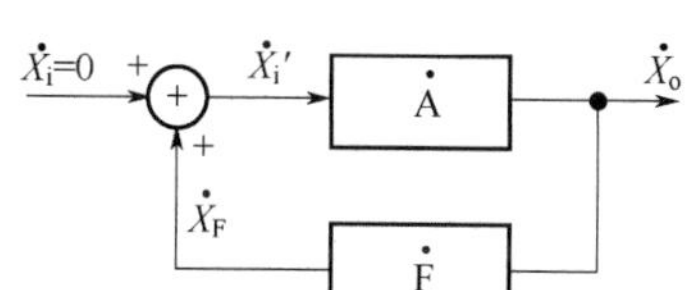

图 9-1　正弦波振荡电路方框图

由图 9-1 可知，$\dot{A}=\dfrac{\dot{X}_{\mathrm{o}}}{\dot{X}_{\mathrm{i}}'}$，$\dot{F}=\dfrac{\dot{X}_{\mathrm{F}}}{\dot{X}_{\mathrm{o}}}$，其中，$\dot{X}_{\mathrm{i}}'$ 为开环放大电路的输入信号，$\dot{X}_{\mathrm{o}}$为输出信号，$\dot{X}_{\mathrm{F}}$ 为反馈信号。要使电路能够振荡，需 $\dot{X}_{\mathrm{i}}'=\dot{X}_{\mathrm{F}}$，则正弦波振荡电路平衡的条件是 $\dot{A}\dot{F}=1$，即

$$\begin{cases}\left|\dot{A}\dot{F}\right|=1\\ \phi_{\mathrm{A}}+\phi_{\mathrm{F}}=2n\pi\quad(n\text{为整数})\end{cases}\tag{9-1}$$

其中，$\left|\dot{A}\dot{F}\right|=1$为振幅平衡条件，$\phi_{\mathrm{A}}+\phi_{\mathrm{F}}=2n\pi$是相位平衡条件。振荡电路的振荡频率 f_0（或 ω_0）是由相位平衡条件决定的。一个正弦波振荡电路只在一个频率下满足相位平衡条件，即 f_0（或 ω_0）。这就要求在 $\dot{A}\dot{F}$ 的环路中包含频率选择的电路，简称选频电路。它可以设置在放大电路 $\dot{A}$ 中，也可以设置在反馈电路 $\dot{F}$ 中；可以用 *R*、*C* 元件来构成，称为 *RC* 正弦波

振荡电路，也可以用 L、C 元件来构成，称为 LC 正弦波振荡电路。

RC 正弦波振荡电路一般用来产生1Hz～1MHz 范围内的低频信号；LC 正弦波振荡电路一般用来产生1MHz 以上的高频信号。

若要使振荡电路输出从小到大直至平衡的过程，电路就必须满足 $\dot{A}\dot{F}>1$ 的起振条件，即

$$\begin{cases}\left|\dot{A}\dot{F}\right|>1 \\ \phi_A+\phi_F=2n\pi \quad (n\text{为整数})\end{cases} \tag{9-2}$$

其中，$\left|\dot{A}\dot{F}\right|>1$ 为振幅起振条件，$\phi_A+\phi_F=2n\pi$ 是相位起振条件。

9.1.2 *RC* 文氏桥正弦波振荡电路

RC 正弦波振荡电路可分为 RC 文氏桥正弦波振荡电路、RC 移相式正弦波振荡电路和双 T 网络正弦波振荡电路。下面仅讨论 RC 文氏桥正弦波振荡电路。

1）电路组成原理

RC 文氏桥正弦波振荡电路如图 9-2 所示，电路包括放大电路 $\dot{A}_u$ 和选频电路 $\dot{F}$ 两个部分。$\dot{A}_u$ 是由集成运算放大器组成的电压串联负反馈电路，具有输入阻抗高、输出阻抗低的特点。$\dot{F}$ 由 RC 串并联网络组成，既是选频电路也是正反馈网络。由图 9-2（b）可以看出，RC 串联网络、RC 并联网络、R_1、反馈电阻 R_F 组成了电桥的四个桥臂，桥式振荡电路由此得来，也称为文氏电桥振荡电路。

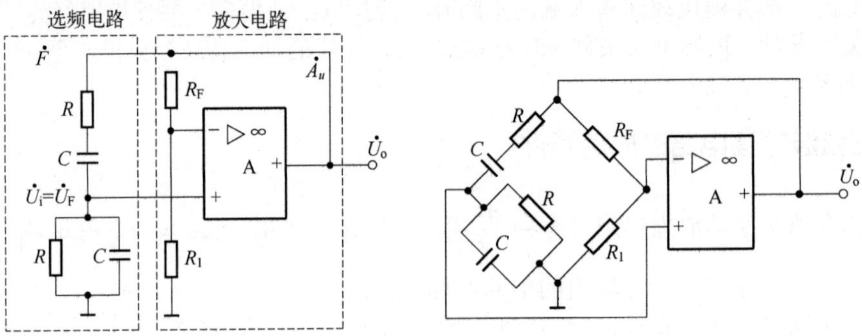

(a) 画法一　　(b) 画法二

图 9-2　*RC* 文氏桥正弦波振荡电路

2）选频电路

RC 串并联网络构成的选频电路中，有

$$\dot{F}=\frac{\dot{U}_F}{\dot{U}_o}=\frac{1}{3+j\left(\dfrac{\omega}{\omega_0}-\dfrac{\omega_0}{\omega}\right)} \tag{9-3}$$

其中

$$\omega_0=\frac{1}{RC},\ f_0=\frac{1}{2\pi RC} \tag{9-4}$$

RC 串并联选频电路的幅频特性和相频特性如式（9-5）、式（9-6）所示。

$$\left|\dot{F}\right|=\frac{1}{\sqrt{3^2+\left(\frac{f}{f_0}-\frac{f_0}{f}\right)^2}},\quad \left|\dot{F}\right|=\frac{1}{\sqrt{3^2+\left(\frac{\omega}{\omega_0}-\frac{\omega_0}{\omega}\right)^2}} \tag{9-5}$$

$$\phi_{\mathrm{F}}=-\arctan\frac{1}{3}\left(\frac{\omega}{\omega_0}-\frac{\omega_0}{\omega}\right),\quad \phi_{\mathrm{F}}=-\arctan\frac{1}{3}\left(\frac{f}{f_0}-\frac{f_0}{f}\right) \tag{9-6}$$

当$\omega_0=\dfrac{1}{RC}$，$f_0=\dfrac{1}{2\pi RC}$时，$\left|\dot{F}\right|=\dfrac{1}{3}$，$\phi_{\mathrm{F}}=0$，即$\dot{U}_{\mathrm{F}}$的幅值是$\dot{U}_0$的$\dfrac{1}{3}$，且相位相同。

3）放大电路

由于$\omega_0=\dfrac{1}{RC}$，$f_0=\dfrac{1}{2\pi RC}$时，$\left|\dot{F}\right|=\dfrac{1}{3}$，$\phi_{\mathrm{F}}=0$，由要产生频率为$f_0$的正弦波的平衡条件是$\left|\dot{A}\dot{F}\right|=1$和$\phi_{\mathrm{A}}+\phi_{\mathrm{F}}=2n\pi$（$n$为整数）可得，$\left|\dot{A}\right|=3$，$\phi_{\mathrm{A}}=0$，即放大电路是放大倍数为 3 的同相放大电路。又知道由集成运算放大电路构成的同相比例运算，放大倍数为$A=1+\dfrac{R_{\mathrm{F}}}{R_1}$，由此可得

$$R_{\mathrm{F}}=2R_1 \tag{9-7}$$

为保证电路起振，起振条件为

$$R_{\mathrm{F}}>2R_1 \tag{9-8}$$

4）振荡的建立与稳幅

电路中存在噪声，频谱广泛，其中包含$\omega_0=\dfrac{1}{RC}$的频谱成分，这种微弱的信号经过放大、正反馈的选频电路，开始时$A=1+\dfrac{R_{\mathrm{F}}}{R_1}$略大于 3，$\dot{U}_{\mathrm{F}}$和$\dot{U}_{\mathrm{o}}$同相位，使输出幅度越来越大，最后受电路中非线性元件的限制，振荡幅度自动稳定下来，此时，$A=3$，$F=\dfrac{1}{3}$，$\omega=\omega_0=\dfrac{1}{RC}$。对于 RC 正弦波振荡电路来说，直流电源即能源。

可以用负温度系数的热敏电阻来代替负反馈回路中的反馈电阻R_{F}，或者用正温度系数的热敏电阻来代替R_1。当输出电压$\dot{U}_{\mathrm{o}}$幅度增加时，负反馈回路和R_1支路的电流增大，导致温度升高，使R_1增大或者R_{F}减小，使得A减小，因此使得$\dot{U}_{\mathrm{o}}$幅度减小，由此，使得输出电压稳定。

【例 9-1】电路如图 9-2 所示，已知$R=10\mathrm{k\Omega}$，$C=0.1\mathrm{\mu F}$，求：

（1）振荡电路的振荡频率f_0是多少？

（2）为保证起振，R_1和R_{F}应该满足什么关系？

（3）R_{F}开路或者短路，输出电压为多少？

解：

（1）$f_0=\dfrac{1}{2\pi RC}=159\mathrm{Hz}$。

（2）$\left|\dot{A}\dot{F}\right|>1$，而$F=1/3$，则$A>3$，$R_{\mathrm{F}}>2R_1$。

（3）若R_{F}开路，则输出电压幅度趋于无穷大，由于输出电压受电源电压限制，理想情况下，输出为方波信号；若R_{F}短路，则电路的电压放大倍数小于 3，电路无法起振，输出电压

为零。

9.1.3 *LC*正弦波振荡器

LC 正弦波振荡电路是以 *LC* 并联电路作为选频电路，如图 9-3 所示，包括放大电路、反馈耦合电路和输出耦合电路，其中放大电路一般采用晶体管放大电路。常用 *LC* 振荡电路分为变压器反馈式 *LC* 振荡电路、三点式 *LC* 振荡电路两种类型。

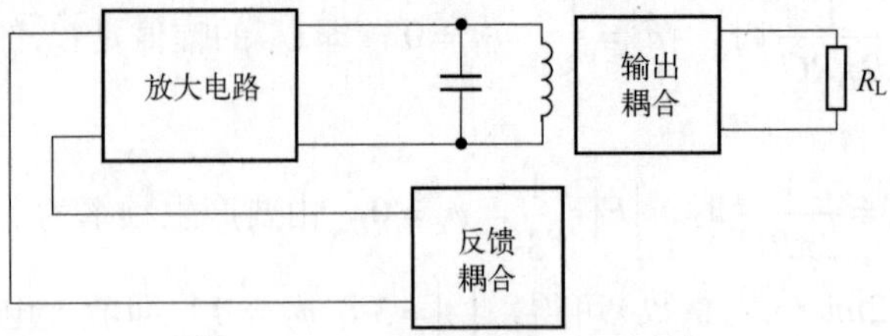

图 9-3 *LC*振荡电路的基本形式

1）*LC* 并联选频电路

LC 并联选频电路如图 9-4 所示，其中 *R* 表示回路的等效损耗电阻，该电阻一般较小，则电路的阻抗为

$$Z=\frac{\frac{1}{\mathrm{j}\omega C}(R+\mathrm{j}\omega L)}{\frac{1}{\mathrm{j}\omega C}+R+\mathrm{j}\omega L} \tag{9-9}$$

一般有 $\omega L>>R$，则 $Z=\dfrac{L/C}{R+\mathrm{j}(\omega L-\frac{1}{\omega C})}$，当 $\omega=\omega_0=\dfrac{1}{\sqrt{LC}}$ 时，电路发生谐振，ω_0 被称为谐振角频率，f_0 被称为谐振频率。

$$\omega_0=\frac{1}{\sqrt{LC}},\ f_0=\frac{1}{2\pi\sqrt{LC}} \tag{9-10}$$

此时阻抗最大，为

$$Z_0=\frac{L}{RC}=Q\omega_0 L=\frac{Q}{\omega_0 C} \tag{9-11}$$

其中，Q 为品质因数，$Q=\dfrac{\omega_0 L}{R}=\dfrac{1}{\omega_0 RC}=\dfrac{1}{R}\sqrt{\dfrac{L}{C}}$，是用来评价回路损耗大小的指标。通常 Q 在几十到几百的范围内。R 越小，Z_0 和 Q 都越大。谐振时，$I_L=I_C=QI_S>>I_S$，即发生并联谐振时，*LC* 并联回路电流远远大于输入电流。

LC 并联电路选频特性如图 9-5 所示，图（a）为幅频特性曲线，图（b）为相频特性曲线。由图（a）可知，当 $f=f_0$（或 $\omega=\omega_0$）时，电路产生谐振，此时 $|Z|$ 最大；当 f 偏离 f_0（或 ω 偏离 ω_0）时，$|Z|$ 减小。Q 越大，曲线越尖锐；Q 越小，曲线越平坦。由图（b）可知，当 $f=f_0$ 时，Z 为纯电阻，$\phi_Z=0$；当 $f<f_0$，电路呈感性，$\phi_Z>0$；当 $f>f_0$，电路呈容性，$\phi_Z<0$。Q 越大，偏离 f_0 时的曲线越陡，频率的选择性越好。

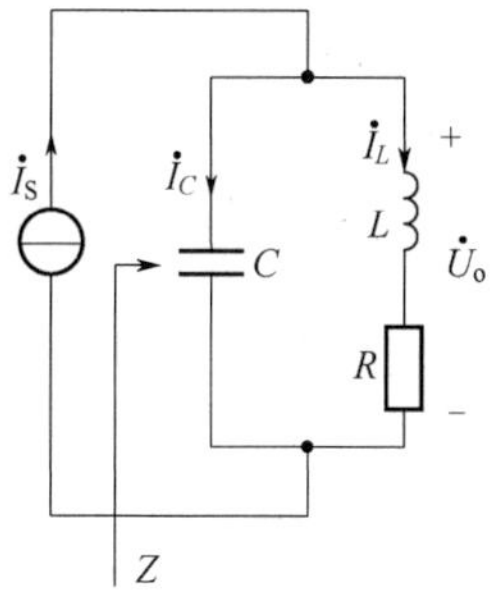

图 9-4　*LC* 并联选频电路

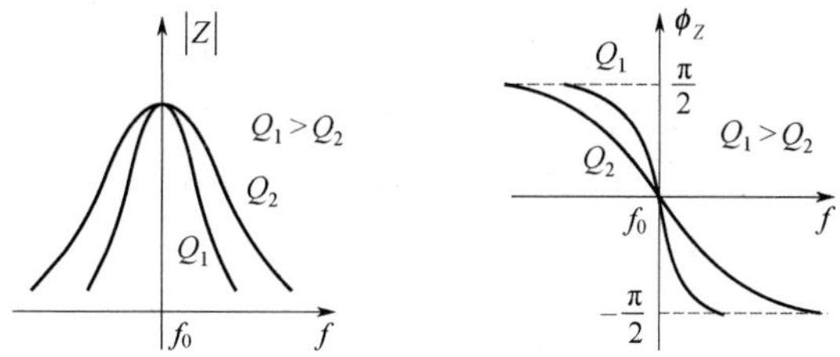

(a) 幅频特性曲线　　(b) 相频特性曲线

图 9-5　*LC* 并联电路选频特性

2）变压器反馈式 *LC* 振荡电路

变压器反馈式 *LC* 振荡电路如图 9-6 所示，包括选频电路、正反馈电路、放大电路和三极管（非线性）稳幅电路。*LC* 并联电路为选频电路，反馈信号 $\dot{U}_F$ 通过互感回路反馈至基极，当变压器同名端合适时，即可满足正反馈的条件。R_{b1}、R_{b2} 组成分压式偏置电路，利于起振。

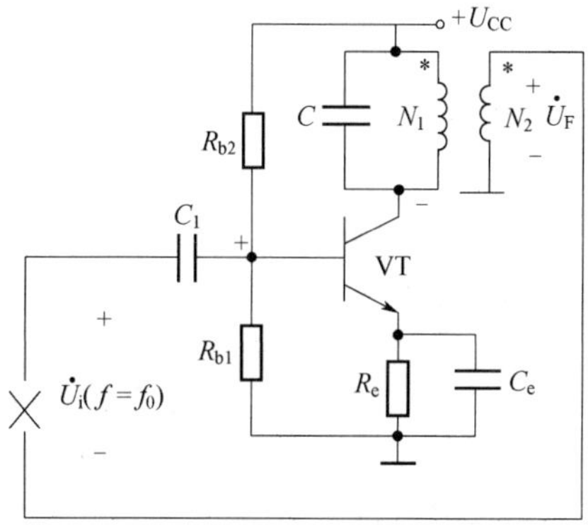

图 9-6　变压器反馈式 *LC* 振荡电路

采用反馈极性判断法分析可得，当 $\omega=\omega_0=\dfrac{1}{\sqrt{LC}}$ 时，*LC* 回路呈阻性，由三极管元件构成的共发射极电路可知，集电极输出电压和基极输入电压极性相反，即相位差为180°，$\phi_A=180°$，再根据图 9-6 中标出的线圈同名端可知线圈 N_2 的同名端与集电极相位相反，即反馈网络引入180° 相移，$\phi_F=180°$。整个电路的相位差 $\phi_A+\phi_F=360°$，满足振荡电路起振的相位条件。

采用瞬时极性判断法分析，将反馈回路断开，设基极输入信号瞬时极性为“+”，当谐振时，*LC* 回路呈阻性，此时集电极电压瞬时极性为“−”。当考虑交流通路时，将直流电源置零短路，相当于接地，因此根据同名端的符号，线圈 N_2 上耦合的电压为上正下负，与输入电压的极性相同，满足振荡相位条件。

因为当 $\omega=\omega_0=\dfrac{1}{\sqrt{LC}}$ 时，电路才满足振荡相位条件，所以电路的谐振频率为

$$f_0=\frac{1}{2\pi\sqrt{LC}} \tag{9-12}$$

其中，*L* 为总电感。

当合理选择变压器的原边和副边的匝数比和电路元件的参数时，可以满足振荡振幅条件。当电路振幅达到一定程度时，由于 R_e 电阻构成负反馈电路，可以起到稳幅的作用，*LC* 回路具有良好的选频特性，因此，变压器反馈式正弦波振荡电路输出波形较好。

3）三点式 *LC* 振荡电路

所谓三点式，即晶体管的三个极和 *LC* 回路的三个点相连，根据连接方式不同，分为电感三点式 *LC* 振荡电路和电容三点式 *LC* 振荡电路。

（1）电感三点式 *LC* 振荡电路。为使 L_1、L_2（即变压器绕组 N_1 和 N_2）耦合紧密，将它们

合二为一，组成电感反馈式电路。电路如图 9-7 所示。电路中的 LC 并联谐振电路中的电感有首端、中间抽头和尾端三个端点，其交流通路分别与放大电路的集电极、发射极（地）和基极相连通，反馈信号取自电感 L_2 上的电压。因此，该电路被称为电感三点式 LC 振荡电路，或者电感反馈式振荡电路，也称为哈特莱（Hartley）电路。

采用瞬时极性判断法分析，将基极 b 点的反馈线断开，设基极输入信号瞬时极性为“+”，当谐振时，LC 回路呈阻性，此时集电极电压瞬时极性为“-”。考虑交流通路，将电源置零短路，所以中间抽头相当于地，线圈 N_2 上耦合的电压为上正下负，与输入电压的极性相同，满足振荡相位条件。由于电压放大倍数较大，只要适当选择 L_2 / L_1 的值，就可以满足振荡振幅条件。

由于电路发生谐振时，才能满足起振的相位条件，因此电路的振荡频率 f_0 就基本等于谐振频率，考虑 L_2 和 L_1 之间的互感 M，可得

$$\omega = \omega_0 = \frac{1}{\sqrt{(L_1 + L_2 + 2M)C}} \tag{9-13}$$

$$f = f_0 = \frac{1}{2\pi\sqrt{(L_1 + L_2 + 2M)C}} \tag{9-14}$$

振荡频率通过调节电容而改变，调节过程不改变反馈系数，调节方便。但在高频振荡时，晶体管的寄生电容将使振荡器停振。所以，一般只用于几十兆赫以下的振荡。

（2）电容三点式 LC 振荡电路。若把图 9-7 中的 N_1、N_2 换为 C_1、C_2，L 代替 C 则组成电容三点式，又称为电容反馈式或者科尔皮兹式，如图 9-8 所示。图中 C_3、C_4 为耦合电容，对振荡信号可视为短路。由于 C_1、C_2 不能直接传送直流，因此 C_1、C_2 间的连线直接接地，构成电容三点式电路。

采用瞬时极性判断法分析，将基极 b 点的反馈线断开，设基极输入信号瞬时极性为“+”，当谐振时，LC 回路呈阻性，此时集电极电压瞬时极性为“-”，而电容 C_1、C_2 中间连接端接地，所以 C_1、C_2 另一端的电压极性相反，由此可得 C_2 的电压为下正上负，与输入电压的极性相同，满足振荡相位条件。晶体管的 β 值在选择时应较大（几十倍），并恰当选择 C_2 / C_1 的值（0.01～0.5），就可以满足振幅条件。

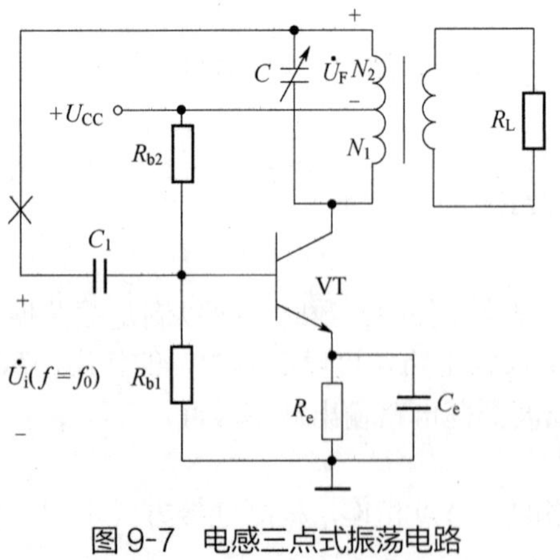

图 9-7　电感三点式振荡电路

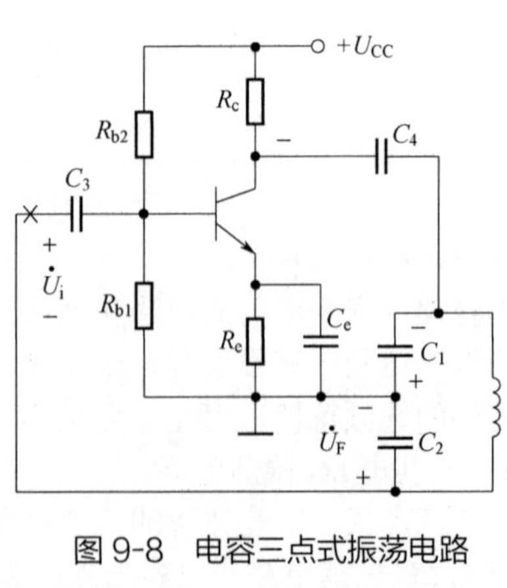

图 9-8　电容三点式振荡电路

电容三点式振荡电路的振荡频率为

$$\omega=\omega_0\approx\frac{1}{\sqrt{L\frac{C_1C_2}{C_1+C_2}}} \tag{9-15}$$

$$f=f_0\approx\frac{1}{2\pi\sqrt{L\frac{C_1C_2}{C_1+C_2}}} \tag{9-16}$$

由于反馈电压取自电容C_2，它对高次谐波的电抗很小，即反馈电压中的高次谐波分量很小，所以电容三点式振荡电路的输出波形较好，振荡频率可到达几百兆赫。但若采用改变电容的方法来调节频率，则要求C_1、C_2同时调节，使用不便，在电感两端并联一个可调电容，可在小幅范围内调频，因此，电容三点式振荡电路常用于固定频率的场合，如调幅和调频收音机中。

（3）三点式振荡电路相位判断一般方法。LC 三点式振荡电路，存在首端、中间端和尾端，如图 9-9 所示。根据发生并联谐振时的特点$I_L=I_C=QI_S>>I_S$以及瞬时极性分析，若中间端交流接地，则首端和尾端极性相反；若首端或者尾端交流接地，则其他两端极性相同。

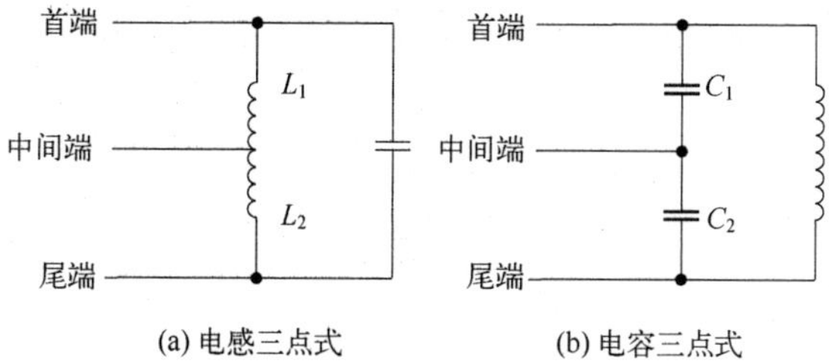

图 9-9　三点式振荡电路

9.1.4　石英晶体振荡器

在工程应用中，要求振荡频率十分稳定，如数字电路的时钟电路、通信系统的射频振荡电路。因此，引入频率的相对变化量$\Delta f/f_0$，即频率稳定度来衡量，其中，Δf表示频率偏移，f_0表示振荡频率。

LC 振荡电路的振荡频率主要由 LC 并联振荡回路的参数 L、C、R 来决定，而品质因数Q对频率稳定性有较大影响，可以证明Q值越高，频率稳定度就越高。因$Q=\frac{\omega_0L}{R}=\frac{1}{\omega_0RC}=\frac{1}{R}\sqrt{\frac{L}{C}}$，为了提高$Q$值，应尽量减少回路的损耗电阻$R$并增加$L/C$的值。但一般的$LC$振荡电路$Q$值范围为几十至几百，不适用于频率稳定度较高的场合，此时往往采用石英晶体振荡电路。石英晶体振荡电路就是用石英取代LC振荡电路中的L、C，它的频率稳定度可达$10^{-11}\sim10^{-9}$。

9.1.4.1　石英晶体特性

石英俗称水晶，其主要化学成分为二氧化硅（SiO_2）。将一块晶体按一定方向切成薄片就称为晶片，在晶片的两个对应表面涂敷银层并装上金属板，就构成石英晶体产品。

石英晶体具有压电效应，因此，可作为振荡电路。若在石英晶片的两个极板间加一电场，会使晶体产生机械变形；反之，若在极板间施加机械力，又会在相应的方向上产生电场，这种现象称为压电效应。若在极板间施加交变电压，就会产生机械变形振动，同时机械变形振动又会产生交变电压。当外加交变电压的频率与晶片的固有频率相等时，机械振动的幅度会急剧增加，这种现象称为压电谐振，该频率称为石英晶体的谐振频率，因此石英晶体又称为石英晶体谐振器。

石英晶体的结构、符号、等效电路和电抗频率特性如图 9-10 所示。

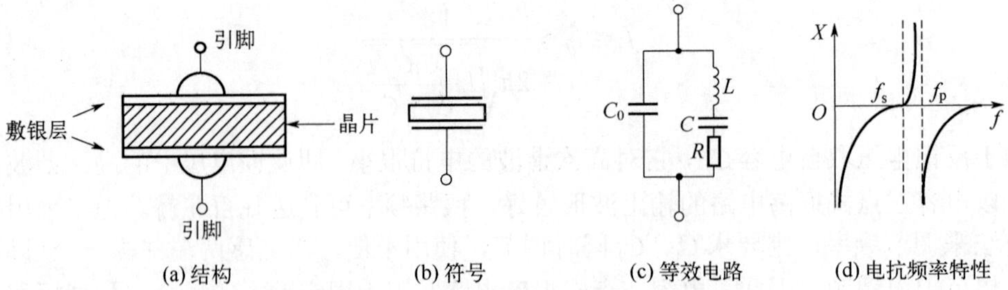

图 9-10　石英晶体的结构、符号、等效电路和电抗频率特性

不振动时，石英晶体结构类似一个平板电容器，等效为一个静态电容 C_0，其值取决于晶片的几何尺寸和电极面积，一般为几到几十皮法。当晶片产生振动时，机械振动的惯性等效为电感 L，其值为几毫亨。晶片的弹性等效为电容 C，其值仅为 0.01～0.1pF，$C \ll C_0$。晶片的摩擦损耗等效为电阻 R，其值为几十欧至 100Ω，理想情况下 R=0，因此 Q 可达 $10^4 \sim 10^6$。

由图 9-10（c）等效电路可知，电路有两个谐振频率，当发生 L、C、R 串联谐振时，其串联谐振频率 f_s 为

$$f_s = \frac{1}{2\pi\sqrt{LC}} \tag{9-17}$$

由于 C_0 很小，其容抗比 R 大很多，因此串联谐振的等效电阻近似等于 R，呈阻性，且其阻值很小。

当频率低于 f_s 时，L、C、R 电路呈容性，当频率高于 f_s 时，L、C、R 电路呈感性，可与 C_0 发生并联谐振，其并联谐振频率 f_p 为

$$f_p = \frac{1}{2\pi\sqrt{L\dfrac{CC_0}{C+C_0}}} = f_s\sqrt{1+\frac{C}{C_0}} \tag{9-18}$$

由于 $C \ll C_0$，所以 $f_p \approx f_s$。

由图 9-10（d）可知，在频率 f_s 与 f_p 之间时，石英晶体呈感性；频率等于 f_s 时，近似短路（呈纯电阻性，电阻值很小），频率等于 f_p 时，近似开路（呈纯电阻性，电阻值很大）；其余频率，石英晶体均呈容性。

通常石英晶体产品所标注的标称频率是外接一个小电容 C_s（也称为负载电容）时校正的振荡频率。

9.1.4.2　石英晶体振荡电路

根据石英晶体的特性，当石英晶体的阻抗呈感性时，与外接电容构成并联谐振，谐振频率在 f_s 与 f_p 之间，由此构成并联型石英晶体振荡电路；当石英晶体发生串联谐振时，呈阻性，谐振频率为 f_s，构成串联型石英晶体振荡电路。

1）并联型石英晶体振荡电路

将电容三点式正弦波振荡电路中的电感 L 用石英晶体来替代，即可组成并联型石英晶体正弦波振荡电路，石英晶体在电路中起电感 L 的作用，该电路也称为皮尔斯振荡电路，如图 9-11 所示。

振荡频率 f_0 为

$$f_0 = \frac{1}{2\pi\sqrt{L\dfrac{CC_0'}{C+C_0'}}} \tag{9-19}$$

其中，$C_0' = C_0 + \dfrac{C_1C_2}{C_1+C_2}$。电路的振荡频率处于石英晶体的串并联谐振频率之间，即 $f_s < f_0 < f_p$，由于 $C_0' >> C$，因此，$f_0 \approx f_p \approx f_s$。

2）串联型石英晶体振荡电路

串联型石英晶体振荡电路如图 9-12 所示，由两级放大器组成，第一级为共基极电路，第二级为共集电极电路，石英晶体所在的支路为放大器的反馈网络。当石英晶体串联谐振时，反馈放大器通过石英晶体构成强正反馈，满足振荡器振荡的相位条件。调整电位器 R_f 使电路同时满足振荡的幅度条件，振荡电路就会起振，输出正弦波信号。串联型石英晶体振荡电路的振荡频率为石英晶体的串联谐振频率 f_s。

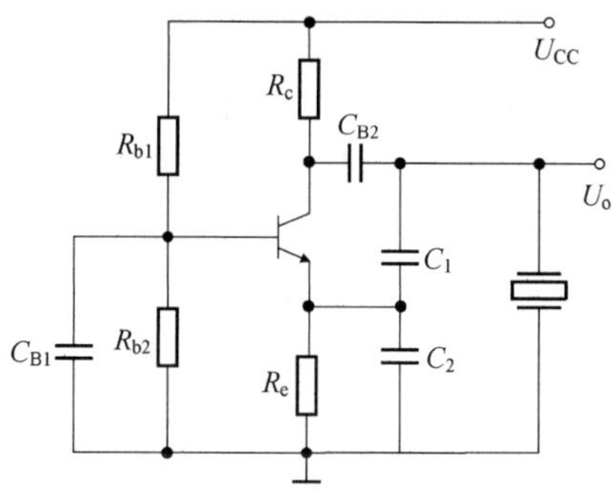

图 9-11　并联型石英晶体振荡电路

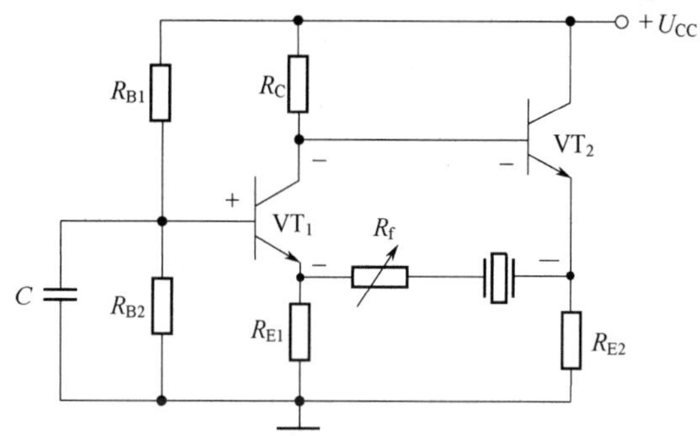

图 9-12　串联型石英晶体振荡电路

9.2　非正弦波产生电路

常见的非正弦波有方波、三角波和锯齿波等，本节介绍非正弦波产生电路。

9.2.1　方波发生器

第 7 章介绍了迟滞电压比较器，在此基础上增加 R_F 和 C 组成的积分电路，把输出电压经 R_F 和 C 反馈到比较器的反相输入端，利用电容 C 充放电电压 u_C，代替迟滞电压比较器的外输入电压 u_i，与同相输入端电压极性比较，使比较器的输出不断翻转，从而形成自激振荡，在比较器的输出端引入限流电阻 R_3 和双向稳压管，由此组成双向限幅的发生器，如图 9-13 所示。

运放同相输入端电压为 $u_+ = \dfrac{R_2}{R_1+R_2}u_o$，当 $u_C = u_+$ 时，输出电压发生跳变，$u_o = +U_Z$ 时，

得到负跳变触发电平$U_{TH1}=\dfrac{R_2}{R_1+R_2}U_Z$，$u_o=-U_Z$时，得到正跳变触发电平$U_{TH2}=-\dfrac{R_2}{R_1+R_2}U_Z$。设电容的初始电压为零，电路接通瞬间，输出电压$u_o$为正还是为负，纯属偶然，可以假设$u_o=+U_Z$。此时，$U_Z$通过$R_F$和电容$C$充电，当$u_C$上升到$U_{TH1}=\dfrac{R_2}{R_1+R_2}U_Z$时，$u_o$由高电平$+U_Z$跳变到低电平$-U_Z$；电容$C$通过$R_F$放电，使$u_C$下降到$U_{TH2}=-\dfrac{R_2}{R_1+R_2}U_Z$时，$u_o$由低电平$-U_Z$跳变到高电平$+U_Z$，这样往复产生振荡，就形成方波，如图 9-14 所示。

由于充放电的时间常数$\tau=R_FC$，且幅值也相等，因此，u_o输出为方波，图 9-13 所示电路被称为方波发生器。将高电平占一个周期的比率，称为占空比（duty ratio），方波信号的占空比为 50%。当电容C的充放电的时间常数不相等时，将得到矩形波。

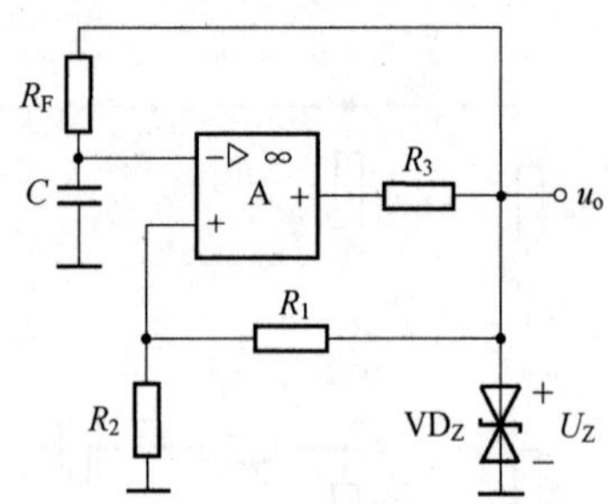

图 9-13　方波产生电路

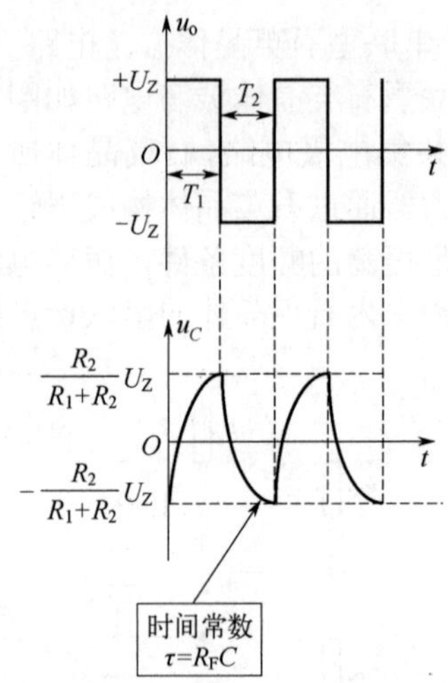

图 9-14　方波发生器波形

根据第 3 章暂态电路分析中的三要素法可以求出方波的周期T。分别分析充电和放电过程，可得：

T_1段：

$$u_C=U_Z+(U_{TH2}-U_Z)e^{-\frac{t}{R_FC}}$$

$$T_1=R_FC\ln\frac{U_Z-U_{TH2}}{U_Z-U_{TH1}}=R_FC\ln\left(1+\frac{2R_2}{R_1}\right) \tag{9-20}$$

T_2段：

$$u_C=-U_Z+(U_{TH1}+U_Z)e^{-\frac{t-T_1}{R_FC}}$$

$$T_2=RC\ln\frac{U_Z+U_{TH1}}{U_Z+U_{TH2}}=R_FC\ln\left(1+\frac{2R_2}{R_1}\right)$$

整理可得：

$$T=T_1+T_2=2R_FC\ln\left(1+\frac{2R_2}{R_1}\right) \tag{9-21}$$

$$f=\frac{1}{T}=\frac{1}{2R_FC\ln\left(1+\frac{2R_2}{R_1}\right)} \tag{9-22}$$

方波的周期和频率仅与 R_FC 以及 R_2/R_1 有关。

9.2.2 三角波发生器

三角波和锯齿波是仪器仪表和控制系统常用的信号，实际上，利用上一小节得到的方波输出，通过一个积分电路即可获得三角波，将占空比极高或极低的矩形波输入积分电路可获得锯齿波输出。

上一小节讨论的矩形波、方波发生器电路中，RC 定时电路本身就是一个积分环节（只是积分线性较差），因此，如果我们在矩形波、方波振荡电路中直接采用线性积分电路作为定时电路，则不仅可以获得矩形波、方波，还可同时获得三角波、锯齿波。

如图 9-15 所示，集成运算放大器 A_1 构成同相输入迟滞比较器，A_2 构成反相输入积分器。A_1 同相输入端电压由 u_o 和 u_{o1} 共同作用，$u_{o1}=\pm U_Z$，u_o 是积分的输出也是迟滞比较器的输入。通过叠加定理分析可得 A_1 同相端电压为

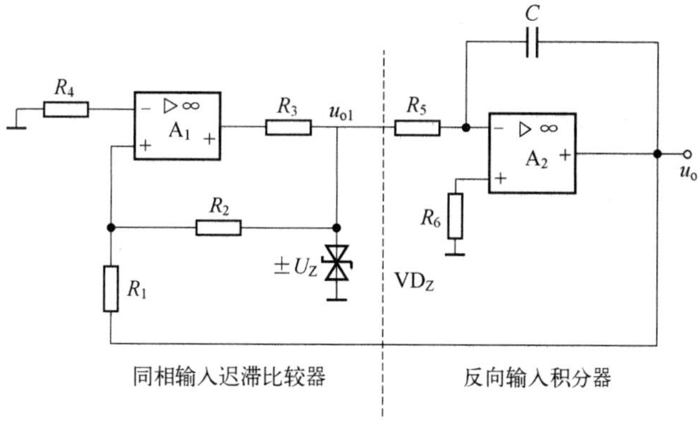

图 9-15 方波-三角波发生器

$$u_{1+}=\frac{R_2}{R_1+R_2}u_o+\frac{R_1}{R_1+R_2}u_{o1}=\frac{R_2}{R_1+R_2}u_o\pm\frac{R_1}{R_1+R_2}U_Z \tag{9-23}$$

根据“虚短”得到 $u_{1+}=u_{1-}$，根据“虚断”得到 $u_{1-}=0$，由此可得 $u_{1+}=u_{1-}=0$，则门限电压为

$$U_{TH1}=\frac{R_1}{R_2}U_Z,\quad U_{TH2}=-\frac{R_1}{R_2}U_Z \tag{9-24}$$

同相输入迟滞比较器的波形如图 9-16 所示。

T_1 段：反相积分电路的输入 $u_{o1}=+U_Z$，输出电压 u_o 的表达式为 $u_o(t)=-\frac{1}{R_5C}u_{o1}T_1+u_o(t_0)$，设初始 $u_o(0)=U_{TH1}$，$T_1=R_5C\frac{U_{TH1}-U_{TH2}}{U_Z}=\frac{2R_1R_5C}{R_2}$，可得 $u_o(t)=U_{TH2}$，在 T_1 段，输出电压从 $U_{TH1}=\frac{R_1}{R_2}U_Z$ 到 $U_{TH2}=-\frac{R_1}{R_2}U_Z$。

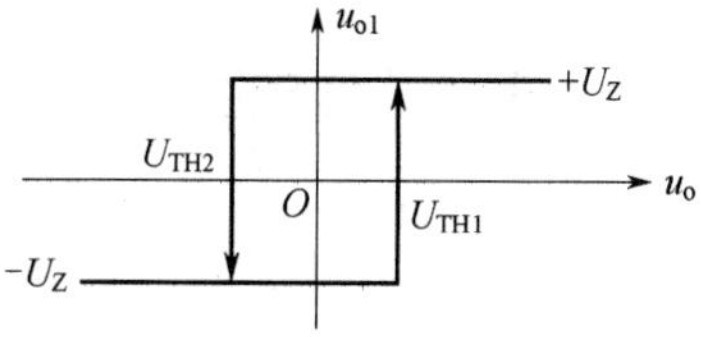

图 9-16 三角波发生器中同相输入迟滞比较器的电压传输特性曲线

在 T_2 段：反相积分电路的输入 $u_{o1}=-U_Z$，输出电压 u_o 的表达式为 $u_o(t)=-\frac{1}{R_5C}u_{o1}T_2+U_{TH2}$，$T_2=R_5C\frac{U_{TH1}-U_{TH2}}{U_Z}=\frac{2R_1R_5C}{R_2}$，可得，$u_o(t)=U_{TH1}$。在 T_2 段，输出电压从 $U_{TH2}=-\frac{R_1}{R_2}U_Z$ 到 $U_{TH1}=\frac{R_1}{R_2}U_Z$。

由上述分析可知，A_1 输出 u_{o1} 为方波，幅值为 $\pm U_Z$，A_2 输出 u_o 为三角波，幅值为 $\pm\frac{R_1}{R_2}U_Z$，波形如图 9-17 所示。

振荡周期：

$$T=T_1+T_2=\frac{4R_1R_5C}{R_2} \tag{9-25}$$

振荡频率：

$$f=\frac{R_2}{4R_1R_5C} \tag{9-26}$$

改变 R_1、R_2 的值，可以改变三角波的幅度，而改变 R_1、R_2、R_5、C 的值可以改变振荡频率。

如果电路 T_1 段和 T_2 段的积分电路时间常数不同，则可以得到锯齿波发生电路。方波-锯齿波发生器的波形图如图 9-18 所示。

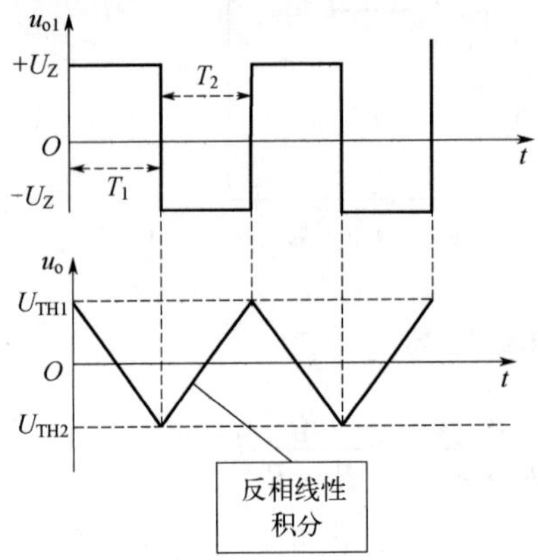

图 9-17　方波-三角波发生器的波形图

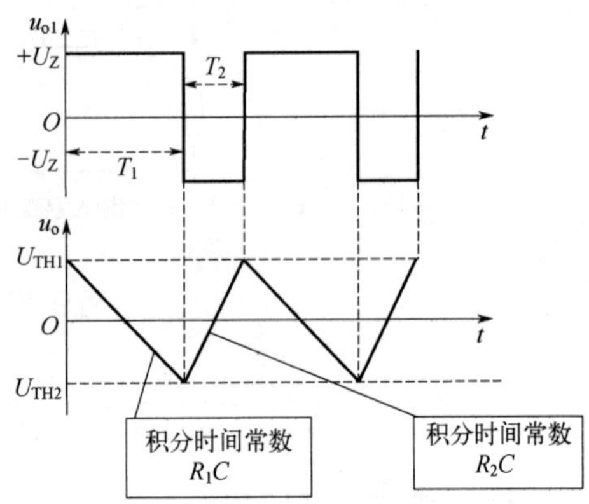

图 9-18　方波-锯齿波发生器的波形图

9.3　滤波电路

9.3.1　无源滤波电路

滤波电路是电子系统中用于选择特定频率范围信号的重要电路，即利用容抗或感抗随频率而改变的特性，对不同频率的输入信号产生不同的响应，让需要的某一频带的信号通过，抑制不需要的其他频率的信号。

滤波电路分为低通滤波电路、高通滤波电路、带通滤波电路和带阻滤波电路。本小节主要介绍由电阻和电容组成的滤波电路。

电路输出信号与输入信号的比值，称为传递函数，$\dot{A}(\mathrm{j}\omega)=\left|\dot{A}(\mathrm{j}\omega)\right|\angle\varphi(\omega)$，其中$\left|\dot{A}(\mathrm{j}\omega)\right|$称为幅频特性，$\varphi(\omega)$称为相频特性，统称为频率响应（frequency response），是指线性时不变系统在正弦信号激励下的稳态输出与输入之间对不同频率信号的幅度增益和相位变化特性。

9.3.1.1 低通滤波电路

低通滤波电路（low pass filter，LPF）允许低于截止频率的信号通过，而衰减高于截止频率的信号。

RC 低通滤波电路如图 9-19 所示。$\dot{U}$ 是输入信号，$\dot{U}_C$ 是输出信号，都是频率的函数。

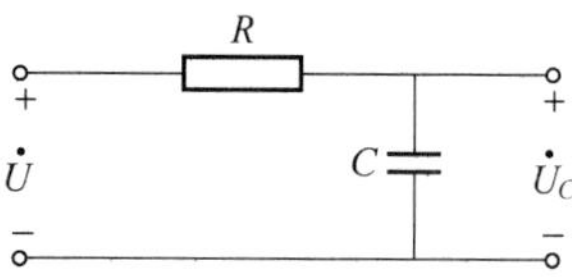

图 9-19 RC 低通滤波电路

$$\dot{A}_u(\mathrm{j}\omega)=\frac{\dot{U}_C}{\dot{U}}=\frac{1/\mathrm{j}\omega C}{R+1/\mathrm{j}\omega C}=\frac{1}{1+\mathrm{j}\omega CR} \qquad (9\text{-}27)$$

令 $\omega_0=\dfrac{1}{RC}$，可得

$$\left|\dot{A}_u(\mathrm{j}\omega)\right|=\frac{1}{\sqrt{1+\left(\dfrac{\omega}{\omega_0}\right)^2}},\quad \varphi(\omega)=-\arctan\frac{\omega}{\omega_0} \qquad (9\text{-}28)$$

当 $\omega=0$ 时，$\left|\dot{A}_u(\mathrm{j}\omega)\right|=1$，$\varphi(\omega)=0°$。

当 $\omega=\omega_0$ 时，$\left|\dot{A}_u(\mathrm{j}\omega)\right|=0.707$，$\varphi(\omega)=-45°$。

当 $\omega=\infty$ 时，$\left|\dot{A}_u(\mathrm{j}\omega)\right|=0$，$\varphi(\omega)=-90°$。

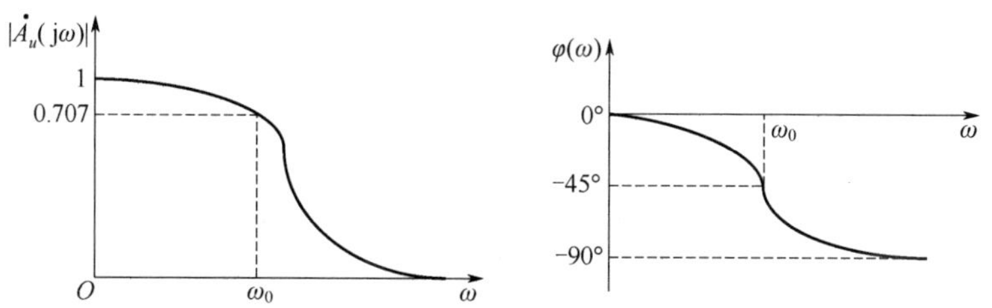

(a) 幅频特性曲线　　(b) 相频特性曲线

图 9-20 RC 低通滤波电路的频率特性曲线

由图 9-20（a）可知，当 $\omega<\omega_0$ 时，$\left|\dot{A}_u(\mathrm{j}\omega)\right|$变化不大，接近等于 1；当 $\omega>\omega_0$ 时，$\left|\dot{A}_u(\mathrm{j}\omega)\right|$明显下降，信号衰减较大。低频信号较高频信号更易通过，具有低通滤波特性。由图 9-20（b）可知，输出信号滞后于输入信号，称为滞后网络。

由式（9-28）可知，由于频率变化范围从几赫兹到上百兆赫兹以上，为了在同一坐标系中表示如此宽的变化范围，在画频率特性曲线时，常采用对数坐标，称为波特图。频率特性曲线的横坐标用对数刻度 $\lg\dfrac{\omega}{\omega_0}$，但常用 ω/ω_0 来表示，幅频特性的纵坐标用 $20\lg\left|\dot{A}_u(\mathrm{j}\omega)\right|$ 来表示，称为增益，单位是分贝（dB）；相频特性的纵坐标变化不大，因此还用 $\varphi(\omega)$ 表示。

RC 低通滤波电路的波特图如图 9-21 所示。图中实线是实际的幅频和相频特性波特图，虚线是实际应用中的理想近似。当 $\omega<\omega_0$ 时，信号几乎无衰减通过；$\omega>>\omega_0$ 时，信号以

−20dB/10 倍频程的速率衰减；当 $\omega=\omega_0$ 时，电压放大倍数下降为中频电压放大倍数的 0.707，用分贝表示就是信号衰减为−3dB。ω_0 被称为截止频率（或半功率点频率、3dB 频率）。把 $0<\omega\leqslant\omega_0$ 的频率范围称为低通滤波电路的通频带。

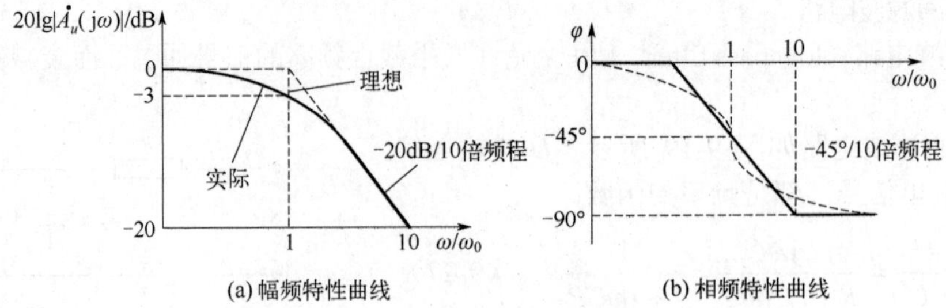

图 9-21　*RC* 低通滤波电路的波特图

9.3.1.2　高通滤波电路

高通滤波电路（high pass filter，HPF）允许高于截止频率的信号通过，而衰减低于截止频率的信号。

RC 高通滤波电路如图 9-22 所示。$\dot{U}$ 是输入信号，$\dot{U}_R$ 是输出信号，都是频率的函数。

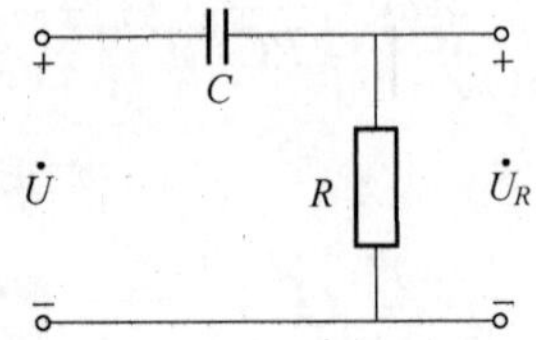

图 9-22　*RC* 高通滤波电路

$$\dot{A}_u(\mathrm{j}\omega)=\frac{\dot{U}_R}{\dot{U}}=\frac{R}{R+1/\mathrm{j}\omega C}=\frac{1}{1-\mathrm{j}\dfrac{1}{\omega RC}} \tag{9-29}$$

令 $\omega_0=\dfrac{1}{RC}$，可得

$$\left|\dot{A}_u(\mathrm{j}\omega)\right|=\frac{1}{\sqrt{1+\left(\dfrac{\omega_0}{\omega}\right)^2}}，\quad \varphi(\omega)=\arctan\frac{\omega_0}{\omega} \tag{9-30}$$

当 $\omega=0$ 时，$\left|\dot{A}_u(\mathrm{j}\omega)\right|=1$，$\varphi(\omega)=90°$。

当 $\omega=\omega_0$ 时，$\left|\dot{A}_u(\mathrm{j}\omega)\right|=0.707$，$\varphi(\omega)=45°$。

当 $\omega=\infty$ 时，$\left|\dot{A}_u(\mathrm{j}\omega)\right|=0$，$\varphi(\omega)=0°$。

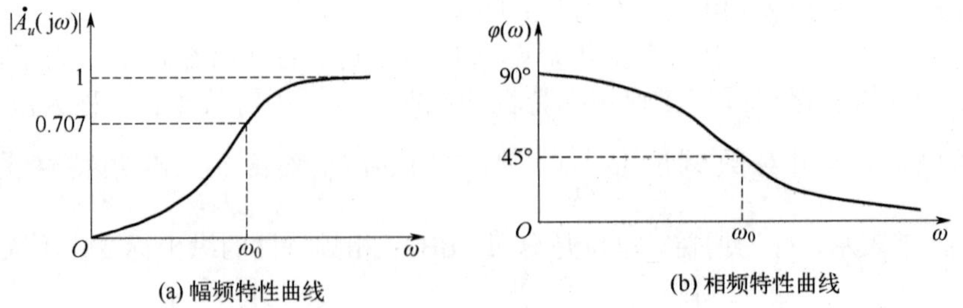

图 9-23　*RC* 高通滤波电路的频率特性曲线

由图 9-23（a）可知，当 $\omega<\omega_0$ 时，$\left|\dot{A}_u(\mathrm{j}\omega)\right|$ 较小，信号衰减较大；当 $\omega>\omega_0$ 时，$\left|\dot{A}_u(\mathrm{j}\omega)\right|$ 变化不大，接近等于 1。高频信号较低频信号更易通过，具有高通滤波特性。由图 9-23（b）可知，输出信号超前于输入信号，称为超前网络。把 $\omega_0\to\infty$ 的频率范围称为高通滤波电路的通频带。

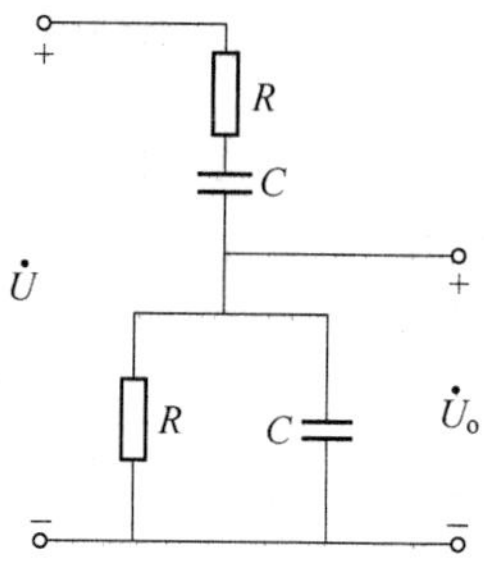

图 9-24　RC 带通滤波电路

9.3.1.3　带通滤波电路

带通滤波电路（band pass filter，BPF）允许某一频带范围内的信号通过，而衰减该频带范围之外的信号。

RC 带通滤波电路（图 9-24）可以通过低通和高通滤波电路的级联实现：

$$\dot{A}_u(\mathrm{j}\omega)=\frac{\dot{U}_o}{\dot{U}}=\frac{\dfrac{R\times 1/\mathrm{j}\omega C}{R+1/\mathrm{j}\omega C}}{R+1/\mathrm{j}\omega C+\dfrac{R\times 1/\mathrm{j}\omega C}{R+1/\mathrm{j}\omega C}}=\frac{1}{3+\mathrm{j}\left(\omega RC-\dfrac{1}{\omega RC}\right)} \tag{9-31}$$

令 $\omega_0=\dfrac{1}{RC}$，可得

$$\left|\dot{A}_u(\mathrm{j}\omega)\right|=\frac{1}{\sqrt{3^2+\left(\dfrac{\omega}{\omega_0}-\dfrac{\omega_0}{\omega}\right)^2}},\quad \varphi(\omega)=-\arctan\frac{\dfrac{\omega}{\omega_0}-\dfrac{\omega_0}{\omega}}{3} \tag{9-32}$$

当 $\omega=0$ 时，$\left|\dot{A}_u(\mathrm{j}\omega)\right|=0$，$\varphi(\omega)=90°$。

当 $\omega=\omega_0$ 时，$\left|\dot{A}_u(\mathrm{j}\omega)\right|=\dfrac{1}{3}$，$\varphi(\omega)=0°$。

当 $\omega=\infty$ 时，$\left|\dot{A}_u(\mathrm{j}\omega)\right|=0$，$\varphi(\omega)=-90°$。

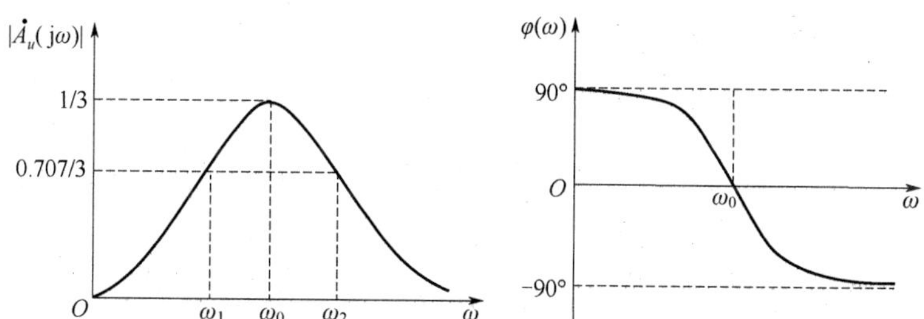

(a) 幅频特性曲线　　(b) 相频特性曲线

图 9-25　RC 带通滤波电路的频率特性曲线

由图 9-25（a）可知，在 $\omega=\omega_0$ 频率附近，$\left|\dot{A}_u(\mathrm{j}\omega)\right|$ 变化不大，接近等于 1/3；当 ω 偏离 ω_0 时，$\left|\dot{A}_u(\mathrm{j}\omega)\right|$ 明显下降，信号衰减较大。当输出电压下降到输入电压的 0.707 处，$\left|\dot{A}_u(\mathrm{j}\omega)\right|$ 下降到 0.707/3 时，所对应的上下限频率之差为通频带：$\Delta\omega=\omega_2-\omega_1$。由图 9-25（b）可知，仅当 $\omega=\omega_0=\dfrac{1}{RC}$ 时，$\dot{U}_o$ 与 $\dot{U}$ 同相，$\dot{U}_o=\dot{U}/3$ 为最大值，对其他频率不会产生这样的结果。因此，该电路具有选频作用，常用于正弦波振荡器。

9.3.2 有源滤波电路

由无源元件和有源元件（晶体三极管、场效应管、集成运放）共同组成的滤波电路称为有源滤波电路。图 9-26 是一阶有源低通滤波电路，R、C 构成无源滤波电路，输出串接一个同相比例运算，构成有源滤波电路。

低通滤波电路的通带增益 A_0 是 $\omega=0$ 时，$\dot{U}_o$ 与 $\dot{U}$ 的比值。对于图 9-26 所示电路而言，电路的通带增益等于同相比例放大电路的增益，即

$$A_0=1+\frac{R_F}{R_1}$$

电路的电压增益为

$$\dot{A}_u=\frac{\dot{U}_o}{\dot{U}_i}=\left(1+\frac{R_F}{R_1}\right)\frac{1}{1+j\omega RC}=\frac{A_0}{1+j\dfrac{\omega}{\omega_H}}=\frac{A_0}{1+j\dfrac{f}{f_H}} \tag{9-33}$$

其中，$f_H=\dfrac{1}{2\pi RC}$，当 $f=f_H$ 时，$\left|\dot{A}_u\right|=\dfrac{A_0}{\sqrt{2}}\approx 0.707A_0$，$f_H$ 为通频带截止频率。当 $f>>f_H$ 时，$20\lg\left|\dot{A}_u\right|$ 按照-20dB/10 倍频程下降，其幅频特性曲线如图 9-27 所示，类似于无源低通滤波电路。

高通滤波电路和低通滤波电路具有对偶关系。将图 9-26 中 R、C 位置对调，就可以构成高通滤波电路。低通滤波电路和高通滤波电路串联，就可以构成带通滤波电路。低通滤波电路和高通滤波电路求和就可以构成带阻滤波电路。

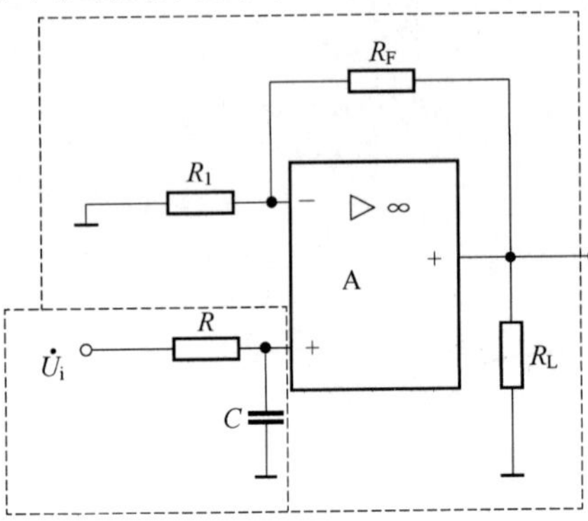

图 9-26　一阶有源低通滤波电路

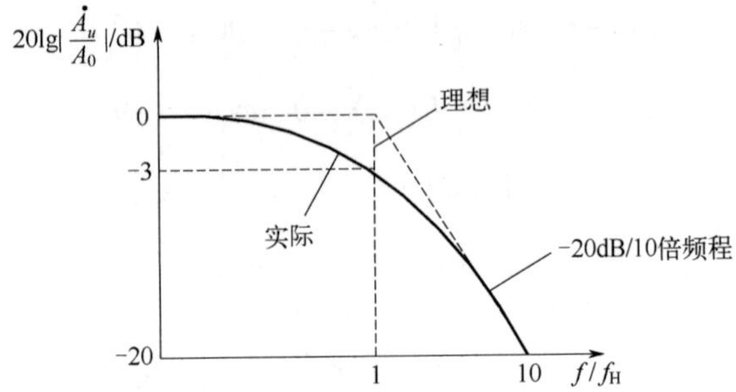

图 9-27　一阶有源低通电路幅频特性

- 习题

习题 9-1　图 9-28 为正弦波振荡电路，求：

（1）已知电路能够产生正弦波振荡电路，如改变波形频率应该调整哪些电路参数？

（2）已知 $R_1=10\text{k}\Omega$，若产生振荡，R_F 应满足什么条件？

（3）已知 $R_1=2\text{k}\Omega$，$R_F=2\text{k}\Omega$，电路是否能振荡？说明理由。

（4）电路能够产生正弦波振荡电路，已知 $R=10\text{k}\Omega$，$C=0.1\mu\text{F}$，求振荡电路的周期 T。

（5）若 R_F 为热敏电阻，是正温度系数还是负温度系数？

习题 9-2　图 9-29 为正弦波振荡电路，改变开关的位置可改变选频网络的电阻，实现频率粗调；改变电容 C 的大小可实现频率的细调。

（1）已知 $R_1=2\text{k}\Omega$，$R_2=5\text{k}\Omega$，$R_3=10\text{k}\Omega$，$C=0.1\mu\text{F}$，求振荡频率。

（2）若开关接 R_3，$C=0.1\mu\text{F}$ 变化到 $C=0.01\mu\text{F}$，求振荡频率的变化范围。

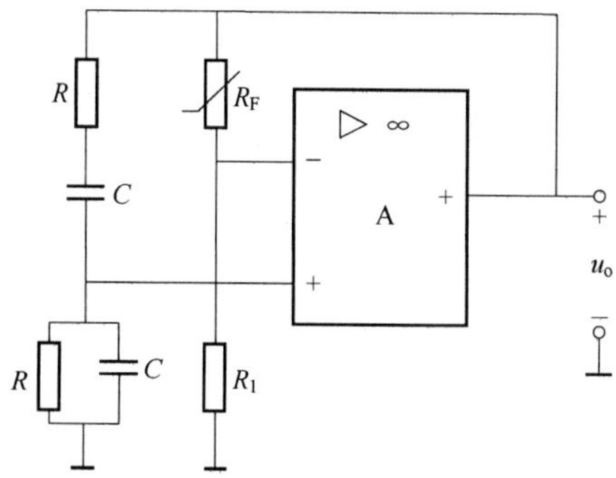

图 9-28　习题 9-1 图

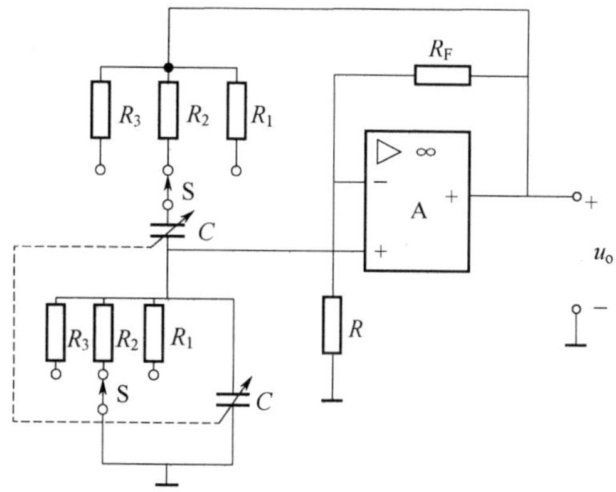

图 9-29　习题 9-2 图

习题 9-3　将图 9-30 所示电路合理连接，构成桥式（即文氏桥）正弦波振荡电路，并估算电路的振荡频率和 R_1 的最大值。

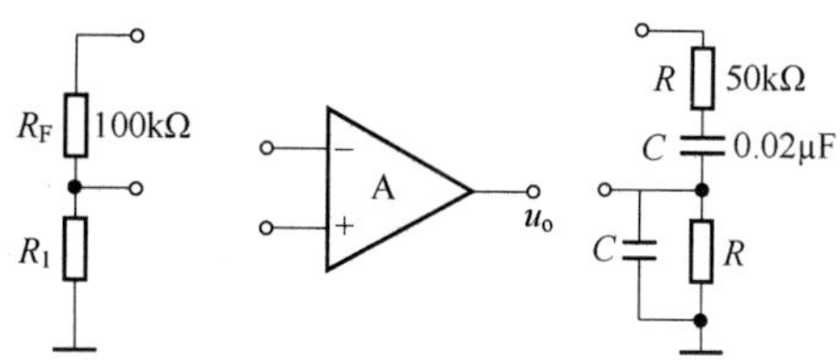

图 9-30　习题 9-3 图

习题 9-4　在图 9-28 所示振荡电路中，已知 $R_1=10\text{k}\Omega$，R 和 C 的可调范围分别为 $1\sim10\text{k}\Omega$、$0.001\sim1\mu\text{F}$。求：（1）振荡频率的可调范围是多少？（2）R_F 的下限值为多少？

习题 9-5　电路如图 9-31（a）所示，已知 $R_2/R_1=3$，输入是如图 9-31（b）所示的给定方波。请根据输入写出输出 U_{01} 和 U_{02} 的表达式，并画出其波形。

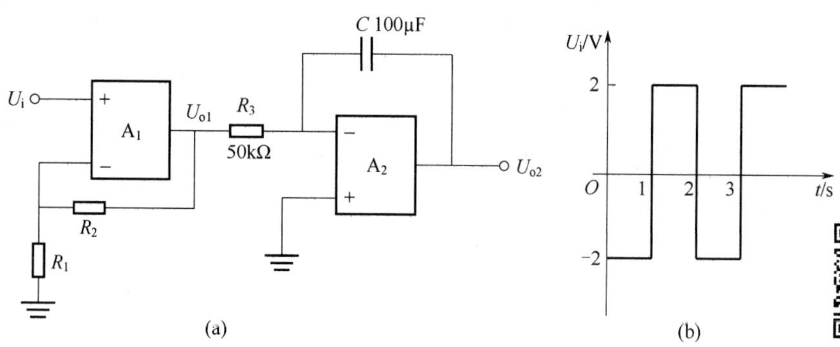

图 9-31　习题 9-5 图

本书配套资源

第 10 章　功率放大电路与直流电源

• 本章思维导图

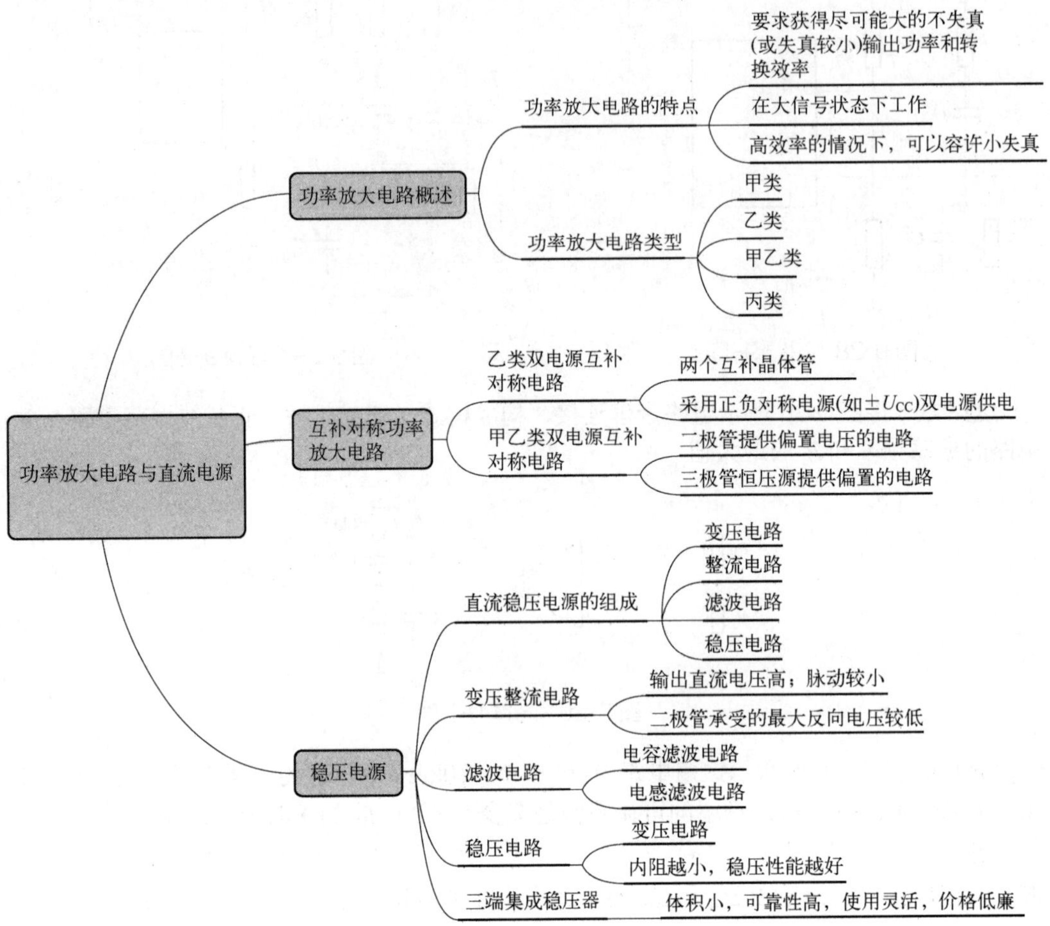

• 本章学习目标

1. 掌握常见的几种功放类型；
2. 掌握乙类双电源互补对称电路分析方法；
3. 掌握直流稳压电源的结构；
4. 掌握直流稳压电源分析计算方法。

10.1　功率放大电路概述

功率放大电路是电子系统中用于放大信号功率的关键部分，通常位于信号处理链的末端，驱动负载（如扬声器、电机、天线等），如图 10-1 所示。功率放大电路是一种以输出较大功率为目的的放大电路，带载能力要强。为了获得大的输出功率，要求同时输出较大的电压和电流，管子工作在接近极限状态。

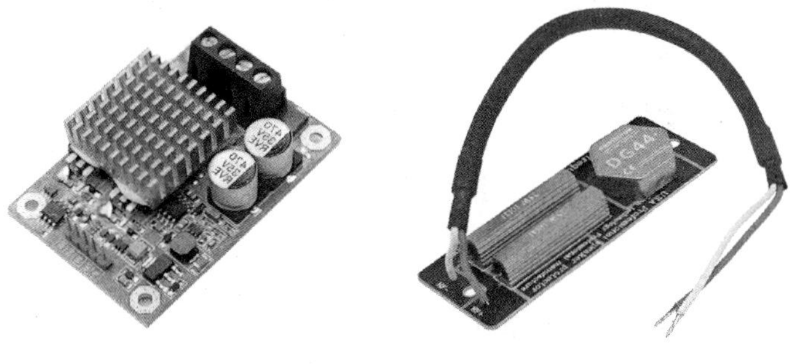

(a) 电机驱动模块　　(b) 音响喇叭驱动模块

图 10-1　功率放大电路

10.1.1　功率放大电路的特点

功率放大电路与前面介绍的电压放大电路有本质上的区别吗？不同之处在哪里？

首先二者无本质区别，都是能量的控制与转换。但是设计电路的目的不一样，因此各自追求的指标不同。

（1）电压放大电路，如图 10-2 所示，主要要求使负载得到不失真的信号，其输出功率并不一定很大，通常为小信号放大电路，对不失真要求高，效率要求放在其次。

（2）功率放大电路，主要要求获得尽可能大的不失真（或失真较小）输出功率和转换效率，通常是在大信号状态下工作。在高效率的情况下，可以容许小失真。

前述电压放大电路中，Q 点要尽可能设置到中间的位置，在没有交流信号输入时，仍存在静态量 I_{BQ}、I_{CQ}、U_{CEQ}。

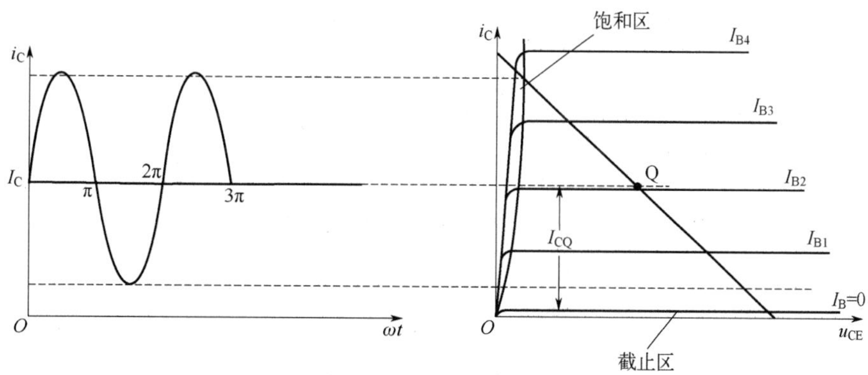

图 10-2　电压放大电路

在整个周期内都有电流流过放大器件，即在一周期内 $i_C>0$，因此效率低，不适应功放电路。

功率放大电路的特点：

（1）高功率输出：以提供足够的电流和电压驱动负载。

（2）效率优先：管子工作一般工作在接近极限状态，需要尽量减少能量损耗，提升电源利用率。

（3）大信号工作：工作在大幅值电压/电流的大信号状态，非线性失真需控制。

综上，功放电路的要求如下：（1）输出功率尽可能大；（2）非线性失真要小；（3）效率要高；（4）功放管散热和保护问题不可忽视；（5）由于功放管处于大信号下工作，故分析功率放大电路时通常采用图解法。

10.1.2 功率放大电路类型

按工作状态，根据正弦信号整个周期内三极管的导通情况，将功放电路划分为 4 类，如图 10-3 所示：

甲类：一个周期内均导通，线性度好，静态电流大于 0，管耗大，但效率低（≤50%）。电路示例：单管共射放大（需静态偏置）。

乙类：导通角等于 180°，每管导通半个周期，效率高（≤78.5%），但有交越失真。电路示例：互补对称推挽电路（NPN+PNP 组合）。

甲乙类：导通角大于 180°，介于甲类和乙类之间，小偏置消除交越失真，效率适中（60%～70%）。常见于音频功放（如 TDA2030、LM3886）。

丙类：导通角小于 180°，开关模式（PWM），效率极高（>90%），需 LC 滤波。电路示例：便携设备、数字音频（如蓝牙音箱）。

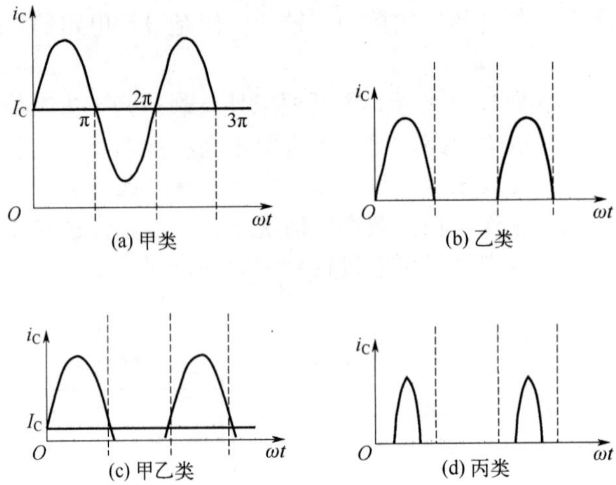

图 10-3 功放电路分类

图 10-4 所示为不同状态的功率放大器的静态工作点。

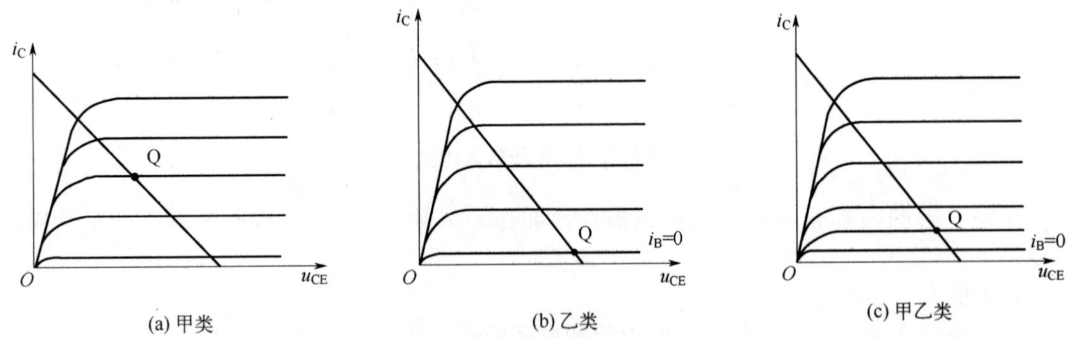

图 10-4 功率放大器工作状态的 Q 点

由图可知，功放的工作状态不同，本质上是静态工作点不同，即偏置不同。

如图 10-4（a），甲类放大器的工作点设置在放大区的中间，这种电路的优点是在输入信号的整个周期内三极管都处于导通状态，输出信号失真较小（前面讨论的电压放大器都工作在这种状态），缺点是三极管有较大的静态电流 I_{CQ} ，这时管耗大，电路能量转换效率低。

如图 10-4（b），乙类放大器的工作点设置在截止区，这时，由于三极管的静态电流 $I_{CQ}=0$，所以能量转换效率高，它的缺点是只能对半个周期的输入信号进行放大，存在截止失真，非线性失真大。

如图 10-4（c），甲乙类放大电路的工作点设在放大区但接近截止区，即三极管处于微导通状态，这样可以有效克服乙类放大电路的失真问题，且能量转换效率也较高，目前使用较广泛。

因此，功率放大电路中电源的功率除了提供给负载外，其余的消耗在于功放管的静态功耗。提高功放效率的根本途径是减小有源器件（功放管）的静态功耗。由上述分析可知，采用甲乙类工作状态最合适，因为甲类效率太低，丙类失真太大，乙类会产生交越失真。

10.2 互补对称功率放大电路

乙类双电源互补对称电路是一种常见的功率放大电路结构，也称为双电源互补对称功率放大电路或 B 类推挽放大器。电路结构简单、效率高，是现代功率放大器的基础结构之一，广泛应用于音频功率放大器、电机驱动电路等需要高效率功率放大的场合。

10.2.1 乙类双电源互补对称电路

电路基本组成包括：（1）两个互补晶体管，通常使用一个 NPN 和一个 PNP 晶体管，两者特性对称，组成互补对称式射极输出器；（2）采用正负对称电源（如$\pm U_{CC}$）双电源供电。电路如图 10-5 所示。

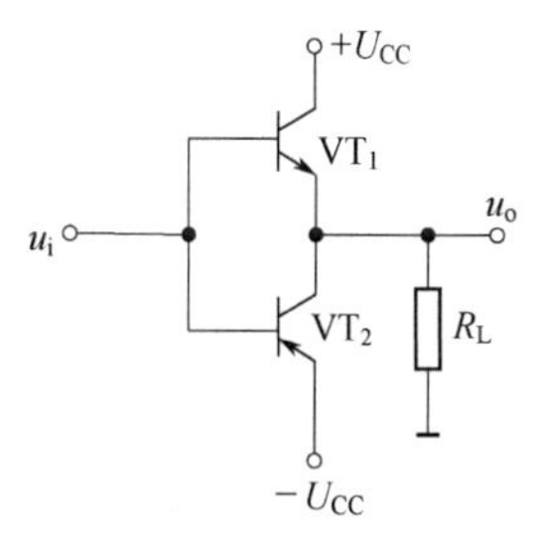

图 10-5 乙类双电源互补对称电路

10.2.1.1 工作原理

首先忽略 b、e 间压降，即 $U_{BE}=0$，当 $u_i>0$ 时，VT_1 导通，VT_2 不导通，电路如图 10-6（a）所示。放大器是射极输出，所以是电压跟随器，如果忽略 U_{BE}，则负载端的输出等于输入 u_i，实现大于零信号的跟随。

当 $u_i<0$ 时，VT_2 导通，VT_1 不导通，电路如图 10-6（b）所示，实现小于零信号的跟随。

静态时 u_i=0V，两个管子均不导通，i_{C1}、i_{C2} 均等于零，输出电压 $u_o=0$V，此时，没有电流，故没有消耗，从而解决了静态功耗的问题。

综上，上述电路的两个管子导通角为 180°，处于乙类工作状态，当输入信号为正半周时，NPN 晶体管导通，PNP 晶体管截止，正半周工作；当输入信号为负半周时，PNP 晶体管导通，NPN 晶体管截止，负半周工作。两个晶体管交替工作，共同完成一个完整周期的推挽信号放大，在负载上得到完整的正弦波，组成“推挽式电路”，如图 10-7 所示。

下面采用图解法，通过晶体管的输出特性曲线和负载线，分析电路的电压、电流、功率关系，如图 10-8 所示。

图 10-8 的横轴为 U_{CE}（从 $-U_{CC}$ 到 $+U_{CC}$），纵轴为 I_C（从 $-U_{CC}/R_L$ 到 $+U_{CC}/R_L$）。两管负载线对称，动态工作点沿负载线移动。正半周由 NPN 管放大，负半周由 PNP 管放大，合成后为完整正弦波（忽略交越失真）。

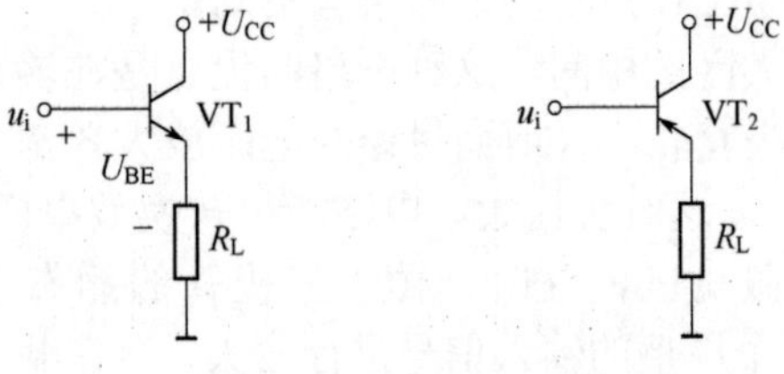

(a) VT_1导通工作　(b) VT_2导通工作

图 10-6　电路工作原理

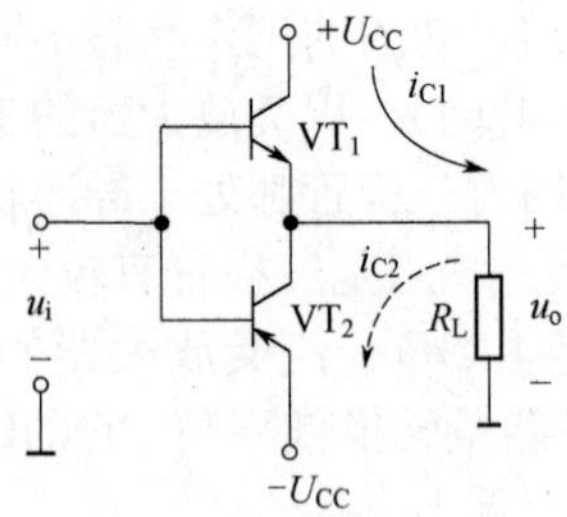

图 10-7　推挽式电路

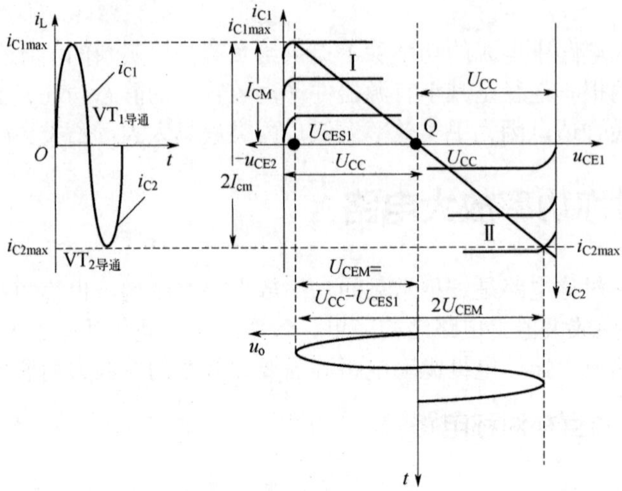

图 10-8　图解法分析原理

静态工作点（Q 点）：乙类放大器的静态电流为零（I_{CQ}=0），两管截止。Q 点位于坐标原点，此时 U_{CE}=U_{CC}，I_C=0。

负载线：负载电阻 R_L 的交流负载线斜率为 $-1/R_L$，对于 NPN 管（上半周导通），负载线从 U_{CE}=+U_{CC} 到 I_C=U_{CC}/R_L，对于 PNP 管（下半周导通），负载线从 U_{CE}=−U_{CC} 到 I_C=−U_{CC}/R_L。

动态工作轨迹：输入信号正半周，NPN 管导通，工作点沿 NPN 负载线移动；输入信号负半周，PNP 管导通，工作点沿 PNP 负载线移动。

10.2.1.2　关键特性参数

1）输出功率 P_o

设输出电压为 $u_o = U_{om}\sin(\omega t)$，设 U_{om} 为输出电压的最大值，即幅值，则有效值为 $U_o = \dfrac{U_{om}}{\sqrt{2}}$，求得

$$P_o = U_o I_o = \frac{U_{om}}{\sqrt{2}}\frac{U_{om}}{\sqrt{2}R_L} = \frac{U_{om}^2}{2R_L} \tag{10-1}$$

2）最大不失真输出功率 P_{om}

当输入信号足够大时，输出电压最大值为

$$U_{om} = U_{CC} - U_{CES} \approx U_{CC} \tag{10-2}$$

此时获得的最大输出功率为

$$P_{om}=\frac{(U_{CC}-U_{CES})^2}{2R_L}\approx\frac{U_{CC}^2}{2R_L} \tag{10-3}$$

3）管耗 P_{VT}

首先求一个功率管的管耗为

$$\begin{aligned}P_{VT1}&=\frac{1}{2\pi}\int_0^{\pi}u_{CE}i_C\mathrm{d}(\omega t)\\&=\frac{1}{2\pi}\int_0^{\pi}[U_{CC}-U_{om}\sin(\omega t)]\frac{U_{om}\sin(\omega t)}{R_L}\mathrm{d}(\omega t)\\&=\frac{1}{R_L}\left(\frac{U_{CC}U_{om}}{\pi}-\frac{U_{om}^2}{4}\right)\end{aligned} \tag{10-4}$$

两管管耗为

$$P_{VT}=2P_{VT1}=\frac{2}{R_L}\left(\frac{U_{CC}U_{om}}{\pi}-\frac{U_{om}^2}{4}\right) \tag{10-5}$$

用求极限的方法求解，对 U_{om} 求导，令导数为 0，当 $U_{om}=\frac{2U_{CC}}{\pi}\approx 0.6U_{CC}$ 时具有最大管耗。

$$P_{VT1m}=\frac{1}{\pi^2}\frac{U_{CC}^2}{R_L}\approx 0.2P_{om} \tag{10-6}$$

式（10-6）体现的是最大管耗和最大输出功率之间的关系。

4）电源供给功率

电源的功率分成两个部分，一部分供给负载输出 P_o，另一部分供给管耗 P_{VT}，总的功率为

$$P_V=P_o+P_{VT}=\frac{2U_{CC}U_{om}}{\pi R_L} \tag{10-7}$$

当 $U_{om}\approx U_{CC}$ 时，电源的功率最大为

$$P_{Vm}=\frac{2}{\pi}\frac{U_{CC}^2}{R_L} \tag{10-8}$$

5）效率 η

$$\eta=\frac{P_o}{P_V} \tag{10-9}$$

代入 P_o 和 P_V，得

$$\eta=\frac{\pi}{4}\frac{U_{om}}{U_{CC}} \tag{10-10}$$

当 $U_{om}\approx U_{CC}$，效率最高，为

$$\eta_{max}=\frac{\pi}{4}\approx 78.5\% \tag{10-11}$$

6）管子正常工作条件

① 最大允许管耗 P_{CM} 必须大于 $P_{VT1m}\approx 0.2P_{om}$；

② 功率管的最大耐压 $|U_{(BR)CEO}| > 2U_{CC}$；

③ 通过 BJT 的最大集电极电流为 U_{CC}/R_L，所选 BJT 的 I_{CM} 一般不宜低于此值。

【例 10-1】如图 10-9 所示，已知 U_{CC}=12V，R_L=16Ω，u_i 为正弦波。（1）求在 BJT 的饱和压降可以忽略不计的情况下，负载上可能得到的最大输出功率 P_{om}。（2）每只管子允许的管耗 P_{CM} 至少应为多少？（3）每个管子的耐压应为多大？

解：

（1）计算 P_{om}：

因 $U_{om}=U_{CC}$，有 $P_o=\dfrac{U_{om}^2}{2R_L}=\dfrac{12^2}{2\times 16}=4.5\text{W}$

（2）每只管子允许的管耗满足

$$P_{VT1max}\geqslant 0.2P_{om}=0.2\times 4.5=0.9\text{W}$$

（3）每个管子的耐压应为多大？

$$U_{(BR)CEO}\geqslant 2U_{CC}=24\text{V}$$

【例 10-2】如图 10-10 所示，设 U_{CC}=12V，R_L=8Ω，BJT 的极限 I_{CM}=2A，$U_{(BR)CEO}$=30V，P_{VTM}=5W。（1）求 P_{om}，指出 BJT 是否安全。（2）求 η=0.6 时的 P_o。

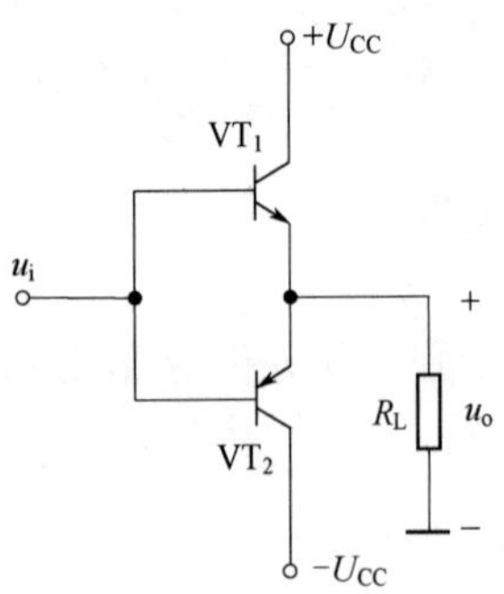

图 10-9　例 10-1 电路图

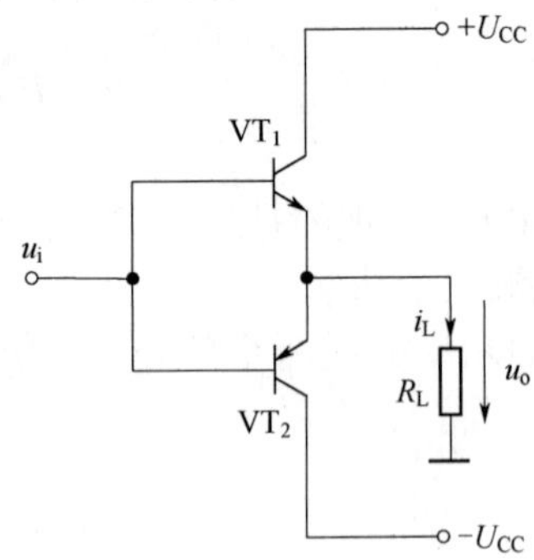

图 10-10　例 10-2 电路图

解：

（1）首先求得最大输出功率为

$$P_{om}=\frac{U_{CC}^2}{2R_L}=\frac{12^2}{2\times 8}=9\text{W}$$

求得

$$i_{CM}=\frac{U_{CC}}{R_L}=\frac{12}{8}=1.5\text{A}<I_{CM}$$

$$u_{CEM}\approx 2U_{CC}=24\text{V}<U_{(BR)CEO}$$

$$P_{VT1M}\approx 0.2P_{om}=0.2\times 9=1.8\text{W}<P_{VTM}$$

求得 BJT 的关键参数均满足管子的安全工作要求，因此 BJT 可以安全工作。

（2）由 $\eta=\dfrac{\pi}{4}\dfrac{U_{om}}{U_{CC}}$，求得

$$U_{om}=\frac{4U_{CC}\eta}{\pi}=\frac{4\times12\times0.6}{3.14}=9.17\text{V}$$

进一步求得

$$P_o=\frac{1}{2}\frac{U_{om}^2}{R_L}=\frac{1}{2}\times\frac{9.17^2}{8}=5.26\text{W}$$

7）交越失真

乙类（B 类）或甲乙类（AB 类）放大器中，如果考虑实际电路中三极管的 $U_{BE}\neq0$，则当输入信号跨越零电位时，由晶体管死区电压导致输出波形失真，即交越失真，如图 10-11 所示。

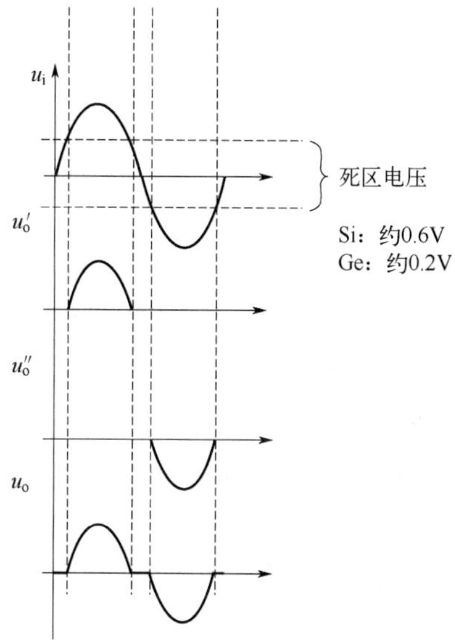

图 10-11 交越失真

可见，利用双电源乙类互补对称电路在一定程度上解决了效率和电路波形产生严重失真的矛盾，但是这类电路还存在着一个不可克服的缺点——交越失真。如何解决交越失真的问题呢？

10.2.2 甲乙类双电源互补对称电路

通过偏置电路，使得乙类功放建立合适的 Q 点，在没有信号的时候，两只三极管 VT_1 和 VT_2 均工作在临界导通（或称微导通）状态，从而克服交越失真。

1）二极管提供偏置电压的电路

如图 10-12 所示，VT_3 作为功放的前置电压放大级，静态时，在 VD_1、VD_2 上产生的压降为 VT_1、VT_2 提供一个合适的偏压，使之处于微导通状态。因电路对称，有 $i_{C1}=i_{C2}$，$i_L=0$，$u_o=0$。

2）三极管恒压源提供偏置的电路

如图 10-13 所示，VT_1 为前置电压放大级，预功放级 R_{c1}、R_1、R_2、VT_4 组成偏置电路，给 VT_2、VT_3 提供适当偏压，使之静态时工作在微导通状态。

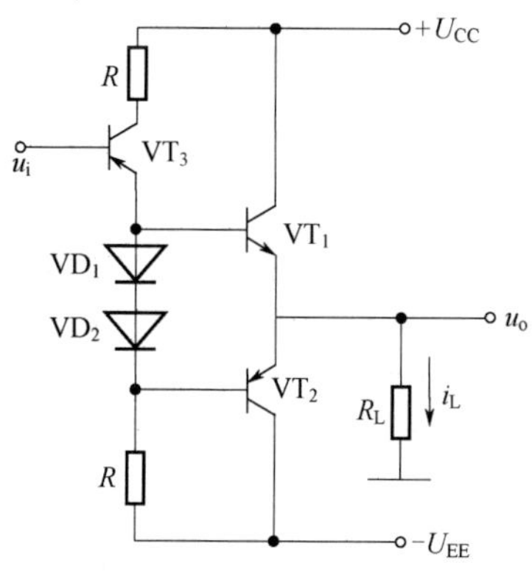

图 10-12 基于二极管的甲乙类互补对称功率放大电路

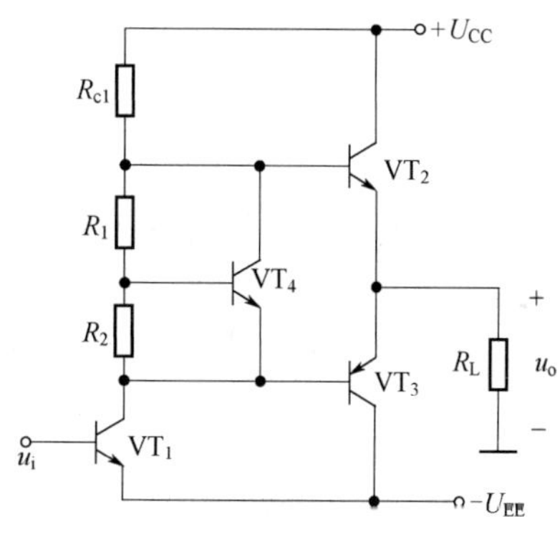

图 10-13 基于三极管的甲乙类互补对称功率放大电路

10.3 稳压电源

10.3.1 直流稳压电源的组成

电子电路工作时都需要直流电源提供能量，本节讨论如何把交流电源变换为直流稳压电源。一般直流电源由 4 部分组成，如图 10-14 所示。

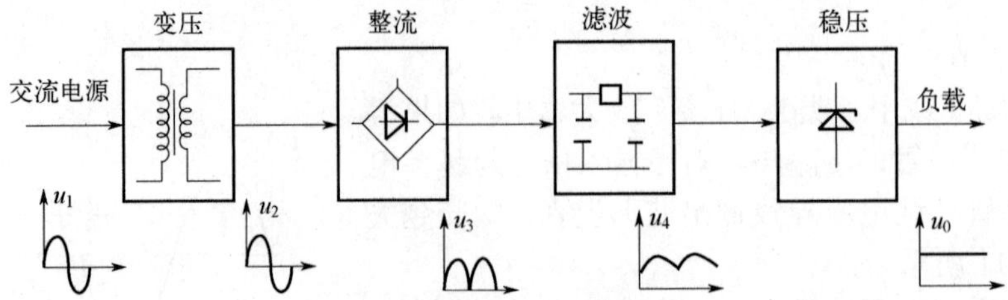

图 10-14 直流稳压电源结构

各部分功能如下：

变压电路：将市电降压为适宜的电压值。

整流电路：将工频交流电转换为脉动直流电。

滤波电路：将脉动直流中的交流成分滤除，减少交流成分，增加直流成分。

稳压电路：采用负反馈技术，对整流后的直流电压进一步进行稳定。

10.3.2 变压整流电路

220V 交流市电要得到直流电源，首先要经过变压整流，如图 10-15 所示。

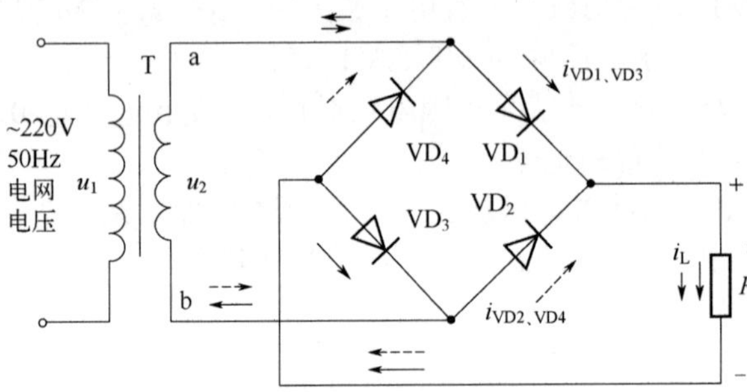

图 10-15 变压整流电路

变压器首先将市电（220V AC）降压至所需的低压交流电（比如常用的 12V、24V AC），然后采用单相桥式整流电路将交流电转换为脉动直流电。桥式整流电路通过 4 个二极管（VD_1～VD_4）连接成电桥形式，变压器次级绕组接在电桥的交流侧（～），负载 R_L 接在直流输出侧（+/–），效率高且无须变压器中心抽头。桥式整流电路利用了二极管的单向导电性。

如图 10-16 所示，整流电路工作原理为：在正弦波的正半周，二极管 VD_1、VD_3 导通，VD_2、VD_4 截止，在负载电阻上得到正弦波的正半周；在负半周，二极管 VD_2、VD_4 导通，VD_1、VD_3 截止，在负载电阻上得到正弦波的负半周；正、负半周经过合成，在负载电阻上得到的是同一个方向的单向脉动电压。单相桥式整流电路的波形图如图 10-17 所示。

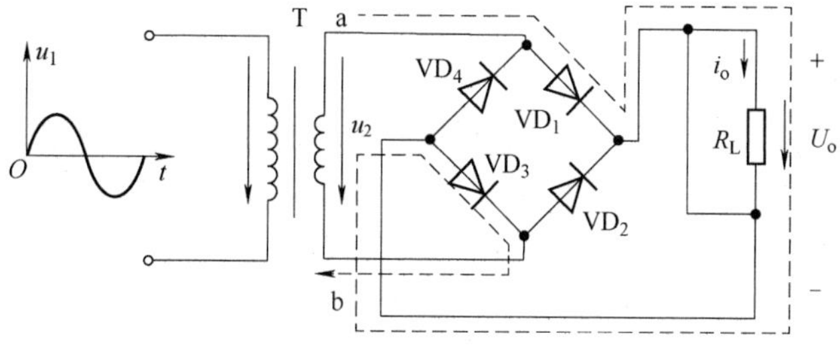

(a) u_2正半周时电流通路

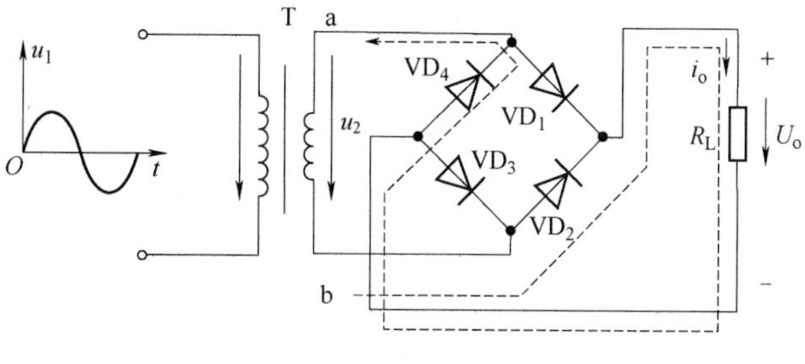

(b) u_2负半周时电流通路

图 10-16　整流电路工作原理

整流电压平均值 U_o 为

$$U_o = \frac{1}{\pi}\int_0^{\pi}\sqrt{2}U\sin(\omega t)\mathrm{d}(\omega t) = 0.9U \quad (10\text{-}12)$$

整流电流平均值 I_o 为

$$I_o = \frac{U_o}{R_L} = 0.9\frac{U}{R_L} \quad (10\text{-}13)$$

流过每管电流平均值 I_{VD} 为

$$I_{VD} = \frac{1}{2}I_o \quad (10\text{-}14)$$

每管承受的最高反向电压 U_{DRM} 为

$$U_{DRM} = \sqrt{2}U \quad (10\text{-}15)$$

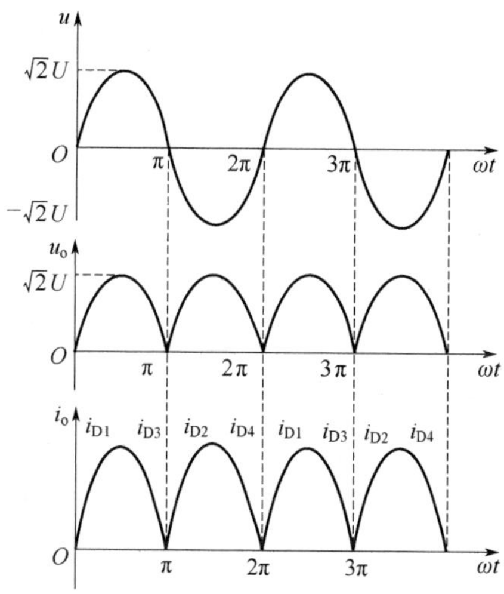

图 10-17　整流电路工作波形图

整流桥的优点有：输出直流电压高；脉动较小；二极管承受的最大反向电压较低；电源变压器得到充分利用。目前，半导体器件厂已将整流二极管封装在一起，制成单相及三相整流桥模块，这些模块只有输入交流和输出直流引线，减少了接线，提高了可靠性，使用起来非常方便，如图 10-18 所示。

图 10-18　整流桥模块

10.3.3 滤波电路

交流电压经整流电路整流后输出的是脉动直流，其中既有直流成分又有交流成分，需要滤波。滤波电路利用储能元件电容两端的电压（或通过电感中的电流）不能突变的特性，滤掉整流电路输出电压中的交流成分，保留其直流成分，达到平滑输出电压波形的目的。电容滤波电路是将电容与负载 R_L 并联，如图 10-19 所示。

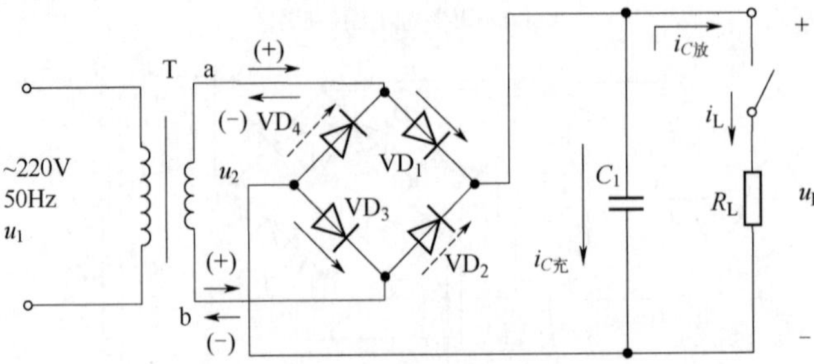

图 10-19　电容滤波电路

电容滤波原理如图 10-20 所示。当整流桥输出电压大于电容电压时，$u>u_C$，二极管导通，电源在给负载 R_L 供电的同时也给电容充电，u_C 增加，$u_o=u_C$。当整流桥输出电压小于电容电压时，$u<u_C$，二极管截止，电容通过负载 R_L 放电，u_C 按指数规律下降，$u_o=u_C$。

采用电容滤波，流过二极管的瞬时电流很大。R_L 越大→U_o 越高，I_o 越大→整流二极管导通时间越短→i_{VD} 的峰值电流越大。

采用电容滤波，输出电压受负载变化影响较大，即带负载能力较差。因此，电容滤波适合于要求输出电压较高、负载电流较小且负载变化较小的场合。

在桥式整流电路与负载间串入一电感 L 就构成了电感滤波电路，如图 10-21 所示。

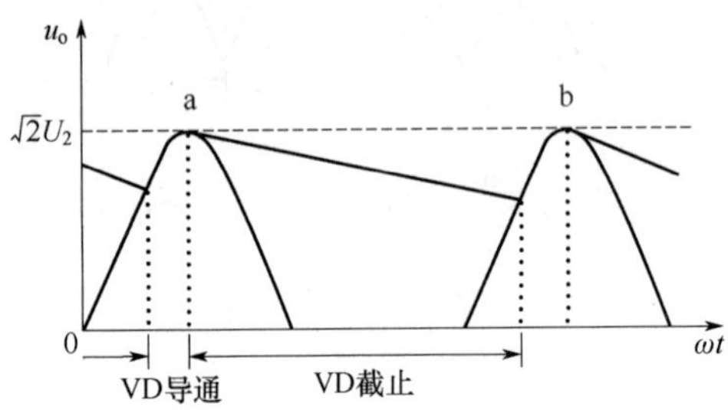

图 10-20　电容滤波原理

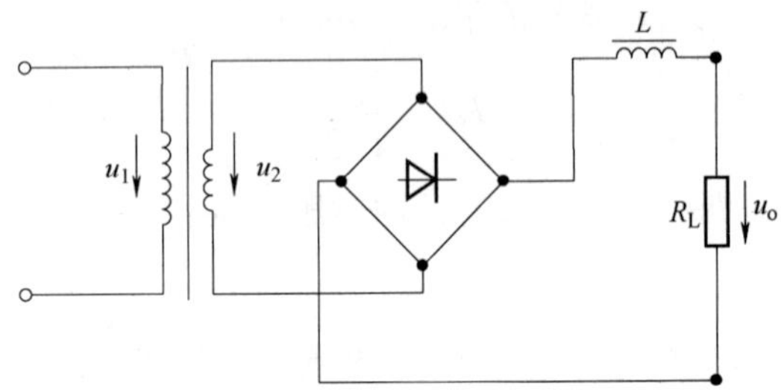

图 10-21　电感滤波电路

电感滤波，整流管导通角较大，峰值电流很小，输出纹波特性比较平坦，适用于低电压、大电流（R_L 较小）的场合。缺点是电感铁芯笨重，体积大，易引起电磁干扰。

10.3.4 稳压电路

稳压电路是为电路或负载提供稳定的输出电压的一种电子设备。稳压电路的输出电压大小基本上与电网电压、负载及环境温度的变化无关，其内阻越小，稳压性能越好。理想的稳压器是输出阻抗为零的恒压源。稳压电路如图 10-22 所示。

由图可知，$U_o=U_Z$，$I_R=I_o+I_Z$，设 U_i 一定，当负载 R_L 变化时，有

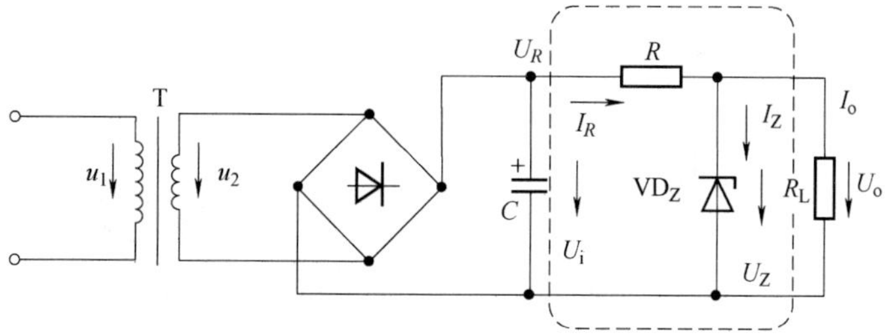

图 10-22 稳压电路

$$R_L\downarrow(I_o\uparrow)\to I_R\uparrow\to U_o(U_Z)\downarrow\to I_Z\downarrow$$
$$U_o\text{基本不变}\leftarrow I_R(I_RR)\text{基本不变}$$

设负载 R_L 一定，当 U_i 变化时，有

$$U_i\uparrow\to U_Z\uparrow\to I_Z\uparrow\to I_R\uparrow$$
$$U_o\text{基本不变}\leftarrow I_RR\uparrow$$

该稳压电路的优点是：电路简单，元件少。缺点是：稳压效果不太好，输出电压不可调。稳压管选择条件是：

$$U_Z=U_o,\quad I_{Zmax}=(1.5\sim3)I_{omax},\quad U_i=(2\sim3)U_o$$

10.3.5 三端集成稳压器

除了上述的稳压管外，单片集成稳压器也经常用到，其具有体积小、可靠性高、使用灵活、价格低廉等优点。简单的集成稳压器只有输入、输出和公共引出端，故称之为三端集成稳压器。常用的三端集成稳压器如图 10-23 所示。

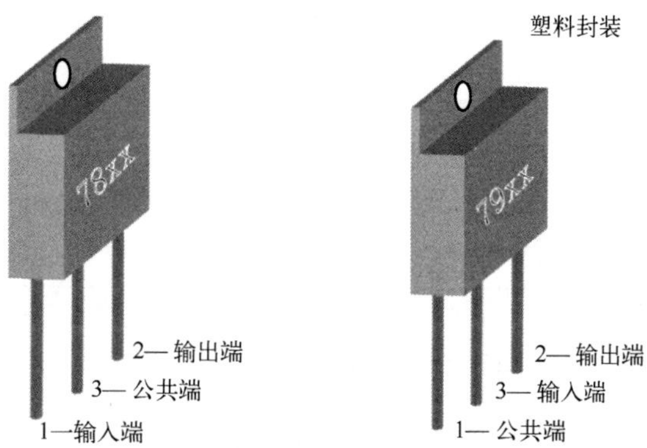

78××系列稳压器　　79××系列稳压器

图 10-23 三端集成稳压器

78××系列输出正电压，79××系列输出负电压，型号后两位数字××代表输出电压值。比如 7805 输出为+5V，7905 输出为−5V。一般芯片有 11 个档次：5V、6V、7V、8V、9V、10V、12V、15V、18V、20V、24V 等。

稳压电路芯片如图 10-24 所示。

78××芯片内部结构如图 10-25 所示。其具有如下特点：输出电流能达到 1.5A（加散热器），不需要外接元件，内部有过热保护、过流保护，调整管设有安全工作区保护，输出电压容差为 4%。

图 10-24　稳压电路芯片

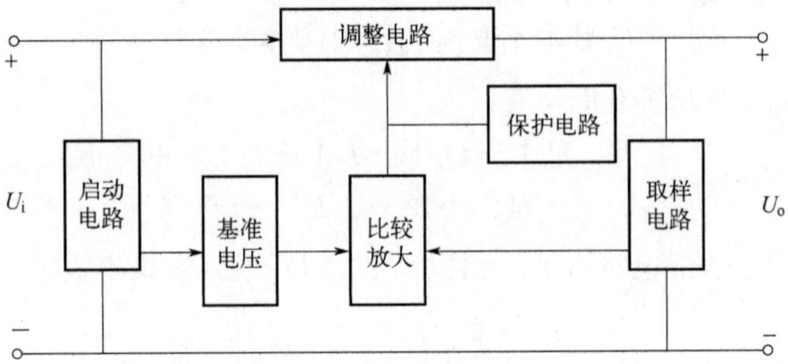

图 10-25　78××芯片内部结构

输出为固定正电压时的接法如图 10-26 所示。一般要求输入与输出之间的电压不得低于 3V。C_i 用来抵消输入端接线较长时的电感效应，防止产生自激振荡，即用以改善波形。C_o 是为了瞬时增减负载电流时，不致引起输出电压有较大的波动，即用来改善负载的瞬态响应。

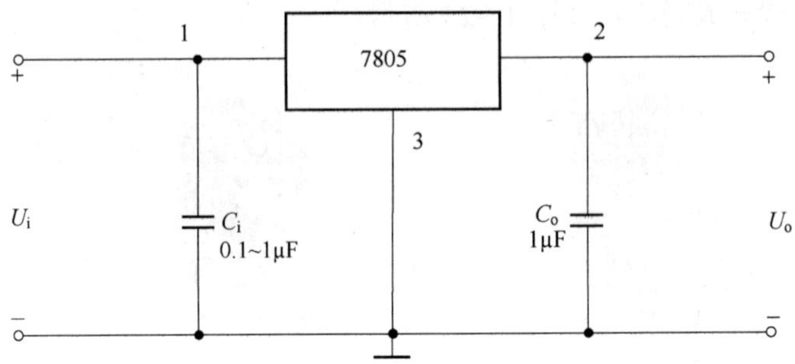

图 10-26　78××芯片使用方法

输出为固定负电压时的接法如图 10-27 所示。

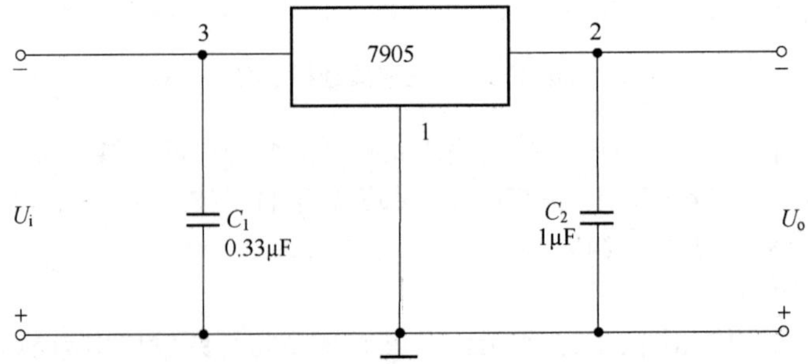

图 10-27　79××芯片使用方法

正负电压同时输出电路接法如图 10-28 所示。

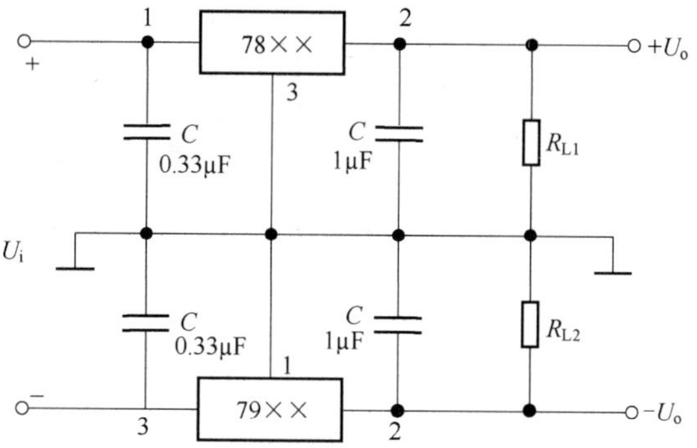

图 10-28 正负电压同时输出电路

三端固定输出集成稳压器主要用于固定输出标准电压值的稳压电源中。虽然通过外接电路元件，其也可构成多种形式的可调稳压电源，但稳压性能指标有所降低。

● 习题

习题 10-1 在图 10-29 所示的单相桥式整流电容滤波电路中，交流电源频率 $f=50\text{Hz}$，$U_2=15\text{V}$，$R_L=300\Omega$，试求负载直流电压和直流电流。

习题 10-2 整流滤波电路如图 10-30 所示，变压器二次电压的有效值 $U_2=20\text{V}$，滤波电容 C 足够大，求负载上的平均电压 U_L。

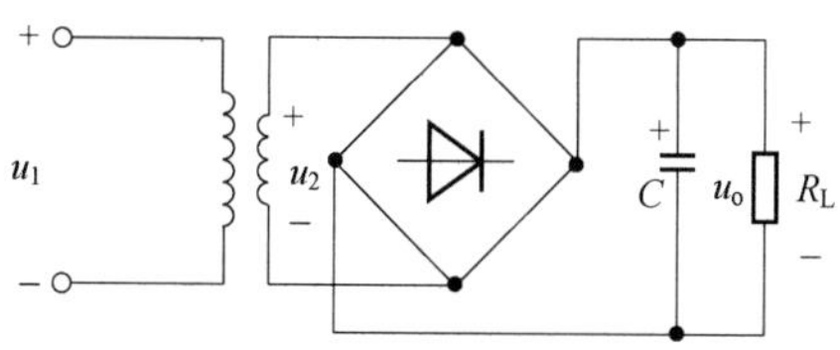

图 10-29 习题 10-1 图

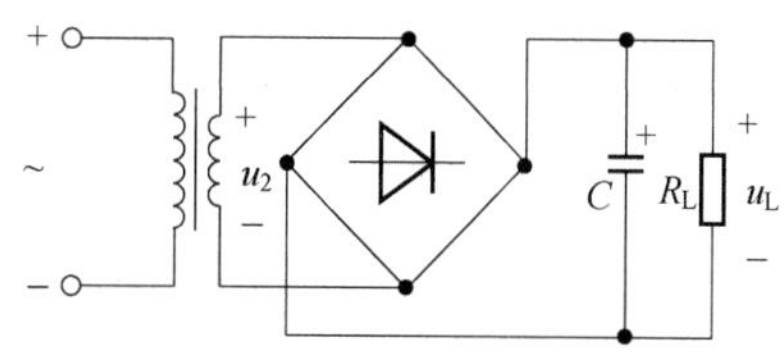

图 10-30 习题 10-2 图

习题 10-3 图 10-31 所示为由理想二极管组成的电路，当输入电压 u 的有效值为 10V 时，求输出电压 u_o 平均值。

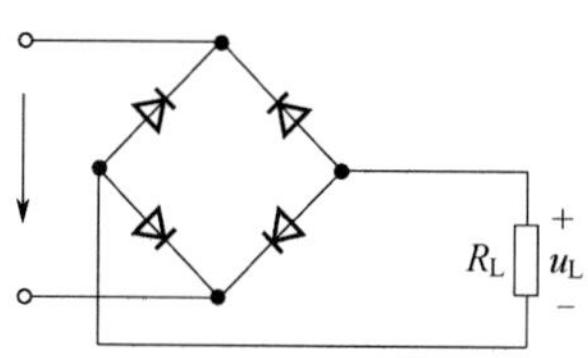

图 10-31 习题 10-3 图

习题 10-4 单相桥式整流电路中，不带滤波器，已知负载电阻 $R=360\Omega$，负载电压 $U_o=90\text{V}$。试计算变压器副边的电压有效值 U_2 和输出电流的平均值，并计算二极管的电流 I_{VD} 和最高反向电压 U_{DRM}。

习题 10-5 写出图 10-32 所示电路各部分的功能模块名称并简述其工作原理。

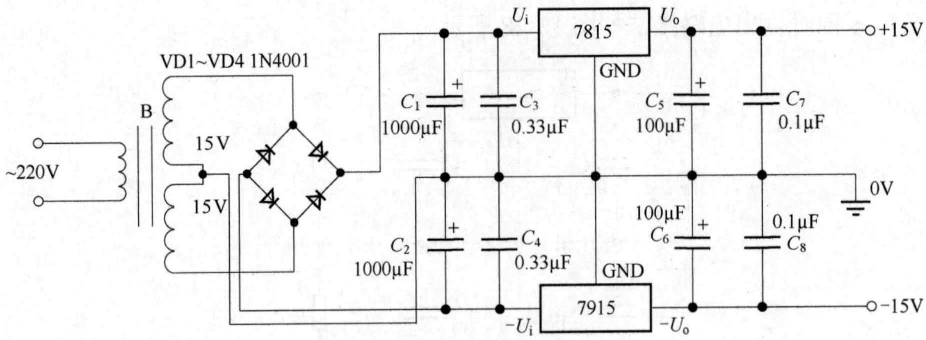

图 10-32　习题 10-5 图

本书配套资源

第 11 章　温度控制系统案例

• 本章学习目标

1. 理解温度控制系统的整体设计流程。掌握从信号采集、处理到控制输出的完整系统架构。

2. 掌握温度信号采集与处理电路原理。学习如何用运放放大微弱温度传感器信号，熟悉三极管信号放大电路的设计与分析。

3. 熟悉控制信号生成与调制技术。了解 *RC* 振荡电路应用，掌握减法器实现 PWM 的原理，理解占空比对温度调节的影响。

4. 掌握功率驱动电路设计。

5. 培养电路调试与问题解决能力。理解硬件设计中抗干扰、稳定性等工程考量。

11.1　系统设计原理

温度作为影响物质状态、化学反应速率及生物活动的重要参数，其精准控制是现代科技与工业发展的核心需求之一。从微观的半导体芯片制造到宏观的农业温室调控，从保障生命安全的医疗设备到提升生活品质的智能家居，温度控制电路通过感知环境变化并自动调节加热或制冷系统以控制环境温度，已成为维持系统稳定性、优化生产效率及保障安全性的关键技术。

在工业领域，温度波动可能直接导致产品缺陷或设备故障，例如，塑料注塑过程中温度偏差超过 5℃会引发材料碳化，而金属热处理温度失控则可能使零件硬度不达标。在农业中，温室作物生长对昼夜温差敏感，畜禽养殖环境温度波动超过 2℃会显著增加疾病风险。医疗场景下，血液透析液温度偏差 0.5℃可能引发患者不适，疫苗运输中温度链断裂（即冷链断裂）则直接导致药效失效。

随着物联网（IoT）与人工智能（AI）技术的融合，温度控制电路正从传统的“被动响应”向“智能预测”演进。通过实时数据采集、云端分析与自适应算法，现代温控系统不仅能实现±0.1℃的高精度控制，还可根据环境变化动态优化能耗，为节能减排与可持续发展提供技术支撑。

1）系统概述

本案例以电路原理、模拟电子技术为理论基础，设计一个温度闭环控制系统，实时监测环境温度并通过调节风扇转速实现温度稳定。系统包含温度采集、信号处理、PWM 调制及功率驱动等模块，通过运算放大器、三极管、*RC* 振荡电路等核心器件协同工作，实现对温度的精确控制。系统具有结构简单、响应快、成本低等特点，适用于小型设备或局部环境的温控需求。

2）系统原理

温度闭环控制工作原理：温度↑→铂电阻阻值↑→与设定温度相比减法器输出↑→PWM

占空比↑→风扇转速↑→温度↓，反之亦然。原理如图 11-1 所示。

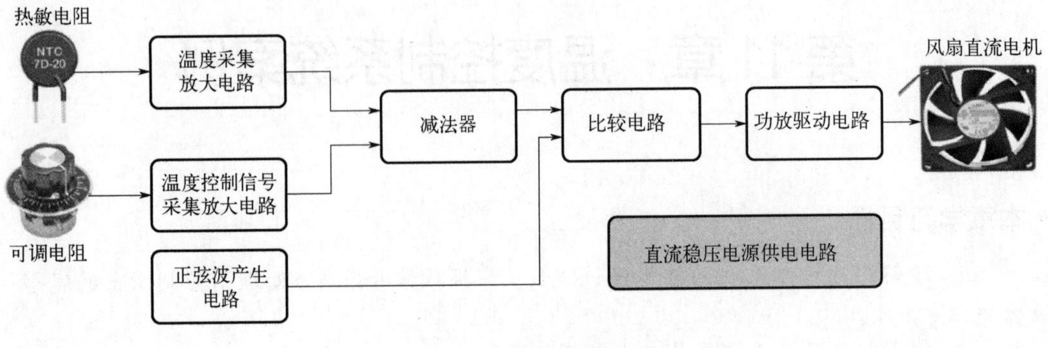

图 11-1　系统原理图

温度采集放大电路（运算放大器）：采用热敏电阻作为温度传感器，其阻值随温度变化。通过运算放大器构成差分放大电路，将热敏电阻的微小阻值变化转换为电压信号，输出与温度成比例的模拟量。

温度控制信号采集放大电路（运算放大器）：将温度采集电路输出的微弱电压信号经运算放大器进一步放大，提高信号驱动能力，为后续比较和控制电路提供稳定输入。

正弦波产生电路（*RC* 振荡电路）：利用 *RC* 桥式振荡电路产生固定频率的正弦波信号，作为 PWM 调制的基准波形，其频率由电阻和电容参数决定。

减法器（PWM 脉宽调制电路）：将温度信号与设定基准信号输入减法器得到控制差值，然后与正弦波信号通过比较电路，生成占空比随温度变化的 PWM 波。温度越高，PWM 占空比越大，风扇转速越快。

风扇控制电路（三极管放大电路）：PWM 信号经功率放大电路驱动风扇电机，通过调节功率管的导通时间控制风扇转速，最终实现温度闭环调节。

直流稳压电源：提供所需的直流电压。

放大器选用低功耗集成运算放大器 LM324，该芯片内部集成 4 个独立运放，本系统选用 2 片可满足需求，采用 ±12V 双电源供电。

11.2　温度采集电路（运算放大器）

温度采集电路采用铂电阻 Pt100（图 11-2）作为温度传感器。铂电阻 Pt100 在 0℃时阻值为 100Ω，平均温度系数仅为 0.385Ω/℃，它的阻值变化微小，测温范围为-200～850℃，稳定性很好。

图 11-2　铂电阻 Pt100

本系统采集温度范围设定为-20～40℃，该温度对应的阻值如表 11-1 所示。其中，-20℃对应阻值为 92.160Ω，40℃对应阻值为 115.540Ω。

表 11-1　铂电阻温度阻值对照表（分度号 Pt100）

温度/℃	阻值/Ω	温度/℃	阻值/Ω	温度/℃	阻值/Ω	温度/℃	阻值/Ω	温度/℃	阻值/Ω	温度/℃	阻值/Ω
-20	92.16	-9	96.481	2	100.78	13	105.067	24	109.342	35	113.605
-19	92.553	-8	96.872	3	101.17	14	105.456	25	109.73	36	113.992
-18	92.946	-7	97.263	4	101.56	15	105.845	26	110.118	37	114.379
-17	93.339	-6	97.654	5	101.95	16	106.234	27	110.506	38	114.766
-16	93.732	-5	98.045	6	102.34	17	106.623	28	110.894	39	115.153
-15	94.125	-4	98.436	7	102.73	18	107.012	29	111.282	40	115.54
-14	94.518	-3	98.827	8	103.12	19	107.401	30	111.67		
-13	94.911	-2	99.218	9	103.51	20	107.79	31	112.057		
-12	95.304	-1	99.609	10	103.9	21	108.178	32	112.444		
-11	95.697	0	100	11	104.289	22	108.566	33	112.831		
-10	96.09	1	100.39	12	104.678	23	108.954	34	113.218		

温度信号采集调理电路如图 11-3 所示。此温度检测电路使用与正温度系数铂电阻 Pt100 串联的电阻器构成分压器，从而产生在温度范围内呈线性的输出电压。

根据测温范围以及表 11-1 所示的 Pt100 阻值对应表，用 200Ω 的 R_3 可调电阻来模拟 Pt100 电阻，并与电阻 R_1、R_2 和 R_4 组成电桥，调节电阻 R_4 即可调零。R_5、R_6、R_7 和 R_8 和 LM324AD 组成减法器，用 12V 和-12V 双电源供电。由于信号较弱，也同步进行信号放大。

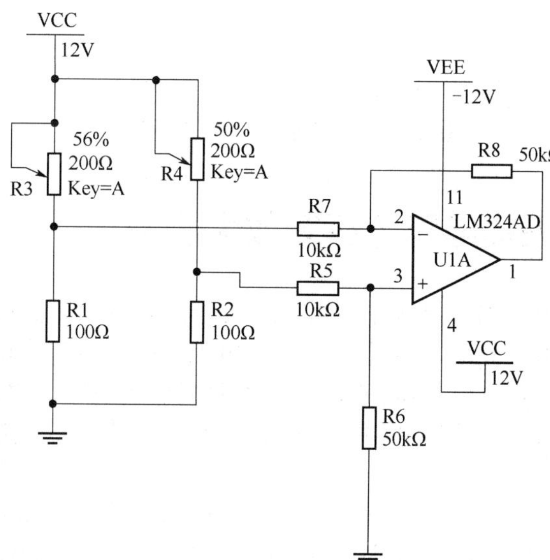

图 11-3　温度采集电路仿真

当温度为 0℃时，Pt100 电阻阻值为100Ω，R_3 放在 50%阻值位置即为100Ω，此时电桥平衡，减法器输出为0V。当温度升高为 10℃，Pt100 电阻阻值约为104Ω，R_3 放在 52%阻值位置即为104Ω，此时电桥不平衡，减法器输出约为0.6V；当温度降低为–10℃，Pt100 电阻阻值约为96Ω，R_3 放在 48%阻值位置即为96Ω，此时电桥不平衡，减法器输出约为–0.6V。即当温度高于 0℃时，减法器输出正电压，当温度低于 0℃时，减法器输出负电压，且电压和温度变化约呈线性关系，–20℃和 40℃对应的输出电压约为–1.2V 和 2V。图 11-4 为温度为 40℃时的仿真结果，此时输出电压约为 2V。

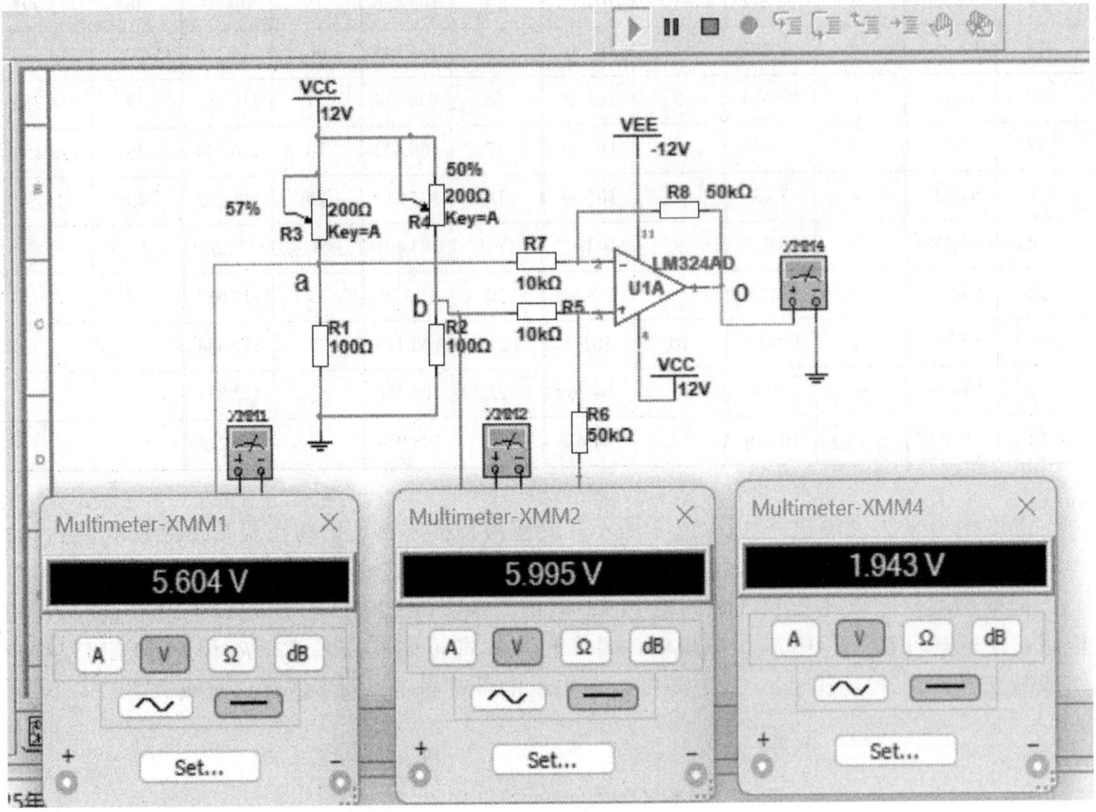

图 11-4　40℃温度采集仿真结果

11.3　控制信号采集电路（运算放大器）

控制信号采集电路用于模拟手动控制信号，设定需要控制的温度值，电路如图 11-5 所示。图中，R_2、R_3、R_4 串联分压，R_4 是一种可调电阻，通过旋转滑动触点可以改变电阻的大小，在此处被用作设定温度控制器，通过改变电阻来得到不同的输出电压作为控制信号。放大电路为同相比例运算放大器，根据 R_1 和 R_F，可知其电压放大倍数为 2。具体电阻值如图中所示。

由图可知，R_4 滑动到 0%阻值的位置，表示需要控制的温度为–20℃，同相输入端电压为–0.6V，其输出电压对应为–1.2V；R_4 滑动到 100%阻值的位置，表示需要控制的温度为40℃，同相输入端电压为1V，其输出电压对应为 2V；设定温度的对应电压值与上述温度采集的电压值为同步对应关系。图 11-6 所示为需要设定温度为–20℃时的仿真结果。

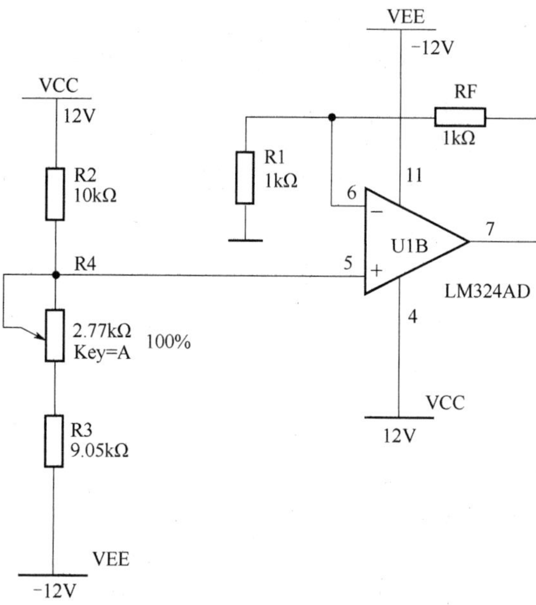

图 11-5　控制信号采集电路

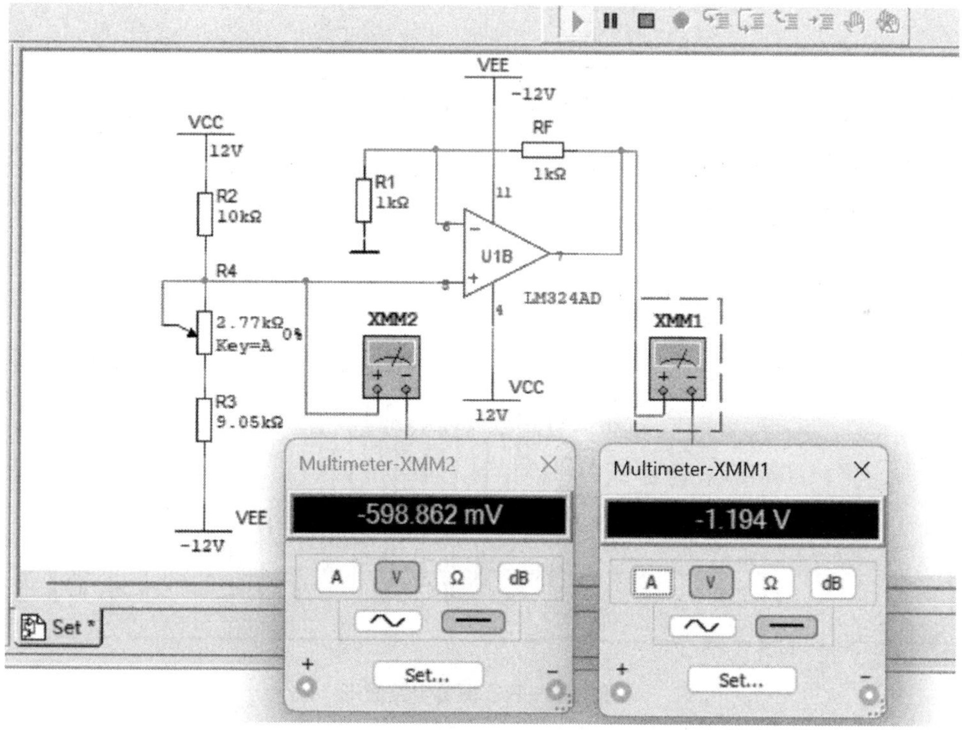

图 11-6　−20℃温度控制信号设定仿真结果

11.4　正弦波发生器（*RC* 振荡电路）

控制风扇电机的 PWM 信号可以由正弦波信号比较生成，因此需要先生成正弦波。PWM

信号一般频率范围选择 1～10kHz，本案例设定为 1.59kHz，根据第 9 章介绍的信号产生电路可知，其频率范围适合 RC 正弦波振荡电路。根据振荡需要满足的幅频和相频条件，由振荡频率 $f_0 = 1.59\text{kHz}$，根据 $f_0 = \dfrac{1}{2\pi RC}$，选择 $R_1 = R_2 = 10\text{k}\Omega$，$C_1 = C_2 = 0.1\mu\text{F}$。$R_3$、$R_W$ 和 R_F 以及 LM324AD 组成 3 倍放大的放大器部分。电路如图 11-7 所示。

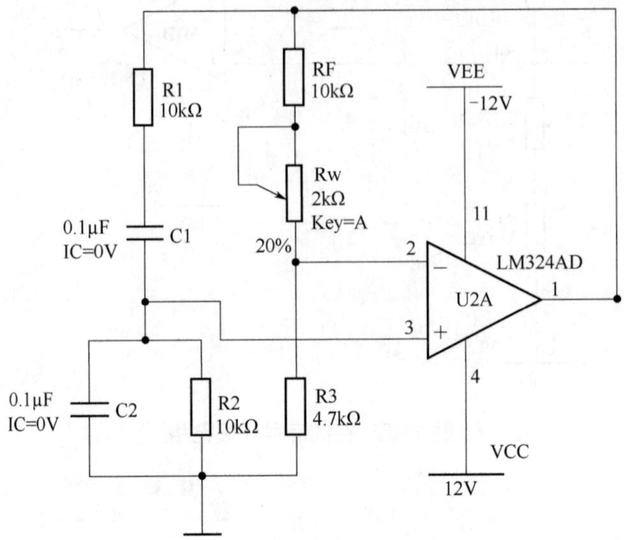

图 11-7　*RC* 振荡电路

其振荡波形如图 11-8 所示，由图可见，包括起振和稳幅两个部分。

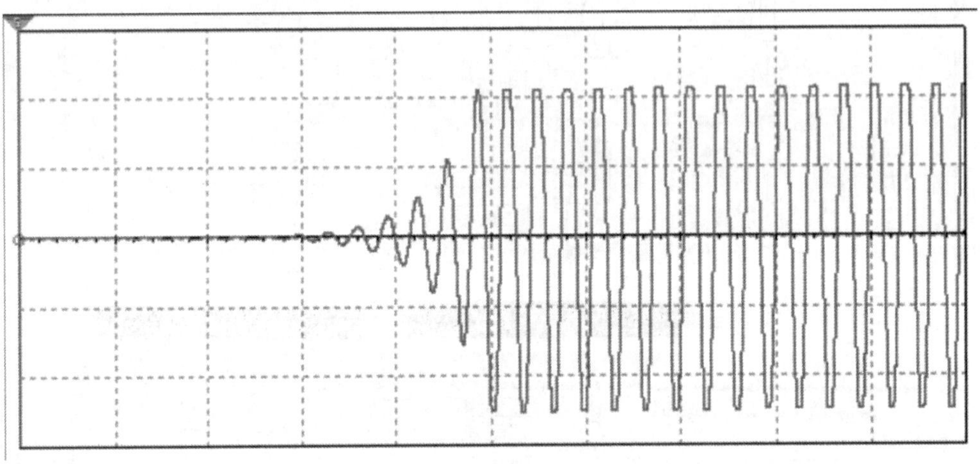

图 11-8　RC 振荡电路波形

11.5　PWM 脉宽调制电路（减法器与比较器）

PWM，即脉冲宽度调制，是一种通过改变脉冲宽度来控制电压或电流的技术。它广泛应用于电机控制、照明调节以及电池充电等多个领域。通过精确调整脉冲的宽度，PWM 能够实现对电压或电流的精细控制，从而满足各种应用需求。关于 PWM 的频率，它指的是在 1s 内信号从高电平到低电平再回到高电平的循环次数，也就是一个完整的周期数，如图 11-9 所示。因此，频率越高，意味着 1s 内 PWM 的周期数越多，其单位为赫兹（Hz）。

此外，占空比（图 11-10）是 PWM 技术中另一个关键概念。它表示的是在一个脉冲周期内，高电平所占据的时间比例。占空比以百分比形式表示，其范围从 0% 到 100%。不同的占空比设置，将直接影响输出电压或电流的大小和形状。

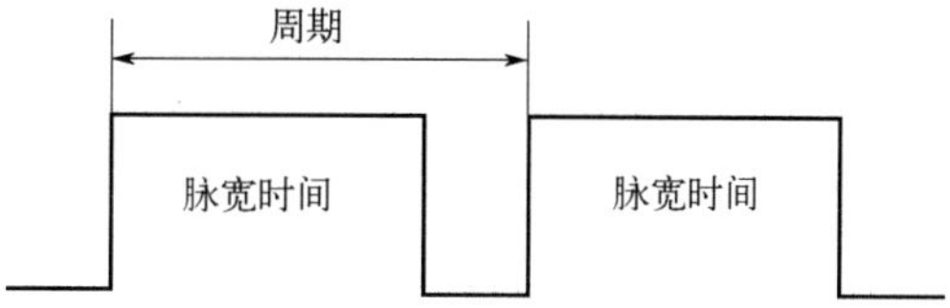

图 11-9　PWM 波

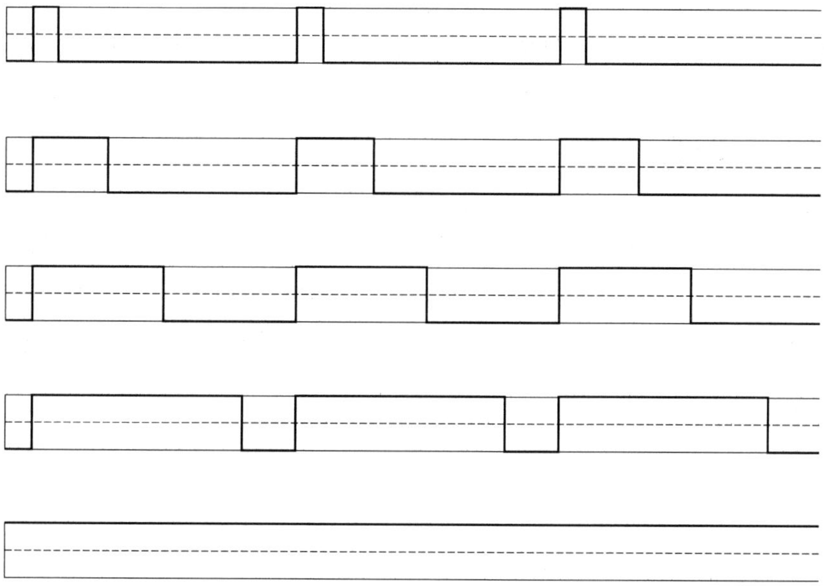

图 11-10　PWM 占空比

PWM 调速是指通过改变 PWM 信号的占空比，来改变电机的输入电压，从而实现对电机转速的控制。当占空比增大时，电机的输入电压增大，转速提高；当占空比减小时，电机的输入电压减小，转速降低。PWM 调速具有较高的效率，这是因为在调速过程中，电机的输入电压与所需的输出功率成正比，减少了能量的损耗。PWM 调速具有良好的动态性能，可以实现快速启动和制动，提高了系统的响应速度。

为了控制风扇电机，本案例的 PWM 信号选择的频率范围是 1～10kHz。这个频率范围的 PWM 信号可以有效地控制电机的加减速，同时保持系统的稳定性和响应速度。PWM 信号的幅值选择 10V，这取决于电机的额定电压和驱动电路的设计。这个幅值的选择既要满足电机正常工作的需求，也要保证系统的安全性和稳定性。

具体电路如图 11-11 所示。首先将温度采集电路（图中用 test 电压源模拟）和控制信号采集电路（图中用 set 电压源模拟）送入减法器求差，减法器采用 LM324AD，test 连接同相端，set 连接反相端。如果当前采集温度比设定温度高，则减法器输出端为负电平。然后将减法器得到的电压连接到比较器的同相端，与反相端输入的 RC 振荡器产生的 1kHz 正弦波比较，得到占空比可控的 PWM 波。

图 11-12 所示为仿真结果。其中，图（a）为设定温度为 24℃，电压为 1.2V 时，采集温度为 32℃，电压为 1.6V 时的结果，此时减法器的输出为 7.894V，PWM 波的占空比较

高，制冷风扇转速高。图（b）为设定温度为 24℃，电压为 1.2V 时，采集温度为 26℃，电压为 1.3V 时的结果，此时减法器的输出为 1.987V，PWM 波的占空比较低，制冷风扇转速低。

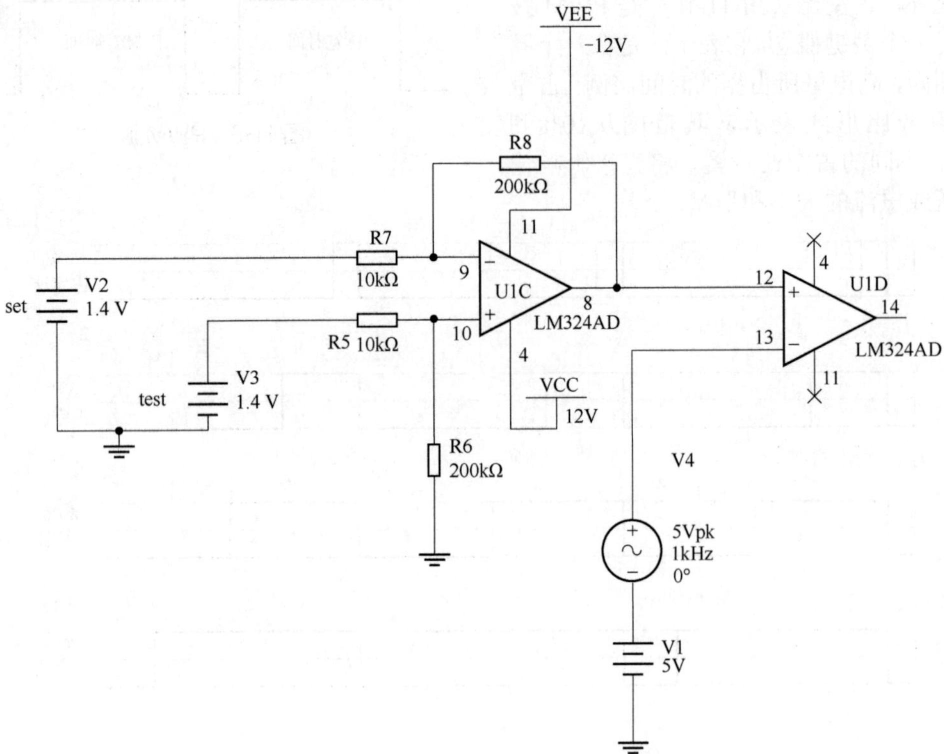

图 11-11　PWM 控制电路

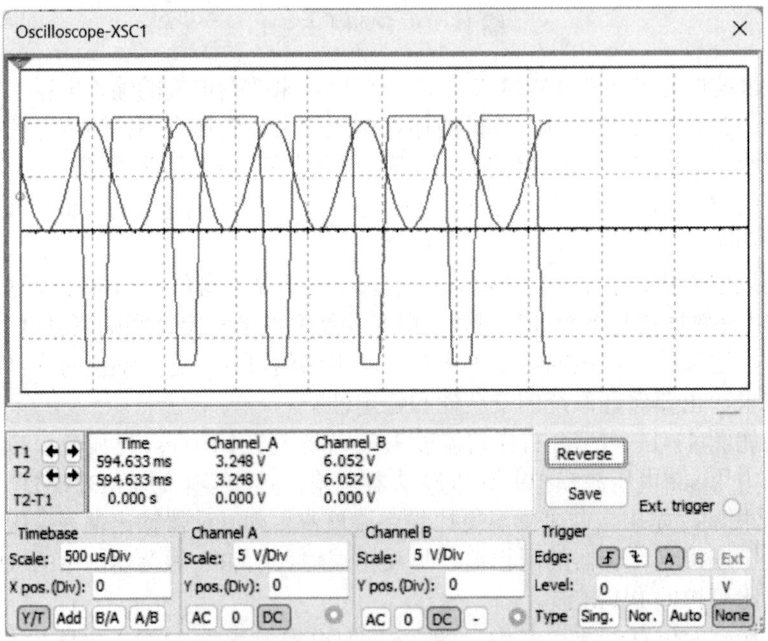

(a) 设定和采集电压压差为0.4V时的PWM占空比

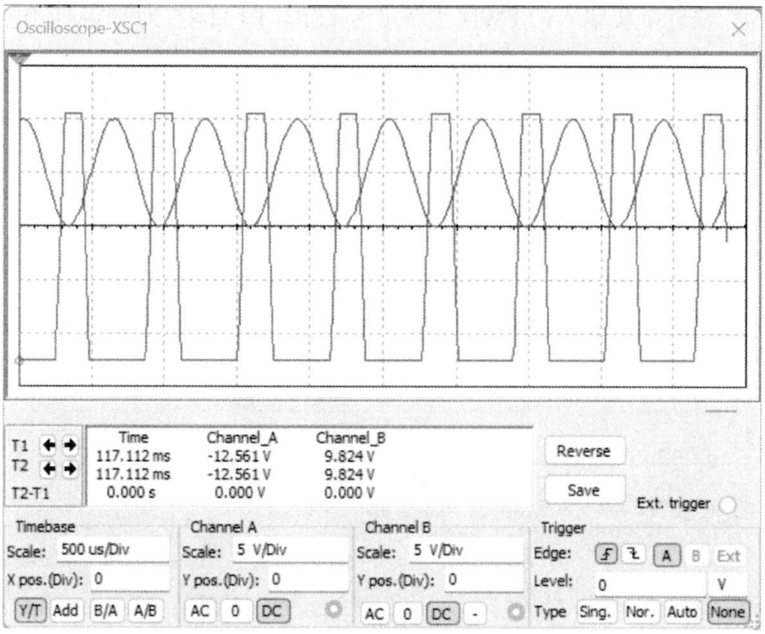

(b) 设定和采集电压压差为0.1V时的PWM占空比

图 11-12　PWM 占空比控制仿真结果

11.6　直流电机控制电路（三极管放大电路）

单个三极管组成的 12V 风扇驱动电路如图 11-13 所示。前述 PWM 波输入三极管 Q_1 的基极。三极管为共射极放大电路，集电极连接继电器驱动直流电机。当 PWM 为高电平时，三极管导通，继电器吸合，风扇旋转，制冷；当 PWM 为低电平时，三极管截止，继电器断开，风扇停止旋转，停止制冷；通过 PWM 波的高电平占空比控制风扇转速，进而实现温度的自动控制。

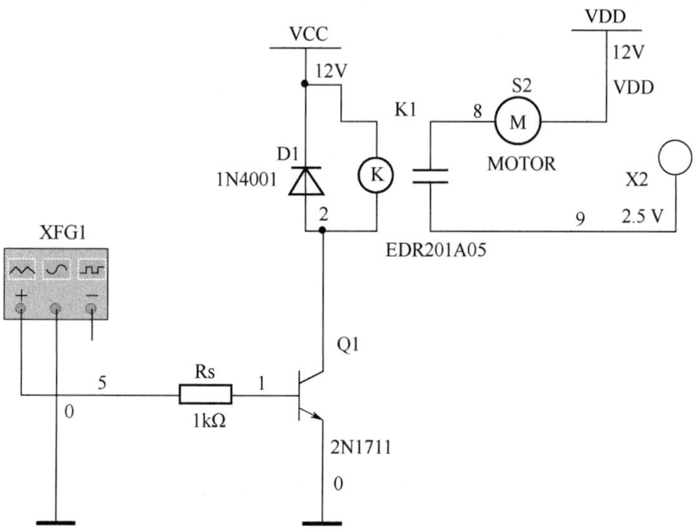

图 11-13　电机驱动电路

图 11-14 为三极管基极输入的 PWM 脉宽调制波形，图 11-15 为 PWM 高电平时刻的仿真结果，此时采用一个指示灯的点亮来表示电路已经导通、风扇转动的状态。

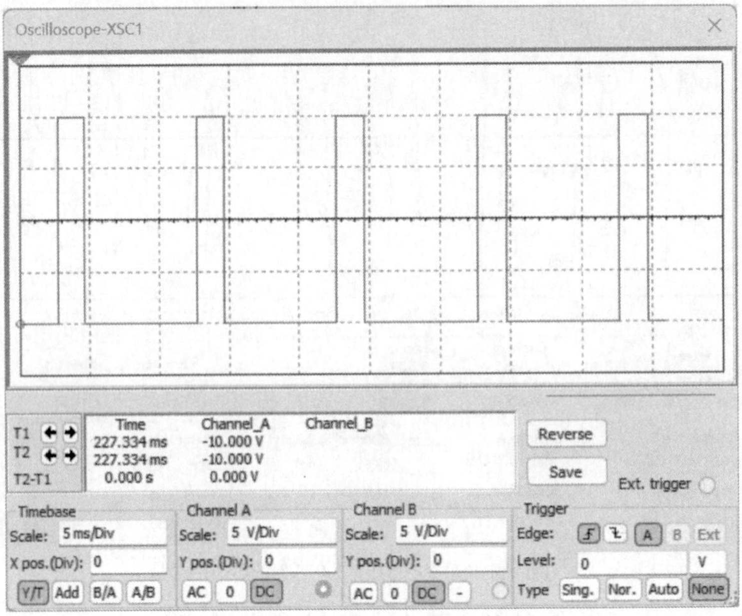

图 11-14　PWM 脉宽调制波形

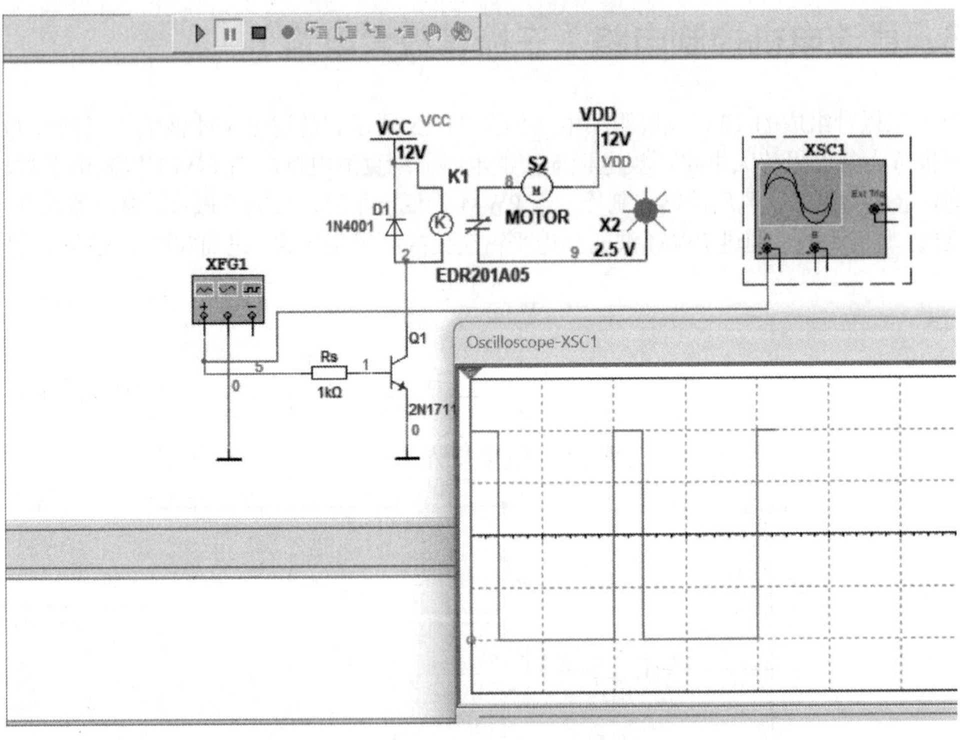

图 11-15　PWM 高电平时刻的仿真结果

11.7　直流稳压电源

本案例电路使用 12V 和−12V 两路直流电源供电。供电电源的电路如图 11-16 所示。首先使用 5∶1 的降压变压器将 220V 交流电源降压为 44V 交流电源；然后，交流信号经由 4 个整流二极管搭建的全波桥式整流电路，得到单向脉动直流电源；之后，分为 2 路，供给后面 2 路电路分别生成正负电源，每一路 100μF 电容器作为滤波器，并联 0.1μF 电容抵消输入长接线的电感效应以防止自激；78××和 79××系列分别是正电压和负电压串联稳压集成电路，体积小、集成度高、线性调整率和负载调整率高，TO-220 和 TO-202 这两种封装形式最为常见，因此，采用 7812 和 7912 分别作为稳压电路，并联 0.1μF 电容进一步改善负载的瞬态响应，消除高频噪声，最后电路分别得到 12V 和−12V 直流电压源。

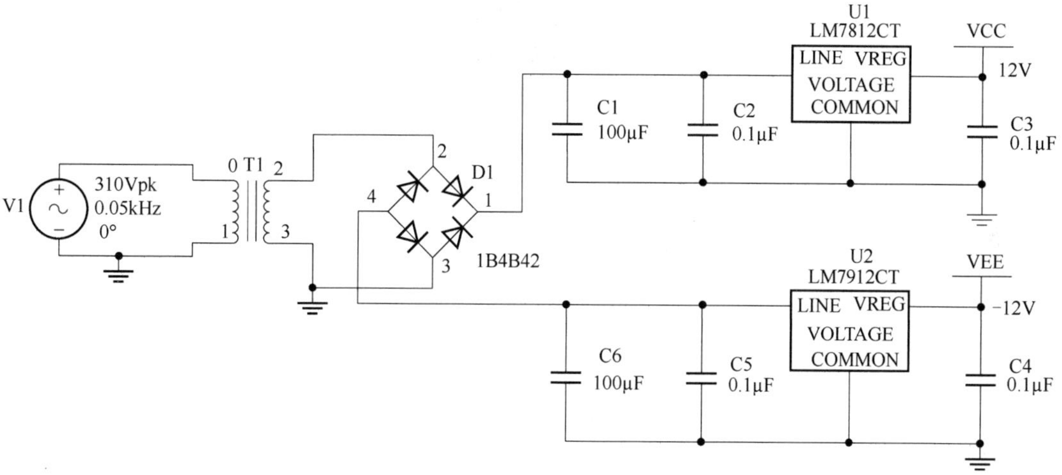

图 11-16　双路直流电源电路

最终输出电压如图 11-17 所示。

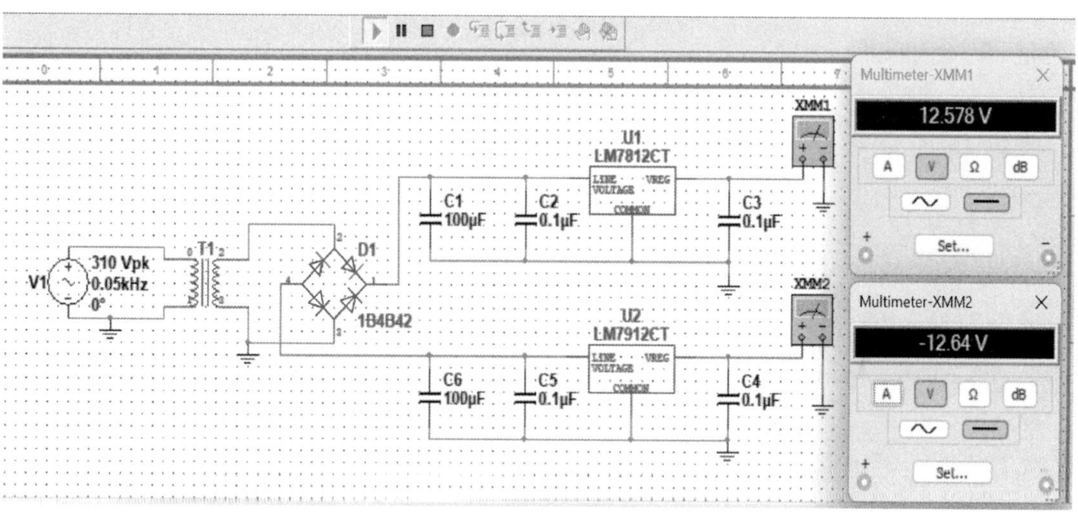

图 11-17　电源仿真结果

• 习题

习题 11-1　简述温度控制系统的基本组成和工作原理。

习题 11-2　简述基于热敏电阻的温度采集与放大电路工作原理。

习题 11-3　简述 PWM 调制电路工作原理，描述输出 PWM 波的占空比变化规律。

习题 11-4　为什么在温度采集电路中需要使用运算放大器？

习题 11-5　驱动大电流风扇时，如何提升电路驱动能力？

习题 11-6　如果不采用 PWM 控制风扇转速，直接采用通断策略控制风扇，电路应该怎么样设计？

本书配套资源

参考文献

[1] 邱关源. 电路 [M]. 5 版. 北京：高等教育出版社，2006.
[2] 邱关源. 电路 [M]. 6 版. 北京：高等教育出版社，2022.
[3] 胡翔骏. 电路分析 [M]. 2 版. 北京：高等教育出版社，2007.
[4] 陈娟. 电路基础教程 [M]. 北京：清华大学出版社，2018.
[5] 巨辉，周蓉. 电路分析基础 [M]. 2 版. 北京：高等教育出版社，2018.
[6] 查丽斌. 电路与模拟电子技术基础 [M]. 4 版. 北京：电子工业出版社，2019.
[7] 康华光. 电子技术基础 [M]. 北京：高等教育出版社，2009.